Adolf Opderbecke

DER DACHDECKER UND BAUKLEMPNER

Adolf Opderbecke

DER DACHDECKER UND BAUKLEMPNER

NIKOL
VERLAG

Reprint nach dem Original aus dem Jahre 1901

Umschlaggestaltung: Nele Schütz Design
unter Verwendung von Illustrationen aus dem Buch
sowie Shutterstock/Paladin12, richiksv
Druck: UAB BALTO print
Printed in Lithuania

ISBN: 978-3-86820-693-7

Besuchen Sie uns im Internet:
www.nikol-verlag.de

DER

DACHDECKER

UND BAUKLEMPNER

UMFASSEND:

DIE SÄMTLICHEN ARTEN DER DACHEINDECKUNGEN MIT FEUERSICHEREN STOFFEN UND DIE KONSTRUKTION UND ANORDNUNG DER DACHRINNEN UND ABFALLROHRE

FÜR DEN SCHULGEBRAUCH UND DIE BAUPRAXIS

BEARBEITET

VON

ARCHITEKT **ADOLF OPDERBECKE**
PROFESSOR UND DIREKTOR DER ANHALTISCHEN BAUSCHULE ZU ZERBST

MIT 700 TEXTABBILDUNGEN UND 16 TAFELN

LEIPZIG 1901
VERLAG VON BERNH. FRIEDR. VOIGT.

Vorwort.

Die gleichen Grundsätze, die mich bei Abfassung der als Teile dieses Handbuches bereits erschienenen Bände leiteten, sind auch bei Bearbeitung dieses Buches massgebend gewesen. Wie dort, habe ich denn auch hier das Hauptgewicht auf gute und zahlreiche Abbildungen gelegt, den Text dagegen so knapp wie möglich gehalten.

Von einer Besprechung der Eindeckungsarten mit Stroh, Schilf und Holzschindeln glaubte ich aus dem Grunde Abstand nehmen zu dürfen, weil die Verwendung dieser leicht brennbaren Stoffe zu Dacheindeckungen in Deutschland polizeilich verboten ist.

Möchte die vorliegende Arbeit, die seitens der rührigen Verlagsbuchhandlung in anerkennenswerter Weise durch gute Wiedergabe und geschickte Verteilung der Text- und Tafel-Abbildungen unterstützt worden ist, sich ebenso zahlreiche, treue Freunde gewinnen, wie seine Vorgänger, möchte sie sich als brauchbares Lehrbuch in der Hand der Lehrer, als fruchtbringendes Lernbuch in der Hand der Schüler unserer technischen Fachschulen und als willkommenes Nachschlagebuch in der Hand derjenigen erweisen, welche draussen in der Praxis stehen!

Zerbst, im Oktober 1900

Der Verfasser.

Inhaltsverzeichnis.

B. Die Entwässerung der Dachflächen.

Allgemeines.

Da die durch den Bauklempner auszuführenden Installationsarbeiten zur Versorgung der Gebäude mit Trink- und Nutzwasser bereits im VI. Bande dieses Handbuches*) Aufnahme gefunden haben, so sollen im Nachstehenden nur diejenigen Arbeiten des Dachdeckers und Bauklempners berücksichtigt werden, welche sich auf Konstruktionen beziehen, die den Schutz der Gebäude gegen die Einflüsse der Witterung bezwecken und im besonderen das Eindringen von Schnee und Regen, in manchen Fällen auch von Hitze und Kälte in die unter dem Dache befindlichen Räumen verhindern sollen.

Diese Arbeiten lassen sich in folgende Hauptgruppen gliedern:

1. Die Eindeckung der Dachflächen;
2. Die Entwässerung der Dachflächen.

Eine Entscheidung darüber zu treffen, welche dieser Arbeiten durch den Dachdecker und welche durch den Bauklempner auszuführen sind, ist nicht wohl möglich. Hierüber bestimmt der Ortsgebrauch, indem in dem einen Orte gewisse Arbeiten dem Dachdecker zufallen, welche in einem anderen Orte durch den Bauklempner herzustellen sind. Es sei hier nur an die sogen. „Klebedächer" erinnert, welche nicht selten in ein und demselben Orte sowohl von Dachdeckern, als auch von Bauklempnern ausgeführt werden.

Nach den Bestimmungen der Baupolizei-Verordnungen sind in Deutschland leicht brennbare Stoffe wie Stroh, Schilf und Holz von der Verwendung zu Dacheindeckungen ausgeschlossen und nur die nachstehenden zugelassen:

a) organische Stoffe, welche zufolge ihrer Zusammensetzung und die Art ihrer Verwendung hinreichenden Widerstand gegen Verbrennung besitzen;
b) künstliche Steine;
c) natürliche Steine;
d) Metalle;
e) Glas.

Die Wahl des Dachdeckungsmaterials ist von der Konstruktion des Dachgerüstes, von der Neigung der Sparren und der mehr oder weniger den Witterungs-

*) Opderbecke, Die Allgemeine Baukunde.

einflüssen ausgesetzten Lage des Gebäudes abhängig zu machen. Je durchlässiger für Regen und Schneewasser ein Dachdeckungsmaterial, je weniger glatt seine Oberfläche und je grösser die Fugenzahl bei einer Dachdeckung ist, um so grösser muss der Neigungswinkel gewählt werden, welchen die Dachflächen mit einer wagerechten Ebene bilden, um dem Wasser einen raschen Abfluss zu sichern und zu verhindern, dass dieses durch den Wind unter das Deckmaterial und in das Gebäudeinnere getrieben wird.

Fig. 1.

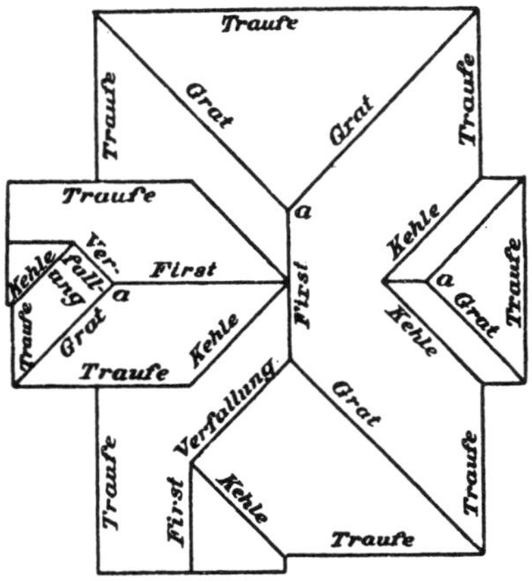

a = Anfallspunkte

Die Dachflächen sind entweder Ebenen oder sie gehören Cylinder-, Kegel-, Kugel- oder windschiefen Flächen an, durch deren Verbindung miteinander die verschiedenartigsten geschweiften Dachflächen entstehen können.

Je nach der Lage der Dachflächen gegeneinander können folgende Dachteile entstehen (Fig. 1):

1. der First (Firstlinie, Forst), welcher sich als Schnitt zweier von den Langseiten eines Gebäudes aufsteigenden Dachflächen ergibt. Seine Lage ist meist eine wagerechte;
2. die Traufe (Trauflinie, Fuss, Dachfuss). Sie bildet die tiefst liegende wagerechte Kante einer Dachfläche;
3. die Giebelkante (Bord, Ort), welche sich dort befindet, wo eine Dachfläche frei endigt ohne an eine andere Dachfläche anzugrenzen;
4. der Grat (Gratlinie). Er ergibt sich als Schnitt zweier Dachflächen, die von angrenzenden, eine ausspringende Gebäudeecke bildenden Gebäudeseiten aufsteigen. Fällt ein Grat in seinem unteren Teile mit einer Dachfläche zusammen und tritt er aus der Firstlinie dieser Dachfläche heraus, so bezeichnet man ihn als Verfallungsgrat oder Verfallung. Der Punkt eines Firstes, wo eine oder mehrere Gratlinien diesen treffen, heisst der Anfallspunkt;
5. die Kehle (Kehllinie). Sie entsteht durch das Zusammentreten zweier Dachflächen, die von angrenzenden, eine einspringende Gebäudeecke bildenden Gebäudeseiten aufsteigen.

An eine gute Dachdeckung stellt man im allgemeinen folgende Anforderungen:

1. Möglichst geringes Gewicht,
2. Wetterbeständigkeit,
3. Wasserdichtigkeit,
4. Feuersicherheit,
5. Billigkeit in der Anschaffung und Unterhaltung.

A. Die Eindeckung der Dachflächen.

1. Deckung mit organischen Stoffen.

Zu den Dachdeckungen mit organischen Stoffen, welche seitens der Baupolizeibehörden als feuersicher anerkannt sind, gehören:

a) die Teer- oder Steinpappdächer,
b) die Holzzementdächer,
c) die mit wasserdichten Leinwandstoffen hergestellten Dächer.

1a. Teer- oder Steinpappdächer.

Teerpappe oder Steinpappe wurde bereits im 18. Jahrhundert durch den schwedischen Admiralitätsrat Dr. Faxe erfunden und ist in Schweden und Finnland seit jener Zeit im Gebrauch. Geheimer Oberbaurat Dr. Gilly erkannte die Wichtigkeit dieser Erfindung und empfahl dieselbe in seinem Werke „Die Landbaukunst“ dem deutschen Publikum angelegentlichst. Die kriegerischen und politischen Stürme im Anfang des 19. Jahrhunderts, in deren Folge Industrie und Bauthätigkeit lange Zeit in Deutschland darnieder lagen, scheinen jedoch jegliche Spur von einer früheren Anwendung der Steinpappe in Deutschland verwischt zu haben. Etwa um das Jahr 1842 begab sich deswegen Büsscher, der Begründer der heutigen Firma Büsscher & Hoffmann in Eberswalde, nach Schweden und fertigte später nach Massgabe der Anleitung, welche er von der Königl. schwedischen Regierung erbeten und erhalten hatte, die ersten Steinpappdächer in Eberswalde.

Als Rohmaterial zur Herstellung der Dachpappe finden hauptsächlich Stoffe Verwendung, welche für die Papierfabrikation nicht tauglich sind, wie: Wolllumpen, Buchbinderspäne, Abfälle aus den Papierfabriken, altes Papier. Häufig werden dem aus diesen Stoffen gewonnenen Pappbrei noch erdige Stoffe, wie Kalk, Gips, Kreide, Thon u. dergl. m. beigemengt, um das Gewicht der Rohpappe zu vergrössern. Namentlich die Kalkerdeverbindungen wirken ausserordentlich schädlich, weil die Kalkerde mit den durch Witterungseinflüsse hervorgerufenen Zersetzungsprodukten des Steinkohlenteers Verbindungen eingeht, die im Wasser löslich sind und mithin vom Regen fortgespült werden. Derartige Verfälschungen der Pappe lassen sich leider durch den Augenschein allein nicht erkennen und können nur durch eingehende chemische Untersuchungen festgestellt werden. Da ferner eine Dachpappe um so widerstandsfähiger ist, je mehr Wollfasern und je weniger Pflanzenfasern dieselbe enthält, so sollte man vor Ausführungen grösserer Dachpappdeckungen eine Anzahl von Proben auf ihren Gehalt an Wollfasern und Kalkerdebeimischungen chemisch untersuchen lassen.

Dachpappen werden von den meisten Fabriken in Rollen von 50—60 m Länge und 1,0 m Breite geliefert und sind nach verschiedenen Nummern käuflich, welche von ihrer Dicke beziehungsweise ihrem Gewicht abhängig sind.

Die gebräuchlichsten Sorten sind:

Nummer	Dicke	Es sollen ein Gewicht von 50 kg haben:
70	1,5 mm	70 qm
80	1,315 „	80 „
90	1,167 „	90 „
100	1,050 „	100 „

Die drei ersten Sorten werden zur Herstellung gewöhnlicher Pappdächer, die letztere zur Unterlage bei Schiefer- und Holzzementdächern, auch wohl als Deckpappe für doppellagige Pappdächer verwendet.

Das Imprägnieren der Rohpappe geschieht in der Weise, dass dieselbe zwischen Walzen hindurchläuft und auf diesem Wege eine mit erhitzter Teermasse gefüllte Pfanne so langsam passieren muss, dass eine vollständige Durchtränkung der Pappe stattfindet. Hierauf gleitet die Pappe mit ihrer Unterseite über eine Sandschicht fort, während die obere Seite durch einen an der Maschine angebrachten Streuapparat oder durch Arbeiter mit Sand bestreut wird. Dieses Sanden der Pappe soll das Zusammenkleben bei dem Aufrollen verhindern.

Je nach den Stoffen, welche zum Imprägnieren der Pappe verwendet werden, kann man unterscheiden:

a) die gewöhnliche Teerpappe, auch Steinpappe genannt, welche mit reinem Steinkohlenteer getränkt ist. Infolge der im Steinkohlenteer enthaltenen flüchtigen Bestandteile ist diese Pappe in frischem Zustande sehr nachgiebig und weich, wird aber nach dem Entweichen dieser Bestandteile sehr steif, hart und spröde und es entstehen nach dem Austrocknen zwischen den Fasern viele kleine Poren, welche Anlass zu baldiger Verwitterung geben.

b) Bessere Teerpappe, welche mit destilliertem Steinkohlenteer getränkt ist. Dieselbe behält durch den höheren Gehalt an harzigen Bestandteilen eine grössere Festigkeit wie Steinpappe und wird auch weit weniger porös als diese. Nach längerer Zeit, während sie den Witterungseinflüssen ausgesetzt war, wird sie allerdings sehr hart und zerbrechlich.

c) Asphalt-Dachpappe, welche mit einer Mischung aus Steinkohlenteer und natürlichem Asphalt getränkt ist. An Stelle des Asphaltes werden als Zusätze zum Steinkohlenteer auch wohl Fichtenharz, Kienteer, Kolophonium oder Harzöl verwendet. Diese Dachpappe ist viel steifer und trockener, aber weniger spröde wie die vorgenannten und setzt den Einwirkungen der Witterung weit grösseren Widerstand entgegen als jene.

Aus den Abfällen der Flachsspinnerei, aus Werg und Heede, wurde zuerst in England eine starke, mit einer Mischung von Steinkohlenteer und Asphalt getränkte und zusammengepresste Watte, sogen. „Asphaltfilz", hergestellt. Wie bereits erwähnt, kann ein Dachdeckungsmaterial um so weniger den Witterungseinflüssen widerstehen, je mehr Pflanzenfasern in ihm enthalten sind und so kann es nicht wunder nehmen, dass der Dachfilz die Erwartungen, welche man anfangs infolge seiner Zähigkeit und Dicke an seine Dauerhaftigkeit knüpfte, nicht erfüllte. Dachfilz wird deswegen heute zu Bedachungszwecken nur in beschränktem Masse verwendet und dient meist nur zur Unterfütterung der Dachpappe an besonders beanspruchten Stellen, wie Kehlen und Rinnen.

Eine der auffälligsten Eigenschaften der Teerpappe ist ihre Widerstandsfähigkeit gegen die Angriffe des Feuers bei ihrer Verwendung als Dachdeckungsmaterial. Es enthält zwar die Teerpappe und der den Pappdächern zu gebende Ueberzug eine Menge von brennbaren Stoffen, die zum Teil schon bei niedrigen Hitzegraden in gasförmige Produkte, namentlich in Kohlenwasserstoffe, verwandelt werden, allein ihre Verbindung mit den anderen sich nicht verflüchtigenden Stoffen ist eine solche, dass eine Verbrennung dieser Gase nur im unmittelbaren Herd eines äusserlich einwirkenden Feuers stattfinden, eine Fortpflanzung des Feuers durch jene brennbaren Stoffe auf der Dachfläche aber nicht erfolgen kann. Diese Eigenschaft der Dachpappe ist von den zuständigen technischen Polizeibehörden Deutschlands und anderer Staaten längst anerkannt und es ist deswegen die Dachpappe anstandslos unter die Reihe der sogen. feuersicheren Bedachungsstoffe aufgenommen worden. Da ferner die Teerpappbedachung vollständig luftdicht und ein schlechter Wärmeleiter ist, auch die Luftdichtigkeit selbst dann nicht aufgehoben wird, wenn der Pappe die brennbaren Bestandteile in Gasform entzogen sind und diese also verkohlt ist, so wird:

1. ein Feuer, welches oben auf der Dachfläche brennt, sich durch die Dachpappe hindurch nicht der Brettschalung mitteilen und auf dieselbe keine andere Wirkung ausüben, als dass bei langer Dauer und bedeutenden Hitzegraden die Schalung sich nach und nach erhitzt und schwärzt, ohne jedoch zu brennen;
2. ein Feuer, welches von unten das Dach angreift, wird so lange ohne besondere Einwirkung auf die Dachpappe bleiben, als das Dachgerüst noch nicht zerstört ist.

Die Zerstörung des Dachgerüstes erfolgt aber unter einer Teerpappbedeckung deshalb so ausserordentlich langsam, weil unmittelbar unter derselben das Brennen nur schwer möglich ist, da hier der für diesen Prozess erforderliche Sauerstoff fehlt. Nehmen wir an, dass im Innern eines Gebäudes ein Feuer wütet, so steigen die Verbrennungsprodukte und die Produkte der trockenen Destillation, wie Stickstoff, Kohlenstoff, Kohlenoxyd, stark erhitzt und ausgedehnt in die Höhe und sammeln sich in den höchsten Gebäuderäumen, also unter der Bedachung an. Hier machen sie jedes Brennen wegen mangelnden Sauerstoffes so lange unmöglich, als sich keine Oeffnungen finden, durch welche sie in die freie Luft entweichen, beziehungsweise so lange kein Sauerstoff aus der freien Luft in das Gebäudeinnere eindringen kann, wie dies bei den Steindächern immer der Fall ist.

Bereits im Jahre 1854 wurde denn auch der Firma Büsscher & Hoffmann in Eberswalde hinsichtlich der Feuersicherheit von mit Steinpappe gedeckten Versuchsgebäuden das nachstehende amtliche Gutachten ausgefertigt:

„Auf Anordnung des Königl. Ministeriums für Handel, Gewerbe und öffentliche Arbeiten sind über die Feuersicherheit der in der Fabrik der Herren Büsscher & Hoffmann in Neustadt-Eberswalde gefertigten Steinpappen bei deren Anwendungen zu Dachdeckungen unter Zuziehung von Sachverständigen Versuche angestellt worden. Auf Grund des von den Sachverständigen abgegebenen Gutachtens sind wir nunmehr von dem obengedachten Königl. Ministerium ermächtigt, hierdurch bekannt zu geben, dass die mit jener Steinpappe gedeckten Dächer den mit gebrannten Dachziegeln eingedeckten Dächern in Bezug auf die Feuersicherheit gleichzustellen sind.

Potsdam, den 14. Juni 1854.

Königliche Regierung. Abteilung des Innern.“

Eine weitere wertvolle Eigenschaft der Dachpappe ist ihre Erhärtung durch die Einwirkungen der Atmosphäre. Diese Erhärtung ist vorzugsweise Folge der eintretenden Oxydation oder Verharzung der öligen Stoffe, mit welchen die Pappe getränkt ist und welche mit der Zeit eine überaus feste Verbindung mit dem bei der Fabrikation und den späteren Anstrichen der Dachdeckung hinzugefügten Sande eingehen. Ein gut unterhaltenes Pappdach gewinnt von Jahr zu Jahr an Festigkeit, ohne die erforderliche Biegsamkeit und Nachgiebigkeit zu verlieren. Pappstücke, welche aus bestehenden Dächern ausgeschnitten werden, haben um so mehr das Ansehen und den Klang von gestrichenen Schwarzblech, je älter das Dach ist und sie zeigen schliesslich eine solche Härte, dass sie den Schliff auf dem Schleifsteine vertragen und besitzen gleichzeitig denjenigen Grad von Biegsamkeit, welcher namentlich für die Bedeckung leicht in Holzwerk konstruierter Dächer notwendig ist, um Brüche infolge des unvermeidlichen Setzens solcher Dächer auszuschliessen.

Pappdächer sollten nicht mehr als $^1/_{10}$ und nicht weniger als $^1/_{15}$ der Länge zur Höhe erhalten. Es sind allerdings solche Dächer vereinzelt mit weit steilerer Neigung (bis $^1/_3$ der Länge zur Höhe) ausgeführt worden, doch haben sich bei denselben verschiedene Uebelstände, namentlich Beschädigungen durch Sturm und Abtropfen der Anstrichmasse ergeben. Die Gründe dieser Erscheinungen dürften in folgendem zu suchen sein:

1. Während es auf den ersten Anblick scheinen könnte, als ob der Sturm die ihm zugekehrte Dachfläche bei seinem Anprall mehr beschädigen müsste, als die ihm abgewandte, ist gerade das Umgekehrte der Fall. Es erklärt sich dies daraus, dass die Pappbahnen auf der dem Sturm zugekehrten Fläche nur fest gegen die Schalung gedrückt werden, während die auf der anderen Seite des Daches entstehende Luftverdünnung die einzelnen Pappfelder von der Dachfläche absaugen will, so dass sie sich, namentlich, wenn die Pappe noch frisch und weich ist, bei heftigem Sturm sogar von den Leisten losreissen. Diese Luftverdünnung ist bei steilen Dächern naturgemäss erheblich grösser als bei flacheren und es ist deswegen ein Abheben der Pappbahnen bei frisch gedeckten steilen Dächern des öfteren, bei flachen Dächern hingegen nie beobachtet worden.
2. Auf flacheren Dächern wird sich die Anstrichmasse besser halten, als auf den steilernen, weil sie von den letzteren je nach ihrer mehr oder

weniger fehlerhaften Zusammensetzung infolge der Einwirkungen grosser Sonnenhitze leichter heruntergleitet und abtropft, auch vom Regen ausgewaschen und heruntergespült wird. Die Erfahrung lehrt denn auch, dass auf steilen Dächern der Ueberzug sehr oft erneuert werden muss.

3. Da die Dachdecker sich auf flachen Dächern leichter, sicherer und weniger mühevoll bewegen, wie auf steilen Dächern, so führen dieselben auf ersteren ihre Arbeit sorgsamer aus als auf letzteren. Auch schadet das Begehen der flachen Dächer weniger als das der steilen, weil man bei jenen mit der ganzen Fläche des Fusses auftritt, bei diesen aber der Fuss nur durch scharfes Einsetzen nach einer Seite oder mittels des Hackens einen Halt gewinnen kann. Durch das feste Einsetzen des Hackens werden aber leicht Löcher in die Pappfläche gestossen oder es veranlasst die Neigung des Fusses zum Gleiten und Abrutschen ein Zerreissen der Pappe.

Die Dachschalung ist von mindestens 2,5 cm starken Brettern, welche mit Spundung ineinander greifen, herzustellen, damit ein Durchbiegen derselben und infolgedessen ein Zerreissen der Pappe beim Begehen des Daches verhindert wird. Die Verwendung nicht gespundeter Schalung würde den weiteren Uebelstand bedingen, dass bei offenstehenden Dachluken und Dachfenstern der Wind durch die Fugen unter die Dachpappe treten, diese aufbauschen und schliesslich abheben könnte. Um das Werfen der Schalbretter thunlichst zu beschränken, wähle man solche von geringer Breite (höchstens 15 cm), auch achte man darauf, dass dieselben eine gleichmässige Stärke besitzen und lasse alle etwa nach dem Verlegen noch vortretenden Kanten mit dem Hobel beistossen, weil die Dachpappe sich an solchen Kanten infolge des Arbeitens der Bretter bald durchscheuern würde.

Die Eindeckung mit Dachpappe kann erfolgen:

a) mit offener Nagelung ohne Leisten,
b) mit verdeckter Nagelung auf Leisten;
c) in doppelten Lagen.

Bei der **Deckung mit offener Nagelung** werden die Pappbahnen parallel zur Trauf- und Firstlinie so verlegt, dass eine obere Bahn die tiefer liegende um 4 bis 6 cm überdeckt (Fig. 2). Zwischen die Ueberdeckungsstelle wird dick eingekochter Steinkohlenteer gestrichen, darauf die überdeckende Bahn glatt angedrückt

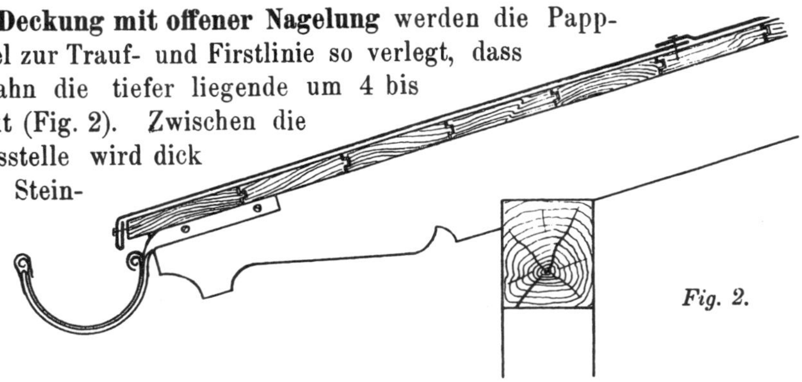

Fig. 2.

und mit breitköpfigen, verzinkten Rohrnägeln in Abständen von etwa 5 cm angenagelt. Hierbei ist darauf zu achten, dass die Nagelreihen nicht auf einer Fuge oder unmittelbar neben eine solche treffen, weil sonst die Befestigung eine mangelhafte wird, auch zu befürchten steht, dass infolge Werfens der Bretter ein Reissen der Pappe verursacht wird. Da die Rollen meist in einer Breite von 1 m gefertigt werden, so liegen die wagerechten Nähte in Abständen von 94 bis 96 cm. Die Deckung beginnt an der Traufe damit, dass man hier den Rand der ersten Bahn umkantet und in gleicher Weise wie die weiteren Bahnen an der Traufkante festnagelt. Die am First zusammenstossenden Bahnen überdeckt man so, dass die überdeckende Bahn nach unten gerichtet und von der Wetterseite abgekehrt ist (Fig. 3).

Fig. 3.

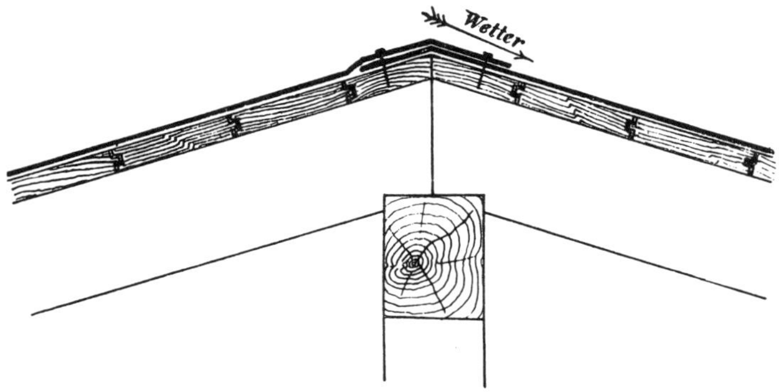

Ist die Länge des Daches grösser als die Länge der Pappbahnen, so müssen zwei oder mehrere Pappbahnen gestossen werden, wobei die der Wetterseite zunächst liegende Rolle die überdeckende (Fig. 4) sein muss. Das Mass der Ueberdeckung ist dann auf 8 bis 10 cm zu bemessen.

Fig. 4.

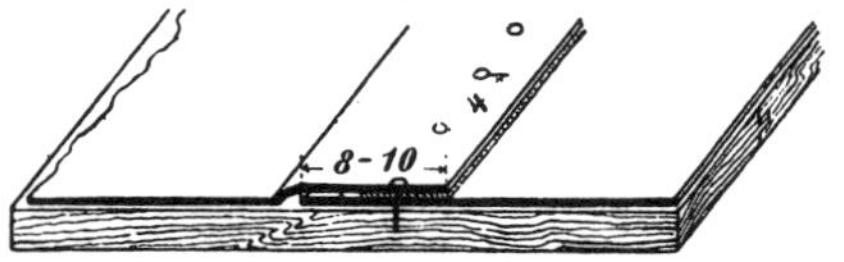

Der Materialbedarf für 1 qm dieser Deckung beträgt: 1,05 qm Dachpappe, 0,20 kg Asphalt, 0,6 l Steinkohlenteer und 50 Nägel.

Bei der **Deckung mit verdeckter Nagelung auf Leisten** empfiehlt es sich, die Leisten so anzuordnen, dass sie mit langen Drahtnägeln auf den Sparren (nicht zwischen diesen auf der Schalung) befestigt werden können. Ist dies nicht zu erreichen, so müssen die vortretenden Nagelspitzen auf der Unterseite der Schalung umgenietet werden.

Fig. 5.

Die zu verwendenden Deckleisten, welche in der aus Fig. 5 ersichtlichen Weise aus Bohlen getrennt werden, müssen aus astfreiem, trockenem Holze geschnitten sein und 65 mm Basis bei 33 mm Höhe haben. Dieselben sind senkrecht zur Trauflinie und in solchen Zwischenräumen aufzubringen, dass ihre Seiten von den an ihnen aufzubiegenden Rändern der Pappbahnen fast bis zur oberen Leistenkante bedeckt werden. Falls die Schalung nicht gespundet ist, muss beachtet werden, dass die aneinander stossenden Leistenköpfe stets auf ein und demselben Brett (Fig. 6) befestigt werden, da anderenfalls beim Werfen dieses Brettes (Fig. 7) leicht ein Verschieben der Leistenköpfe gegeneinander und damit ein Reissen der Deckstreifen und Pappbahnen an dieser Stelle eintritt. Die Nagelung der Leisten erfolgt in Abständen von etwa 75 cm und zwar versetzt, das eine Mal auf der einen, das andere Mal auf der dieser entgegengesetzten Fläche. An der Traufe sind die Leisten entweder rechtwinkelig abzu-

Fig. 6.

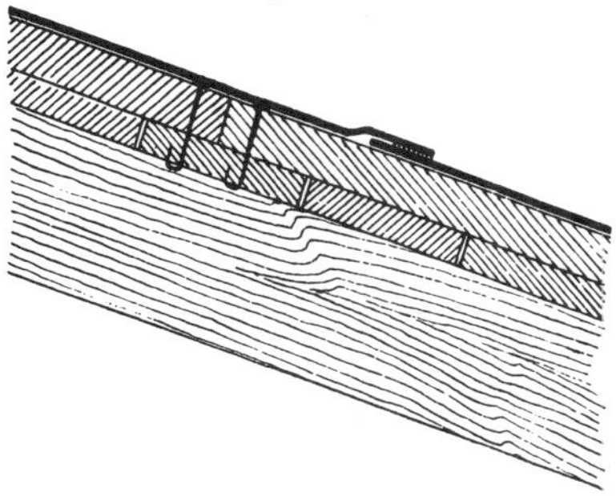

Fig. 7.

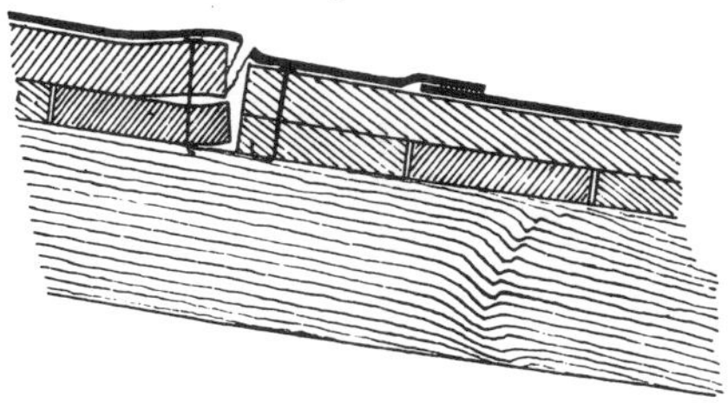

schneiden oder abzuschrägen (Fig. 8 bei a und b) in jedem Falle aber die scharfen Kanten derselben abzurunden.

Die Pappbahnen sind glatt und ohne Falten zwischen den Leisten auszubreiten und gut in die von diesen mit der Schalung gebildeten Winkel w (Fig. 9) zu drücken, damit sie an dieser Stelle nicht hohl liegen und später keine Spannung erleiden, wenn sie bei dem unvermeidlichen Austrocknen sich etwas zusammenziehen sollten. Ist die Länge der Pappbahnen zu gering, um von einer Traufkante über den First hinweg bis zu der entgegengesetzten Traufe zu reichen, so sind die Bahnen zu stossen. Es geschieht dies durch einfache, etwa 8 cm breite Ueberdeckung mit offener Nagelung (Fig. 10).

Fig. 8.

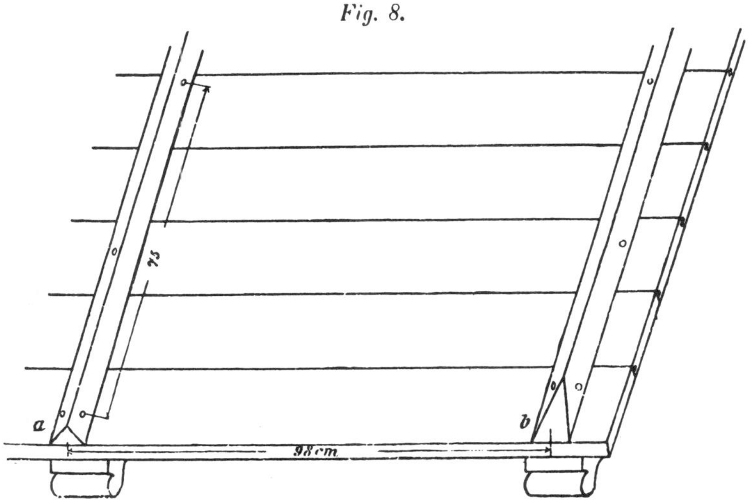

Fig. 9.

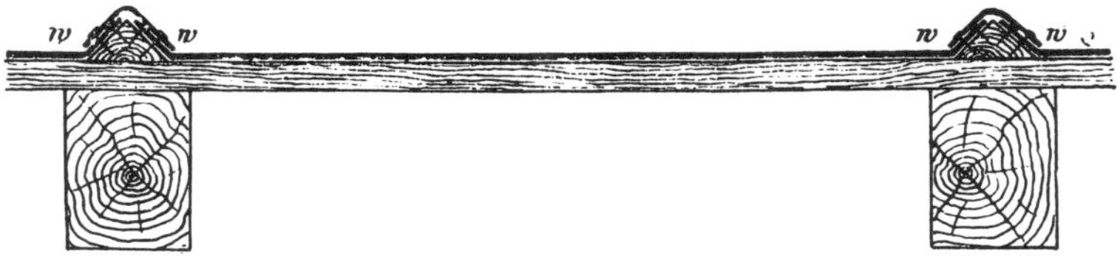

Muss der Stoss am First stattfinden, so ist die Ueberdeckung 15 bis 20 cm breit zu machen und ebenso wie bei der Deckung ohne Leisten an der von der Wetterseite abgekehrten Dachhälfte anzuordnen.

An der Traufe werden die Pappbahnen entweder nach den Fig. 11 bis 13 mit offener Nagelung oder nach den Fig. 14 und 15 unter Verwendung von Zinkhaften mit verdeckter Nagelung befestigt, so dass dieselben etwas gegen die Schalung vortreten und das Wasser abtropfen kann, ohne die Schalung zu nässen.

Fig 10.

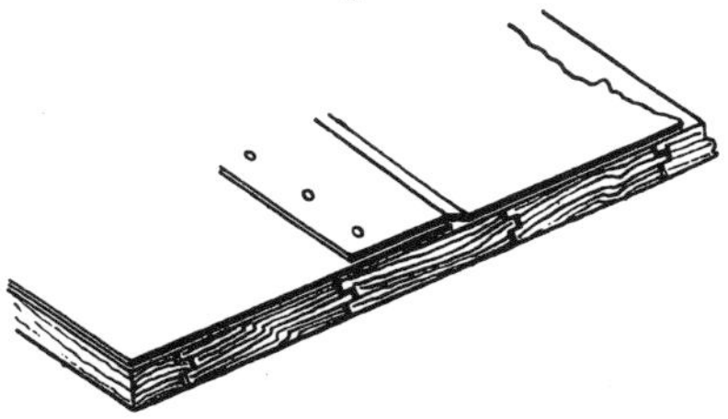

Die Deck- oder Kappstreifen müssen 10 cm breit sein, mindestens die gleiche Güte wie die Deckbahnen haben und sind vor dem Aufbringen in der Mitte einzukneifen. Sie sind fest auf die obere Leistenkante zu drücken, damit sie nicht hohl liegen, zertreten und brüchig werden und sodann mit breitköpfigen, verzinkten Pappnägeln, welche in Abständen von 5 bis 6 cm in die Mitte der seitlichen Leistenflächen eingeschlagen werden, zu befestigen.

Fig. 11.

Fig. 12.

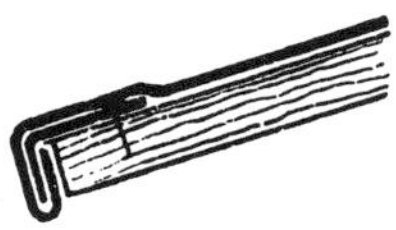

Fig. 13.

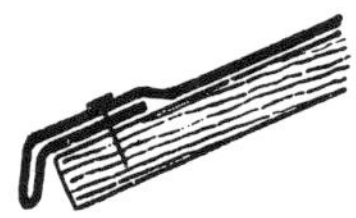

Fig. 14.

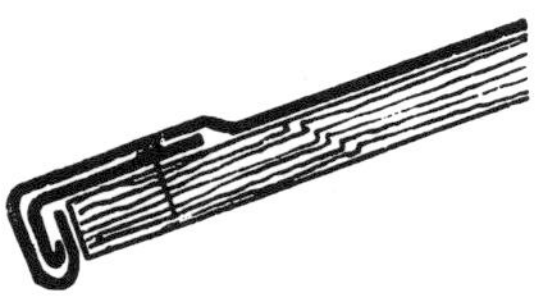

Fig. 15.

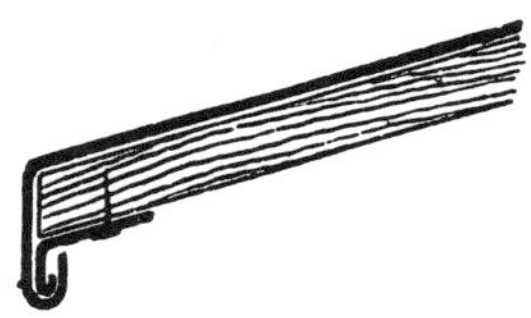

Manche Dachdecker haben die Verwendung der Deckstreifen dadurch zu umgehen gesucht, dass sie die Leisten in geringerem Abstande anordneten, so dass nach Fig. 16 die eine oder nach Fig. 17 beide Bahnen über die Leisten hinweggreifen. Da bei dieser Konstruktion die Pappe nur auf einer Seitenfläche der Deckleisten genagelt wird, so werden die Papprollen auf der anderen Seitenfläche der Leisten bald hohl liegen und leicht beschädigt werden.

Fig. 16.

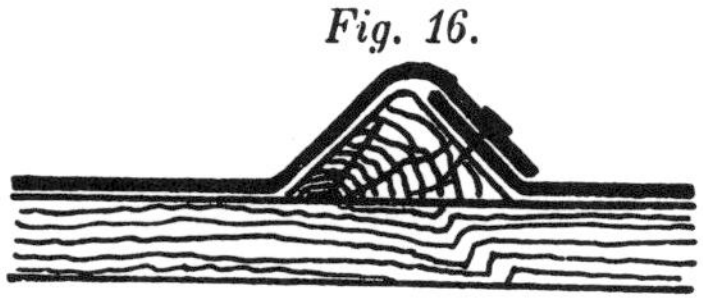

Fig. 17.

Fig. 18.

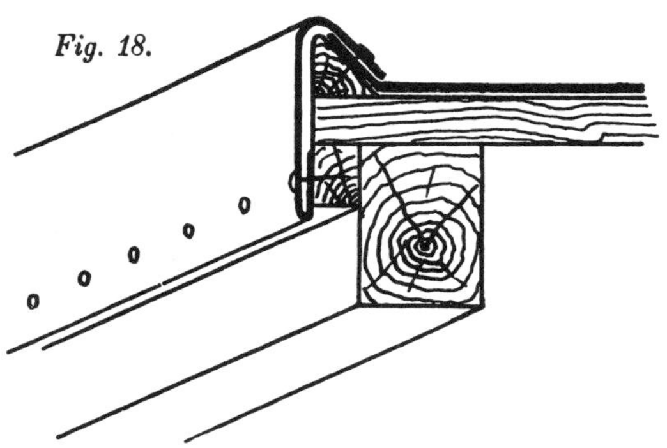

An den Giebelenden ist die Pappe nicht wie an den Traufkanten einfach umzubiegen, sondern es ist hier eine halbe Leiste (Fig. 18) hochkantig zu befestigen, an dieser die Pappbahn aufzubiegen und ähnlich, wie bei den anderen Leisten mit einem 12 bis 14 cm breiten Deckstreifen zu überdecken. Zur besseren Sicherung gegen Sturmschäden werden ein oder zwei der äussersten Giebelfelder mit nur halben Pappbahnen eingedeckt. In Gegenden, welche viel von heftigen Stürmen zu leiden haben, kann man sich dadurch gegen etwaige nachteilige Einflüsse sichern, dass **alle** Pappbahnen nur in halber Breite, also 0,50 m breit verlegt werden. Kehlen, soweit sie nicht von Zinkblech hergestellt werden, müssen doppelt eingedeckt (Fig. 19) also mit einer Unterlage von Dachpappe oder besser von Dachfilz versehen werden, auf welche die obere Pappe aufgelegt und aufgeklebt wird. Die Leisten müssen versetzt angeordnet werden (Fig. 20), damit durch das abfliessende Wasser keine Stauung in der Kehle verursacht wird.

Fig. 19.

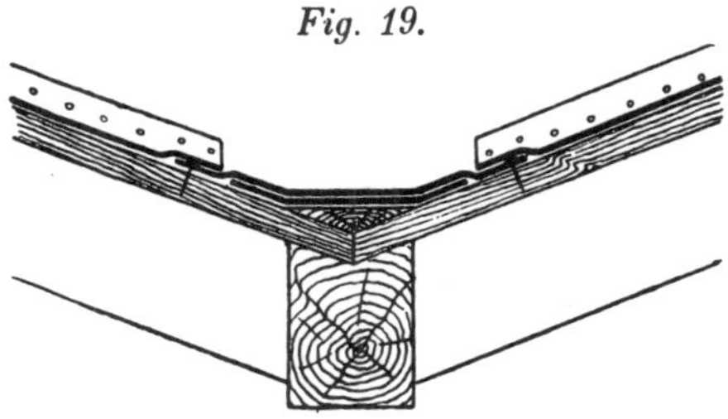

Auf den Graten ist ebenfalls eine Deckleiste anzuordnen, gegen welche sich die Leisten der angrenzenden Dachflächen anschiften (Fig. 21).

Fig. 20.

Fig 21.

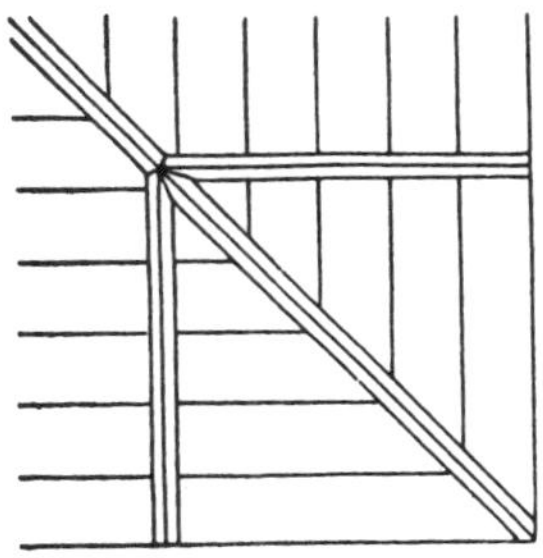

Sind die Deckleisten an der Traufkante rechtwinkelig abgeschnitten, so werden die beiden Lappen der hier in der Mitte aufzutrennenden Deckkappe so übereinander gelegt, dass sie das Hirnende der Leiste decken und dann an diesen, beziehungsweise der Traufkante, durch Nagelung befestigt (Fig. 22). Wird dagegen die Deckleiste an der Traufkante abgeschrägt, so sind nach Fig. 23 sowohl die Pappbahnen, als auch die Deckstreifen aufzutrennen und aufzunageln.

Fig. 22.

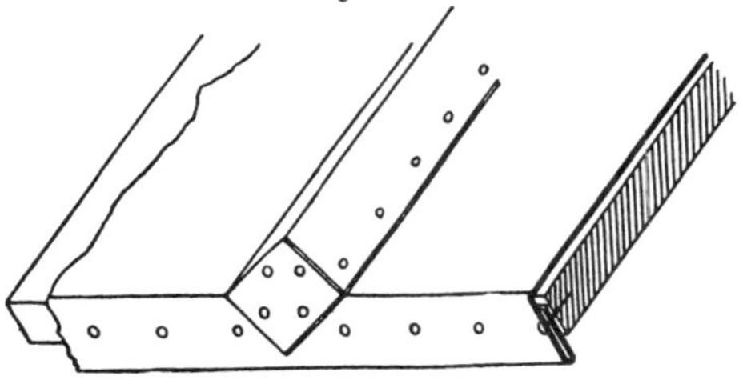

Fig. 23.

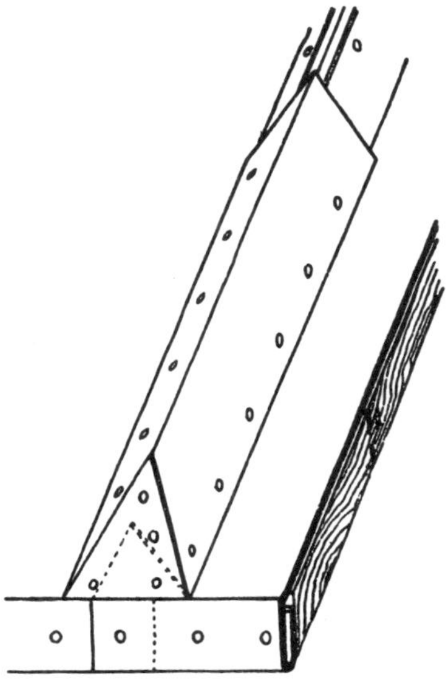

Stossen die Dachflächen gegen eine höher geführte lotrechte Mauer, so ist hier eine passend geschnittene Deckleiste (Fig. 24) anzubringen und mit der bis an die Mauer reichenden Pappbahn zu überdecken. Hierüber wird eine Deckkappe gelegt, mit Asphaltkitt aufgeklebt, genagelt und an der Mauer in eine etwa 20 cm höher gelegene Fuge eingeführt, in welcher sie durch kleine Mauerhaken festgehalten wird. An Giebelmauern muss dieser Anschluss selbstverständlich in Abtreppungen (Fig. 25) erfolgen.

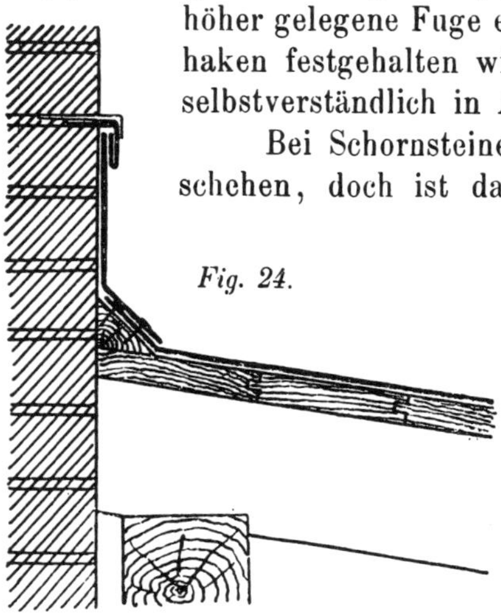

Fig. 24.

Bei Schornsteinen kann der Anschluss in gleicher Weise geschehen, doch ist das Mauerwerk vor Anbringung der Holzleisten mit Zinkblech, oder besser mit Schwarzblech zu umkleiden (Fig. 26), um den baupolizeilichen Vorschriften zu genügen. Die Fuge, in welche die Deckstreifen eingelassen sind, ist mit Zementmörtel auszustreichen.

Die Deckstreifen, Nähte und die Traufkanten sind vor dem eigentlichen Anstrich der Dachflächen mit heissem Asphaltkitt zu überziehen, welcher ihnen einen wirksamen Schutz gewähren und namentlich verhindern soll, dass sich die Deckstreifen nach Fig. 27 aufrollen, wobei sich die Nagelköpfe schliesslich durch die Deckstreifen und Pappbahnen durchziehen und schwer zu beseitigende undichte Stellen erzeugen. Dieses Anstreichen genannter Teile mit Asphaltkitt, sowie das Ueberziehen des ganzen Daches mit Steinkohlenteer darf nur bei ganz trockenem, warmem Wetter geschehen, weil bei niedriger Temperatur oder gar bei feuchter Witterung eine innige Verbindung des Ueberzugs mit der Dachpappe nicht eintritt. Man wird deswegen gut thun, Dächer, welche im Herbst gedeckt sind, den ersten Winter hindurch ohne Anstrich zu belassen und letzteren erst im nachfolgenden Sommer auszuführen. Der Steinkohlenteer ist mög-

Fig. 25

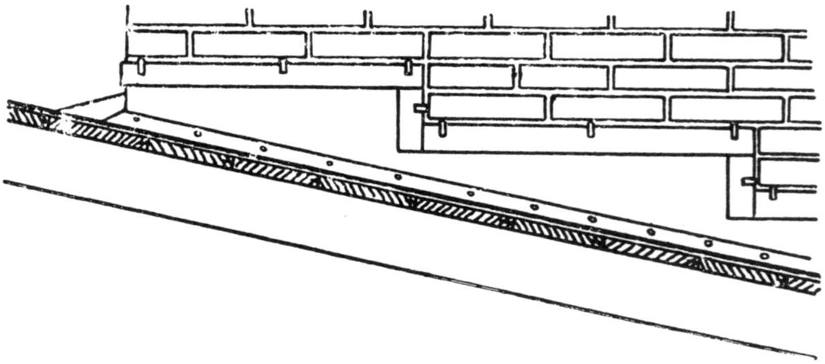

Fig. 26.

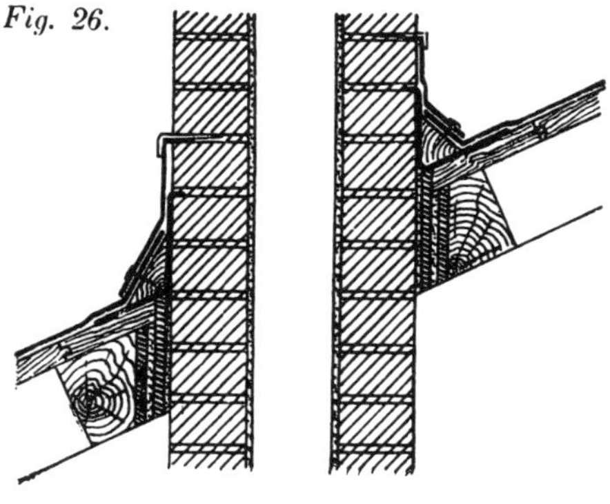

Fig. 27.

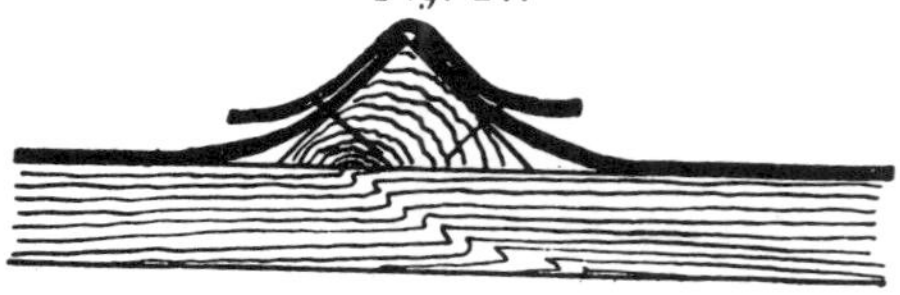

lichst kochend in dünner, gleichmässiger Schicht mittels Scheuerbesen, Schrubbern von Piassavafaser oder grossen Pinseln aus Tuchlappen zu bewirken. Gewöhnlich wird das frisch gestrichene Dach mit Sand besiebt, um das Herabfliessen der Anstrichmasse zu verhindern. Eine gut zusammengesetzte, in dünner Lage aufgebrachte Anstrichmasse bedarf jedoch des Sandens nicht; letzteres ist sogar schädlich, weil der Sand mit der Anstrichmasse allmählich eine harte Kruste bildet, welche leicht Risse bekommt und Undichtigkeiten verursacht.

Die Unterhaltung der Pappdächer besteht in der Erneuerung des Ueberzuges, sobald der alte zu schwinden und die Pappe frei zu legen beginnt. Die Annahme, eine häufige Erneuerung des Anstriches könne die Pappdächer nur dauerhafter machen und etwaige defekte Stellen dichten, ist eine durchaus irrige, da hierdurch, namentlich bei Verwendung sehr dickflüssigen Asphaltlacks, eine starke Kruste erzeugt wird, welche durch Temperaturwechsel rissig wird und, da ihre einzelnen Teile fest auf der Pappe haften, auch diese auseinanderreisst. Für die Dauer eines Ueberzuges sind mancherlei Umstände, namentlich die Zeit seiner Herstellung, die dabei herrschende Witterung und die Lage des Daches gegen die Sonne massgebend. Bei warmer trockener Witterung hergestellte Dächer, welche eine gegen die Sonnenstrahlen geschützte Lage besassen, konservierten ihren Ueberzug derart, dass die Erneuerung desselben erst nach 25 Jahren notwendig wurde, während bei Dächern, welche in feuchter Jahreszeit gedeckt wurden, namentlich für die den Sonnenstrahlen unmittelbar ausgesetzten Flächen, die Notwendigkeit der Wiederholung des Anstriches schon nach einem Jahre eintrat. Es wird daher oft erforderlich sein, eine Seite eines Pappdaches früher als die anderen zu streichen und es sollte aus den angegebenen Gründen die Frage, wann eine ganze oder teilweise Erneuerung des Ueberzuges stattfinden muss, bei jedem Dache sachverständiger Beurteilung unterworfen werden. Jedenfalls sollte eine Erneuerung des Anstriches immer nur den Zweck verfolgen, der Pappe die durch die Witterung (besonders die Sonnenstrahlen) entzogenen öligen Bestandteile wieder zuzuführen, also die offenen Poren zu schliessen, die Pappe wieder geschmeidig zu machen und ihr einen schützenden Ueberzug zu geben.

Sind durch äussere Gewalt Beschädigungen einzelner Pappbahnen eingetreten, so kann ein derartiger Schaden dadurch behoben werden, dass man die Bedachung an dieser Stelle erneuert. Man schneidet zu dem Zwecke das beschädigte Stück der Pappbahn in ganzer Feldbreite zwischen den Leisten aus und zieht ein neues, etwa 20 cm längeres Stück ein, dessen oberer Rand etwa 10 cm unter die alte Bedachung geschoben wird, während man das untere Ende um ein gleiches Stück über die ursprüngliche Pappbahn greifen lässt. Es ist ein Vorteil der Leistendeckung gegenüber der Deckung mit offener Nagelung, dass sich ein derartiges Auswechseln durch sachgemässen Anschluss eines neuen Teiles an die alte Bedachung und durch Aufbringen neuer Deckstreifen an dieser Stelle leicht und sicher bewirken lässt. Kleinen Beschädigungen kann man auch dadurch abhelfen, dass man die verletzte Stelle mit in heissem Asphalt getränktem, gespaltenem Dachfilz überklebt und den letzteren dann nochmals mit heissem Asphalt überzieht. Das Ausbessern beschädigter Stellen durch Aufnageln kleiner Pappstücke mitten in den Feldern ist hingegen durchaus verwerflich, da sich die Nägel bei den später eintretenden Bewegungen der Pappbahnen und der

Dachschalung leicht durchziehen und damit den Schaden wieder hervortreten lassen.

Zur Erlangung warmer Bodenräume wird vielfach das Anbringen einer zweiten Schalung auf der Unterfläche der Sparren empfohlen oder eines halben Windelbodens, welcher zwischen den Sparren auf angenagelten Latten gelagert wird. Ueber den mit den Oberkanten der Sparren in einer Ebene liegenden Strohlehm kann dann ein Pappdach in der gewöhnlichen Weise ausgeführt werden. Für Leistendeckung ist allerdings erforderlich, dass die Sparrenteilung mit der Breite der Pappbahnen übereinstimmt (vgl. Fig. 28 und 29). Für untergeordnete ländliche Gebäude genügt oft auch ein gestreckter Windelboden (Fig. 30). Bei diesen Dächern ist aber das grössere Gewicht zu berücksichtigen, durch welches der Vorteil des billigeren Deckverfahrens durch die Notwendigkeit der Verwendung grösserer Holzstärken für das Dachgerüst ausgeglichen wird.

Fig. 28.

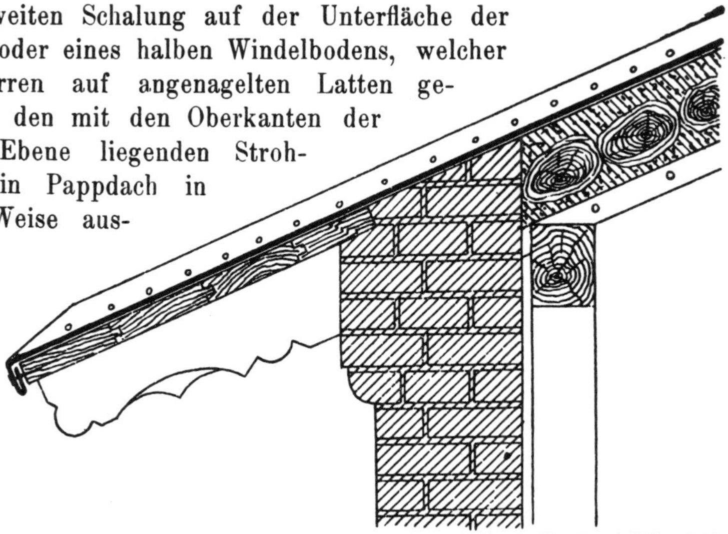

Fig. 29.

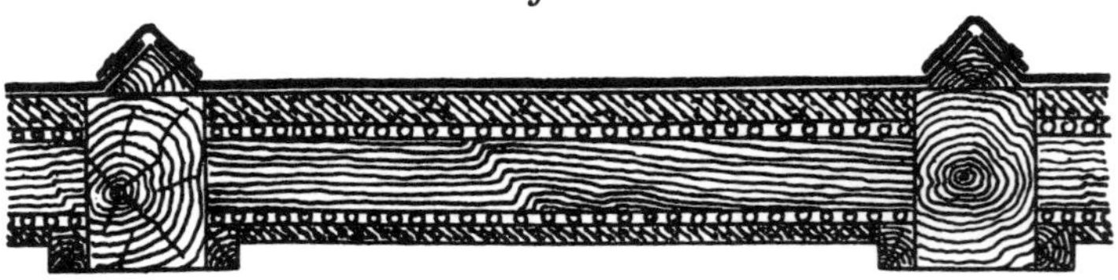

Der Materialbedarf für 1 qm Pappdach in Leistendeckung beträgt etwa: 1,05 qm Dachpappe, 1,05 m Leisten, 3 Leistennägel, 60 Pappnägel, 0,6 l Teer und 0,3 kg Asphalt.

Fig. 30.

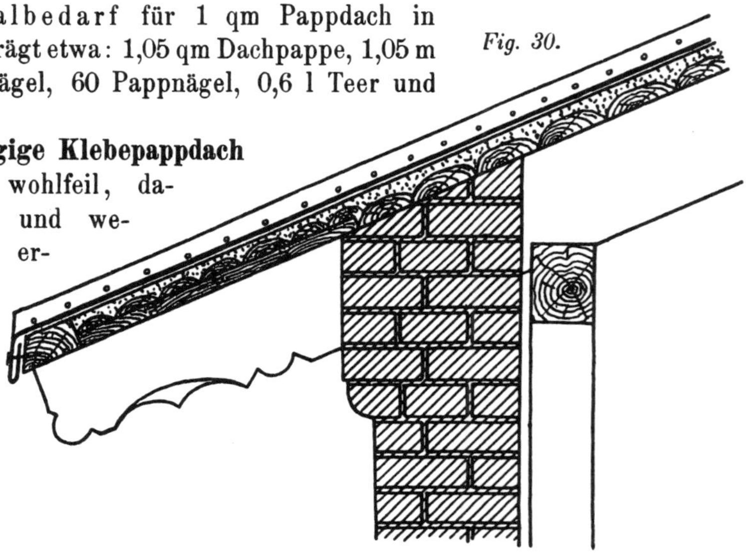

Das doppellagige Klebepappdach ist fast ebenso wohlfeil, dagegen dauerhafter und weniger Unterhaltung erfordernd, als das Leistendach. Es bildet den Uebergang zwischen dem gewöhnlichen Pappdach und dem doppellagigen Kiespappdach.

Die einzelnen Papprollen werden, an der Traufe beginnend, parallel zu dieser mit einer gegenseitigen Ueberdeckung von 10 bis 15 cm aufgerollt und an den oberen Rändern in Abständen von 6 bis 8 cm mit Pappnägeln befestigt. Die Ueberdeckungen der einzelnen Bahnen werden durch dazwischengestrichene heisse Asphaltklebemasse fest miteinander verklebt, wobei darauf zu achten ist, dass letztere nicht über den oberen Rand der Pappe auf die Schalung kommt (Fig. 31), damit die Pappe nicht auf dieser festklebt. Zur Erzielung eines Verbandes zwischen beiden Papphäuten wird die Traufbahn der unteren Lage in halber, die der oberen Lage in ganzer Rollenbreite verlegt; im Uebrigen wird mit ganzen Rollenbreiten weiter gedeckt (Fig. 32). Nachdem die erste Lage vollendet ist, werden über dieselben in senkrechter Richtung gegen die Traufe und in Abständen von etwa 1 m Drähte gezogen (Fig. 33), welche durch verzinkte Schiefernägel, die unterhalb des geklebten Stosses jeder Bahn einzuschlagen sind, gehalten werden. Diese Drähte haben den Zweck, die untere Papplage fest an die Schalung zu drücken und dem Pappdache grössere Widerstandsfähigkeit gegen die Angriffe des Sturmes zu geben. Das Aufbringen der zweiten Papplage darf nur bei trockener, womöglich warmer Witterung geschehen. Fällt die Bauausführung in ungünstige Jahreszeit, so empfiehlt es sich, nachdem die Dachschalung mit der ersten Papplage bedeckt ist, die Verlegung der oberen Papphaut bis zum Eintritte warmer Witterung zu verschieben, was ohne Nachteil für die Güte der Bedachung geschehen kann. Bei Aufbringung der zweiten Lage beginnt man wieder an der Traufe und überstreicht zunächst die erste und die Hälfte der zweiten Bahn mit einer der Hauptsache nach aus abdestilliertem Steinkohlenteer und Trinidad-Asphalt bestehenden Klebemasse in einer Stärke von 2 bis 3 mm. Auf diesen Anstrich wird die Traufbahn der zweiten Lage aufgebracht und durch Streichen und Andrücken glatt auf die untere Lage geklebt. Darauf wird der obere Rand ebenso wie bei den Bahnen der ersten Lage durch Nägel befestigt und im übrigen die weitere Eindeckung in gleicher Weise wie bei der unteren Lage bewirkt. Zu der unteren Lage ist eine stärkere, nur auf einer Seite gesandete

Fig. 31.

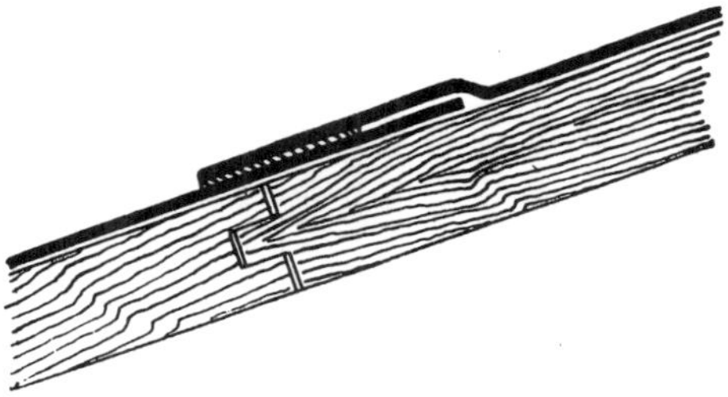

Fig. 32.

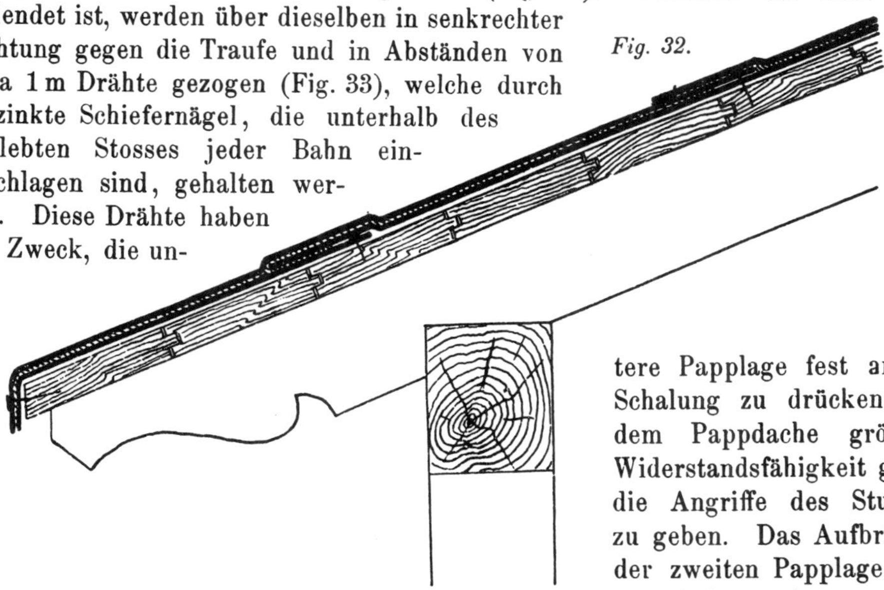

Dachpappe, sogen. „Lederpappe“, zu verwenden, deren gesandete Fläche nach unten zu richten ist, während für die obere Schicht eine weit schwächere gewöhnliche Dachpappe Verwendung finden kann. An der Traufe können die ersten Bahnen beider Papplagen nach Fig. 32 umgekantet und in Abständen von 4 cm genagelt werden, wenn man nicht vorzieht, die Traufkante aus Zinkblech zu bilden. Im letzteren Falle wird ein etwa 25 cm breiter Zinkstreifen, dessen vordere Kante nach Fig. 34 umgebogen werden kann, auf die Schalung oder die erste Papplage gebracht und dann mittels der zweiten Papplage überklebt.

Fig. 33.

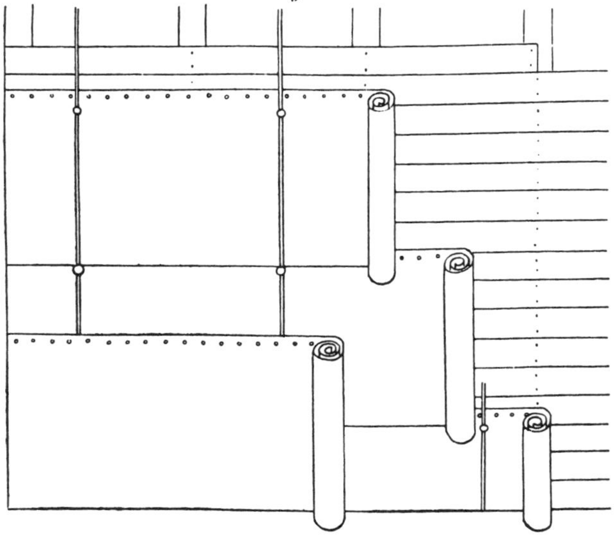

Die übrigen Konstruktionen, wie Anschluss an Mauerwerk, Begrenzung an freien Giebelseiten u. s. w. können in gleicher Weise wie bei dem einlagigen Pappdach erfolgen.

Nach vollendeter Deckung erhält die ganze Dachfläche einen Ueberzug mit schützender Anstrichmasse ebenso wie bei den gewöhnlichen Pappdächern.

1b. Holzzementdächer.

Das ursprüngliche Holzzementdach zuerst im Jahre 1839 von dem Böttchermeister Samuel Häusler zu Hirschberg in Schlesien ausgeführt, besteht aus mehreren Papierlagen, welche mittels der von Häusler zum Dichten seiner Fässer verwendeten, zumeist aus Pech, Teer und Schwefel bestehenden Masse zusammen gekittet und gegen äussere Beschädigungen mit einer Ueberschüttung von Erde gesichert sind. Die Bezeichnung „Holzzement“ dürfte somit auf die ursprüngliche Verwendung der Klebemasse zum Dichten der Holzfässer zurückzuführen sein.

Fig. 34.

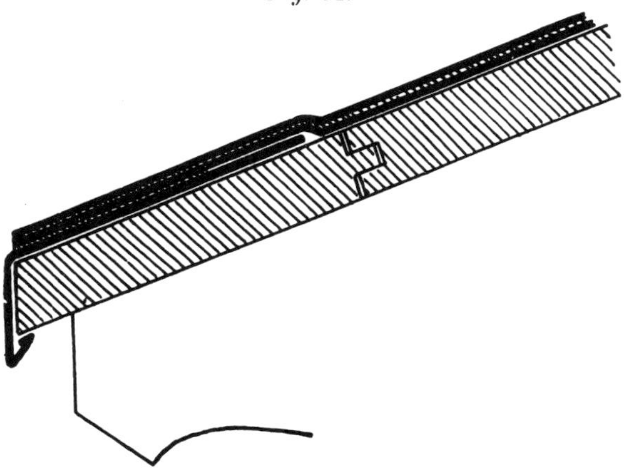

Anfangs fand das Holzzementdach nur in beschränktem Masse Anwendung, bis die grossen Brände in Frankenstein und Goldberg in Schlesien in den Jahren 1858 und 1863 den Beweis lieferten, dass diese Bedachungsart der Uebertragung des Feuers grossen Widerstand entgegensetzt. Inzwischen hatten sich aber auch weitere Fabrikanten, namentlich Friedrich Erfurt und Mathäi zu Straubitz in Schlesien bemüht, das ursprüngliche Häuslersche Dach zu verbessern und von da an fasste diese Deckweise überall in Deutschland festen Fuss. Heute ist durch die Erfahrung erwiesen, dass es kein anderes Bedachungsmaterial gibt, welches bei ausserordentlicher Dauerhaftigkeit weniger Unterhaltung erheischt. Alle Fälle, in denen sich nach kürzerer oder längerer Zeit Undichtigkeiten in der Bedachung zeigen, sind stets auf mangelhafte Ausführung oder auf Verstösse gegen allgemein bekannte technische Vorschriften zurückzuführen.

Am vorteilhaftesten ist für die Holzzementdächer ein Neigungsverhältnis von 1 : 15 bis 1 : 25, steilere Dächer würden ein Abschlämmen der deckenden Kies- oder Erdschicht begünstigen.

Holzzementdächer werden in zwei Arten ausgeführt, deren ältere unter dem Namen „Holzzementdach“ bekannt wurde, während die andere als „Kies-Pappdach“ bezeichnet wird und sich von ersterer dadurch unterscheidet, dass nicht Papier-, sondern Dachpapplagen zu seiner Herstellung verwendet werden. Man hat deswegen den Dächern auch wohl die Bezeichnungen „Holzzement-Papierdach“ und „Holzzement-Pappdach“ gegeben.

Das Holzzement-Papierdach

besteht aus vier Schichten wenig geleimten Papiers von der Stärke dünneren Packpapiers mit dazwischen gestrichenem Holzzement. Auf die durchaus ebene, von trockenen 3 bis 3½ cm starken, möglichst schmalen gespundeten Brettern hergestellte Schalung wird zunächst, um sie von der darauf zu bringenden Bedachung so zu isolieren, dass ein Ankleben nicht stattfinden kann, eine Schicht feinen, trockenen Sandes in 2 bis 3 mm Stärke gesiebt. Hierauf wird, an einer Giebelseite beginnend, die erste Bahn des 1,0 bis 1,5 m breiten Rollenpapiers von der Traufkante nach dem Firste zu aufgerollt und zur Verhinderung des Hebens und Abfliegens mit Brettern und Steinen beschwert oder an der Trauf- und Giebelkante mit Pappnägeln befestigt. Diese Bahn der ersten Lage wird dann auf halbe Breite mittels einer langhaarigen Bürste mit möglichst heissem Holzzement überstrichen, die erste, in halber Rollenbreite aufgetrennte Bahn der zweiten Lage darüber gerollt und mit der flachen Hand fest angedrückt, so dass die Klebemasse beide Papierlagen fest miteinander verbindet.

Nun wird eine zweite Rolle als Fortsetzung der ersten Lage so aufgebracht, dass sich die Ränder um 10 bis 15 cm überdecken. Hier, wie überhaupt bei sämtlichen die unterste Lage bildenden Rollen, unterbleibt an den sich überdeckenden Rändern das Bestreichen mit Holzzement, da derselbe leicht hervorquellen und ein Anbacken der Dachhaut an die Schalbretter verursachen könnte. Es wird nun in der, aus Fig. 35 leicht ersichtlichen Weise und Reihenfolge mit dem Aufbringen der verschiedenen Papierlagen fortgefahren, wobei stets darauf Bedacht zu nehmen ist, das Papier glatt auszubreiten und Falten und Blasen durch Glätten mit der Hand oder einer weichen Bürste von der Mitte der Rollen nach den Rändern hin zu verstreichen, so lange der Holzzement noch weich und nachgiebig ist.

Nachdem die oberste Papierlage, also die Oberfläche der ganzen Bedachung, ebenfalls mit Holzzementmasse überzogen worden ist, wird dieselbe mit feinem Sande übersiebt und hierauf die Beschüttung, bestehend aus einer unteren etwa 3 cm starken Lage lehmigen Sandes und einer oberen 3 bis 5 cm starken Schicht

Fig. 35.

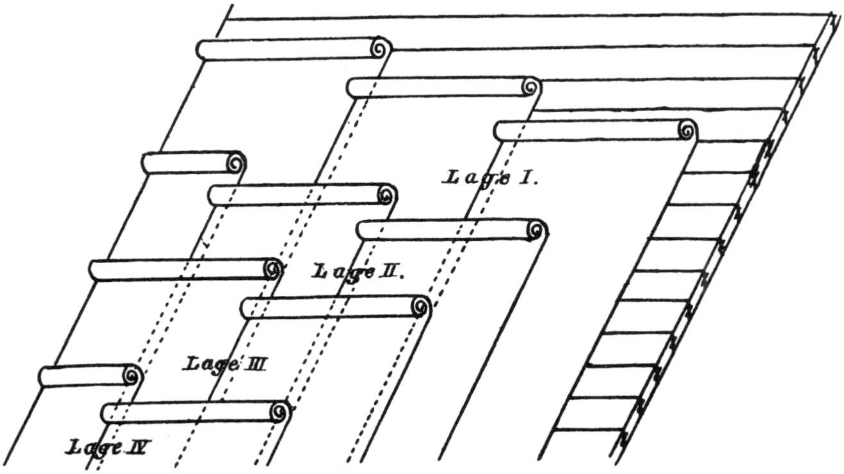

Kies von Hasel- bis Walnussgrösse aufgebracht. Der feine Sand soll die Papierlagen gegen Verletzungen beim Begehen des Daches, die Kiesschicht dagegen den Holzzement gegen Verflüchtigung seiner öligen Bestandteile schützen, also der Dachhaut ihre Biegsamkeit erhalten.

An Stelle der Dachschalung wird in Schlesien vielfach Rohrgewebe verwendet, welches zur Herstellung einer ebenen Oberfläche einen Mörtelbewurf erhält. Die Befestigung des Gewebes geschieht (vergl. Fig. 36) auf Latten, welche rechtwinkelig zur Sparrenrichtung in Abständen von etwa 30 cm genagelt werden.

Fig. 36.

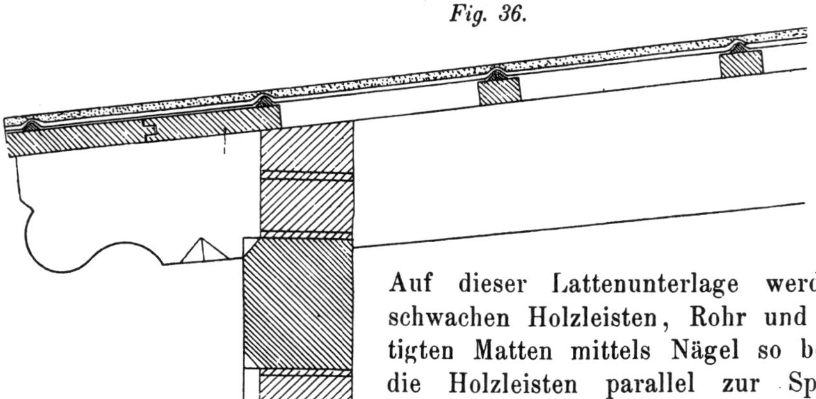

Auf dieser Lattenunterlage werden die aus schwachen Holzleisten, Rohr und Draht gefertigten Matten mittels Nägel so befestigt, dass die Holzleisten parallel zur Sparrenrichtung liegen. An den Stössen sind zur Unterstützung der Mattenenden zwei Latten unmittelbar nebeneinander anzubringen. Auf dem Gewebe wird jetzt ein Grundputz mit verlängertem Zementmörtel, aus $1^1/_2$ Teilen Kalk, $1^1/_2$ Teilen Zement und 4 bis 6 Teilen Sand bestehend, ausgeführt und nachdem dieser getrocknet ist, eine zweite obere, möglichst dünne Mörtelschicht aufgebracht, um die Risse in der unteren Schicht zu schliessen und eine vollkommen ebene Oberfläche zu erzeugen. Bis zur völligen Erhärtung ist dieser Putz gegen Erschütterungen zu schützen und ist mithin die eigentliche Dachdeckung erst nach Eintritt dieses Zeitpunktes zu beginnen.

Ebensogut lässt sich Holzzementbedachung auch auf massiver Unterlage, auf Gewölben oder Beton, ausführen, ein Vorzug, der keinem anderen Dachdeckungsmaterial eigen ist.

Von grösster Wichtigkeit für die Dauerhaftigkeit der Holzzementdächer ist die sachgemässe Ausführung der erforderlichen Klempnerarbeiten, für welche meist Zinkblech, in neuerer Zeit aber auch verzinktes Eisenblech benutzt wird. Diese Arbeiten umfassen: den Abschluss der Dachdeckung an der Traufe und an den freien Giebelseiten, die Anschlüsse an Mauerwerk, Schornsteine, Oberlichter, Aussteigeluken u. s. w., sowie die Dachrinnen.

Die Einfassung der Traufe, welche einen Schutz gegen das Herabspülen der Kieslage bei starken Regengüssen gewähren soll, wurde früher allgemein, jetzt dagegen nur noch bei untergeordneten Gebäuden, durch etwa 10 cm hohe Holzleisten geschaffen. Dieselben werden nach Fig. 37 an auf die Schalung oder die Sparren befestigte Winkeleisen angeschraubt, nachdem zum Schutze der Hirnkante des ersten Schalbrettes vorher ein Streifen Dachpappe unter den Papierlagen befestigt und durch Umkanten und Annageln desselben eine Art Wassernase hergestellt ist. Um dem vom Dache abfliessenden Wasser den Durchgang zu gestatten, sind die Holzleisten an ihrer unteren Seite in etwa 15 cm Entfernungen mit Oeffnungen von 1,5 bis 2 cm Höhe und 3 bis 4 cm Länge zu versehen und zu ihrer besseren Erhaltung zweimal mit heissem Teer zu streichen. Die trotzdem verhältnismässig bald eintretende Zerstörung der Holzleisten und der Umstand, dass die zur Traufkante verwendete Dachpappe durch zeitweilige Teerung unterhalten werden muss, lassen die vorgeführte Konstruktion nur in den Fällen statthaft erscheinen, wo äusserste Sparsamkeit geboten ist. Ratsamer ist es, wenigstens die Traufkante durch ein Vorstossblech von Zink zu bilden, auf welches sich nach Fig. 38 die an aufgelötete Winkeleisen befestigte Holzleiste aufsetzt. An den Giebel-

Fig. 37.

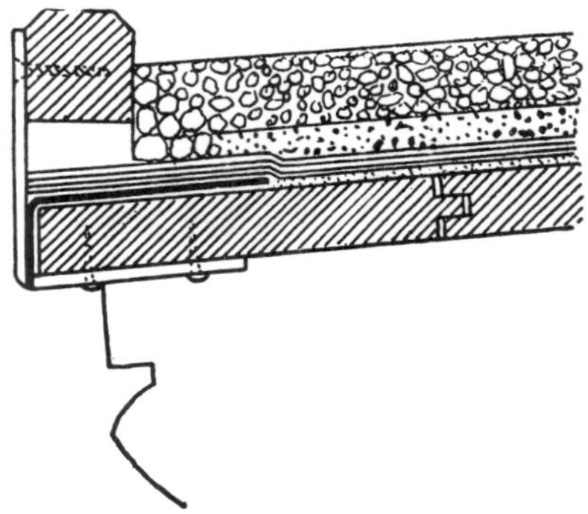

Fig. 38.

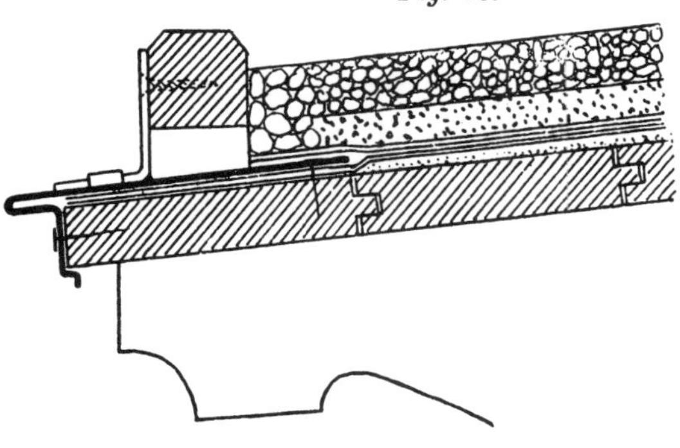

Fig. 39.

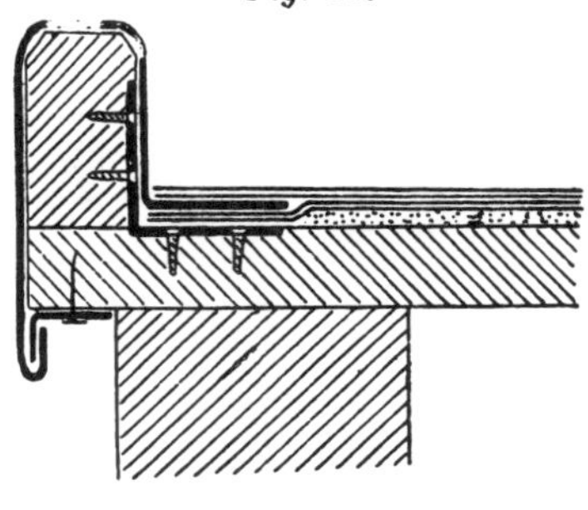

seiten erscheint die Verwendung von Holzleisten unbedenklich, wenn dieselben, wie Fig. 39 veranschaulicht, mit Zinkblech umkleidet werden.

Für alle besseren Gebäude wird die Kiesschutzleiste jetzt allgemein aus starkem Zinkblech Nr. 13 bis 15 hergestellt. Dieselbe wurde seither auf das zwischen die zweite und dritte Papierlage eingeschobene Vorstossblech durch Lötung befestigt und durch Stütznasen (Fig. 40) versteift. Diese Konstruktion hat jedoch den Nachteil, dass die Kiesleiste und das Vorstossblech durch die gegenseitige Verlötung und durch die Befestigung des Vorstossbleches auf der Dachschalung den durch den Temperaturwechsel bedingten Bewegungen nicht zu folgen vermögen und somit Formveränderungen erleiden, wenn nicht gar ein Reissen der Lötverbindungen eintritt. Ebenso wird auch durch das Beschüttungsmaterial nicht nur die Kiesleiste, sondern auch das mit ihr verlötete Vorstossblech nach vorne geschoben und hierdurch ebenfalls eine Lockerung der Verbindungen bewirkt. Diese Uebelstände, so geringfügig sie bei flüchtiger Betrachtung erscheinen mögen, haben schon des öfteren zu kostspieligen Reparaturen geführt und die Firma Büsscher & Hoffmann in Eberswalde veranlasst, für ihre Ausführungen eine wesentlich anders konstruierte Kiesschutzleiste anzuwenden. Diese, durch Fig. 41 veranschaulicht, ist der Firma von dem Deutschen Reichs-Patentamt unter Nr. 85901

Fig. 40.

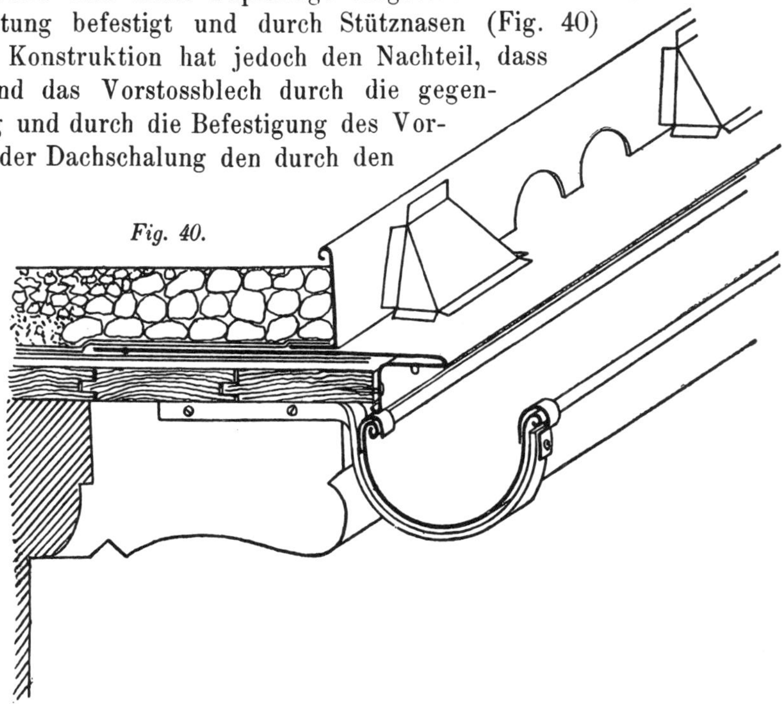

Fig. 41.

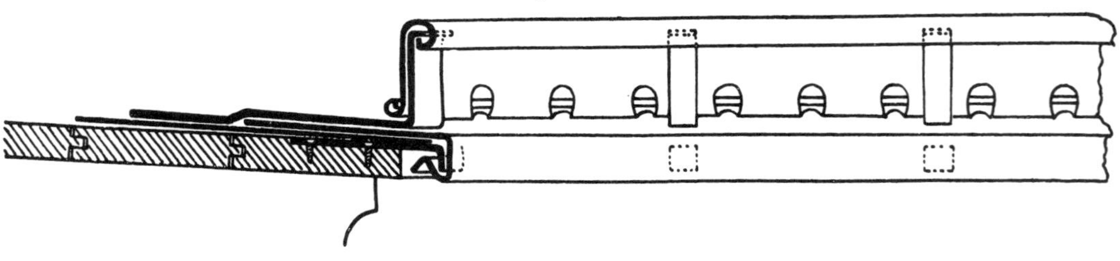

gesetzlich geschützt und besteht aus einzelnen in starkem Zinkblech hergestellten, 1 m langen und 10 cm hohen Stücken (Fig. 42), die oben und unten mit Verstärkungswulsten versehen sind, von denen die obere nach aussen, die untere nach innen gerollt ist. Diese Leiste ist mit 5 cm hohen und 3 cm breiten, abgerundeten Oeffnungen in 10 cm Entfernungen versehen, die bis zum tiefsten Punkte der unteren Wulst reichen.

Fig. 42.

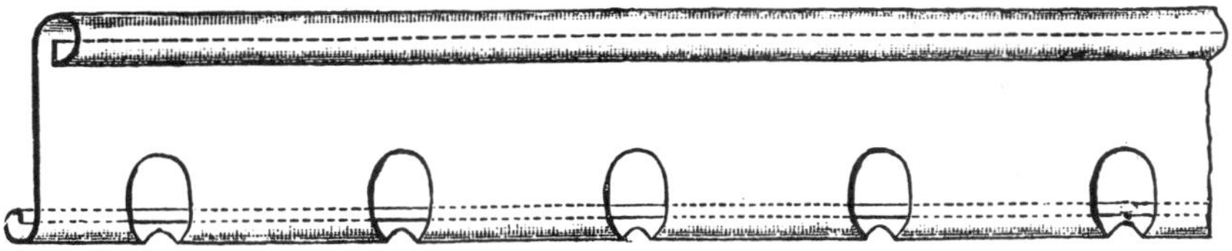

Zur Befestigung dieser Kiesleiste dienen Träger (Fig. 43) aus verzinktem Bandeisen, welche hinter dem Vorstossblech auf der Schalung angeschraubt werden (Fig. 44). In diese Träger, welche in Abständen von 333 mm angeordnet werden, wird die Kiesschutzleiste mit der oberen Wulst eingehängt und zwar derart, dass der Stoss zweier nebeneinander liegender Leistenstücke auf die Mitte eines Trägers trifft. Die Träger, welche mit 23 cm Länge auf der Dachfläche aufliegen, haben nicht nur den Zweck, die Kiesleisten zu tragen, sondern auch das Vorstossblech glatt auf die Dachfläche zu drücken, so dass eine besondere, die Bewegungsfreiheit des Vorstossbleches hindernde Befestigung nicht erforderlich ist.

Fig. 43.

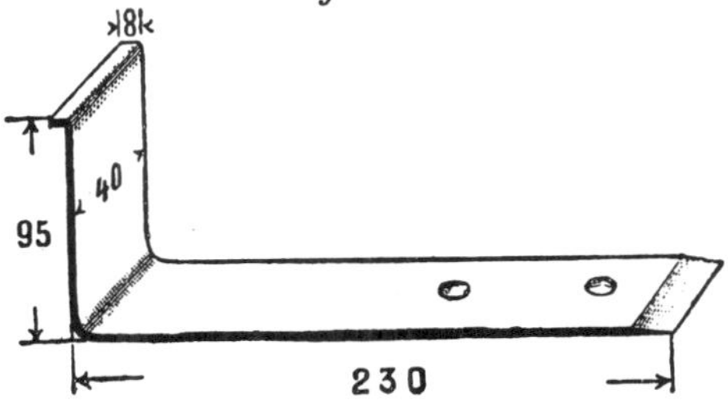

Fig. 44.

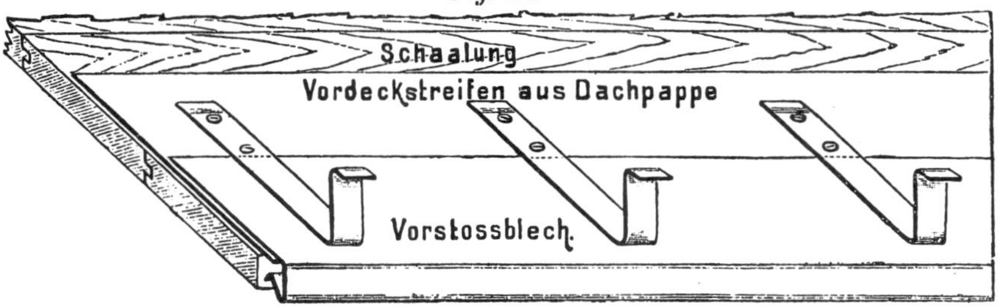

Die Verbindung an den Ecken vermittelt man durch besondere Eckstücke (Fig. 45 und 46), die der einzelnen Stücke der Kiesleiste durch 60 mm breite Schiebehülsen (Fig. 47), so dass eine Lötung an diesen Stellen entbehrlich ist.

Um das Abtropfen von Holzzement möglichst zu beschränken, verlegt man die erste auf das Vorstossblech greifende Papierlage mit einem etwa 15 cm breiten Ueberstand, den man nach Fertigstellung der Decklagen nach oben so umschlägt und auf die letzte zementierte Decklage aufklebt, so dass sich ein aufrechtstehender Rand, entsprechend der Höhe der unteren Wulst, längs der Kiesleiste bildet (Fig. 48).

Fig. 45.

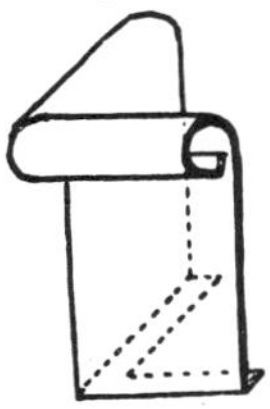

Fig. 46.

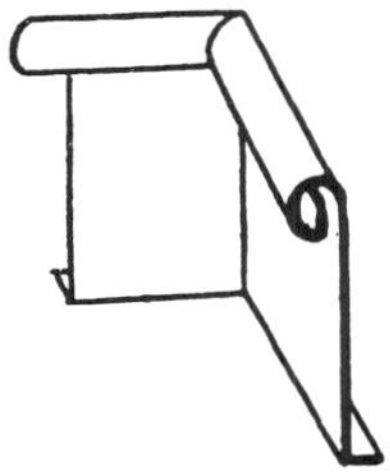

Fig. 47.

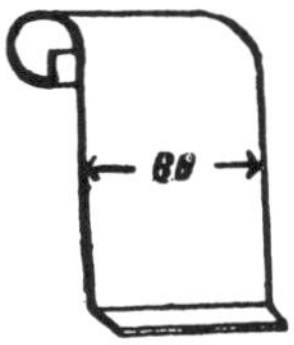

Die Vorteile, welche die Büsscher & Hoffmannsche Kiesleiste gegenüber den älteren Konstruktionen bietet, sind namentlich darin zu suchen, dass

Fig. 48.

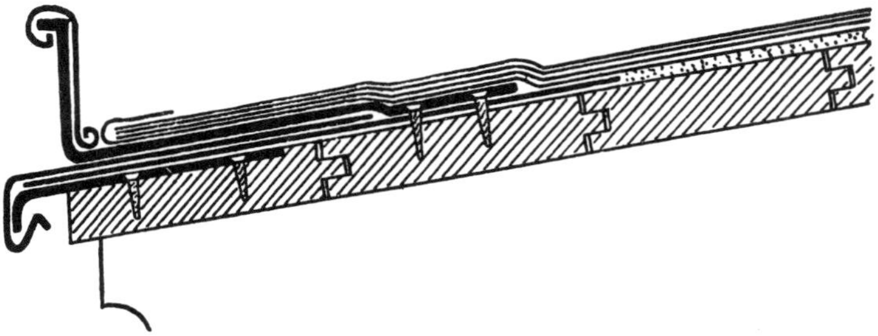

Vorstossblech und Kiesleiste vollständig unabhängig voneinander sind und ihre Befestigung derart erfolgt, dass jeder Teil für sich den durch Temperaturwechsel bedingten Bewegungen ohne Nachteil folgen kann, und dass die Anbringung der Kiesleiste ohne Hilfe des Klempners durch den Dachdecker geschehen kann, weil keine Lötungen erforderlich sind.

Fig. 49.

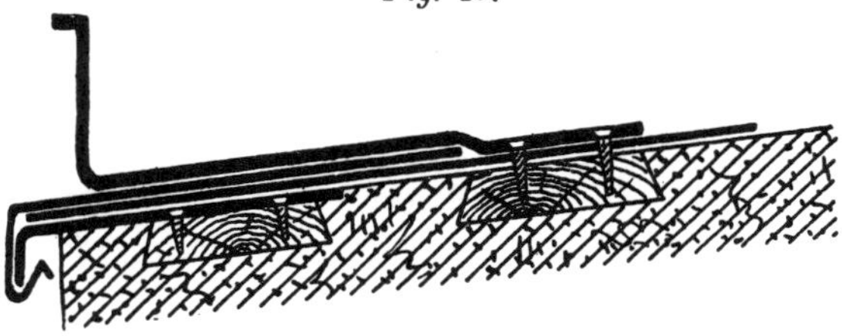

Fig. 50.

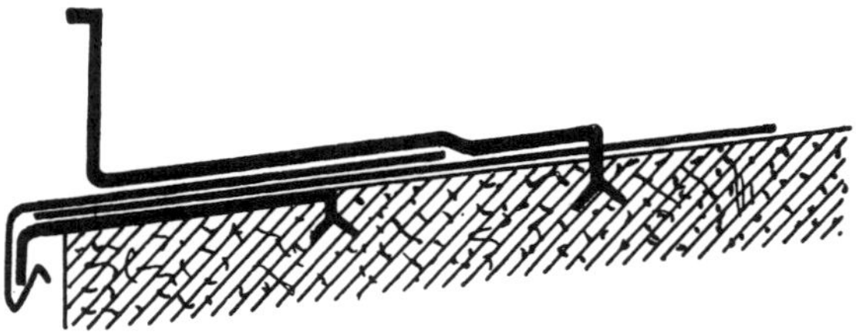

Soll Holzzementdeckung auf Betonunterlage ausgeführt werden, so schraubt man die Träger entweder auf in den Beton eingelassene Bohlen (Fig. 49) oder man zementiert die Enden der Träger, die man durch Umbiegen und Aufspalten schwalbenschwanzförmig gestaltet, in die massive Decke ein (Fig. 50).

Fig. 51.

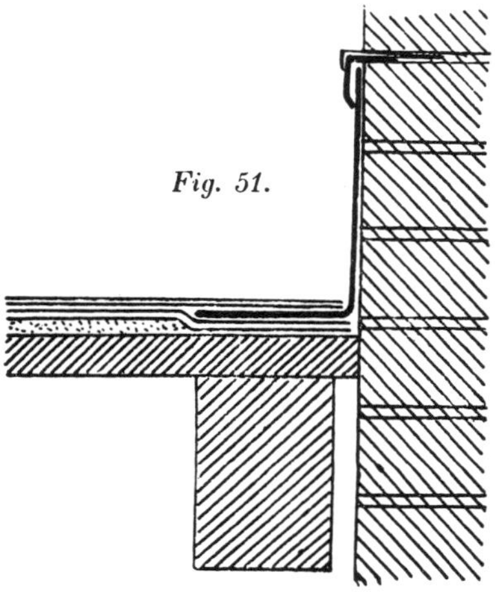

Anschlüsse an Mauerwerk, Brandgiebel, Schornsteine u. s. w. werden durch rechtwinkelige Aufkantung eines Zinkstreifens vermittelt, den man etwa 15 cm zwischen die zweite und dritte Papierlage (Fig. 51) greifen lässt, am Mauerwerk 20 bis 25 cm hochführt und hier mit einem in eine Mauerfuge eingelegten, durch Mauerhaken befestigten Ueberhängstreifen überdeckt.

Für Holzzementdächer über hölzernen Dachgerüsten ist in allen Fällen für Luftzug zu sorgen, weil infolge des hermetischen Abschlusses des Holzwerkes nach oben bei stillstehender Luft sich das Holz bald mit Stockflecken und Schimmel beziehen und in Fäulnis übergehen würde. Sind die Langseiten des Gebäudes freistehende, so wird auf einfache Weise dadurch ein ausreichender Luftwechsel zu schaffen sein, dass man auf beiden Langseiten in das zwischen den Sparrenenden befindliche Mauerwerk Gasrohre von 25 bis 30 mm Durchmesser einlegt. Steht das Gebäude jedoch mit einer Langseite auf der Nachbargrenze, so sind in dieser aus baupolizeilichen Gründen derartige Luftzufluss-Oeffnungen nicht statthaft und man ist dann gezwungen, aus Zinkblech oder verzinktem Eisenblech hergestellte Dunstrohre (Fig. 52) von 15 bis 20 cm Durchmesser aus der Dachfläche heraustreten zu lassen.

Fig. 52.

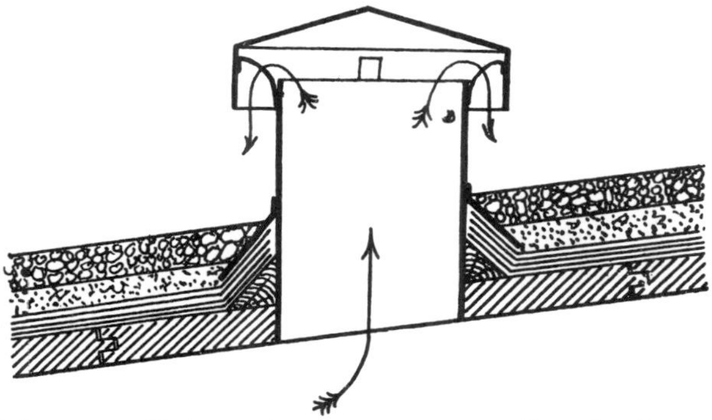

Die Undichtigkeiten, welche sich oft dort zeigen, wo die Dächer von Fahnenstangen, eisernen Rauchrohren, deren Verankerungen u. s. w. durchbrochen sind, lassen sich leicht vermeiden, wenn diese Austrittskörper nach den Fig. 53 und 54 mit Zinkhülsen ummantelt werden, deren unterer Rand in die Dachhautlagen eingebettet wird, während der obere Teil von einer trichterförmigen Haube überdacht wird, welche an den betreffenden Austrittsöffnungen durch Lötung dicht befestigt ist.

Fig. 53.

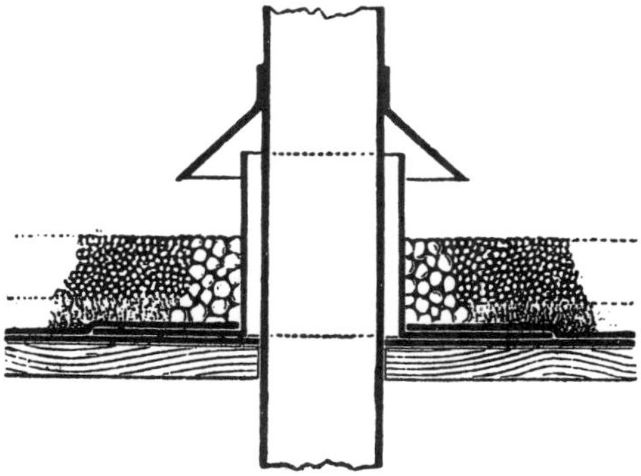

Fig. 54.

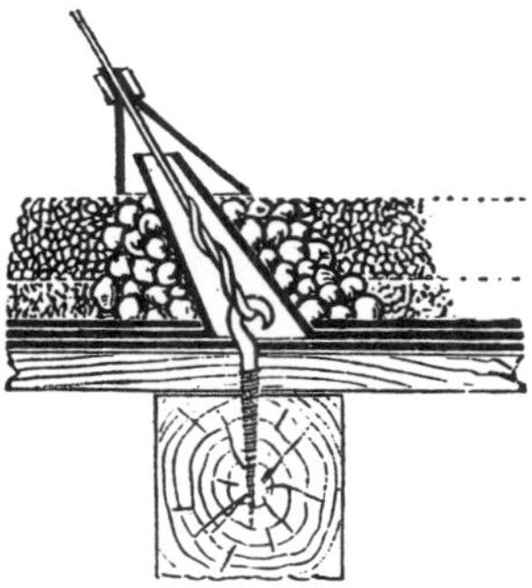

Ein besonderer Vorzug der Holzzementdächer ist der, dass sich dieselben ohne Rinnenanlage ausführen lassen, wenn man den Dachflächen Gefälle nach einem in der Mitte (Fig. 55) oder seitlich derselben gelegenen Punkte gibt, dort das Regenwasser in einen Trichter sammelt und durch ein eisernes Abfallrohr, welches an die Entwässerungsanlage anzuschliessen ist, abführt. Die Einflussöffnung in dem Trichter ist hierbei ringsum mit einer etwa 25 cm hohen kräftigen Kiesschutzleiste aus

Fig. 55.

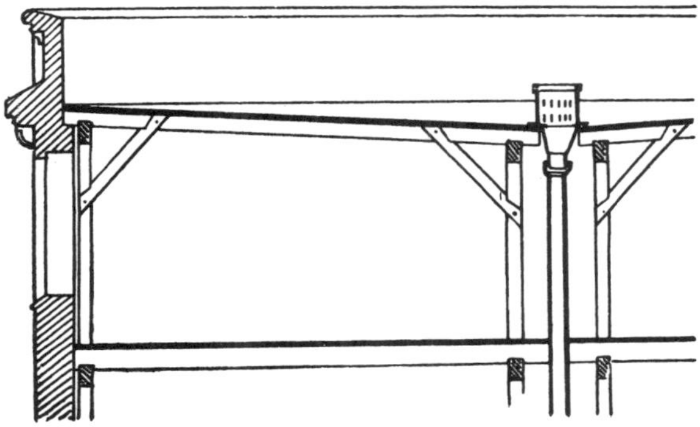

verzinktem Eisenblech zu umgeben (Fig. 56), welche auch oberhalb der Kieslage mit Durchflussöffnungen zu versehen ist, damit bei starken Regengüssen das Wasser schnell abgeleitet wird. Oben ist die Kiesleiste durch eine Blechplatte, welche durchlöchert sein kann, abzudecken, um Verstopfungen des Trichters bei starken Schneefällen, oder durch mutwilliges Hereinwerfen grösserer Gegenstände vorzubeugen.

Fig. 56.

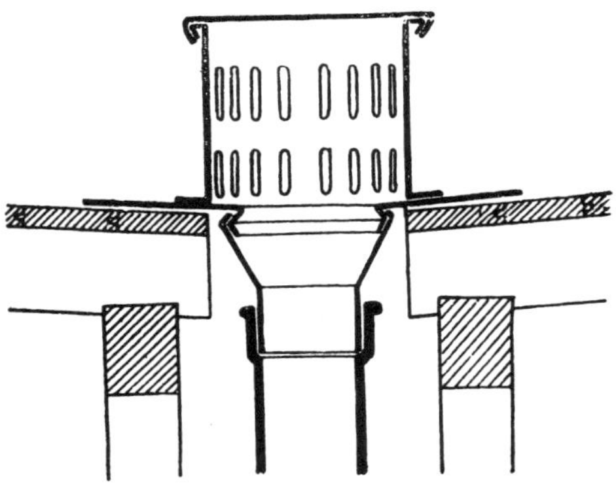

Es ist selbstverständlich, dass für die gute Herstellung eines Holzzementdaches möglichst windstille, warme und trockene Witterung ein wesentliches Erfordernis ist. Bei windigem Wetter wird das Papier beim Aufrollen leicht beschädigt oder von der Schalung abgehoben, durch starken Nebel oder Regen wird das feucht gewordene Papier zum Aufsaugen der Anstrichmasse, sowie zur Verbindung der Lagen untereinander unfähig, so dass leicht Stellen verbleiben, welche keine Anstrichmasse angenommen haben, infolgedessen begierig Wasser ansaugen und später zu schadhaften Stellen ausarten. Diese Uebelstände lassen sich zum Teil vermeiden, wenn auf die Dachschalung statt der ersten Papierlage eine solche von guter Dachpappe in der beim doppellagigen Klebepappdach geschilderten Weise aufgebracht wird. Auf diese Papplage, welche dem Gebäude vorläufig den nötigen Schutz gewähren kann, wird nach Eintritt günstiger Witterung, nachdem Vorstossbleche, Kiesschutzleisten u. s. w. verlegt sind, das Papier in drei Lagen in bekannter Weise aufgebracht. Dabei ist jedoch die Papierdeckung von der Pappdeckung mit einer dünn aufgesiebten Sandschicht zu isolieren, damit die Bewegung der Schalung nicht auf die Dachhaut übertragen wird.

Da indes bei dem Aufbringen der Papierlagen plötzlich eintretende schlechte Witterung dennoch die Güte der Deckung ungünstig beeinflussen kann, so sind

Fig. 57.

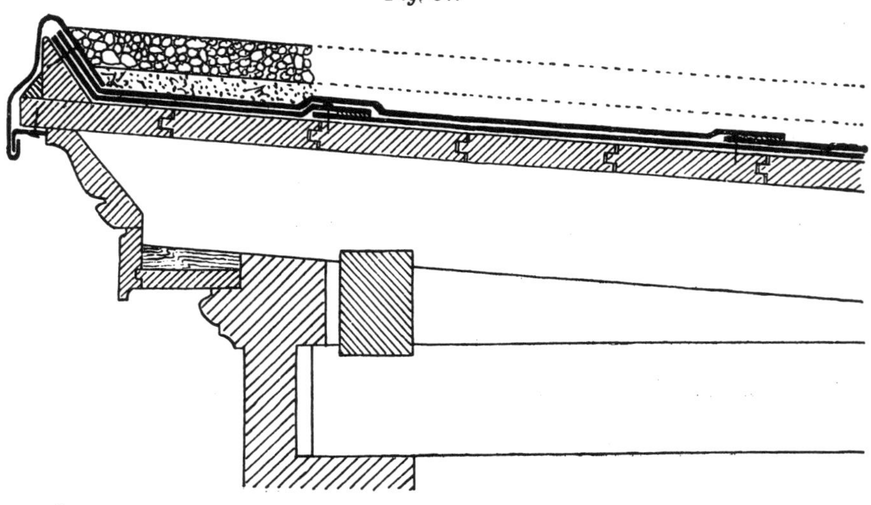

in neuerer Zeit manche Dachdecker dazu übergegangen, das dünne, bei der Arbeit leicht beschädigte Papier durch Dachpappe zu ersetzen, also an die Stelle des Holzzement-Papierdaches

— das Holzzement-Pappdach —

treten zu lassen.

Die Herstellung der Dachhaut erfolgt so wie bei dem doppellagigen Pappdach, indem die Papplagen parallel der Traufkante mit gehöriger Ueberdeckung verlegt, mit Klebemasse verklebt und überstrichen werden. Abweichend von der Eindeckungsart der Doppeldächer kann hier jedoch die Nagelung mehr eingeschränkt werden und es genügt eine solche in Abständen von etwa 20 cm, da die Last der Kiesschüttung ausreichende Sicherheit gegen Verschiebung der Papplagen gewährt. Aus diesem Grunde kann auch das Ueberspannen der unteren Lage mit Draht in Fortfall kommen.

Fig. 58.

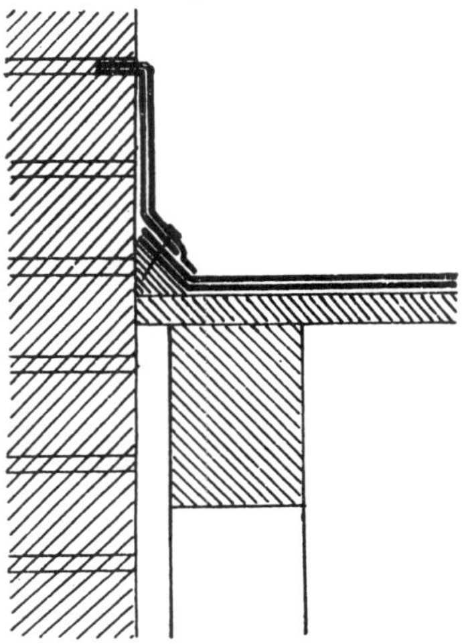

Fig. 59.

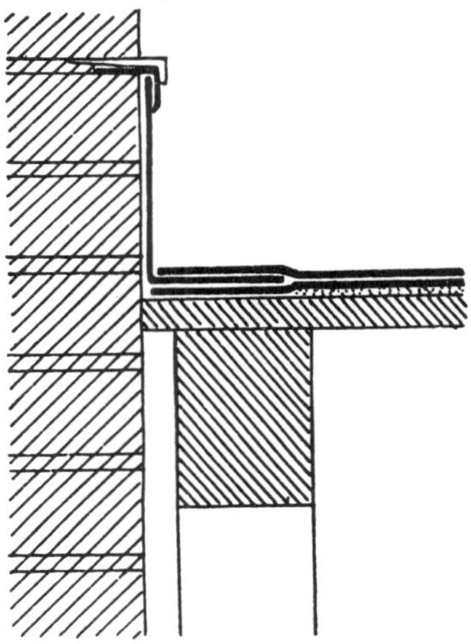

Nachdem die ganze Dachfläche schliesslich mit einem Ueberzug von Holzzement versehen ist, wird sie in gleicher Weise wie beim Holzzement-Papierdach mit feinem Sand besiebt und mit der Beschüttung überdeckt (Fig. 57). Der Anschluss an Mauerwerk kann entweder nach Fig. 58 mit doppellagiger Pappleiste oder mit Zinkblech ausgeführt werden, wobei der Zinkstreifen entweder nach Fig. 59 zwischen die beiden Papplagen oder nach Fig. 60 auf die Dachschalung geschoben wird, während er bei dem Holzzement-Papierdach zwischen die zweite und dritte Papierlage eingeführt wurde. Im übrigen können die Klempnerarbeiten in gleicher Weise ausgeführt werden, wie dies bei dem älteren Holzzementdache beschrieben ist. In heissen Gegenden, also namentlich bei Ausführungen in den Tropen, hat man besonders darauf zu achten, dass die Pappe überall den Einwirkungen der Sonnenstrahlen entzogen ist.

Fig. 60.

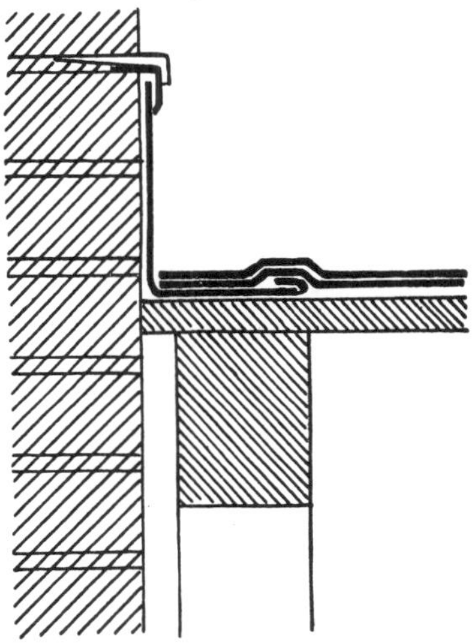

Büsscher & Hoffmann ordnen deswegen nach Fig. 61 an den Giebelkanten vor der Umkantung der Dachpappe eine besondere Deckleiste an. Diese

Deckleiste wird entbehrlich, wenn die Dichtung durch Zinkblech bewirkt wird (Fig. 62 und 63).

Fig. 61.

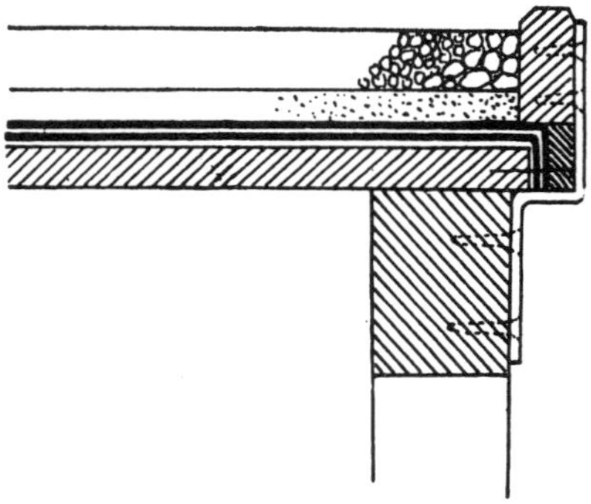

Fig. 62.

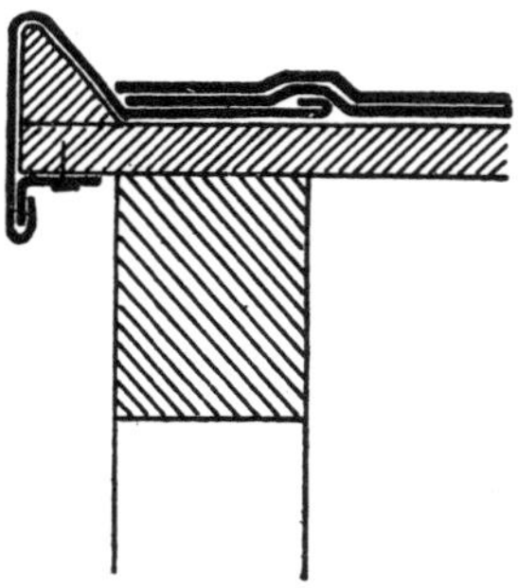

Fig. 63.

1c. Deckung mit imprägnierten, wasserdichten Leinenstoffen.

Die imprägnierten Leinenstoffe zeichnen sich neben grosser Zähigkeit, Wasserdichtigkeit und Haltbarkeit gegenüber den Einflüssen der Witterung durch eine ziemlich bedeutende Widerstandsfähigkeit gegen Feuer aus. Randbahn in Waldau bei Osterfeld liess sich ein Verfahren patentieren, bei welchem durch ein zwischen zwei Asphaltpapierlagen geklebtes Jutegewebe sogen. „Asphalt-Leinenplatten“ gebildet werden. Die geringe Grösse dieser Platten (1,0 X 2,0 m) verhinderte jedoch deren Anwendung zu Bedachungszwecken in grösserem Umfange. Eine ähnliche Bedachungsleinwand wird von N. Scheer in Mainz hergestellt; dieselbe besteht aus einer Lage grober Leinwand, auf welche zu beiden Seiten mittels einer Asphaltmasse je eine Lage dünnen Rollenpapieres geklebt ist.

Die meiste Anwendung hat jedenfalls das Fabrikat von Weber-Falckenberg in Berlin (früher in Köln a. Rh.) gefunden. Dasselbe besteht aus grober Leinwand, die mit einer Klebemasse unter Hinzufügung solcher Stoffe, welche die Uebertragung von Feuer in hohem Grade hindern, getränkt ist und wird in Längen bis 60 m und in Breiten bis 1,80 m hergestellt, gewöhnlich jedoch 1,15 m breit und 30 bis 40 m lang.

Für Bauten, welche dauernd bestehen bleiben sollen, ist die Eindeckung mittels Dreikantleisten, genau dem Verfahren beim Leisten-Pappdache entsprechend, zu empfehlen. Als Dachneigung ist 1 : 15 bis 1 : 20 zu wählen. Die Leisten sollen nach Angabe des Fabrikanten 6 cm Seitenlänge bei 5 cm Höhe besitzen, so dass ihr Querschnitt ein spitzwinkeliges Dreieck bildet. Sie werden mit Drahtnägeln von 7 bis 8 cm Länge senkrecht gegen die Traufrichtung in solchen Entfernungen auf die Schalung genagelt, dass die Stoffbahnen, an die Seitenflächen der Leisten anschliessend, bis zu deren Oberkante (vergl. Fig. 64) reichen. Die Stoffbahnen werden mit der stärker bestrichenen Seite, der Glanzseite, nach unten und mit einem Spielraum von etwa 1 cm verlegt. Diesen Spielraum erzielt man dadurch, dass man in die Mitte jeden Feldes eine Dreikantleiste auf die Schalung legt (Fig. 65) und darüber die Stoffbahn ausbreitet. Nach Befestigung der Stoffbahn durch Nagelung in Entfernung von 40 cm zieht man die lose Leiste unter derselben vor, worauf sich die Falte bald verliert, während jede spätere Spannung des Stoffes vermieden wird. Die einzelnen Stoffbahnen können gewöhnlich in ganzer Länge von der Traufe bis zum First verlegt werden; wo dies nicht möglich ist, erhalten sie am Stosse eine 10 bis

Fig. 64.

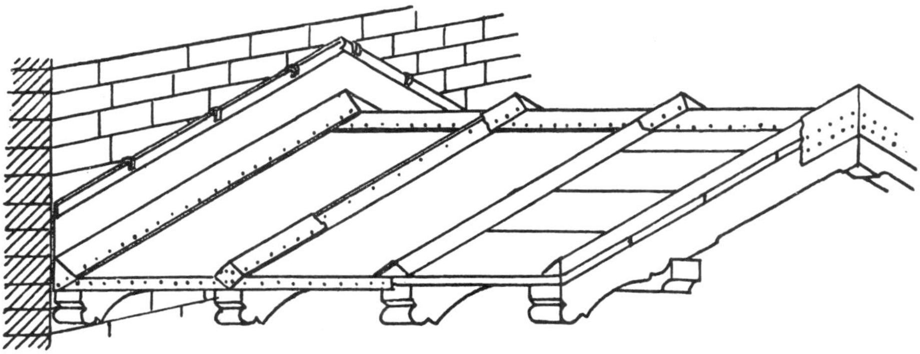

12 cm breite Ueberdeckung. Die Dichtung auf den Dreikantleisten wird vermittelst 11 cm breiter Kappstreifen bewirkt. Dieselben werden vor der Verlegung, ebenso wie der von ihnen zu überdeckende Teil, mit der vom Fabrikanten hergestellten Klebemasse bestrichen, so dass sie nach der Nagelung fest ankleben. Die Nagelung geschieht mit 28 mm langen verzinkten Pappnägeln in Abständen von etwa 3 cm und zwar etwa 1 cm über den Rändern der Kapp-

Fig. 65.

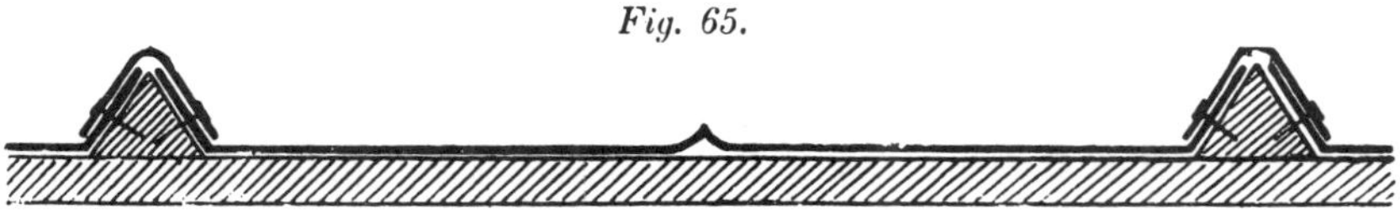

leiste. Nach vollständiger Eindeckung erfolgt der Anstrich der ganzen Dachfläche mit der Anstrichmasse, von welcher 1 kg für eine Fläche von 6 bis 8 qm ausreicht. Nach 4 bis 5 Jahren ist dieser Anstrich zu erneuern.

Die Leistendeckung lässt sich auch ohne Verschalung anwenden. In diesem Falle müssen auf den Sparren in Abständen von etwa 30 cm parallel zur Traufkante (Fig. 66) Latten befestigt werden. Auf diesen werden die Dreikantleisten

Fig. 66.

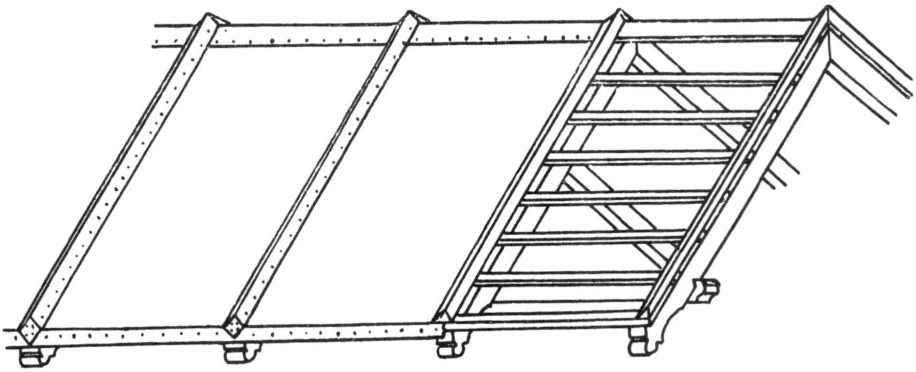

aufgenagelt und dann die Deckung in der vorher beschriebenen Weise ausgeführt. Auf massiver Unterlage, welche durchaus eben sein muss, wird der Stoff mittels Goudron aufgeklebt.

Für die Eindeckung provisorischer Bauten, wie Festhallen, Ausstellungsgebäude, kann man ganz von einer Schalung oder Lattung der zu deckenden Flächen absehen. Der Stoff wird dann einfach über die Sparren gespannt und mit 5 cm Ueberdeckung (Fig. 67) auf dieselben genagelt. An der Traufe ist der Stoff umzukanten und an einem vor die Sparrenköpfe genagelten Stirnbrette zu befestigen und ebenso sind zu beiden Seiten der Firstlinie schmale Bretter in die Sparren bündig mit deren Oberkante einzulassen. Bei grösseren Entfernungen der Sparren voneinander ist anzuraten, zwischen denselben eine kräftige Dachlatte von der Traufe nach dem Firste einzufügen, um ein Senken des Stoffes zu vermeiden.

Fig. 67.

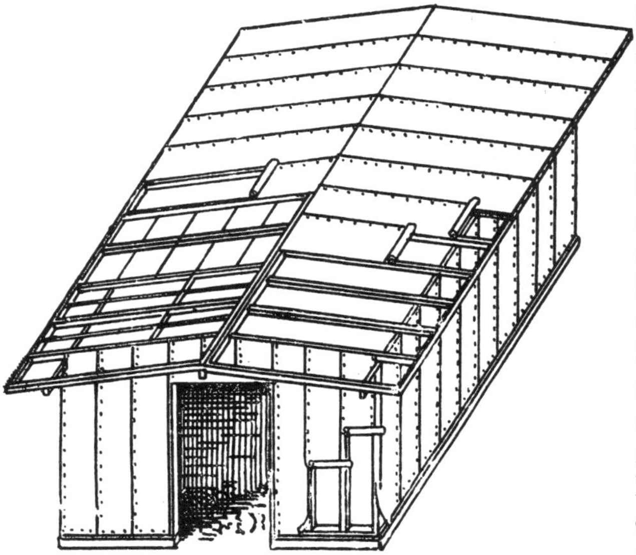

Der Preis des Materials für 1 qm Eindeckung stellt sich frei Bahnhof Königswusterhausen bei Berlin:

Bei Leistendeckung auf:	
Leinenstoff	1,75 Mk.
Zuschlag für Ueberdeckung	0,14 „
Dreikantleisten	0,15 „
Kappstreifen	0,22 „
Klebemasse	0,09 „
Nägel	0,10 „
Anstrichmasse	0,25 „
	2,70 Mk.

Bei Deckung ohne Schalung auf:	
Leinenstoff	1,75 Mk.
Zuschlag für Ueberdeckung	0,18 „
Klebemasse	0,09 „
Nägel	0,08 „
Anstrichmasse	0,25 „
	2,35 Mk.

2. Deckung mit künstlichem Steinmaterial.

Die Baustoffe, welche in Deutschland zur Herstellung künstlichen Steinmaterials für Bedachungszwecke Verwendung finden, sind vorzugsweise: Thon und Zement. Aus diesen werden ebene oder gekrümmte Steine, die sogen. „Dachziegel“, geformt, deren Fugen meist unter Zuhilfenahme eines Mörtels durch einfaches Ueberdecken der Ziegel in der Längenausdehnung, durch falzartiges Ineinandergreifen derselben an den Kanten oder durch Ueberdecken der plattenartigen Ziegel mit besonders geformten Decksteinen gedichtet werden.

Die zahlreichen Versuche, die Dachflächen mit einem Guss aus Zementmörtel zu überziehen, um die vielen Fugen der Ziegeldeckung, welche leicht zu Undichtigkeiten Veranlassung geben, zu vermeiden, sind bislang von keinem Erfolge begleitet gewesen, da sich stets nach kürzerer oder längerer Zeit Risse in der Gussmasse bildeten, deren dauernder Schluss nicht zu erreichen war.

1a. Deckung mit Dachsteinen aus gebranntem Thon.

Die Dachziegel lassen sich der Form nach in Flachziegel, Hohlziegel, Pfannen und Falzziegel einteilen.

Die Flachziegel,

auch Biberschwänze, Zungenziegel, Ochsenzungen oder Brettziegel genannt, haben die Form eines länglichen, an der einen, die Traufkante bildenden Schmalseite nach den Fig. 68 bis 73 abgekanteten, abgerundeten oder ausgeschnittenen Rechteckes. Bei den ersteren Formen findet der Wasserabfluss in der Mitte der unteren Schmalseite, bei der letzteren Form dagegen an deren Seiten statt. Auf ihrer Unterfläche (Fig. 74 und 75) befindet sich an der oberen Kante eine nasenartige Erhöhung, welche zum Anhängen der Ziegel an den Dachlatten dient.

Fig. 68.

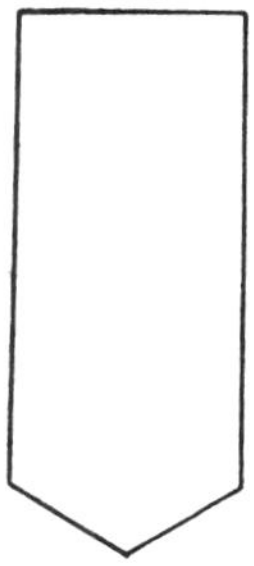

Fig. 69.

Fig. 70.

Fig. 71.

Fig. 72.

Fig. 73.

Fig. 74 u. 75.

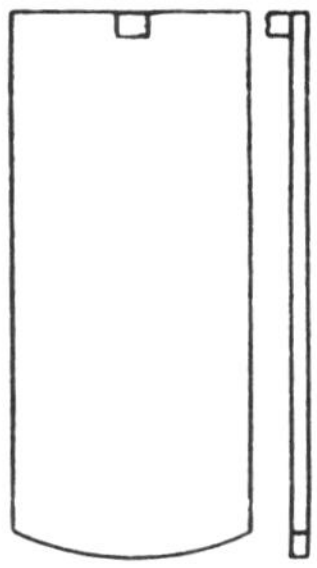

Fig. 76.

Da die einzelnen Ziegelreihen dicht aufeinander liegen, so tritt leicht der Uebelstand auf, dass sich das Wasser in den Deckfugen infolge der Kapillar-Attraktion heraufzieht und es werden deswegen in neuerer Zeit die mit Maschinenbetrieb hergestellten Flachziegel mit flachen Längsrinnen (Fig. 76) versehen, welche das unmittelbare Aufeinanderliegen der Ziegelreihen verhindern und ein schnelleres Abtrocknen derselben befördern sollen.

Je glatter und gleichmässiger die Oberfläche der Ziegel ist, um so schneller wird das Wasser von denselben abfliessen und um so länger wird ihre Dauer sein. Es ist deswegen die namentlich auf weniger fest gebrannten Steinen auftretende Moosentwickelung zu zerstören, welche den schnellen Wasserabfluss in wesentlichem Maasse verhindern würde.

Die Grösse der Flachziegel ist eine sehr verschiedene; sie richtet sich nach der Dachneigung und den Abmessungen der einzudeckenden Flächen. Im allgemeinen werden für grössere und flachere Dächer Ziegel grösseren Formates, für kleinere und steilere Dächer solche kleineren Formates bevorzugt. Grosse Flachziegel haben meist eine Länge von 35 bis 40 cm, eine Breite von 15 bis

16 cm und eine Dicke von 1,0 bis 1,5 cm. Der Verein deutscher Ziegelfabrikanten hat für dieselben im Jahre 1888 eine Länge von 36,5 cm, eine Breite von 15,5 cm und eine Dicke von 1,2 cm angenommen und es sollen diese Abmessungen den nachfolgenden Abbildungen zu Grunde gelegt werden. Kleine Flachziegel kommen in den Grössen 30 X 15 X 1 cm, 27,5 X 11 X 1 cm, 18 X 11 X 1 cm nnd 15 X 7,5 X 1 cm vor.

Mit Bezug auf die Entfernung der Dachlatten voneinander und die voneinander abweichende Ueberdeckung der Ziegelreihen unterscheidet man drei Arten der Eindeckung mit Flachziegeln:

α) das Spliessdach,

β) das Doppeldach,

γ) das Kronen- oder Ritterdach.

Das Spliessdach erhält mindestens 1/3, besser 1/2 der ganzen Gebäudetiefe eines Satteldaches zur Höhe. Jede Latte trägt eine einfache Reihe von Dachsteinen (Fig. 77), nur die oberste und unterste Latte eine doppelte (Fig. 78 und 79). Das Maass der Ueberdeckung beträgt mindestens 10 cm und nicht mehr als die halbe Ziegellänge, so dass die Lattenweite auf 18 bis 25 cm anzunehmen ist. Gewöhnlich bemisst man die letztere auf annähernd 20 cm.

Fig. 77.

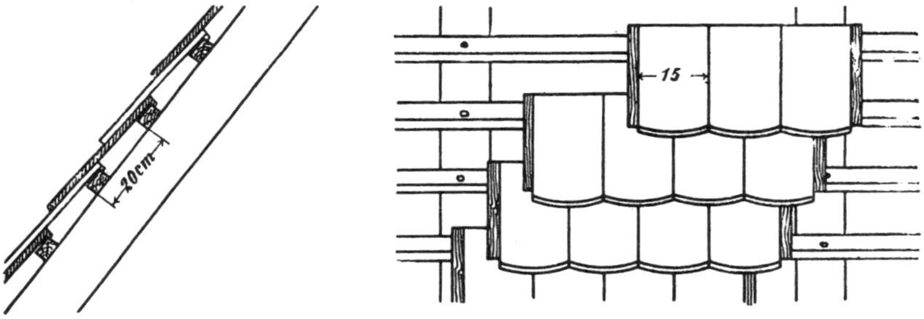

Fig. 78.

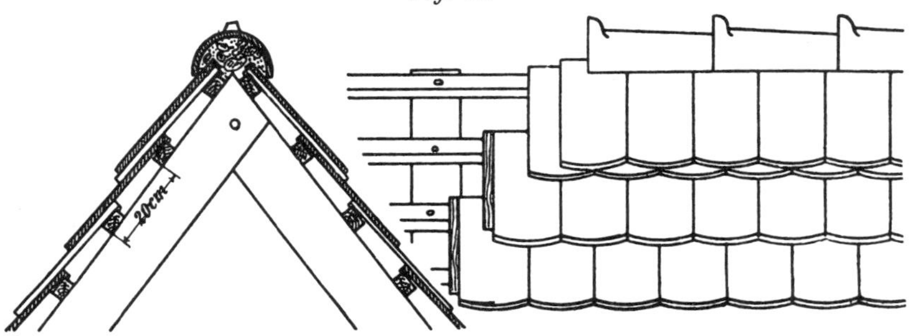

Um das Eindringen des Regen- und Schneewassers und besonders des Schnees zu verhindern, schiebt man sogen. Spliesse, das sind dünne aus Eichen- oder Kiefernholz gewonnene Späne, Zink- oder Teerpappstreifen von etwa 5 cm Breite und der Länge der Ziegel, unter die Fugen. Trotzdem ist ein Spliessdach nie ganz dicht zu bekommen und eignet sich deswegen nur für untergeordnete Gebäude.

Da infolge der Abrundung oder Abkantung der unteren Kanten das Wasser sich nach der Mitte der Steine hinzieht und somit bei der durch die Fig. 77

bis 79 dargestellten Eindeckung im Verbande auf die Fugen der tiefer liegenden Steine übergeleitet wird, so hat man wohl diesem Uebelstande dadurch

Fig. 79.

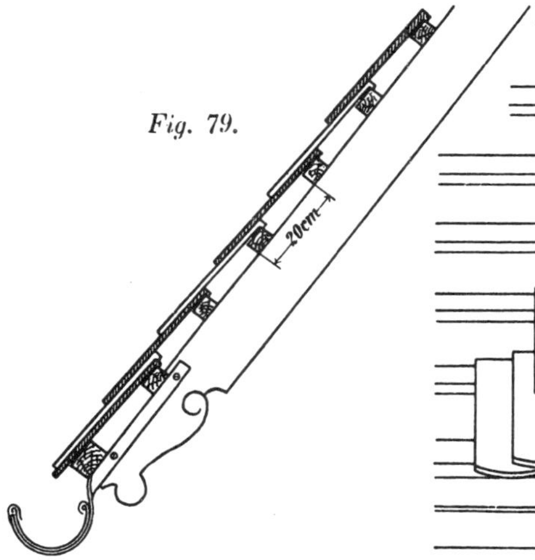

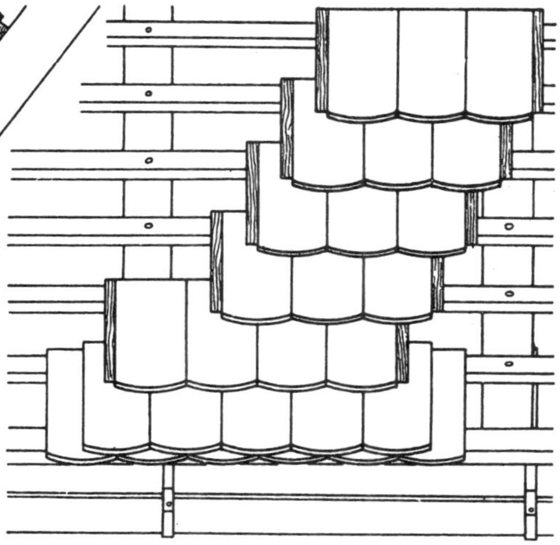

zu begegnen gesucht, dass man die Biberschwänze im Dreiviertelverbande (Fig. 80) verlegt. Diese Ausführungsweise erfordert aber besonders geschickte Arbeiter und wird deswegen besser durch die leichter herzustellende Reihendeckung (Fig. 81) ersetzt, bei welcher die Stossfugen ununterbrochen von der Traufe bis zum First reichende Linien bilden. Bei Verwendung der durch Fig. 7 dargestellten Dachsteine fallen natürlich die gegen die Eindeckung im Verbande erhobenen Bedenken fort.

Fig. 80.

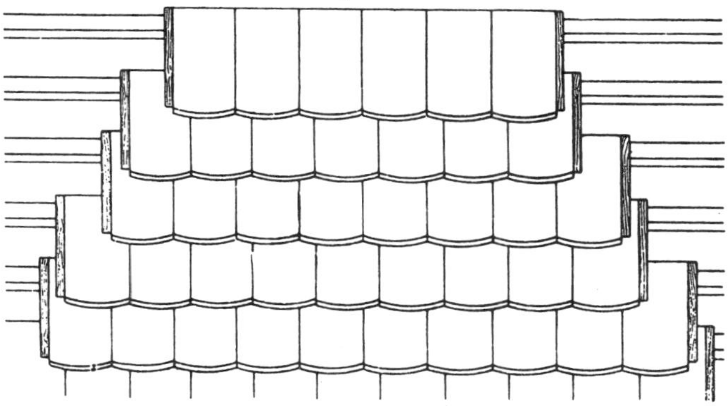

Fig. 81.

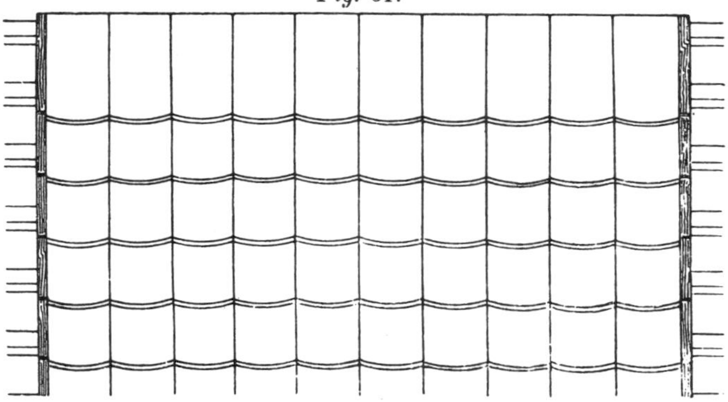

Bei einer Lattenweite von 20 cm beträgt der Materialbedarf für 1 qm Spliessdach: 35 Dachsteine, 35 Spliesse, 5,1 m Dachlatten und 5,5 Stück 9 cm lange Lattennägel. Die Lattenstärke wird zu 4 × 6 cm gewählt. Das Gewicht von 1 qm Dachdeckungsmaterial einschl. der Sparren ist auf etwa 90 kg anzunehmen.

Das Doppeldach muss mindestens $^1/_4$, besser $^1/_3$ der Gebäudetiefe eines Satteldaches zur Höhe erhalten. Auf jeder Latte liegt eine einfache Reihe von Dachziegeln; die Trauf- und Firstschicht müssen auch hier doppelt gelegt werden. Bei Normalziegeln von 36,5 cm Länge beträgt die Lattenweite 15 cm, so dass jeder obere Stein den zunächst darunter liegenden um etwas mehr als die Hälfte und den unter letzterem liegenden um etwa 8 cm überdeckt. Ueber den Latten zeigen sich demzufolge drei und zwischen den Latten zwei Ziegellagen (Fig. 82). Um die Fugen zu dichten, wird die eine Kante jeden Steines mit einem Mörtelstrich versehen und dicht gegen den benachbarten Stein angedrückt, ausserdem sind zur Dichtung der Lagerfugen die Kopfenden der Steine gut mit Mörtel zu verstreichen. Da letztere Arbeit von dem Innern des Dachraumes aus geschehen muss, so sind die nahe der Traufe liegenden Schichten, zu denen man von inwendig nicht gelangen kann,

Fig. 82.

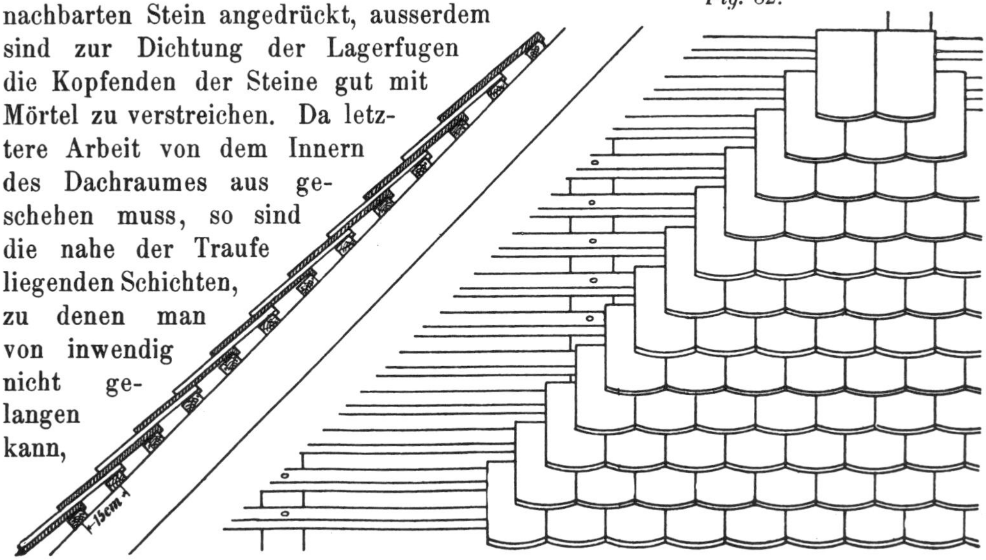

mit Querschlägen (vergl. Fig. 86) zu versehen. Da die Lattenweite zu eng ist, um einzelne Steine herauszuziehen, ohne die zunächst liegenden zu beschädigen, so sind bei dieser Deckungsart Ausbesserungsarbeiten nur schwer auszuführen. Es empfiehlt sich deswegen die Verwendung nur besten Materials.

Der Materialbedarf beträgt bei einer Lattenweite von 15 cm für 1 qm Doppeldach: 50 Dachsteine, 0,03 cbm Mörtel, 7,0 m Latten und 7,5 Stück Lattennägel, das Gewicht etwa 120 kg.

Das Kronen- oder Ritterdach verlangt dieselbe Dachneigung wie das Doppeldach. Hier hängen auf jeder Latte zwei Ziegelreihen; die Lattenweite beträgt bei Normalformat 25 cm (Fig. 83). Die Dichtung der Stossfugen erfolgt ebenso wie beim Doppeldach, indem jeder Stein an einer Kante mit einem Mörtelstrich versehen und fest gegen den Nachbar geschoben wird. Zur Dichtung der Lagerfugen wird meist auf jeder Ziegelreihe in geringem Abstande von der oberen Kante ein 1,5 bis 2 cm breiter schwacher Mörtelstreifen, der sogen. Querschlag, aufgetragen (Fig. 86), in den die darauffolgende Ziegelreihe eingedrückt wird. Diese Art der Eindeckung bezeichnet man als böhmische Deckungsart. Der Querschlag ist möglichst nahe an der oberen Kante anzubringen, damit keine klaffende Fuge entsteht, welche ein Abheben der Ziegel durch den Sturm begünstigt und um zu erreichen, dass der Querschlag möglichst geschützt gegen Nässe liegt und so ein schnelleres Abtrocknen der Steine stattfinden kann. Die böhmische Deckungsart muss bei trockenem Wetter ausgeführt werden, damit der frische Mörtel nicht durch den Regen aufgelöst und fortgeschwemmt wird. Am besten bewährt sich ein Kalkmörtel aus 1 Teil Kalk und $1^1/_2$ Teilen feingesiebtem, scharfem Sande, oder ein verlängerter Zementmörtel aus 1 Teil Zement, 3 Teilen Weisskalk und 6 Teilen Sand. Zementmörtel eignet sich nicht, weil derselbe zu schnell erhärtet und deswegen leicht als bereits abgebundene Masse verwendet wird.

Fig. 83.

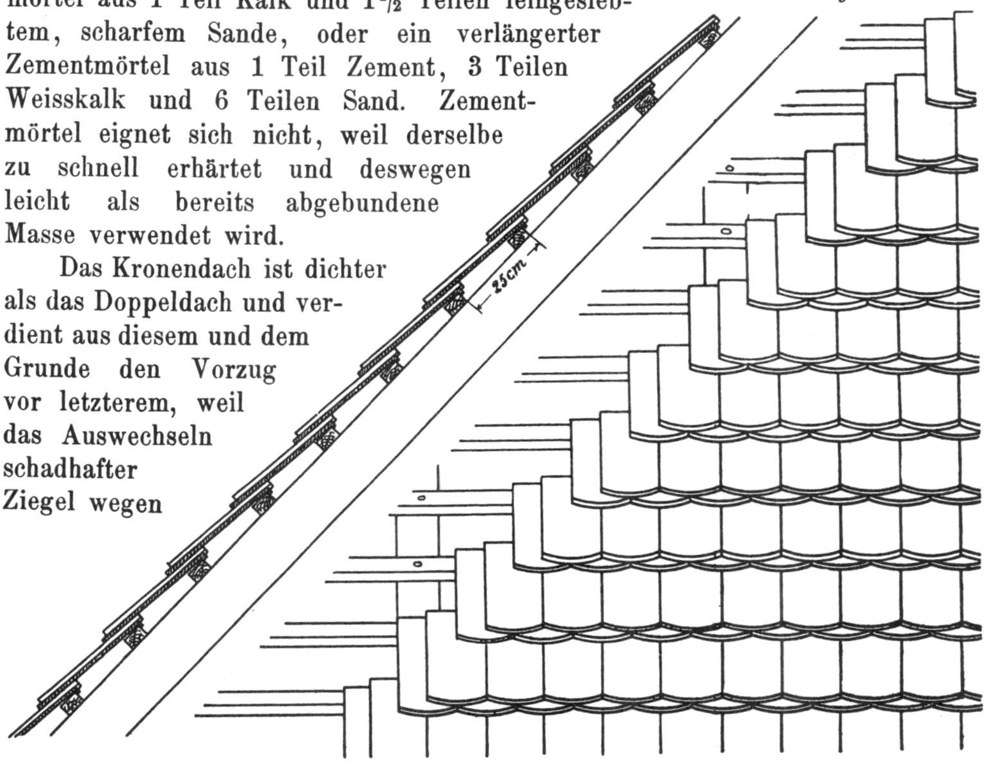

Das Kronendach ist dichter als das Doppeldach und verdient aus diesem und dem Grunde den Vorzug vor letzterem, weil das Auswechseln schadhafter Ziegel wegen der grösseren Lattungsweite leichter bewirkt werden kann. Obgleich die Stückzahl der zur Deckung erforderlichen Ziegel eine etwas grössere ist als für die Doppeldeckung, so stellt sich doch wegen der geringeren Zahl von Latten das Kronendach nicht teurer als das Doppeldach. Bei einer Lattungsweite von 25 cm beträgt der Materialbedarf für 1 qm 58 Ziegel, 0,03 cbm Mörtel, 3,5 m Latten und 4 Lattennägel, das Gewicht etwa 130 kg.

Fig. 84.

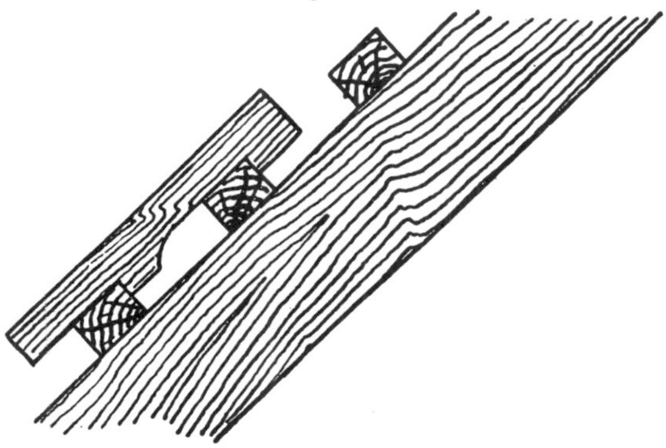

Um die Latten gleichmässig weit voneinander und in gleicher Höhe auf die Sparren zu nageln, bedient man sich einer sogenannten Lattenlehre. Diese besteht entweder aus einem Brettstücke, dessen eine Kante entsprechend der Lattenweite ausgeklinkt ist (Fig. 84) oder besser aus einem Richtscheit von etwa 2 m Länge, auf dessen unterer Kante in ganz gleich weit voneinander entfernten Abständen, welche der vorher festgestellten Decklänge der Ziegel entsprechen müssen, kleine Winkeleisen aufgeschraubt sind, wie Fig. 85 zeigt. Die Lattung beginnt dann in folgender Weise. Zuerst wird an der Traufkante eine konisch geschnittene, etwa 60 mm hohe Latte auf das unterste Ende der Sparren genau wagerecht aufgenagelt. Gegen diese Latte wird das untere Ende der Lattenleere angeschoben und nun die übrigen Latten fest gegen die Winkeleisen gedrückt und festgenagelt.

Fig. 85.

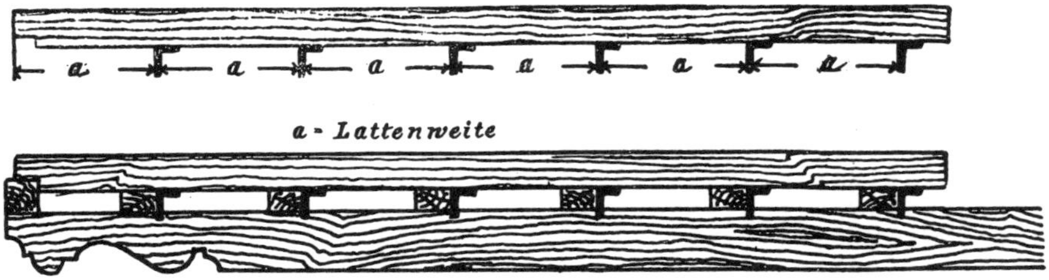

Es sollen hierbei nicht nur durchaus gleiche Lattenweiten erzielt, sondern auch die durch Unebenheiten der Sparrenoberflächen und durch ungleich starke Latten hervorgerufenen Höhenunterschiede dadurch ausgeglichen werden, dass zu starke Latten und buckelige Sparren geschwächt und unter zu schwache Latten wie auf bauchige Sparren so starke Holzspäne gelegt werden, dass die Latten an die Leere stossen. Handelt es sich um ungleich starke Latten, so sortiert man starke und schwache auseinander und nagelt jede Sorte für sich, also in einem Gange schwache, in dem anderen die starken Latten auf.

Bei allen Eindeckungsarten mit Flachziegeln werden an den Giebelseiten halbe Steine erforderlich, welche von den meisten Ziegeleien besonders herge-

Fig. 86.

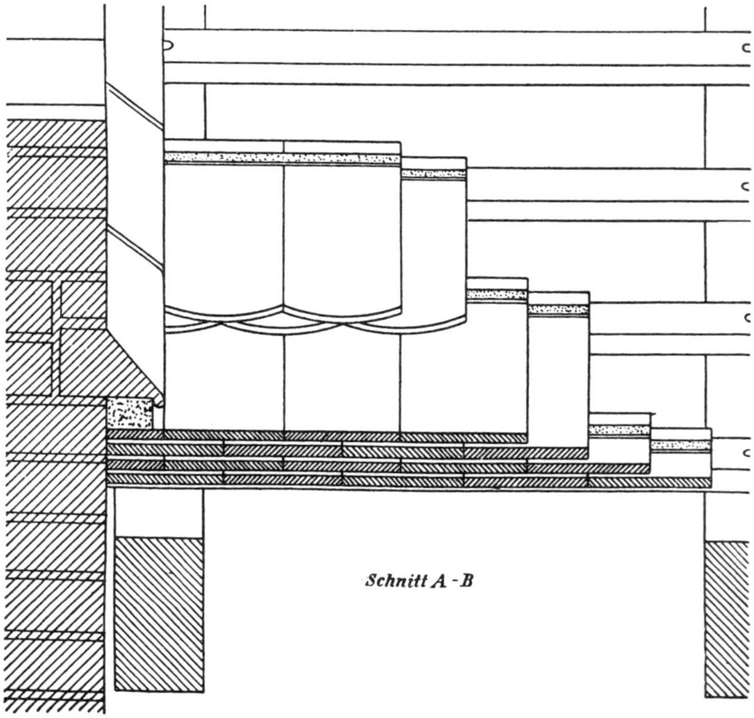

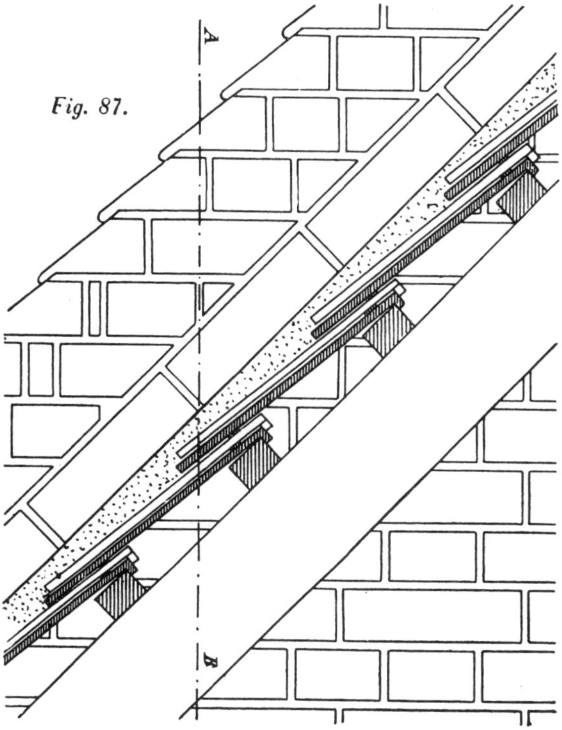

Fig. 87.

stellt werden. Ist der Dachdecker gezwungen, diese Teilsteine durch Abspalten aus ganzen Steinen herzustellen, so werden die Nasen in den meisten Fällen abspringen; es bleibt dann nichts anderes übrig, als die Teilsteine voll in ein Mörtelbett zu legen. Letzteres ist auch an den Kehlen, Graten und Schornsteinanschlüssen anzuwenden, weil auch hier beim Zurichten der Steine die Nasen zumeist fortfallen.

Stösst eine Dachfläche gegen eine höher aufgeführte Giebelmauer, so lässt man nach Fig. 86 und 87 eine parallel zur Sparrenneigung in die Giebelmauer eingelegte Schicht etwa 4 bis 6 cm vorkragen, so dass die Dachsteine unter den Vorsprung greifen können, und verstreicht den Raum zwischen der Ziegelschicht und den Dachsteinen mit Mörtel.

In ähnlicher Weise lässt sich nach Fig. 88 die Dichtung bewirken, wenn sich ein Pultdach gegen eine auf der Grundstückgrenze errichtete Brandmauer anlehnt.

Soll an einer Giebelmauer das letzte Gebinde mit Aussenkante der Mauer bündig liegen, so lässt man die Dachlatten etwa 5 bis 7 cm über den Sparren hinausragen, verschalt die Unterseite derselben, damit der Sturm die Dachziegel nicht abheben kann und nagelt aus gleichem Grunde gegen die Hirnenden der Dachlatten ein Windbrett. Zur Dichtung zwischen Dachdeckung und Windbrett benutzt man zweckmässig Zinkblech, welches nach Fig. 89 zwischen die Dachziegel geschoben und mittels Haften an dem Windbrett befestigt wird.

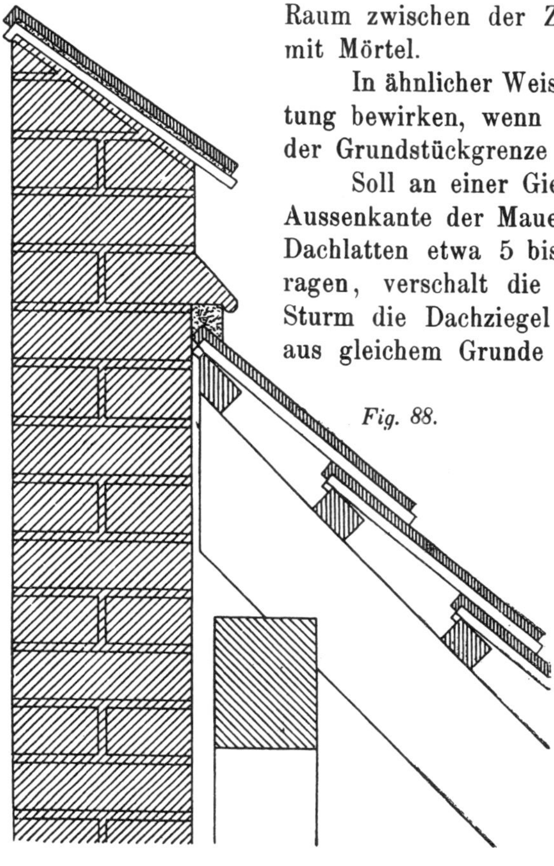

Fig. 88.

In gleicher Weise kann auch die Dichtung nach den Fig. 90 bis 92 bewirkt werden, wenn an einem Freigebinde ein solches Windbrett angebracht ist. Wesentlich vereinfachen lässt sich die letztere Konstruktion dadurch, dass man die Oberkante des Windbrettes nach den Fig. 93 und 94 so ausschneidet, dass sich die Dachziegel in die Ausschnitte einlegen lassen. In diesem Falle ist eine Dichtung durch Zinkblech entbehrlich, wenn man die Dachziegel einige Zentimeter über das Windbrett hinausragen lässt.

Fig. 89.

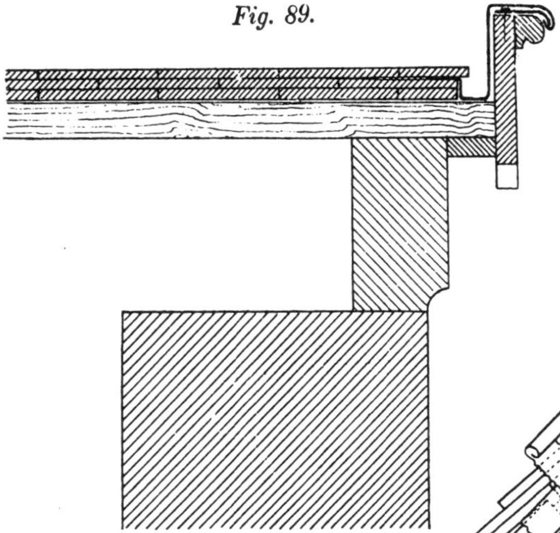

Fig. 90.

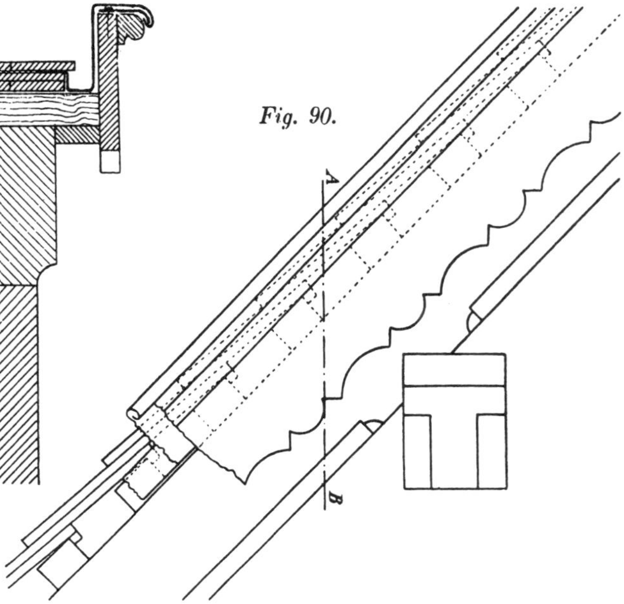

Die Firste und Grate werden mit Hohlziegeln eingedeckt, deren Querschnitt die Halbkreisform (Fig. 95 bis 103), die Dreipassform (Fig. 104) oder eine geschwungene Form (Fig. 105 bis 107) zeigt. Häufig erhalten die First und Gratziegel auch eine aus dem Kopfende oder aus dem Rücken herauswachsende, mehr oder weniger reiche Verzierung durch Knäufe oder Blattwerk (vergl. Fig. 97 bis 103, 109 und 110). Die Länge und Breite dieser Ziegel ist eine sehr verschiedene; von den meisten Ziegeleien werden sie mit 36 bis 40 cm Länge, 16 bis 20 cm grösserem und 12 bis 16 cm kleinerem Durchmesser hergestellt. Die Ueberdeckung wird entweder dadurch bewirkt, dass man sie mit dem schwächeren Ende in das weitere des nächstfolgenden Ziegels etwa 8 bis 10 cm einschiebt (Fig. 95) oder dass man sie falzartig übereinander greifen lässt (Fig. 98 bis 110). Der Hohlraum unter den Ziegeln wird gewöhnlich mit einem aus Ziegelbrocken und Kalkmörtel hergestellten Beton

Fig. 91.

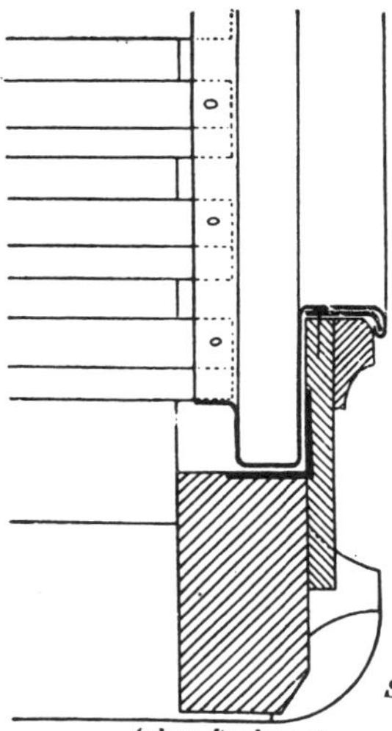

(ohne Deckung)

Fig. 92.

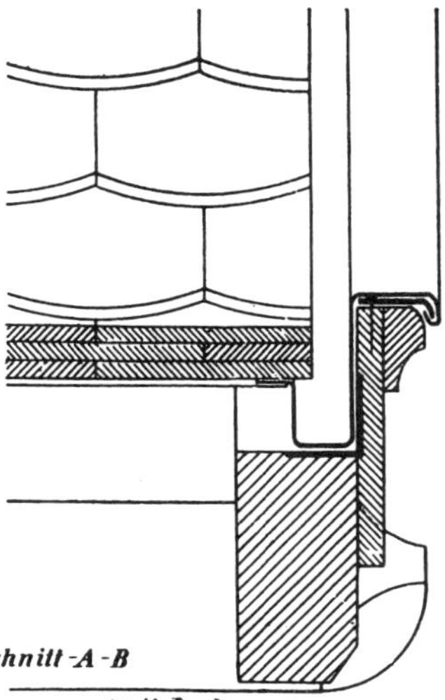

(mit Deckung)

Schnitt-A-B

Fig. 95.

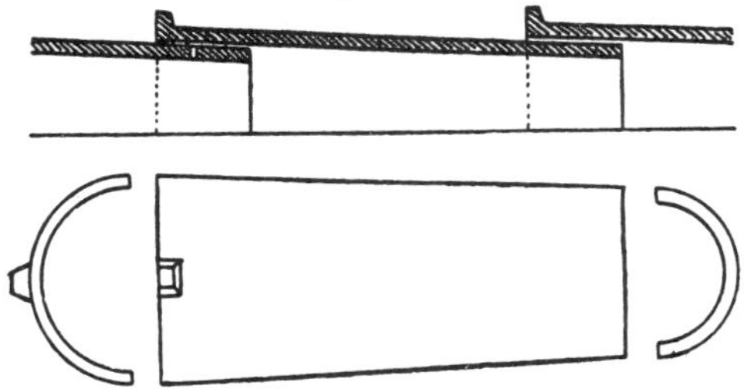

Fig. 94.

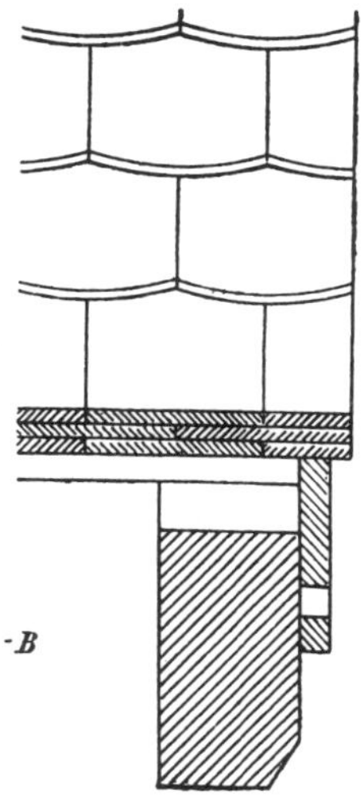

Fig. 93.

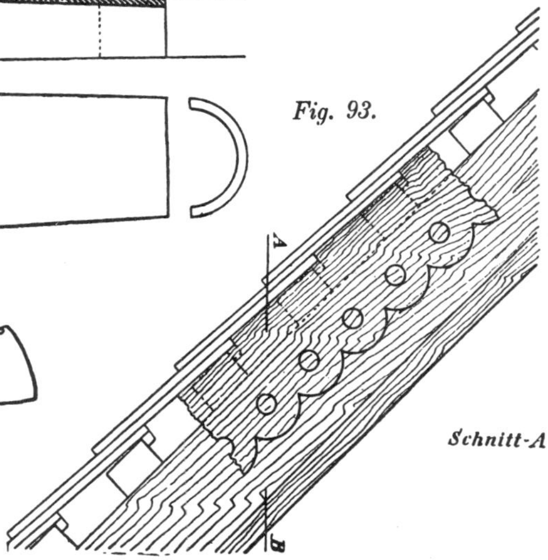

Schnitt-A-B

Fig. 96.

Fig. 97.

Fig. 98.

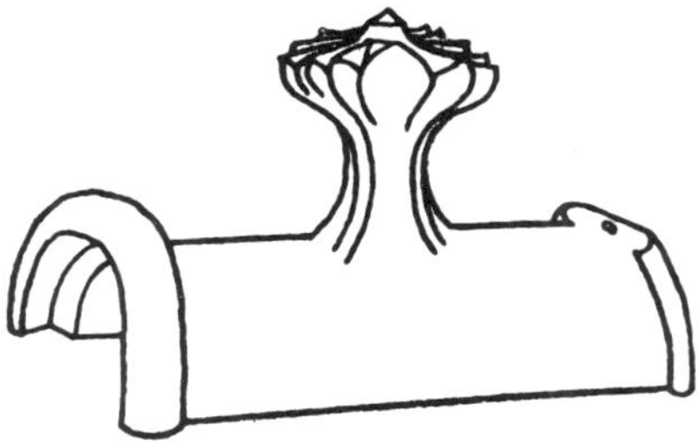

Fig. 99.

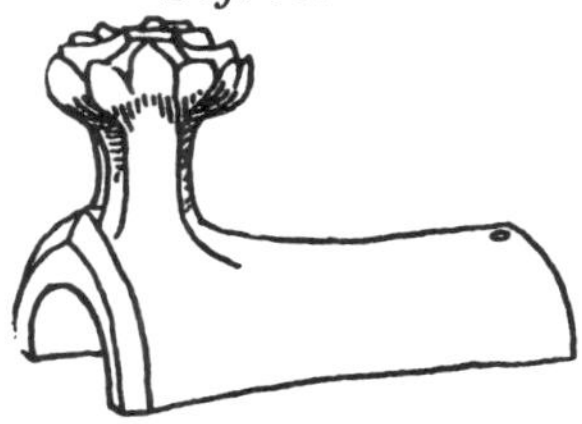

Fig. 100.

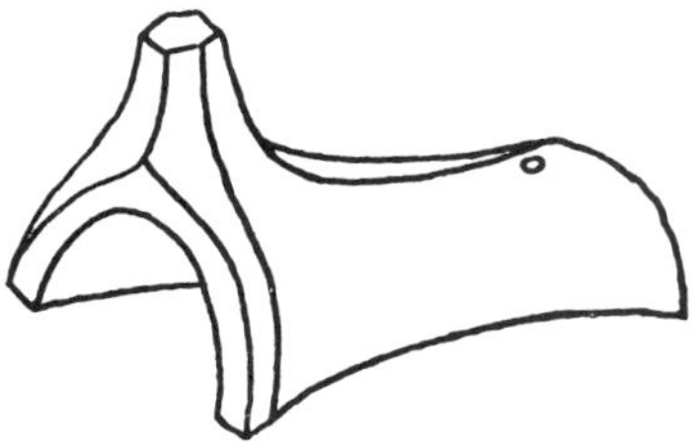

Fig. 101.

Fig. 102.

Fig. 103.

Fig. 104.

Fig. 106.

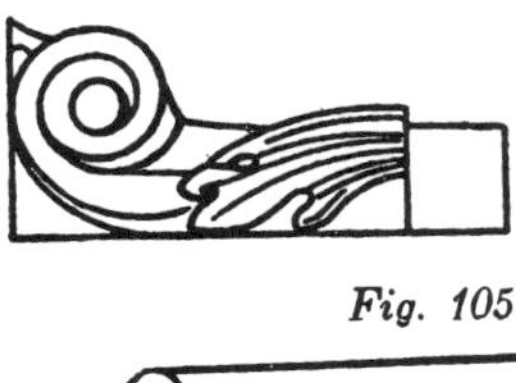

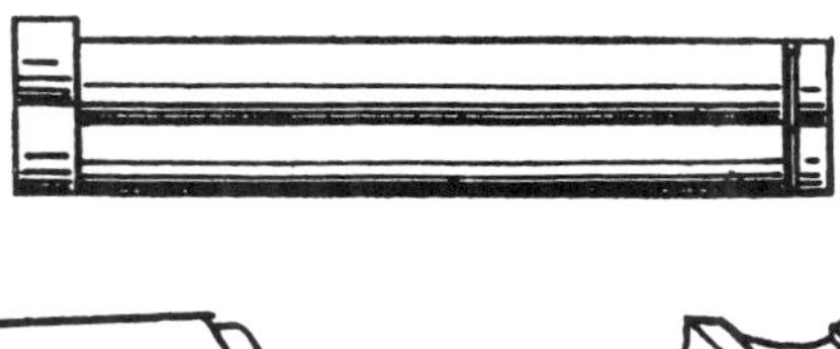

Fig. 105.

Fig. 107.

ausgefüllt (vergl. Fig. 78), damit infolge des vergrösserten Gewichtes ein Abheben bei Stürmen vermieden wird. Da indes fetter Mörtel stark schwindet und somit die Firstziegel nicht füllen und diese nicht festhalten kann, auch die Gefahr vorliegt, dass nicht vollständig ausgelöschter Kalk verwendet wird, wel-

Fig. 108.

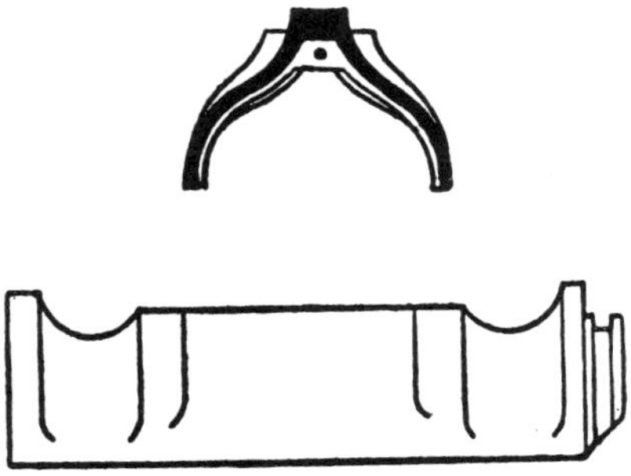

Fig. 109.

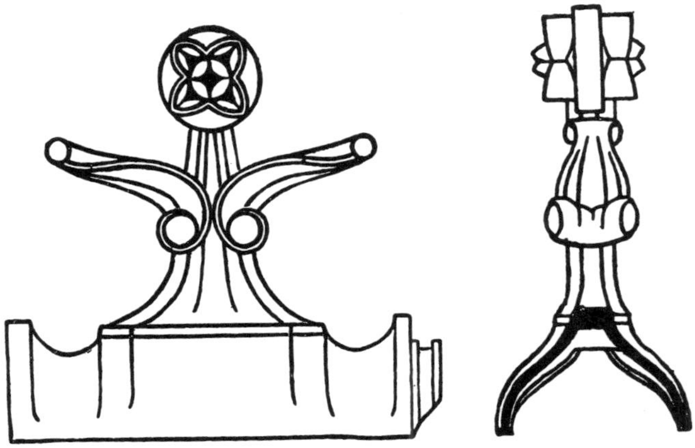

Fig. 110.

Fig. 111.

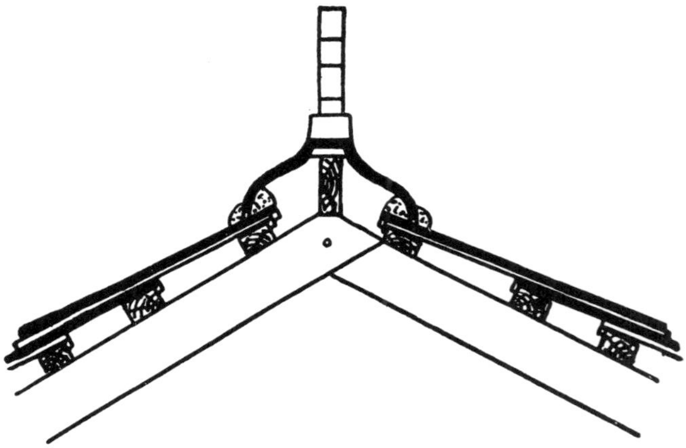

cher noch auf dem Dache treibt und namentlich halbkreisförmige Ziegel, welche mit Mörtel gefüllt sind, beim Treiben sprengen kann, so dürfte der durch Fig. 111 dargestellten Konstruktion der Vorzug zu geben sein. Hierbei ist mitten auf dem First eine Latte hochkantig befestigt, auf welcher die Firstziegel aufgenagelt werden. Zur Dichtung zwischen Firstziegel und Deckziegel genügt ein einfacher Mörtelverstrich und das Auftragen eines Mörtelwulstes auf die oberen Ziegelreihen. An den Graten ist in gleicher Weise zu verfahren, indem auch hier eine Latte auf die Gratkante der Sparren genagelt wird.

Bei den Firsten muss das weitere Ende der Hohlziegel der Wetterseite abgekehrt sein, bei den Graten dagegen nach unten liegen, damit das Wasser von den Dichtungsstellen abgeleitet wird.

Als Gratanfänger dienen oft besondere Formsteine; Beispiele hierfür veranschaulichen die Fig. 112 und 113.

Dort, wo die Grate gegen einen oder mehrere Firste stossen, also im Anfallspunkte, sowie am Zusammenstosse mehrerer Grate bei Zeltdächern, oder schliesslich im Kreuzungspunkte mehrerer Firste, werden meist besonders ge-

Fig. 112.

Fig. 113.

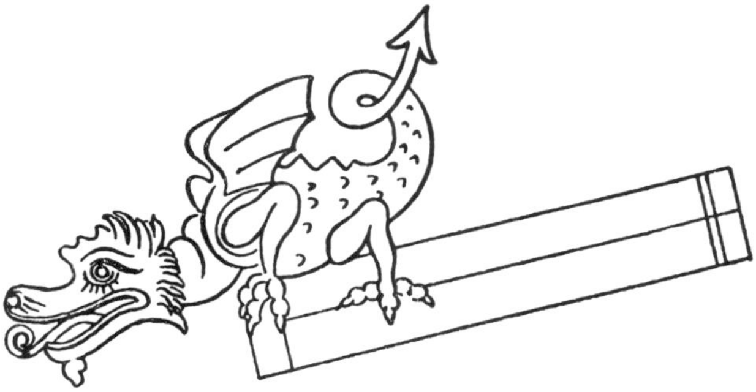

formte Ziegel, sogen. „Glocken", verwendet (vergl. Fig. 114 bis 129), die nicht selten eine obere kugelförmige oder anders gebildete Endigung erhalten (Fig. 130 bis 136).

Fig. 114.

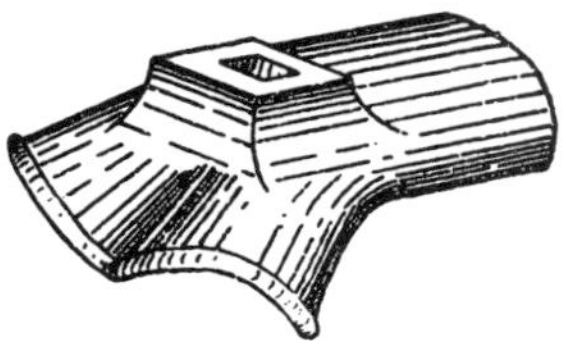

Fig. 115.

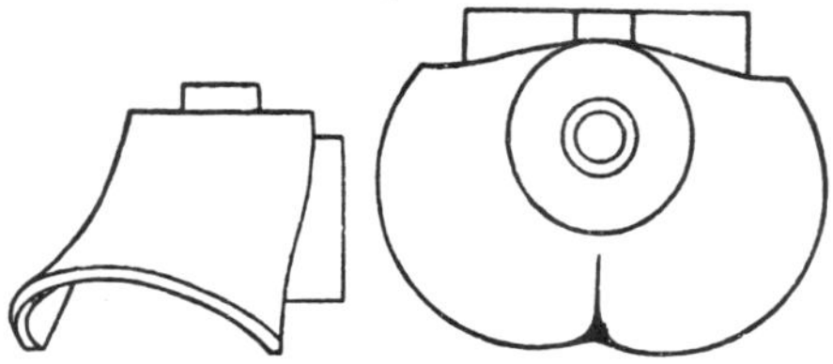

Ein First und 2 Grate.

Fig. 116.

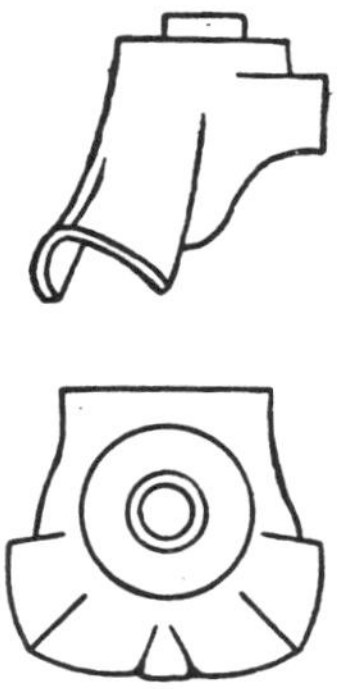

Glocke für 1 First und 2 Grate.

Fig. 117.

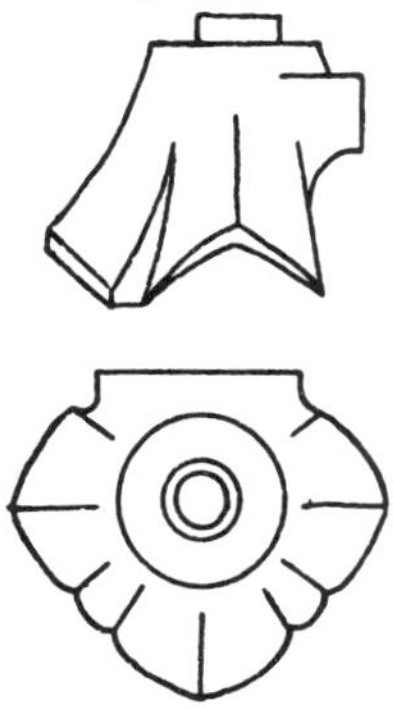

Glocke für 1 First und 3 Grate.

Fig. 119.

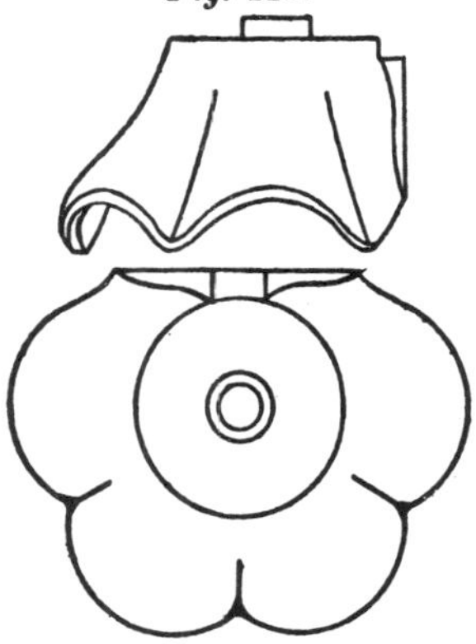

Ein First und 4 Grate.

Fig. 120.

Ein First und 4 Grate.

Fig. 118.

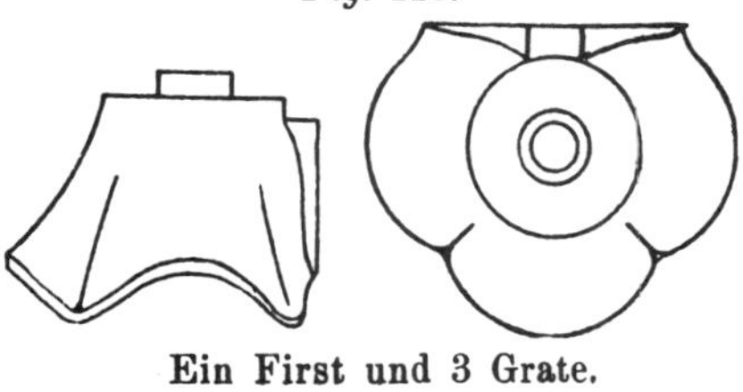

Ein First und 3 Grate.

Fig. 121.

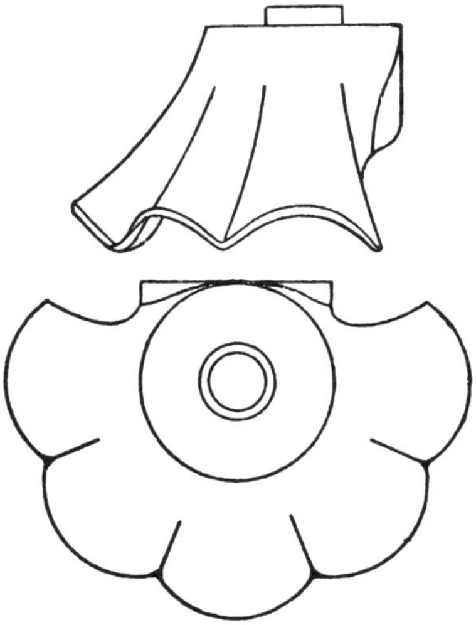

Ein First und 5 Grate.

Fig. 122.

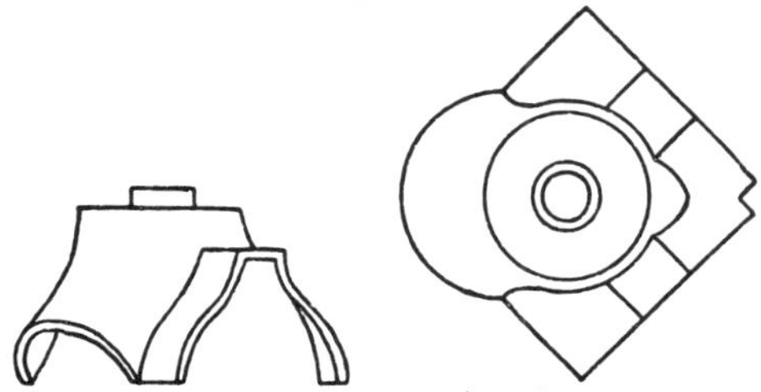

Glocke für 2 Firste und 1 Grat.

Fig. 123.

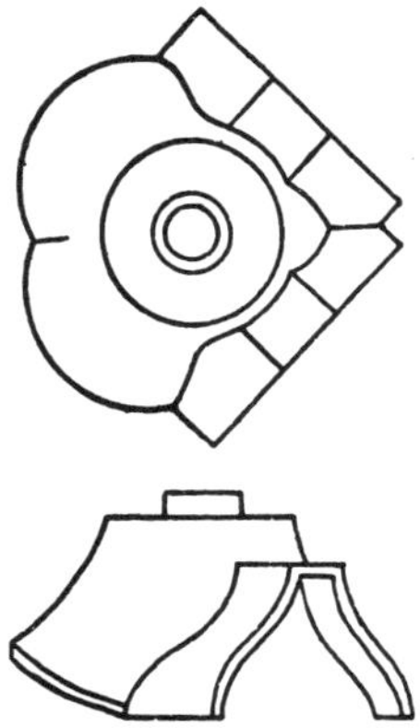

Glocke für 2 Firste und 2 Grate.

Fig. 124.

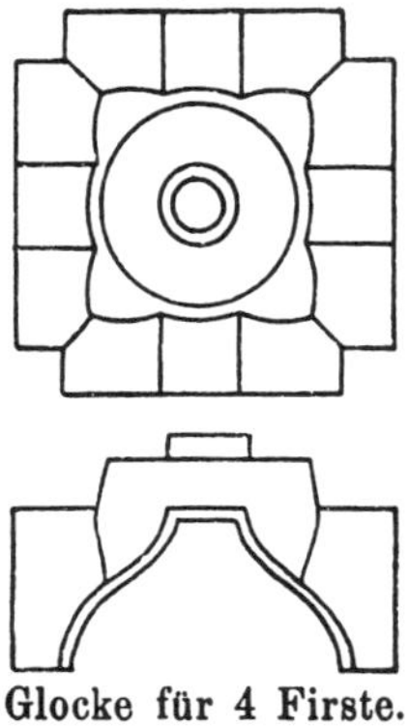

Glocke für 4 Firste.

Fig. 125.

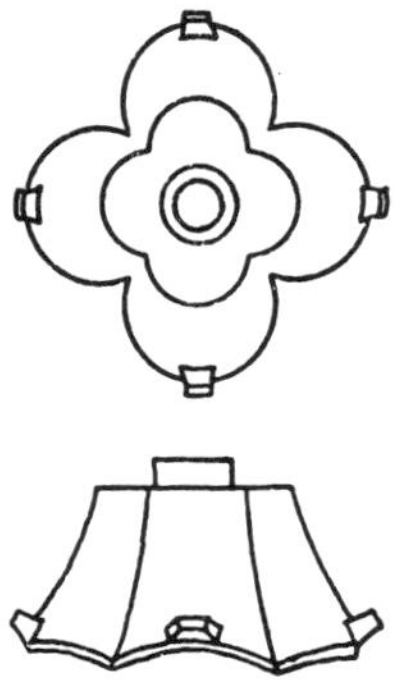

Vier Grate.

Fig. 126.

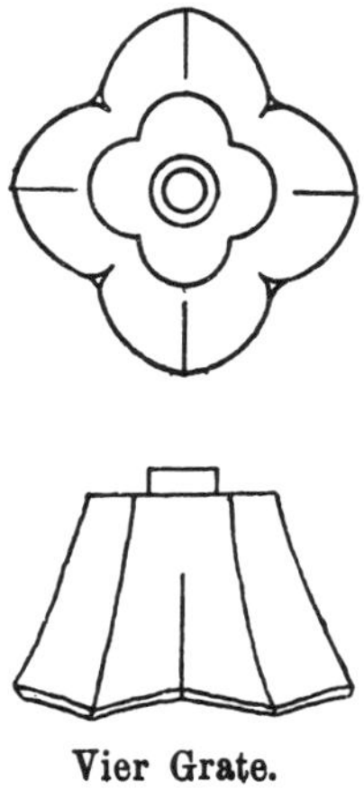

Vier Grate.

Fig. 127.

Für 6 Grate.

Fig. 128.

Acht Grate.

Fig. 129.

Für 8 Grate.

Fig. 131.

Fig. 133.

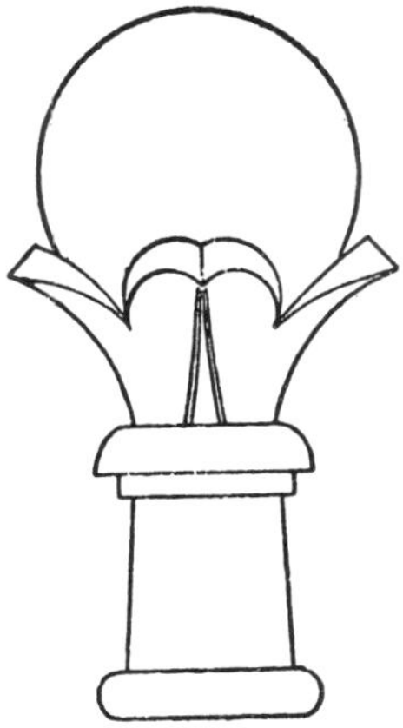

Fig. 130.

Fig. 132.

Fig. 135.

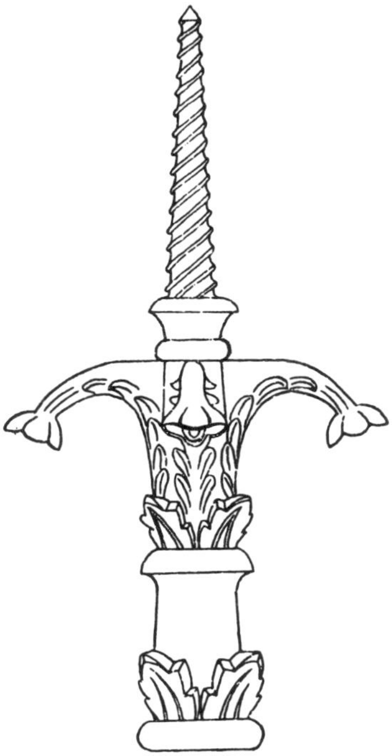

Fig. 136.

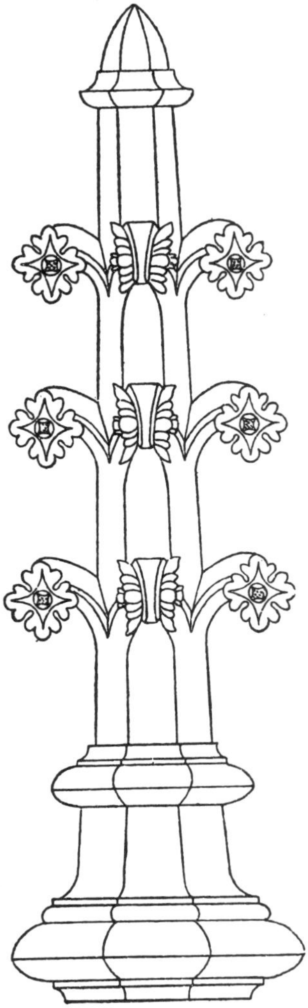

Fig. 134.

Fig. 137.

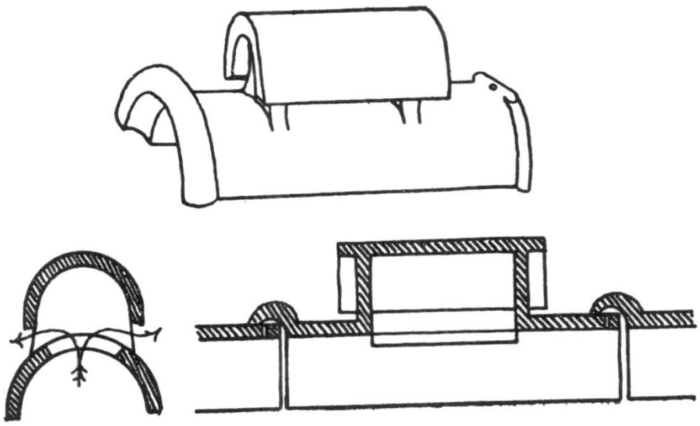

Zur Ermöglichung einer fortwährenden Lüftung des Dachraumes, welche sich namentlich für landwirtschaftliche Bauten empfiehlt, werden zuweilen in die Firstdeckung sogen. „Firstlüfter" nach den Fig. 137 bis 139 eingebaut.

Fig. 138.

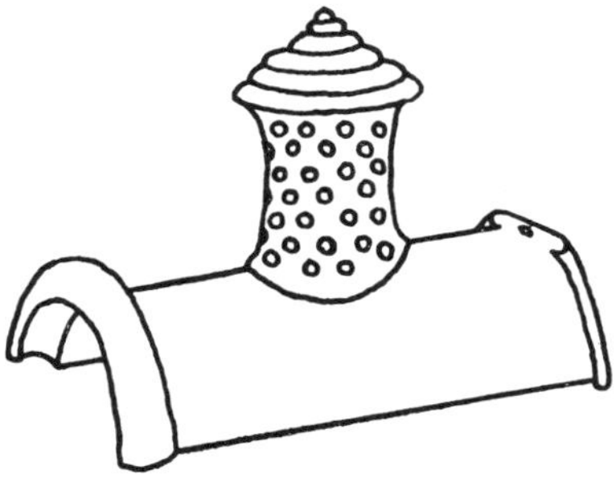

Fig. 139.

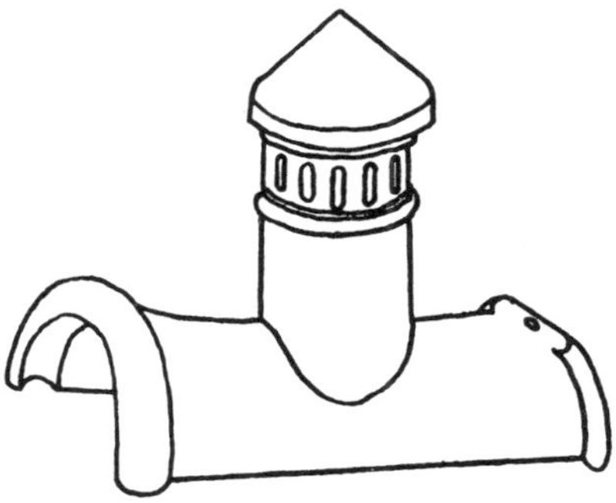

Da die Kehlen stets ein geringeres Gefälle als die Dachflächen haben und sich überdies in denselben mehr Wasser ansammelt als auf irgend einem anderen Dachteile, so ist auf eine besonders gute Eindeckung derselben Sorgfalt zu legen. Es geschieht dieselbe entweder nach Fig. 140 unter Verwendung besonders zugehauener oder geformter Kehlsteine (Fig. 141), oder nach den Fig. 142 und 143 mittels Zinkblech, welches durch Haften gegen seitliches Verschieben festgehalten wird. Bei Doppeldeckung kann das Zinkblech einfach über die Lattung ausgestreckt werden; bei dem Kronendach ist jedoch wegen der grösseren Lattungsweite anzuraten, entweder Lattenstücke zwischen die Hauptlatten einzuschieben oder die ganze Kehle bündig mit Oberkante Sparren mit Brettern auszuschalen. Die Befestigung dieser Schalung geschieht zweckmässig auf Latten, welche seitlich an die Sparren genagelt sind. Da beim Zuhauen der an eine Kehle anschliessenden Ziegel die Kanten der letzteren nie durchaus geradlinig ausfallen, so empfiehlt Karl Ludowici in Jockgrim i. d. Pfalz besondere Kehlziegel (Fig. 144), welche nach Fig. 145 beiderseits über das Zinkblech greifend aufgenagelt werden.

Fig. 140.

Fig. 141.

Aehnlich wie beim Maueranschluss werden auch die aus der Dachfläche oder im Dachfirst heraustretenden Schornsteine einer Auskragung oberhalb

Fig. 142.

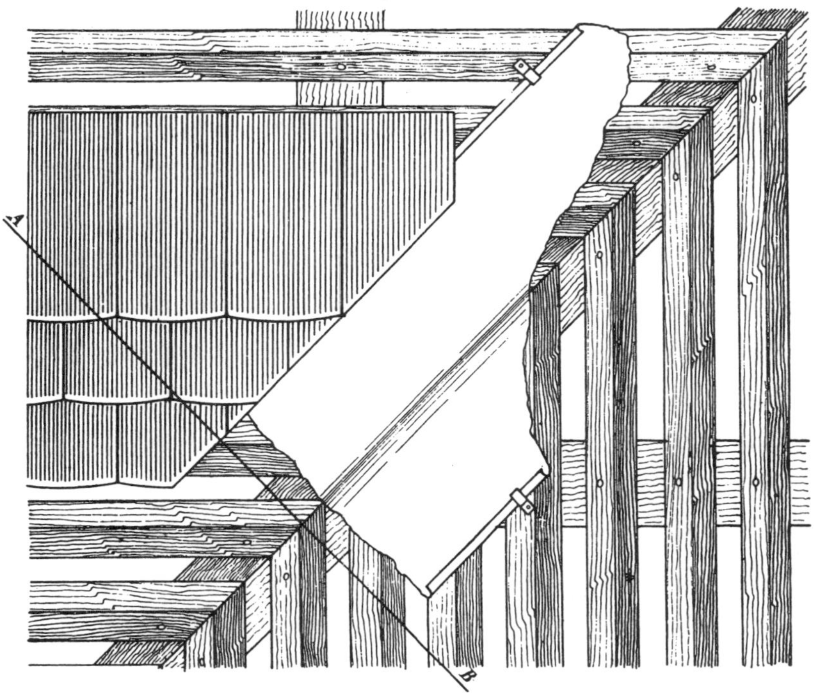

der Dachsteine bedürfen. Zur Abdeckung der vorgekragten Schichten werden zweckmässig Schrägsteine verwendet. Die hinter den Schornsteinen sich bildenden Kehlen sind mit Zinkblech einzudecken. Die Figuren 146 bis 149 und 150 bis 154 veranschaulichen den Anschluss der Dachdeckung an einen aus einer Dachfläche beziehungsweise an einen aus einem Dachfirste tretenden Schornstein.

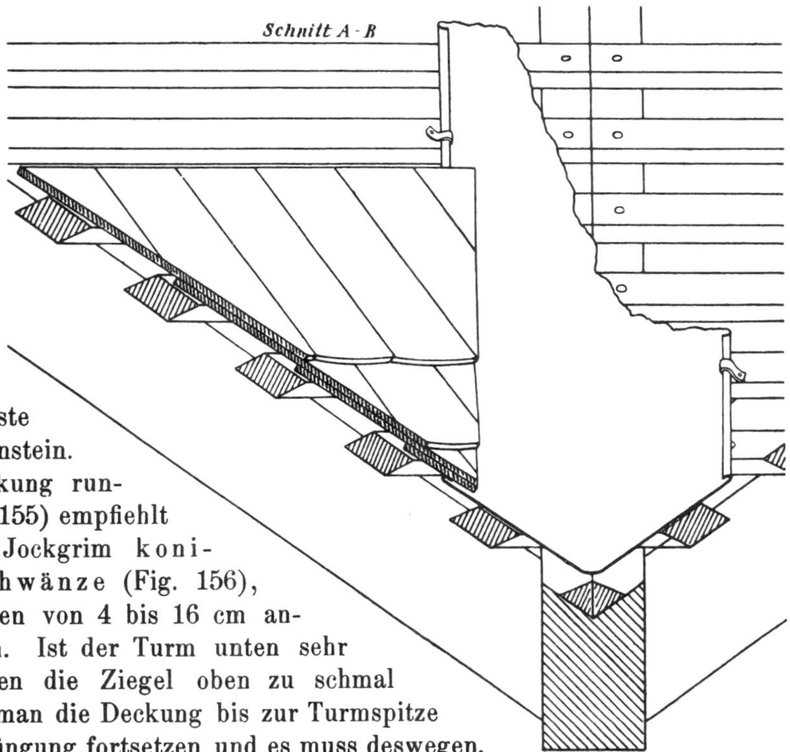

Fig. 143.

Zur Eindeckung runder Türme (Fig. 155) empfiehlt Ludowici in Jockgrim konische Biberschwänze (Fig. 156), welche in Breiten von 4 bis 16 cm angefertigt werden. Ist der Turm unten sehr breit, so würden die Ziegel oben zu schmal werden, wollte man die Deckung bis zur Turmspitze in gleicher Verjüngung fortsetzen und es muss deswegen,

Fig. 144.

Fig. 145.

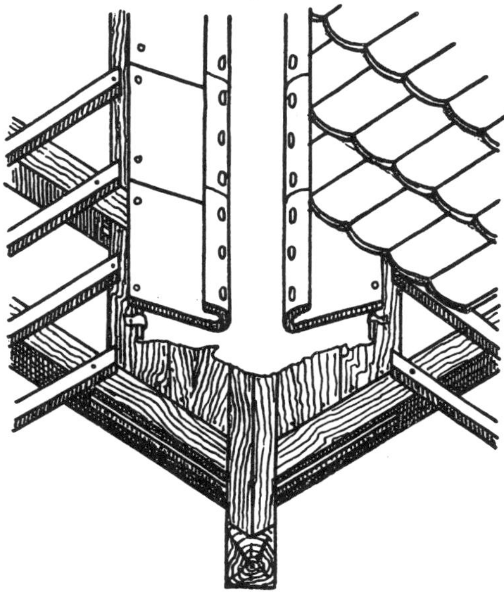

Fig. 146.

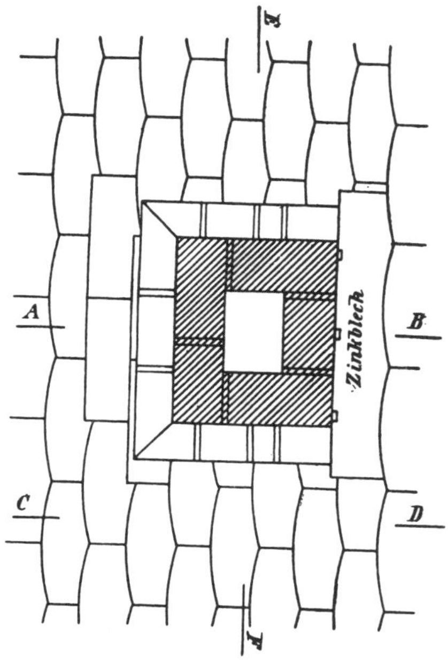

Fig. 147.

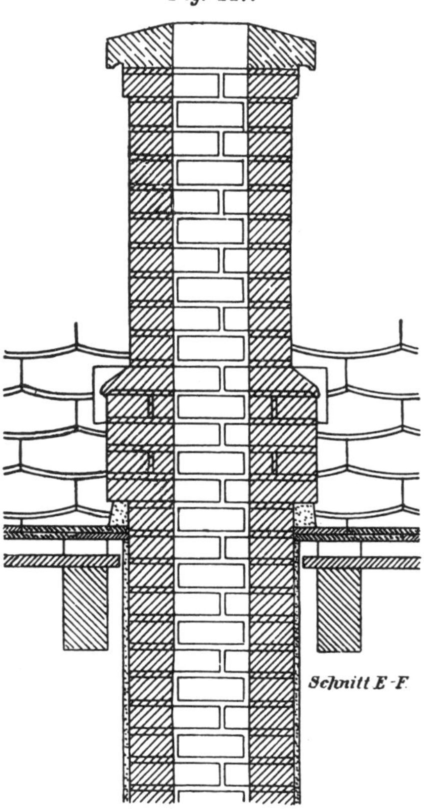

Fig. 148.

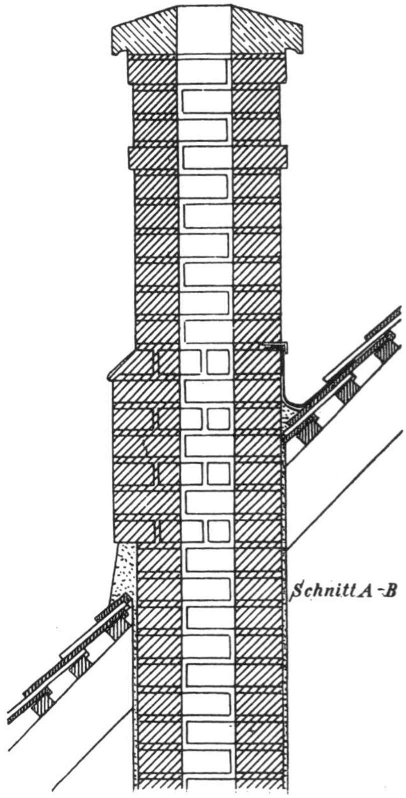

Fig. 149.

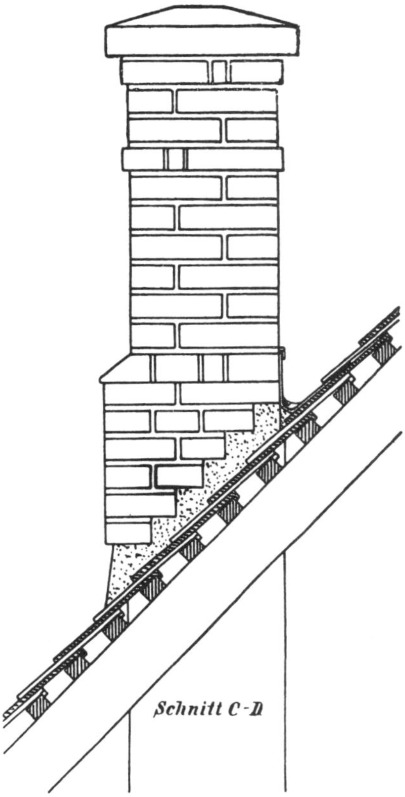

Fig. 151.

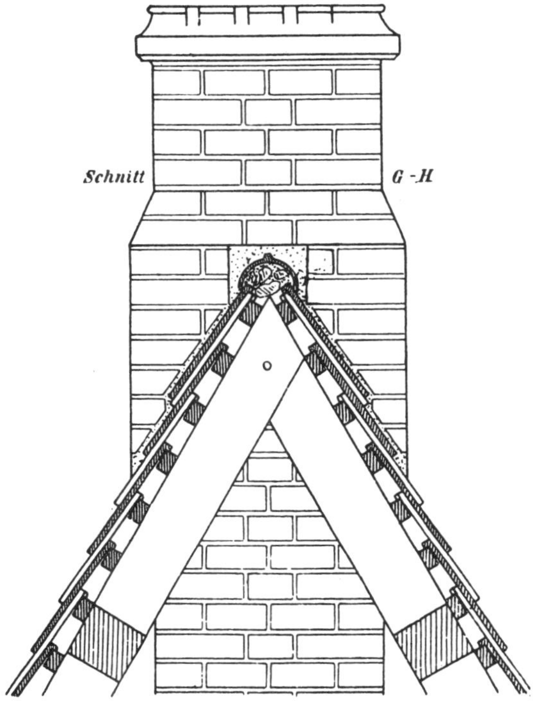

Fig. 150.

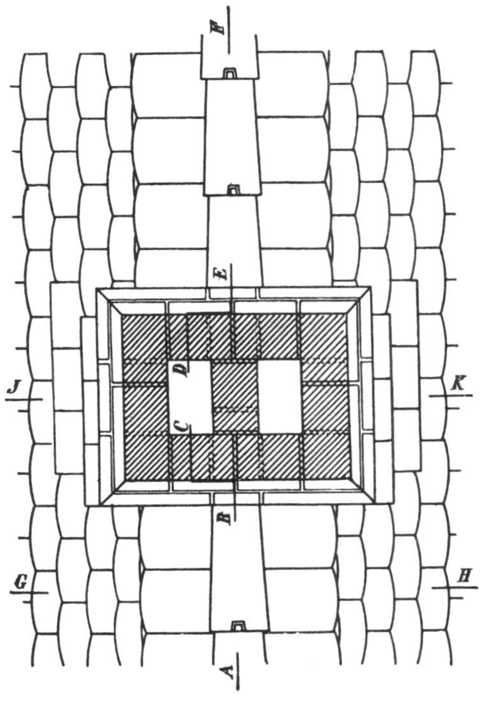

Fig. 152.

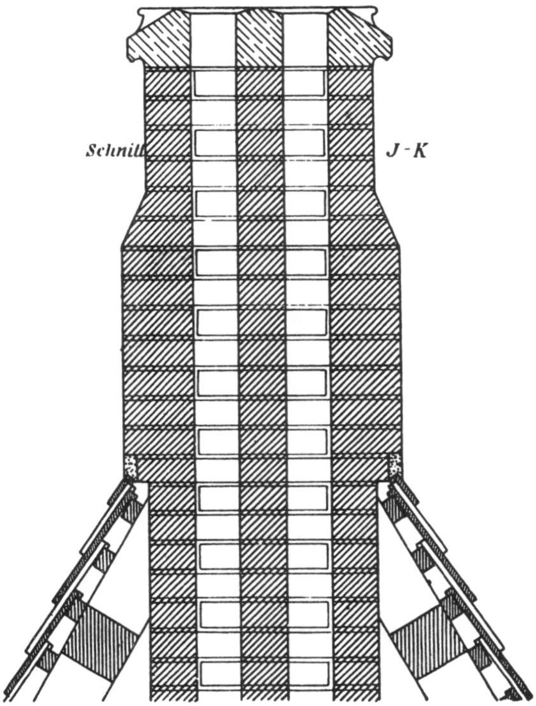

wie Fig. 155 zeigt, wieder mit breiten Ziegeln angefangen werden, sobald die Minimalbreite der Ziegel von 4 cm erreicht ist.

Fig. 153.

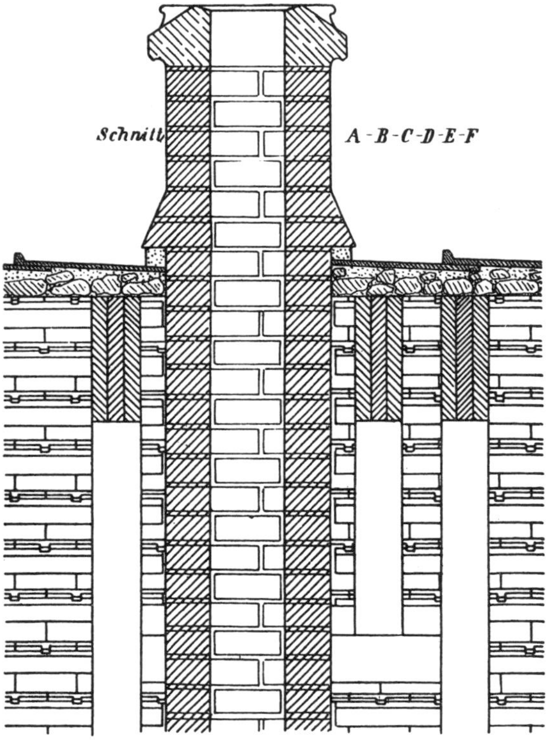

Fig. 155.

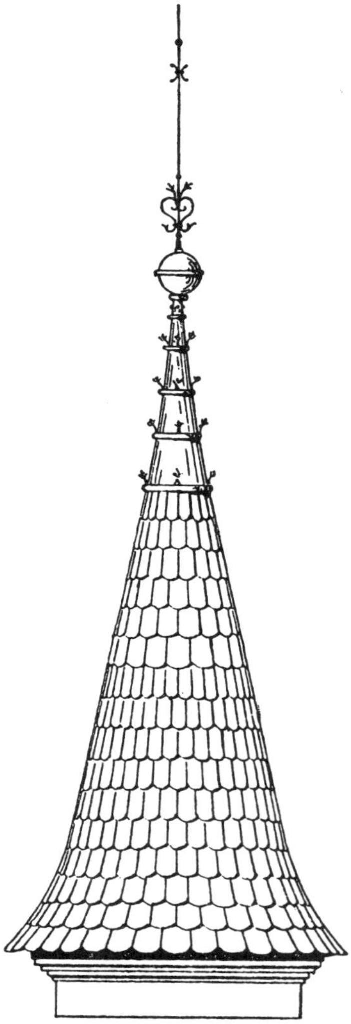

Fig. 154.

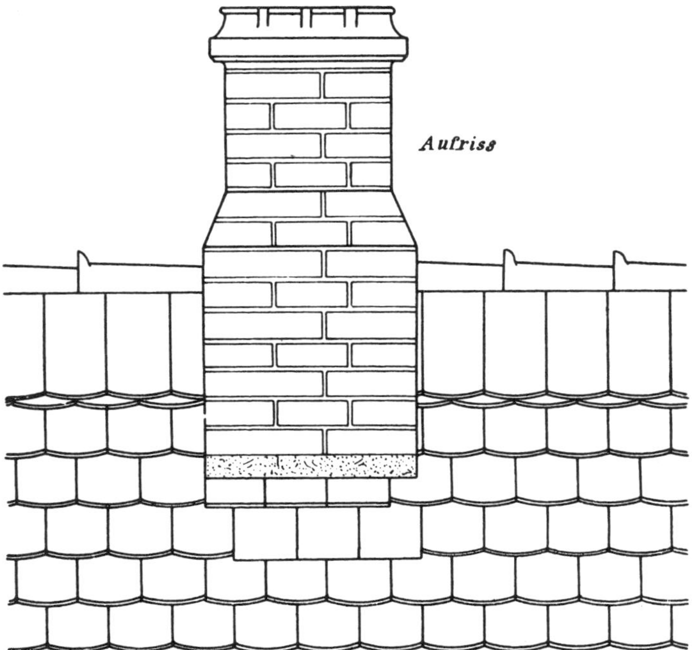

Fig. 156.

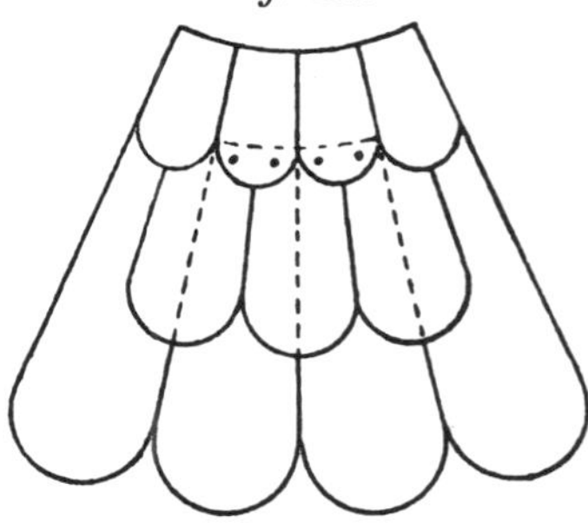

Die Herstellung der Flachziegel erfolgt meist mittels Maschinen, seltener mit der Hand. Im ersteren Falle wird ein fortlaufender Thonstrang aus dem Mundstück der Maschine ausgepresst, von welchem die Dachsteine in erforderlicher Länge entweder durch Arbeiter oder von der Maschine selbst mit Stahldraht abgeschnitten werden.

Für die Herstellung mit der Hand benutzt man Formen, welche aus starkem Bandeisen zusammengefügt sind, wobei das Ansetzen der Nasen, mit der die Ziegel auf die Latten gehangen werden, aus freier Hand bewirkt wird. Vor dem Brennen werden die geformten Dachsteine auf Brettchen, die mit feinem, trockenem Sande bestreut sind, getrocknet.

Von wesentlichem Einfluss auf die Färbung der Steine ist die chemische Zusammensetzung der Rauchgase. Wird eine dunkle (graue, schwarze oder schwarzrote) Färbung der Dachsteine gewünscht, so kann diese bei Thon, der für gewöhnlich durch das Brennen eine rote Färbung annimmt, dadurch erreicht werden, dass man, nachdem die Steine bereits genügend gebrannt sind, alle Schürlöcher des Brennofens mit grünem Strauchwerk anfüllt und alle Zuglöcher des Ofens schliesst. Es bildet sich dann ein dichter Qualm und Gase, welche die rotfärbenden Eisenoxyd-Verbindungen des Thones in schwarzfärbende Eisenoxydul-Verbindungen umwandeln. Dieses Verfahren bezeichnet man als „Anschmauchen“ der Steine. Eine gleiche Wirkung lässt sich dadurch erreichen, dass man Leuchtgas in den geschlossenen Ofen einleitet.

Wird schwefelhaltiger Brennstoff verwendet, so bildet sich Schwefelsäure, welche auf Steinen, die sich sonst gelb brennen würden, eine dunkelrote Färbung

Fig. 157.

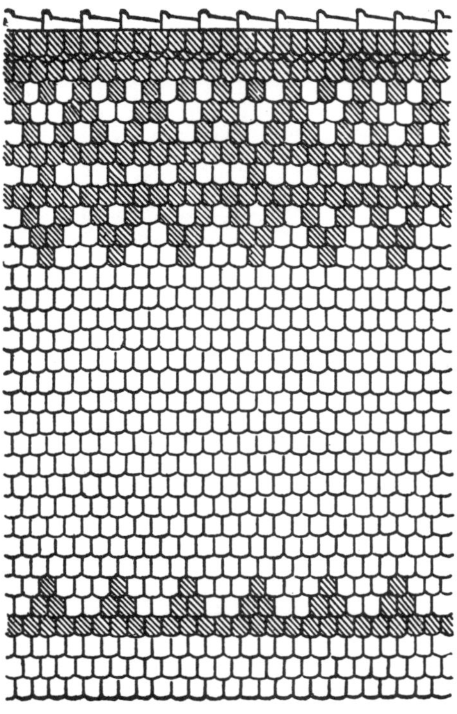

Fig. 158.

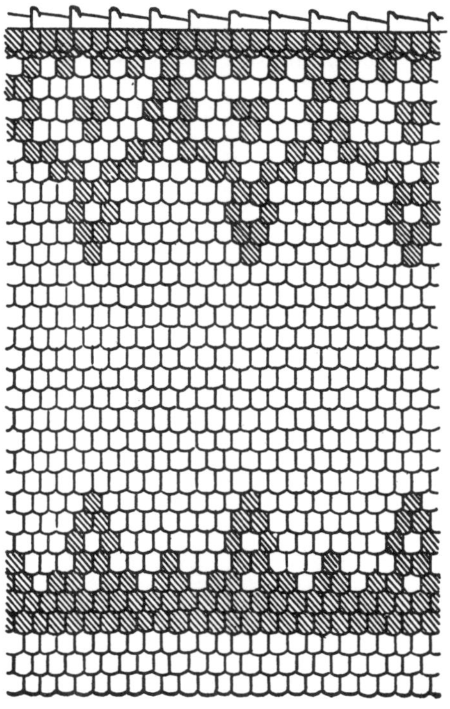

Doppeldach.

verursacht, aber auch Anlass zur Bildung von Sulfaten gibt, die dann später unschöne Ausblähungen auf der Oberfläche der Steine verursachen.

Früher hat man vielfach versucht, den Dachsteinen dadurch eine schwarze Färbung zu geben, dass man sie mit Steinkohlenteer tränkte. Die Erfahrung hat aber gelehrt, dass derartige Steine mit der Zeit stark abblätterten und bröckelig wurden und es ist deswegen vor solchen Dachziegeln zu warnen.

Fig. 159.

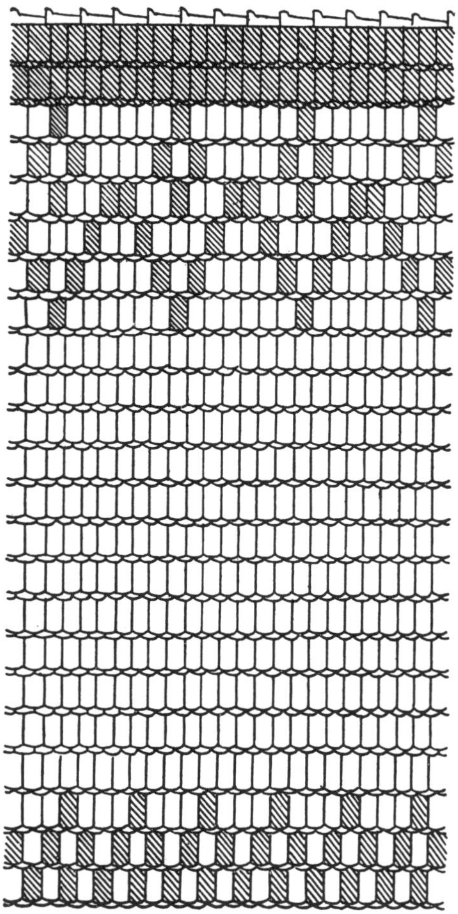

Fig. 160.

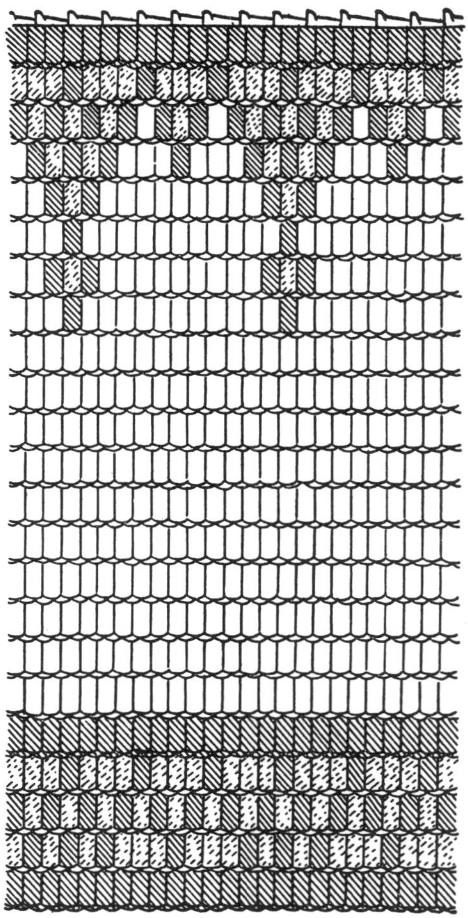

Kronendach.

Zur Herstellung beliebig gefärbter Dachsteine bedient man sich heute mit Vorliebe der Glasuren. Es hat sich aber auch hier gezeigt, dass haltbare Steine nur dann zu erwarten sind, wenn der verwendete Thon von bester Güte und in tadelloser Weise verarbeitet und bis zur Sinterung gebrannt worden ist. Mit solchen Steinen lassen sich reiche Musterungen der Dachflächen, ähnlich wie bei den Schieferdächern, herstellen, durch welche die eintönigen Dachflächen reizvoll belebt werden können. Die Figuren 157 bis 160 geben hierfür einige Beispiele.

Die Hohlziegel,

welche heute meist nur zur Eindeckung von Firsten und Graten Verwendung finden, wurden im Mittelalter vielfach zur Eindeckung ganzer Dachflächen verwendet. Die Hälfte der Steine, die sogen. „Nonnen“, werden mit der konvexen Seite nach oben mittels der Nasen an die Dachlatten gehangen und mit den übrigen Steinen, den sogen. „Mönchen“, so überdeckt, dass deren konvexe Seite nach unten gerichtet ist, wobei sich die oberen Steine gegen die Nasen der vorhergehenden Steine stützen (Fig. 161). Da die mit der konvexen Seite nach unten gerichteten Hohlziegel sich infolge ihrer runden Form leicht auf den Dachlatten verschieben, so müssen sie auf letzteren durch kleine Holzkeile, Steinstücke oder ein Mörtellager abgesteift werden. Hierdurch, sowie durch das unentbehrliche Verstreichen sämtlicher Fugen mit Mörtel wird die Last der an und für sich schon schweren Eindeckung nicht unerheblich vermehrt.

Die vielfach verbreitete Annahme, dass der Wasserabfluss bei dieser Deckungsart durch die rinnenförmigen unteren Steine wesentlich befördert werde, ist nicht zutreffend und in erhöhtem Maasse nicht bei Verwendung von Hohlziegeln, welche durch Handbetrieb hergestellt wurden. Es ist dann die Höhlung der Steine weniger glatt und auch weniger dicht als der Rücken derselben und es wird hierdurch das Anhaften von Staub und das Ansetzen von Moos in einer Weise begünstigt, dass der schnelle Wasserablauf gehindert wird. Trotzdem diese Deckungsart im Mittelalter ausschliesslich bei sehr steilen Dachflächen Anwendung fand, hat sie sich keineswegs bewährt und es ist ein häufiges Reinigen von Schmutz und Moos und ein öfteres Umdecken bei diesen Dächern unvermeidlich.

Fig. 161.

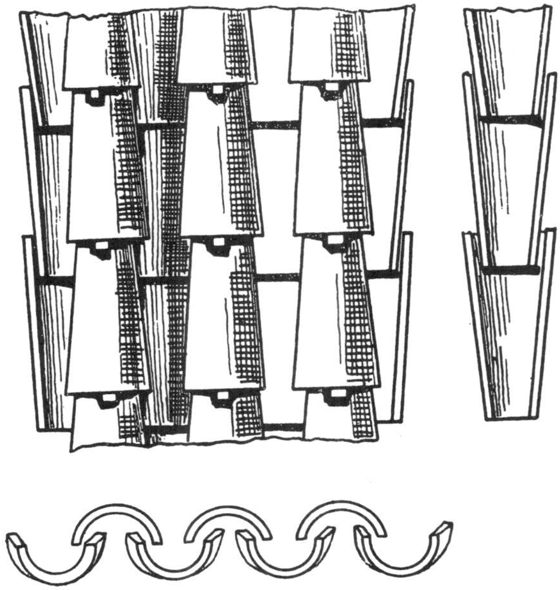

Fig. 162.

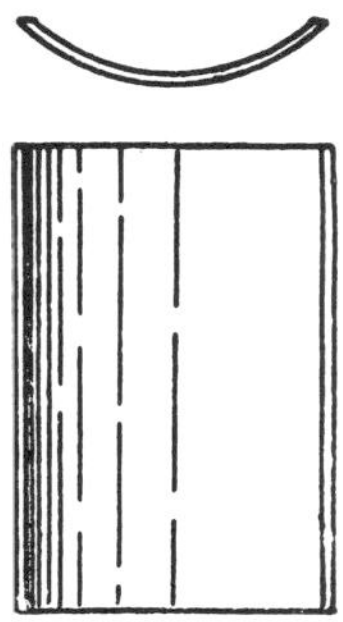

Fig. 163.

Fig. 166.

Fig. 167.

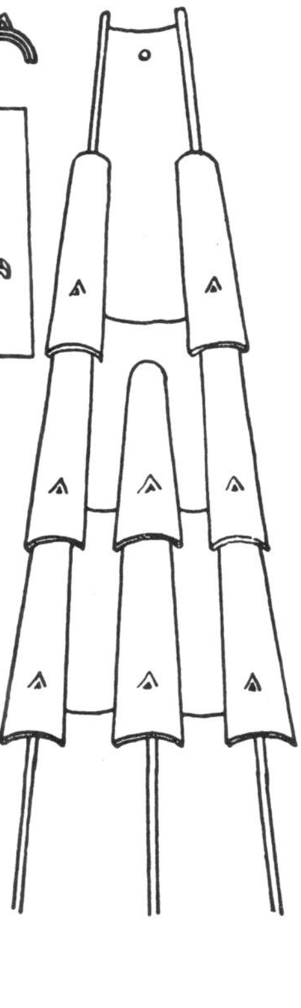

Fig. 164.

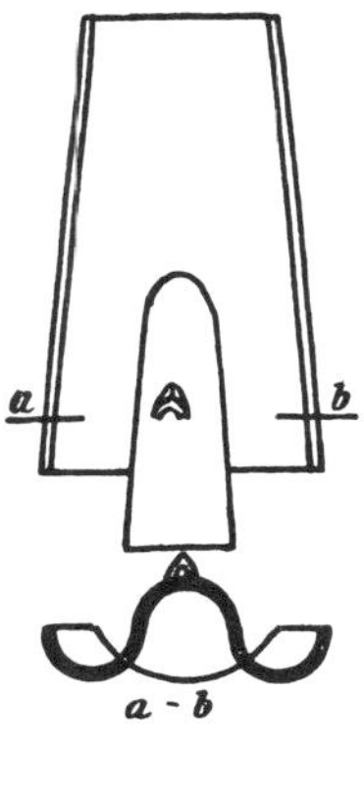

Fig. 165.

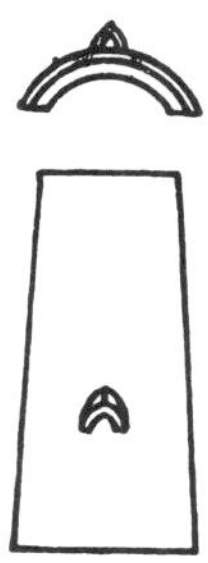

Die Länge der Hohlziegel beträgt gewöhnlich 40 cm, ihre Breite im Mittel 20 bis 24 cm. Die Ueberdeckung wird zu 8 bis 10 cm angenommen, so dass die Lattungsweite 30 bis 32 cm zu wählen ist. Für 1 qm Dachfläche sind 20 Steine erforderlich.

Fig. 168.

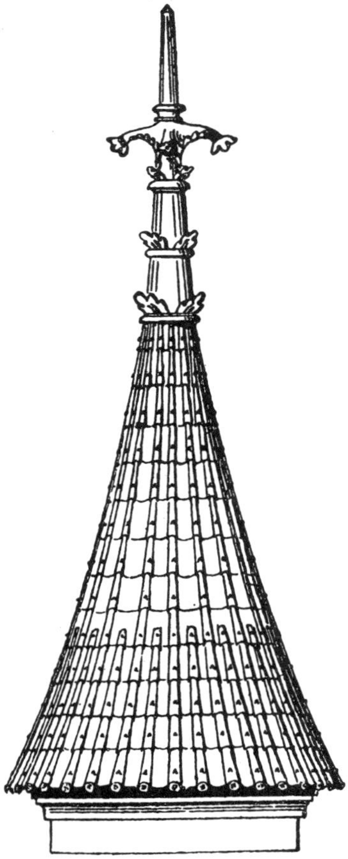

Für die Eindeckung runder Türme fertigt Ludowici in Jockgrim flachgekrümmte Hohlziegel unter der Bezeichnung „Schalenziegel“ von 16 bis 4 cm Breite und 24 cm Länge (Figur 162 und 163), welche ebenso wie die Nonnen des eigentlichen Hohlziegeldaches mit der konvexen Seite nach unten auf die Dachlatten gehangen und mit kleinen Walmziegeln (Fig. 165 und 166) überdeckt werden. Die letzteren werden auf Holzleisten, die zwischen den Schalziegeln längs des Turmes herunter befestigt werden, genagelt oder geschraubt. Um zu verhindern, dass bei sehr schlanken Türmen die oberen Schalen zu schmal werden, kann man an einer oder mehreren Stellen unter Verwendung sogenannter „Uebergangsziegel“ (Fig. 164) wieder mit breiten Ziegeln anfangen, sobald die Minimalbreite der Schalen von 4 cm erreicht ist (vergl. Fig. 167 und 168).

In Italien werden die gekrümmten Nonnen durch konische Flachziegel mit nach oben vortretenden Seitenleisten ersetzt. Gegenüber dem eigentlichen Hohlziegeldach bietet das italienische Dach (Fig. 169) den Vorteil, dass die Ziegel ein besseres Auflager auf den Dachlatten finden. In Deutschland hat diese Deckungsart für Ziegeldächer kaum Anwendung gefunden.

Fig. 169.

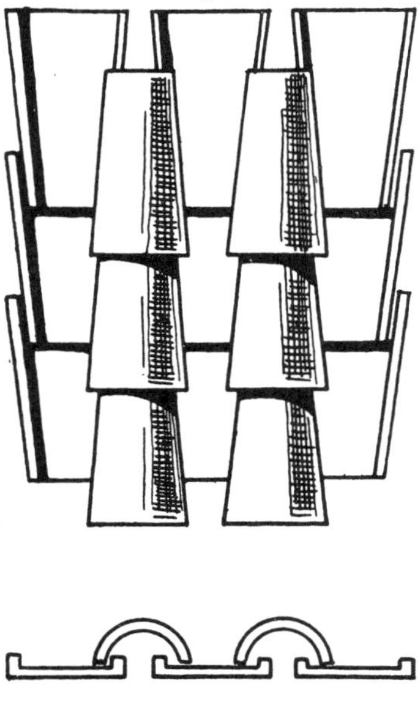

Die Dachpfannen

werden vorherrschend in Holland und Belgien, am Unterrhein, in Hannover, Hessen und den Ostseeprovinzen zu Dachdeckungen verwendet. Die in der Querrichtung wellenförmig gebogenen Ziegel erzeugen in der gedeckten Fläche flache Rinnen, deren jede ausser dem durch die Dachneigung bedingten Gefälle noch ein Quergefälle besitzt, so dass sich das Wasser schnell in der Rinnensohle sammelt und nach der Dachtraufe abfliesst. Infolgedessen trocknen die Pfannendächer schneller ab als die Flachziegeldächer und verdienen aus diesem Grunde namentlich in nördlichen Gegenden den Vorzug vor jenen. Die

Länge der Dachpfannen bewegt sich zwischen 24 und 40 cm, die Breite zwischen 20 und 26 cm. Die Ueberdeckung in der Längsrichtung der Pfanne muss mindestens 10 cm betragen, von ihr und der Ziegellänge ist die Lattungsweite abhängig. Am meisten in Gebrauch sind Pfannen in den Grössen 24 χ 24 cm und 39 χ 26 cm bei 1,5 bis 2 cm Stärke. Die ersteren, unter der Bezeichnung „holländische Pfannen" bekannt, decken bei 20 cm weiter Lattung etwa 18 cm in der Breite, die letzteren bei 30 bis 34 cm weiter Lattung etwa 24 cm in der Breite. Für 1 qm Deckfläche sind 24 Stück holländische Pfannen oder 14 Stück grosse Pfannen erforderlich. Das Gewicht von 1 qm Pfannendach beträgt annähernd 90 kg. Da die einzelnen Pfannen nie ganz gleichartig geformt sind, so ist mit denselben an und für sich ein dichtes Dach nicht herstellbar. Um einigermassen dichte Fugen zu erhalten, ist nach den Fig. 170 und 171 die Kante des emporstehenden Flügels zu brechen und nachzuarbeiten. Man nennt diese Arbeit das „Krämpen" der Ziegel. Da die Dachpfannen sowohl in ihrer Längsrichtung als auch in der Querrichtung übereinandergreifen, so erscheinen ihre Kanten im Aufrisse nicht als lotrechte, sondern als geneigte Linien, deren untere Endpunkte aber alle in einer Lotlinie liegen (vergl. Fig. 172). Alle Fugen sind von unten, die der untersten und obersten Schicht auch von oben, gut mit Haarkalkmörtel zu verstreichen.

Fig. 170.

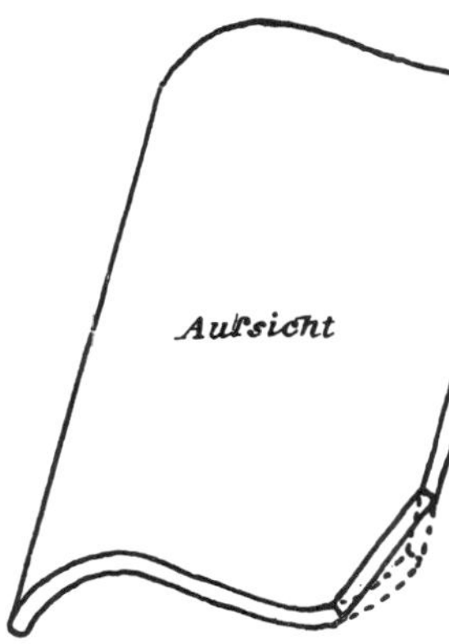

Fig. 171.

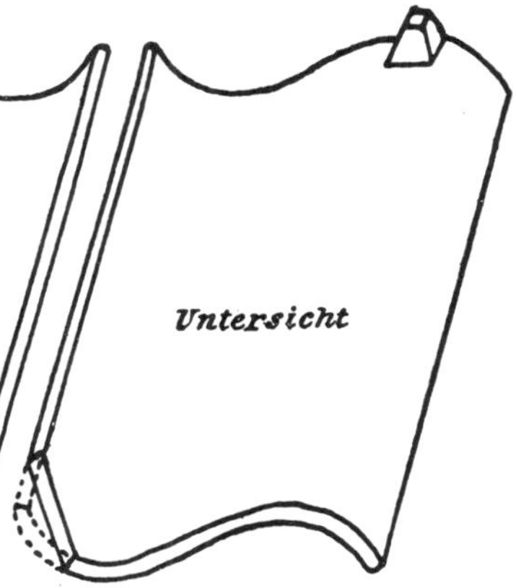

Fig. 172.

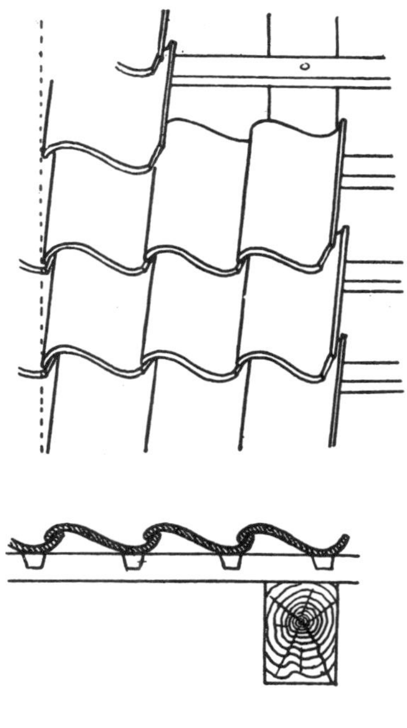

Wegen der gewellten Form der Pfannen erfordert die Eindeckung der Firste und Grate mit Hohlziegeln sehr viel Mörtel, um den Anschluss zu dichten. Man bewirkt deswegen die Dichtung an diesen Stellen auch wohl mittels Zinkblech oder Schiefer.

Bei landwirtschaftlichen Gebäuden ist die Dichtung der Fugen durch Strohwische, die sogen. „Strohdocken", beliebt, weil diese den Luftzutritt in den Dachraum nicht hindern. Wegen der leichten Brennbarkeit ist die Verwendung von Strohdocken jedoch durch baupolizeiliche Bestimmungen verboten worden.

Die Dachneigung der Pfannendächer sollte nie unter 2 : 5 betragen.

Um die Schwierigkeit, mit gewöhnlichen Dachpfannen eine dichte Deckung herzustellen, zu beseitigen, erfand v. Kobylinski „Dachfalzpfannen“, welche unter der Bezeichnung „Wöterkeimer Dachpfannen“ im Handel zu haben sind. Dieselben bilden der Form nach eine Verschmelzung der Dachpfannen mit den später zu beschreibenden Falzziegeln.

Fig. 173.

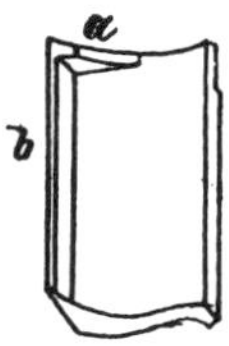

Fig. 175.

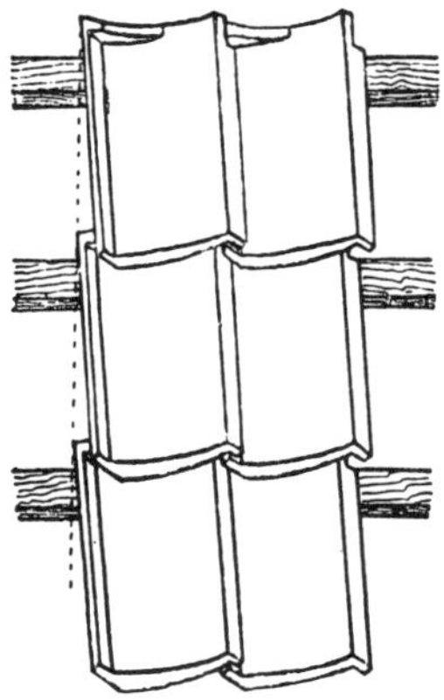

Fig. 174.

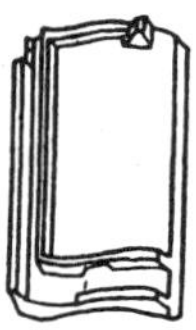

An der Oberfläche der Pfannen (Figur 173) sind vorstehende Leisten a und b angeformt, welche sich in die durch die Leisten $c\,c_1$ und $d\,d_1$ an der Unterseite der Pfannen (Fig. 174) gebildeten Falze legen und eine gute Dichtung bewirken. Die Länge der Pfannen beträgt 35 cm, ihre Breite 21 cm, ihre Stärke 1,5 cm und ihr Gewicht 2,5 kg. Die Lattungsweite ist auf 30 bis 32 cm zu bemessen und es sind 16 bis 17 Pfannen auf 1 qm Dachfläche zu rechnen. Die Dachneigung kann bei dieser Deckungsart (Fig. 175) zu $^1/_5$ bis $^1/_4$ angenommen werden.

Fig. 176.

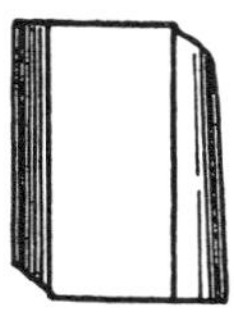

Fig. 177.

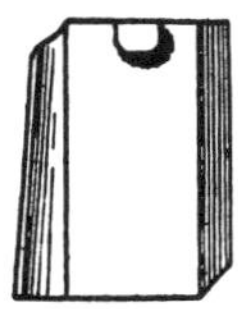

Eine dem Pfannendache sehr ähnliche Eindeckungsart ist die mit Krämpziegeln (Fig. 176 und 177).

Fig. 178.

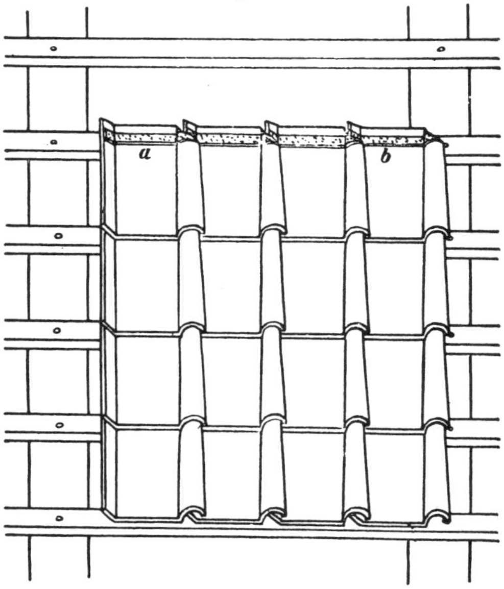

Um dichte Fugen zu erzielen, sind die nach oben vortretenden Kanten ebenso wie bei den gewöhnlichen Pfannen zu brechen und nachzuarbeiten. Das Verlegen der Krämpziegel geschieht in Kalkmörtel (vergl. Fig. 178 bei a). Besonders gute Krämpziegel werden in Gross-Almerode bei Kassel hergestellt.

Die Falzziegel

sind an den Rändern mit vortretenden Leisten und zwischen diesen liegenden Nuten derart versehen, dass die Ziegel mit ihren Leisten in die Nuten benachbarter Ziegel eingreifen können und so ohne Anwendung eines Dichtungsmittels eine dichte Eindeckung hergestellt werden kann.

Die Anforderungen, welche man an ein gutes Falzziegeldach stellen muss, lassen sich in folgende Sätze zusammenfassen:

1. gutes Ineinandergreifen der Ziegel in den Falzen,
2. Undurchlässigkeit gegen Regen und Schnee,
3. Widerstandsfähigkeit gegen Sturm,
4. Luftdurchlässigkeit.

Diese Bedingungen können nur dann erfüllt werden, wenn bestes Material zur Verfügung steht und dieses lässt sich nur herstellen, wenn der Thon beim Brennen keine wesentlichen Veränderungen erleidet. Anderenfalls würden die Fugen so klaffen, dass Schnee und Regen durch dieselben in den Dachraum getrieben würden. Ein Dichten der Fugen mittels Werg, Kokosfasern oder gar mit Mörtel ist nicht zu empfehlen, namentlich nicht für landwirtschaftliche Gebäude, da damit der Vorteil eines luftdurchlässigen Daches verloren geht, welches zur Erhaltung der Feldfrüchte durchaus erforderlich ist.

Die Form der Falzziegel ist eine sehr verschiedene und es können deshalb hier nur die bekanntesten und gebräuchlichsten besprochen werden. Im allgemeinen verdienen diejenigen Ziegel den Vorzug, welche nicht im Verbande, sondern so gedeckt werden, dass die Stossfugen eine ununterbrochene Linie von der Traufe bis zum Firste bilden, da hierbei der Abfluss des Wassers durch keine Vorsprünge in der Ziegeloberfläche behindert wird. Aus gleichem Grunde sind auch diejenigen Falzziegel, welche zur Verzierung ihrer Oberfläche Vorsprünge und Einschnitte erhalten haben, weniger zu empfehlen als solche mit durchaus glatter Oberfläche

Oft beobachtete Fehler der Falzziegel sind das starke Ansaugen von Wasser sowie Abblätterungen an ihrer Oberfläche. Beide sind durch die Herstellungsweise der Ziegel begründet. Dieselben kommen zunächst als dünne Platten aus der Ziegelpresse und erhalten dann erst durch Nachpressen ihre Form. Durch dieses Nachpressen wird die Struktur des Thones zerrissen und die Verbindung der einzelnen Thonteile eine verschiedenartige und an manchen Stellen mangelhafte. Solche Ziegel werden, sofern sie nicht bis zur Sinterung gebrannt sind, leicht Wasser aufnehmen und der Frost hat dann geringe Mühe, Abblätterungen hervorzurufen.

Den Uebergang von den Flachziegeln zu den Falzziegeln bilden die sogen. „Strangfalzziegel“, auch wohl Parallelfalzziegel genannt. Dieselben besitzen nur an den Seitenkanten Falze, so dass in der Längsrichtung der Schluss nur durch Ueberdeckung der Steine, nicht durch wagerechte Falzung stattfindet. Gegenüber den eigentlichen Falzziegeln bieten diese Ziegel den bedeutenden Vorteil, dass sie fertig aus dem Mundloche der Presse herauskommen, in der erforderlichen Länge abgeschnitten werden und nun kein Nachpressen mehr zu erleiden haben. Man hat denn auch bei diesen Ziegeln ein Abblättern an der Oberfläche nicht beobachten können und selbst in der Schweiz, wo diese Ziegel vielfach Verwendung gefunden haben, konnten die harten und schneereichen Winter denselben keinen Schaden zufügen. Ein weiterer Vorteil gegenüber den Falzziegeln ist in der grösseren Freiheit bei Bestimmung der Lattungsweise zu suchen.

Fig. 179.

Fig. 180.

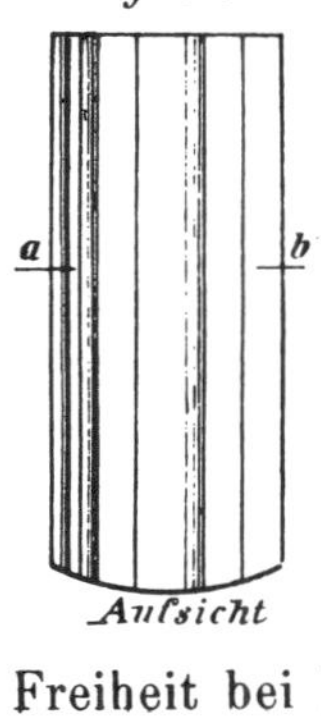

Fig. 181 u. 182.

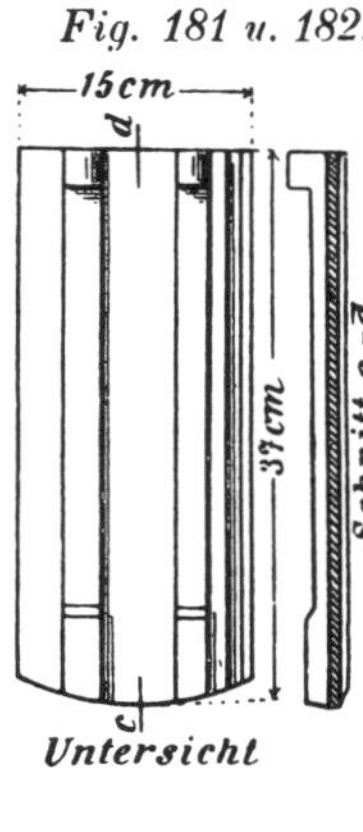

Hauptsächlich sind vier verschiedene Formen bei diesen Strangfalzziegeln zu unterscheiden, deren einzelne charakteristische Merkmale wie folgt zusammenzufassen sind:

Fig. 183.

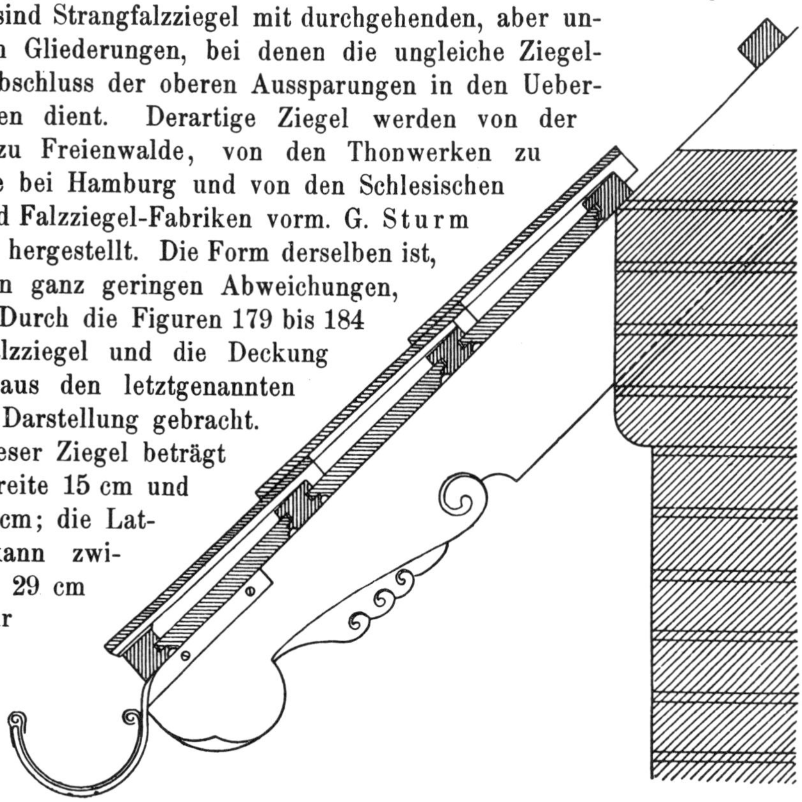

Form 1 sind Strangfalzziegel mit durchgehenden, aber ungleich starken Gliederungen, bei denen die ungleiche Ziegelstärke zum Abschluss der oberen Aussparungen in den Ueberdeckungsflächen dient. Derartige Ziegel werden von der Ratsziegelei zu Freienwalde, von den Thonwerken zu Friedrichsruhe bei Hamburg und von den Schlesischen Dachstein- und Falzziegel-Fabriken vorm. G. Sturm in Freiwaldau hergestellt. Die Form derselben ist, abgesehen von ganz geringen Abweichungen, die gleiche. Durch die Figuren 179 bis 184 sind Strangfalzziegel und die Deckung mit solchen aus den letztgenannten Fabriken zur Darstellung gebracht. Die Länge dieser Ziegel beträgt 37 cm, ihre Breite 15 cm und ihre Dicke 1 cm; die Lattungsweite kann zwischen 23 und 29 cm wechseln. Für 1 qm Dachfläche sind erforderlich:

bei einer Lattungsweite von:	29	28	27	25	24	23	cm
	26	27	28	30	31	33	Stück
im Gewichte von:	40	41	42	45	47	50	kg

Form 2 sind ebenfalls gegliederte, aber gleichstarke Strangfalzziegel, bei denen die Gliederungen an den Kopfenden behufs Ueberdeckung unterbrochen sind, wie die Figuren 185 und 186 zeigen.

Die Formen 1 und 2 sind ihrer Gliederungen halber am Eindecken in Verband gebunden und gestatten nur schmale und wenig tiefe Seitenfalze, weil die Ziegelstärke möglichst beschränkt werden muss, um ein übermässiges Gewicht zu vermeiden. Schmale Seitenfalze ohne Spielraum und das durch die Gliederungen bedingte im Verbanddecken erfordern aber äusserst korrekt geformte Ziegel, weil deformierte nur ein schwieriges und nie dauernd dichtes Eindecken zulassen. Keine Ziegelart neigt aber beim Trocknen und scharfen Brennen so sehr zum Verkrümmen, als vielfach gegliederte Strangfalzziegel und wenn dieselben ausserdem aus fetten, im Feuer stark schwindenden Thonen gefertigt wurden, so ist beim Eindecken ein Verbandhalten kaum möglich, indem die eine oder die andere Reihe breiter als die nächste oder vorherige wird. Es können dann die unteren und oberen Reihen nicht mehr in die oberen Gliederungen der vorhergehenden Reihen einfalzen, wie Fig. 187 zeigt, sondern die Reihen reiten aufeinander (Fig. 188) und hierdurch entstehen klaffende Fugen, die mit leicht ausbröckelndem Mörtel gefüllt und gedichtet werden müssen.

Fig. 184.

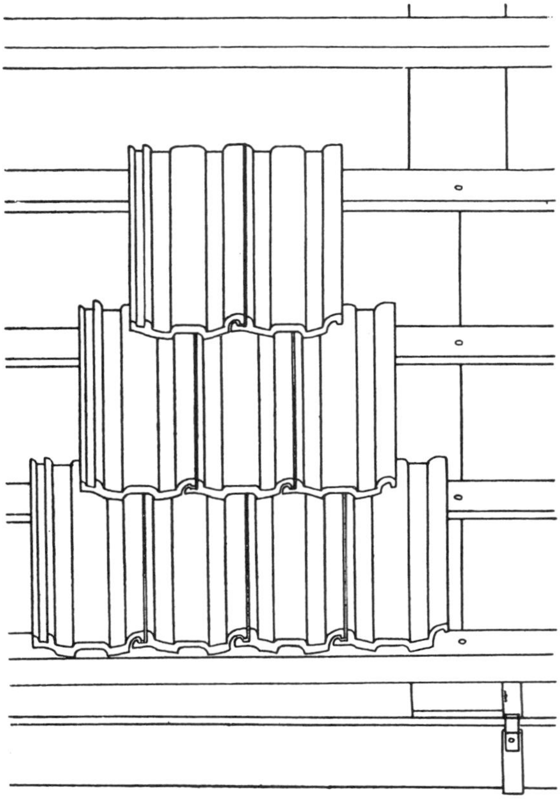

Fig. 185.

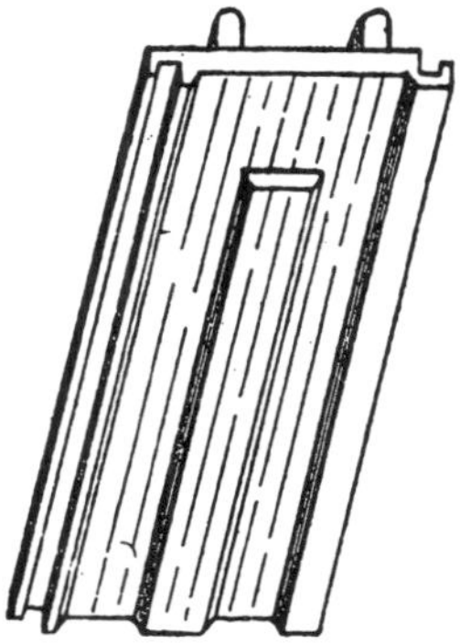

Fig. 186.

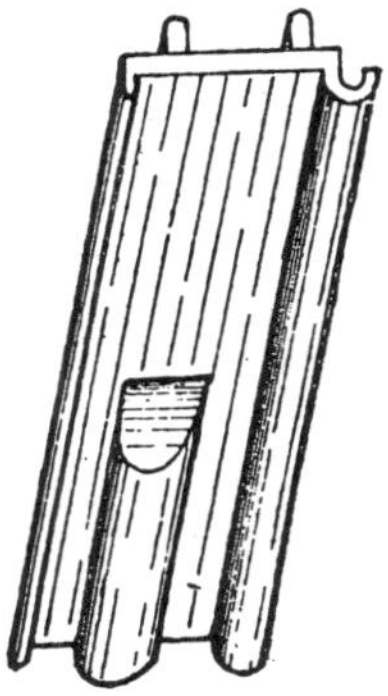

Form 3 sind Strangfalzziegel mit geraden Ueberdeckungsflächen (vergl. Fig. 189). Es kann demnach die Deckung in Reihen erfolgen, wodurch das bei den Formen 1 und 2 angeführte „Aufreiten“ vermieden wird. Die geraden Ueberdeckungsflächen lassen sich überdies durch einen Querschlag oder durch Schnur aus geteertem Werg oder Kokosnussfasern dichten. Diese Ziegel werden gewöhnlich in einer Deckgrösse von 250 X 165 mm hergestellt, so dass bei 4 Reihen in der Höhe und 6 Ziegel in der Breite (= 24 Stück + 1 Stück) 25 Ziegel für 1 qm Dachfläche erforderlich sind.

Fig. 187.

Fig. 188.

Fig. 189.

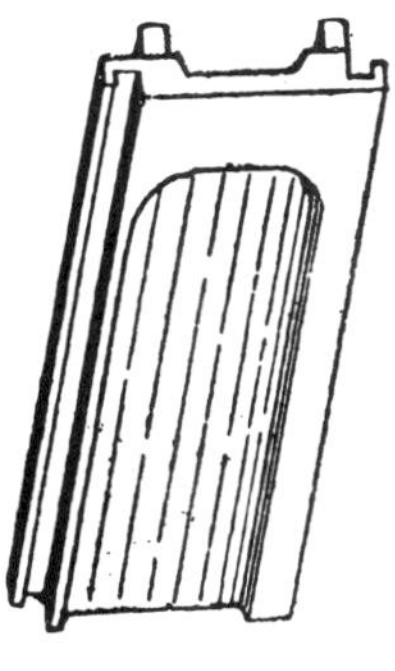

Fig. 190.

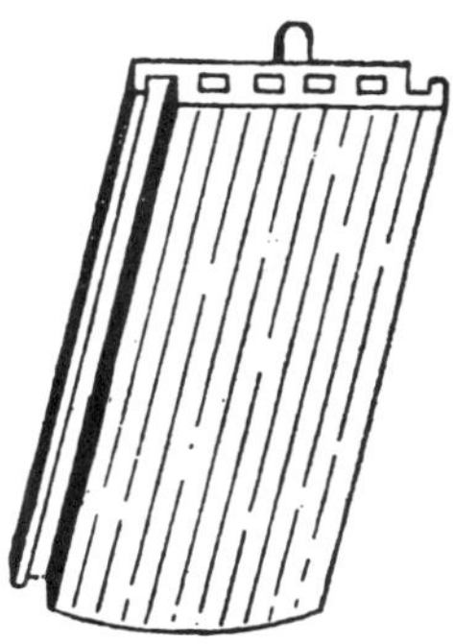

Form 4 sind Hohlstrangfalzziegel mit durchweg glatten Oberflächen. Da die in der Längsteilung der Ziegel verlaufenden Hohlräume eine verhältnismässig grosse Ziegel-

stärke (20 bis 22 mm) erheischen, so sind nach Fig. 190 breite Seitenfalze und nach dem durch Fig. 191 wiedergegebenen Dannenberg-Schmelzer-Ziegel sogar ein Kopfverschluss durch Uebereinanderschieben der entsprechend ausgeschnittenen Schwanz- und Kopfenden möglich. Die doppelten Wandungen dieser Ziegel geben ein vollständig voneinander isoliertes Doppeldach, welches äussere hohe und niedere Temperaturunterschiede nach innen möglichst ermässigt übermittelt und ausserdem Sicherheit gegen Durchschlagen der Nässe bietet.

Fig. 191.

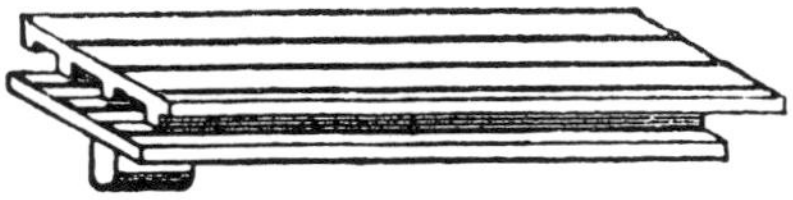

Fig. 192.

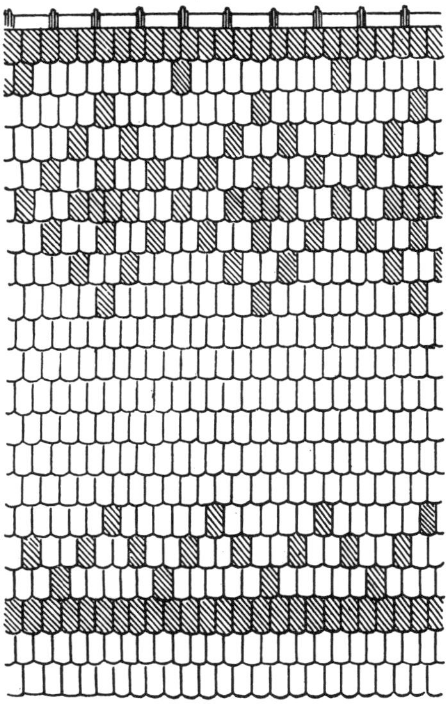

Fig. 193.

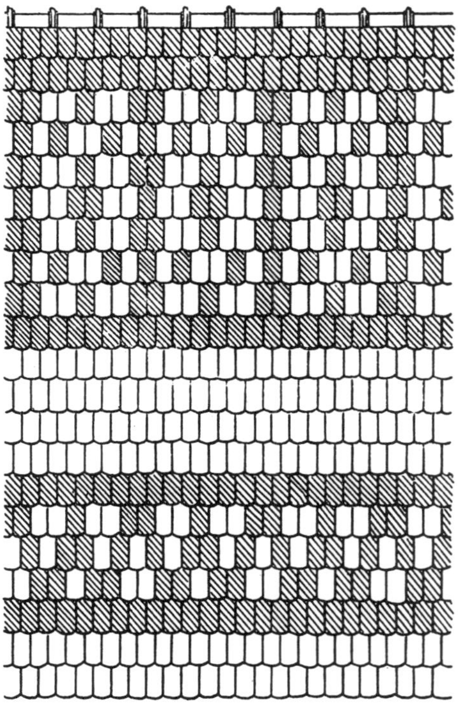

Fig. 194.

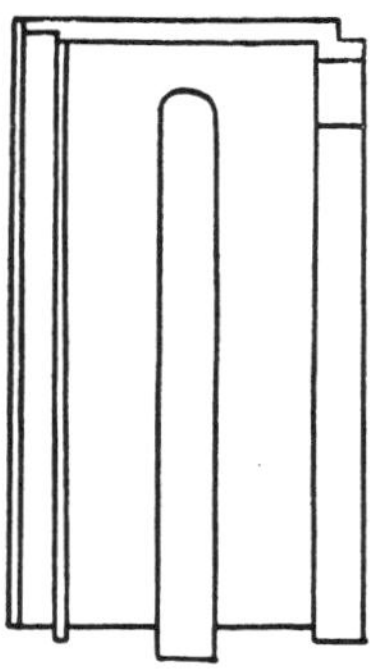

Fig. 195.

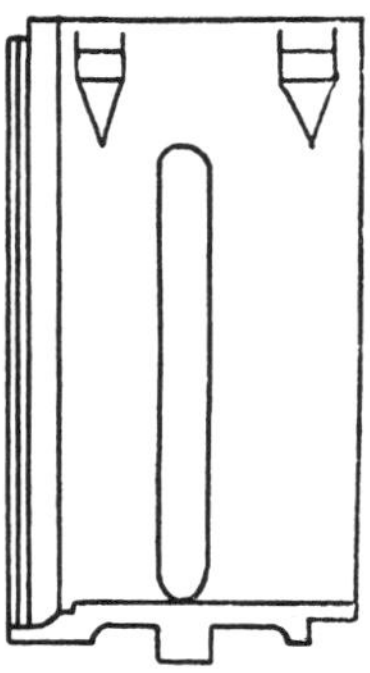

Fig. 196.

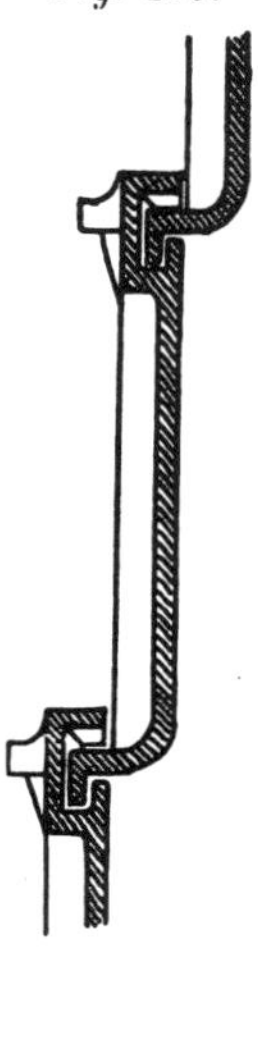

Fig. 197.

Die Hohlstrangfalzziegel (Figur 191) erfordern ein Ineinandergreifen in der Längsrichtung um etwa 90 mm. Dieselben werden 423 mm lang hergestellt, so dass bei einer Lattungsweite von 333 mm und einer Deckbreite von 200 mm für 1 qm Dachfläche 15 Ziegel erforderlich sind. Die Eindeckung kann sowohl im Verbande als auch in Reihen erfolgen.

Durch Verwendung verschieden gefärbter Ziegel lassen sich natürlich ebenso wie bei mit Flachziegel gemusterte Dachflächen (vergl. Figur 192 und 193) herstellen.

Die Falzziegel wurden zuerst in Frankreich um die Mitte des XIX. Jahrhunderts angewendet; Erfinder derselben sind die Gebrüder Gilardoni in Altkirch. Diese ursprünglichen Ziegel (Fig. 194 bis 197) haben an der einen Längsseite einen Falz zwischen zwei Randleisten und dementsprechend an der anderen Längsseite eine Fugendecke mit Mittelleiste, welche in den Falz des Nachbarsteines eingreift. In der Mitte des Ziegels tritt aus der Oberfläche eine Mittelrippe heraus, deren unterer Vorsprung unter einen oberen frei endigenden Ansatz der Rippe des tieferliegenden Steines greifen soll (vergl. Fig. 196), um ein Abheben der Ziegel durch den Sturm zu verhüten. Die oberen und unteren Kanten sind mit aufwärts beziehungsweise abwärts gebogenen Leisten versehen, damit die Ziegel auch hier falzartig übereinander greifen können.

Fig. 198.

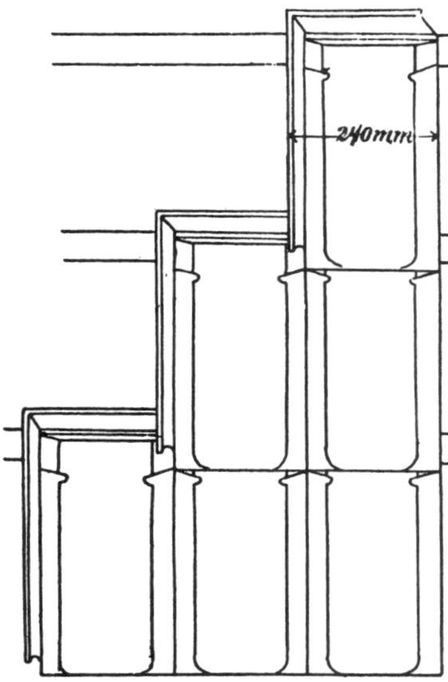

Fig. 199.

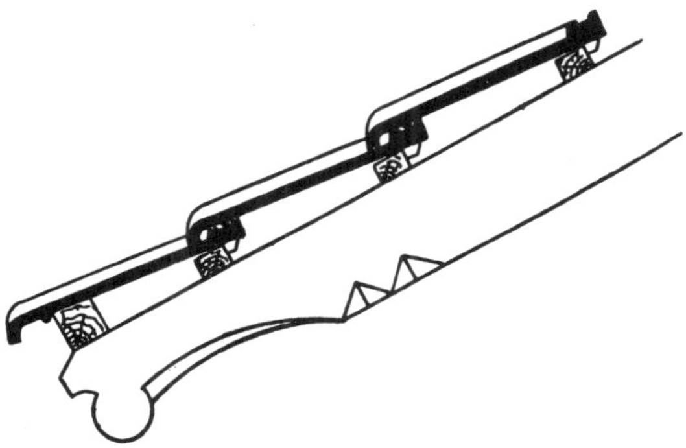

Fig. 201.

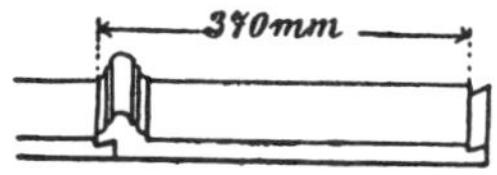

Später hat Gilardoni die ursprüngliche Form dadurch zu verbessern gesucht, dass er die Mittelrippe beseitigte und zur Verbreiterung der Seitenstege verwendete. Diese Dachsteinform wird z. B. noch heute von der Thonwarenfabrik in Oeynhausen (Fig. 198 bis 201) und von den Siegersdorfer Werken in Schlesien (Fig. 202) hergestellt. Die ersteren Ziegel sind 40 cm lang und erfordern eine Lattungsweite von 32 bis 33 cm, die letzteren sind 36 cm lang und beanspruchen eine Lattungsweite von 27 bis 29 cm.

Fig. 200.

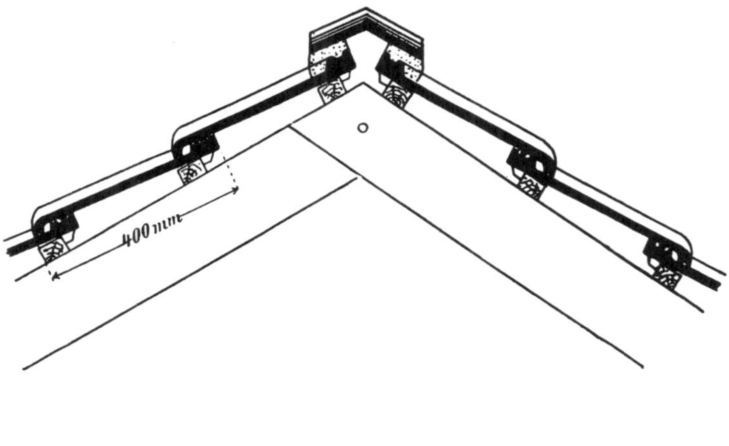

In Fig. 203 ist ein Falzziegel gegeben, welcher in seiner Oberfläche zwei Längsrinnen zum Sammeln und schnellen Ablauf des Wassers besitzt. Derselbe wird ebenfalls von den Siegersdorfer Werken unter der Bezeichnung „Muldenfalzziegel“ hergestellt.

Fig. 202.

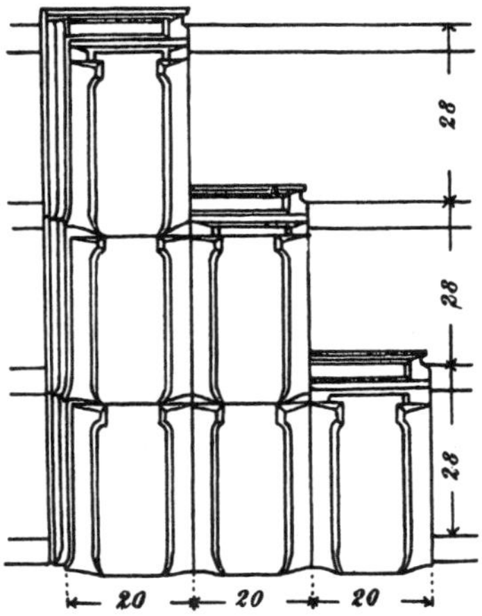

Fig. 203.

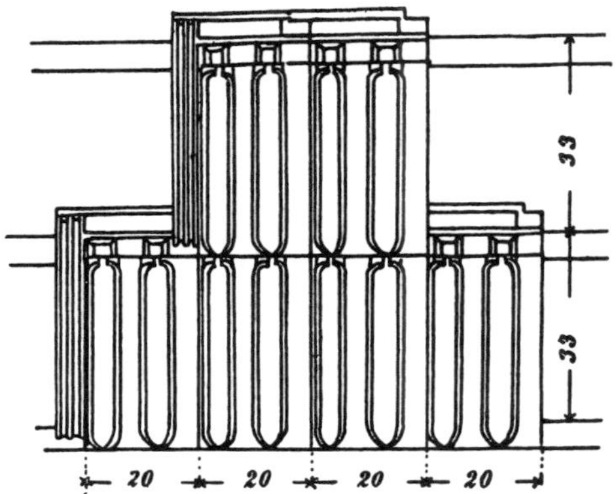

Zur Bestimmung der Lattungsweite verfahre man bei Falzziegeln in folgender Weise:

Man lege, wie dies Fig. 204 veranschaulicht, zwei Falzziegel ineinander, ziehe dieselben, so weit es geht, auseinander und messe das Maass a von Haken zu Haken. Dann schiebe man nach Fig. 205 die Ziegel so weit zusammen, wie dies möglich ist und messe das Maass a_1. Das Mittel beider Maasse, also $\frac{a + a_1}{2}$ ist dasjenige, auf welches am besten gelattet wird. Als Decksteine am Firste verwendet die Thonwarenfabrik zu Oeynhausen Ziegel, welche durch Fig. 200 im Schnitt und durch Fig. 201 in der Ansicht dargestellt sind. Die Deckung der besprochenen Falzziegel erfolgt in Reihen.

Fig. 204.

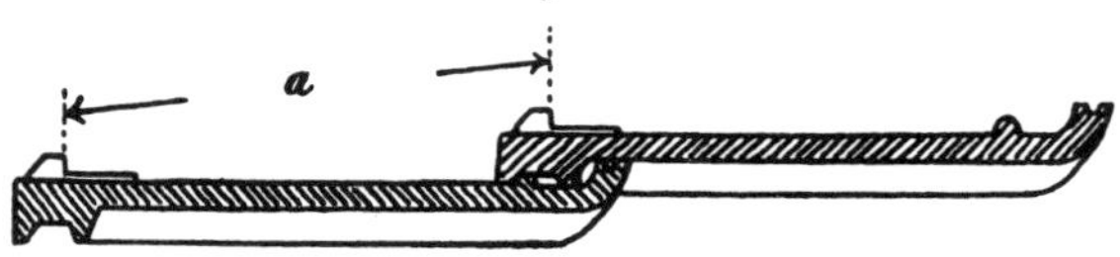

Fig. 205.

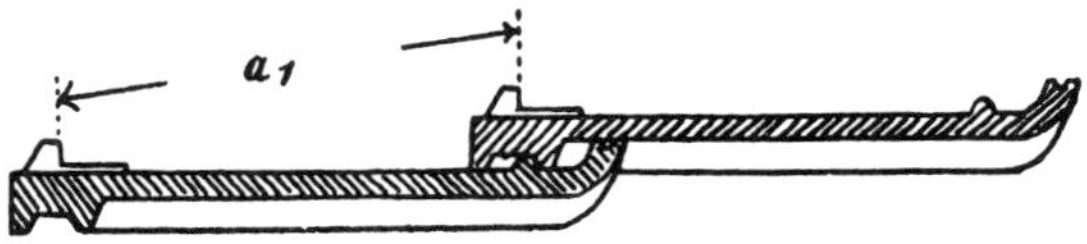

Ebenso wie für die Deckung in Reihen hat Gilardoni auch die erste Anregung zur Herstellung von Falzziegeln für Deckung im Verbande gegeben.

In etwas abgeänderter Form wird das erste von Gilardoni erfundene Modell noch heute von vielen Ziegeleien in Deutschland, u. a. auch von den Siegersdorfer Werken benutzt. Dasselbe (Fig. 206 bis 209) hat rechts und links wie bei den früher beschriebenen Ziegeln einen Falz und oben und unten eine Leiste. Die untere Kante ist in der Mitte etwas ausgeschnitten, um die Fugendecke der darunter liegenden beiden Ziegel aufzunehmen und das Wasser von der Fuge der unteren Steine abzuleiten. Die auf der Oberfläche befindliche mittlere rautenförmige Erhöhung a dient zur Verzierung und Versteifung des Ziegels, verursacht aber leicht ein Ansetzen von Staub und Moos auf den Ziegeln und beeinflusst dann den schnellen Abfluss des Wassers. Auch die Thonwarenfabrik zu Oeynhausen stellt ähnliche Falzziegel her, welche durch die Fig. 211 und 212 in Aufriss und Längenschnitt veranschaulicht sind.

Fig. 206.

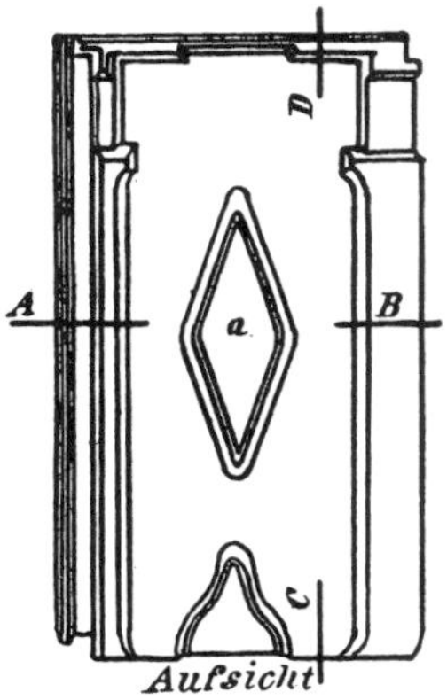

Fig. 207.

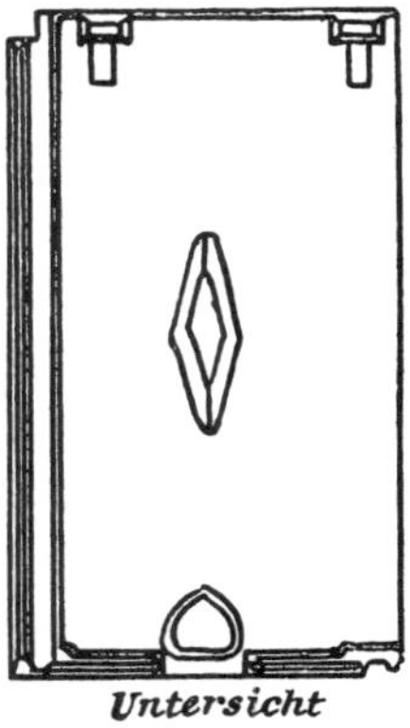

Fig. 208.

Fig. 209.

Fig. 210.

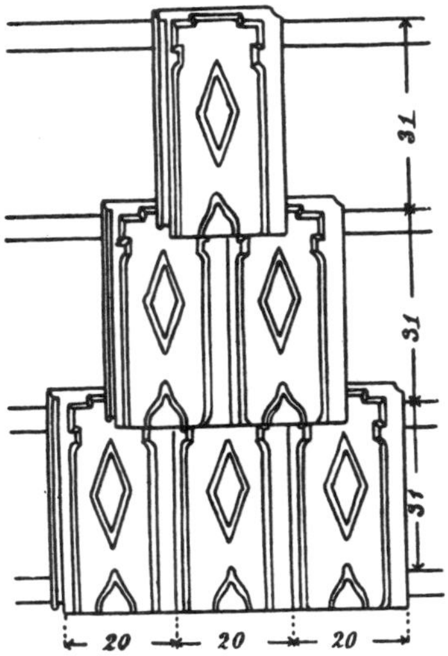

Fig. 211.

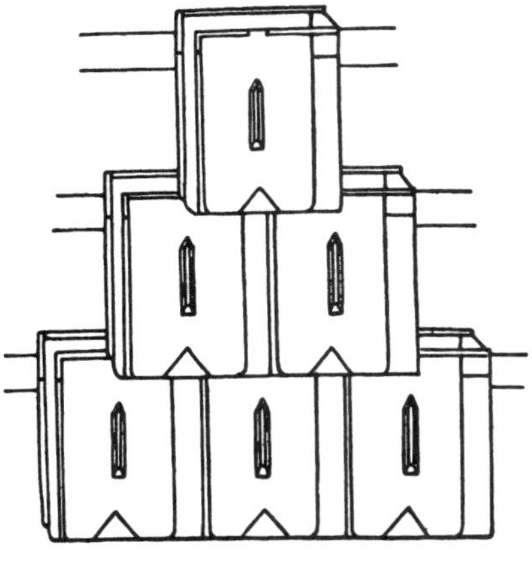

Fig. 212.

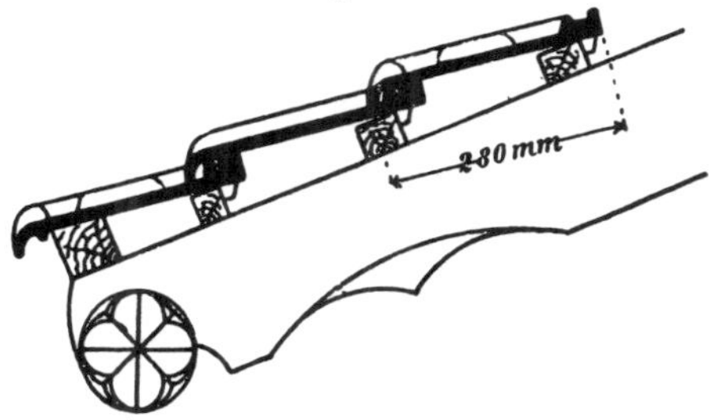

Fig. 213.

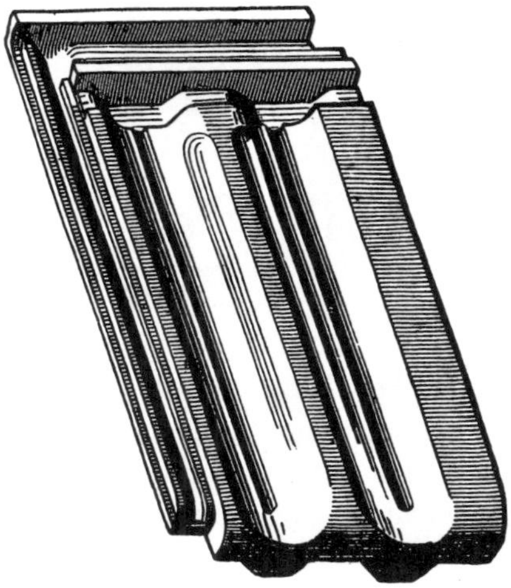

Eine wesentliche Verbesserung in der Herstellung von Falzziegeln, welche im Verbande zu decken sind, ist in der Verwertung und Vervollkommnung der bereits in Figur 203 für Deckung in Reihen veranschaulichten Form der Muldenfalzziegel zu erblicken, welche von den Ziegeleien in den verschiedensten Modellen gefertigt werden.

Ludowici in Jockgrim stellt solche Ziegel in zwei Grössen nach den Formen der Figuren 213 bis 215 und 216 bis 217 her. Dieselben zeigen doppelten Kopffalz und einfachen Seitenfalz. Letzterer wird zwar von dem Erfinder auch als Doppelfalz bezeichnet, infolge des in der seitlichen Falzrinne vorspringenden Eckstäbchens, doch ist diese Bezeichnung in dem für einen Doppelfalz gebräuchlichen Sinne nicht ganz zutreffend. Um ein Abheben der Ziegel bei flacher Dachneigung durch den Sturm zu verhindern, können dieselben mittels Draht, welcher durch ein an der Unterfläche befindliches Auge a gezogen wird, an den Dachlatten befestigt werden.

Deutlich ausgebildete doppelte Seitenfalze zeigt der Bolzesche Patentziegel (Fig. 218), sowie auch die von einigen Ziegeleien verwendeten Modelle (Fig. 219 und 220).

Fig. 214.

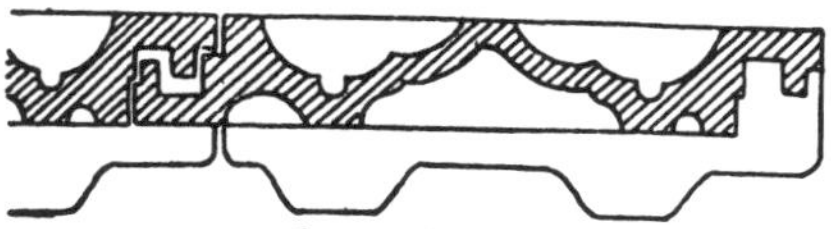

Querschnitt.

Fig. 215.

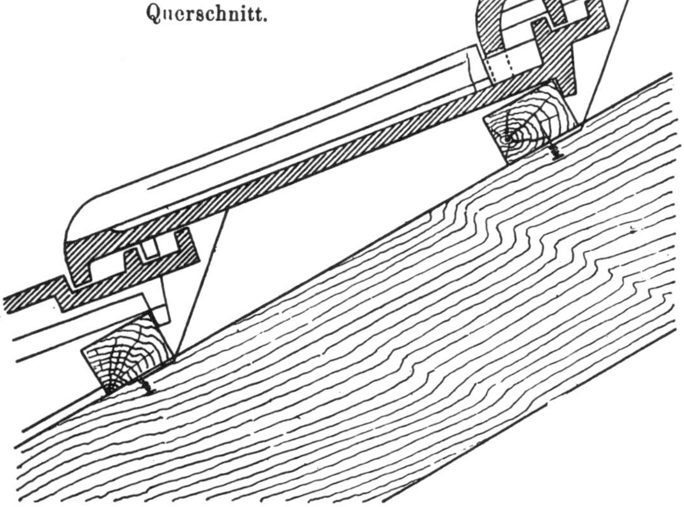

Längenschnitt.

Obgleich nun die Dichtheit eines Falzziegeldaches ganz wesentlich von einer richtigen Konstruktion der Falze abhängt und namentlich ein tiefer und breiter Seitenfalz und doppelte tiefe Kopffalze zweckmässig sind, so wird doch in vielen Ziegelei-Prospekten ein oft übertrieben hoher Wert auf die zwei- und dreifachen Falze gelegt. Die letzteren werden sich eher schädlich als nützlich erweisen, wenn es den Fabrikanten nicht gelingt, die Falzziegel in genau zu- und ineinander passender, gleich grosser Form herzustellen. Da die Ziegelthone (namentlich die besten) fast ohne Ausnahme die Eigenschaft besitzen, beim Trocknen und beim Brennen stark zu schwinden und sich zu verziehen, so wird

Fig. 216.

Fig. 217.

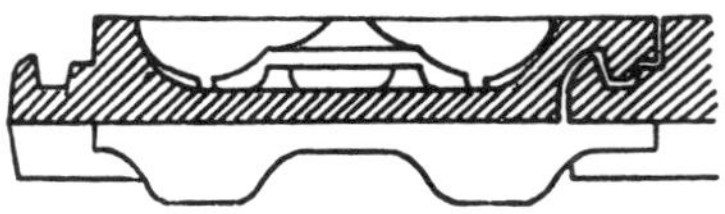

Fig. 218.

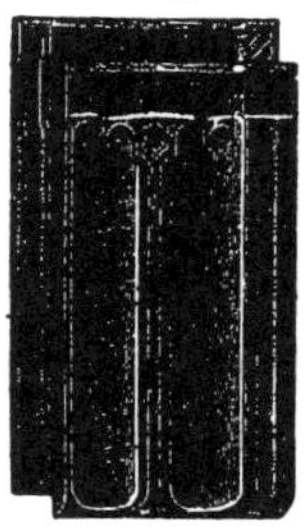

Fig. 219.

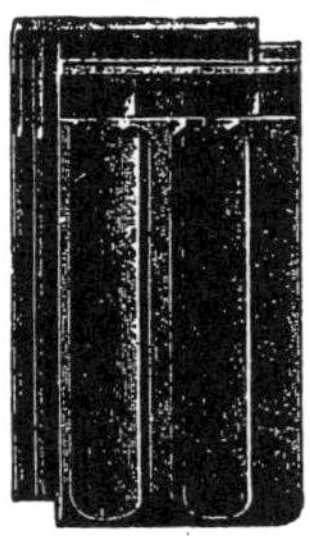

Fig. 220.

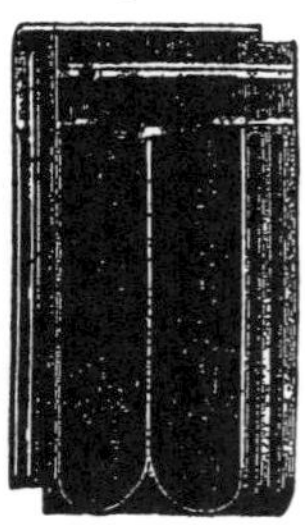

die Herstellung durchaus gleichartig gestalteter Falzziegel nur äusserst selten gelingen.

Namentlich der Eigenschaft ungleichen Schwindens muss durch Anordnung breiter und tiefer Falze Rechnung getragen werden, um ein Verschieben der ungleich geschwundenen Ziegel auf dem Dache in die Falze zu ermöglichen. Werden nun zwei oder gar drei Seiten- und Kopffalze neben- beziehungsweise übereinander angeordnet, so können solche aus räumlichen Rücksichten nicht so breit, tief und kräftig wie einfache Falze hergestellt werden und es passen deshalb Falzziegel mit mehrfachen Falzen meistens schlechter ineinander und veranlassen ein „Aufreiten" der Falze aufeinander, so dass diese dann eine undichtere Deckung geben, als eine solche von Ziegeln mit einfachen Falzen. Die Schlesische Dachfalzziegel- und Schamotten-Fabrik, vormals A. Dannenberg in Kodersdorf, gibt aus den angeführten Gründen ihren Falzziegeln (Fig. 221) nur einfache breite Seitenfalze (Fig. 222) und doppelte, tief versenkte und breite Kopffalze (Fig. 223). Diese Ziegel lassen sich in den Kopffalzen bis 12 mm und in den Seitenfalzen bis 6 mm auseinanderziehen, so dass Schwindungsdifferenzen hierdurch möglichst ausgeglichen werden können.

Fig. 221.

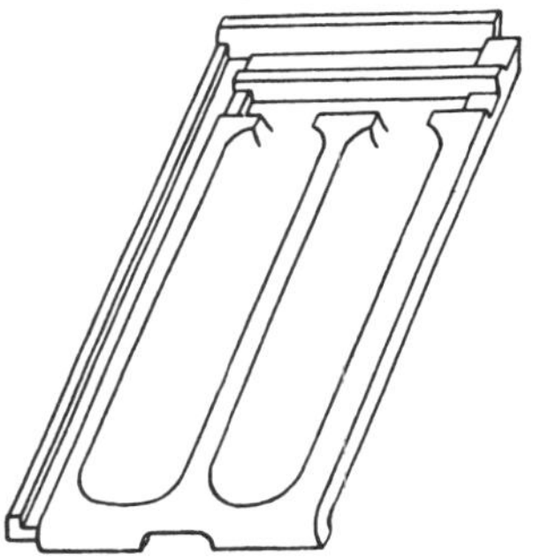

Fig. 222.

Fig. 223.

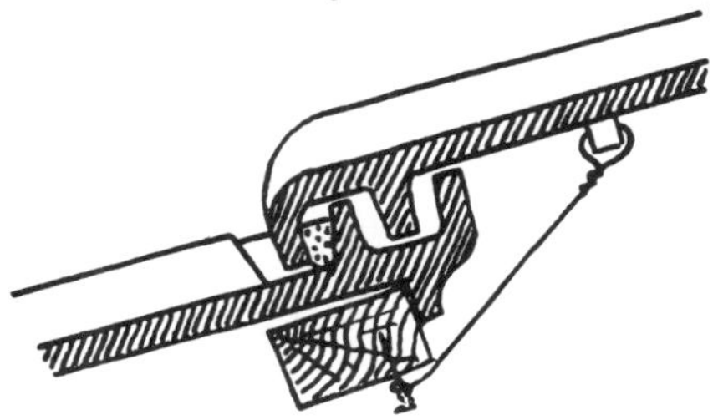

Fig. 224.

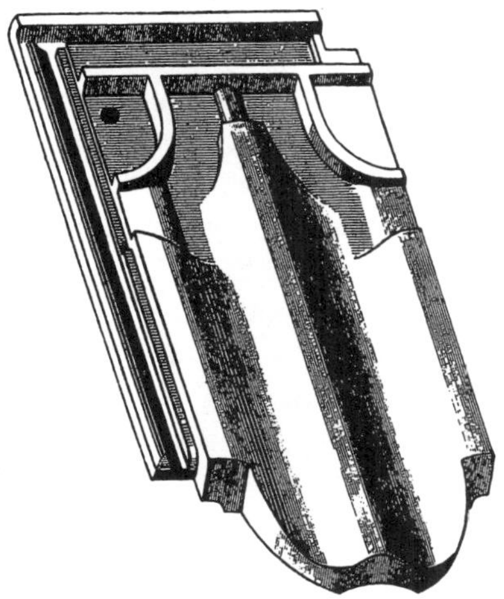

Fig. 226.

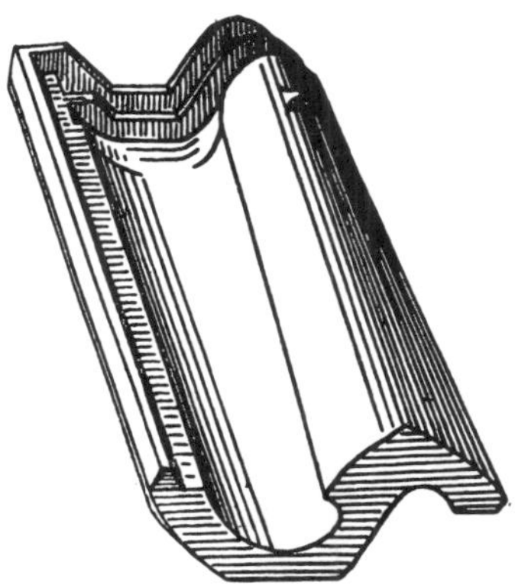

Fig. 225.

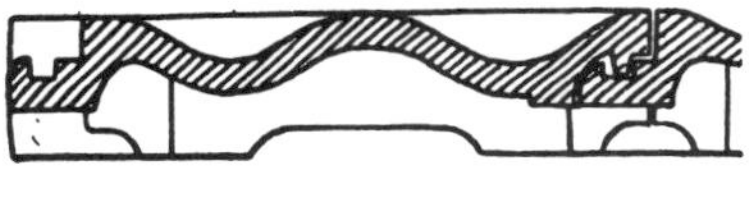

Fig. 227.

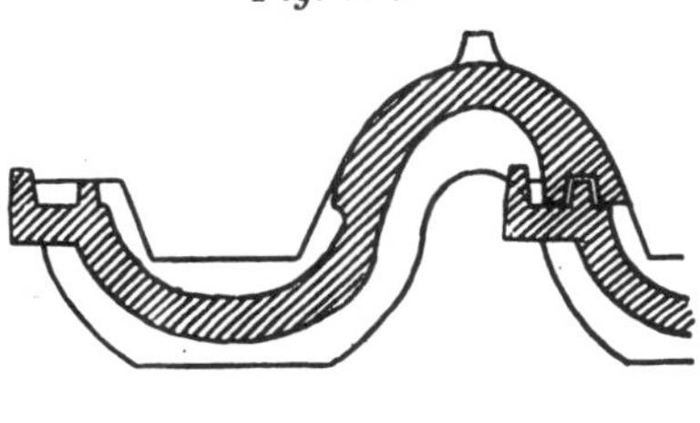

Ein besonders schönes Aussehen bieten Dächer, welche mit den von Ludowici in Jockgrim hergestellten „Schuppen-Falzziegeln" (Fig. 224 und 225) gedeckt sind. Diese Ziegel haben an der einen Seite unterhalb des Kopffalzes ein Nagelloch, können mithin auch auf Schalung (bei steilen Turmdächern) gedeckt werden. Die Lattungsweite ist auf 25 cm zu bemessen; für 1 qm Dachfläche sind 20 Ziegel erforderlich.

Zur Nachahmung der alten Deckung mit Hohlziegeln (Mönch und Nonne) werden von Ludowici die „altdeutschen Falzziegel (Fig. 226 und 227) hergestellt.

Wenn nun auch eingangs dieses gesagt wurde, dass ein Dichten der Ziegelfugen mittels Mörtel nicht zu empfehlen sei, so wird dies doch in dem Falle erforderlich sein, wo nicht durchweg gerade Falzziegel zur Verfügung stehen. Ungeachtet aller nur erdenklichen Vorrichtungen ist es bisher noch nicht gelungen und nach der Natur der Sache auch wohl ausgeschlossen, beim scharfen, bis zur Sinterung getriebenen Brand nur gerade Falzziegel zu erzeugen. Die windschiefen Ziegel werden ohne Mörteldichtung zwar meistens noch regendichte, aber keine schnee- und staubdichte Dächer liefern und ist es deswegen erforderlich, diese Ziegel in Mörtel zu verlegen. Der letztere darf aber bei Muldenfalzziegeln weder auf der Sohle des Seitenfalzes noch in dem oberen Kopffalz liegen, sondern er muss an die rechte Seitenleiste der Falzziegel (Fig. 222) und in den unteren Kopffalz (Fig. 223) gestrichen werden. Es wird dann das sich auf der Unterfläche bildende Schwitzwasser, sowie etwa durch die Ziegel eindringendes Schnee- oder Regenwasser sich an den unteren Ausbauchungen der Mulden ansammeln und von diesen nach den oberen Kopffalzen der nächsten Ziegelreihe ablaufen, um von hier durch deren Seitenfalze nach der Oberfläche des Daches zu gelangen. Es ist aber selbstverständlich, dass diese Ueberführung des Wassers und ebenso die gewünschte und vielfach notwendige Lufteinführung durch die Bedachung nach den Bodenräumen nur dann möglich ist, wenn die oberen Kopffalze und die Seitenfalze frei bleiben und nicht mit Mörtel gefüllt werden. Vor allem muss vor der vielen Dachdeckern der Bequemlichkeit halber eigenen Dichtungsart, dem „Verstreichen der Köpfe" gewarnt werden, weil hierdurch alles sich an den unteren Ziegelflächen ansammelnde Wasser abtropfen muss, wie durch Betrachtung der Fig. 228 ohne weiteres einleuchten wird. Aeusserst schädlich wirkt dieses Köpfeverstreichen namentlich in solchen Gebäuden, wo von unten Wasserdämpfe in grösseren Mengen aufsteigen (in Brauereien, Brennereien, Schlachthäusern, Salzsiedereien, Darrräumen u. s. w.).

Fig. 228.

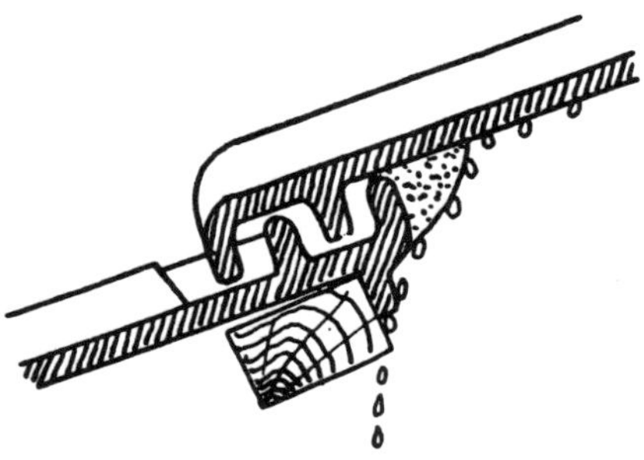

Als Verstreichmörtel ist eine Mischung von 1 Teil Zement, 3 Teilen Weisskalk und 6 Teilen scharfem, feinem Sand zu empfehlen. Diesem Mörtel können auch Kuh- oder Kälberhaare zugesetzt werden, da diese infolge ihrer Verfilzung den Mörtel besser zusammenhalten, und wegen ihrer Fähigkeit, dauernd Wasser anzusaugen, verhindern, dass der Mörtel spröde und bröckelig wird. Auf 100 l Mörtel genügt der Zusatz von 1 kg gut geklopfte Kuh- oder Kälberhaare.

Bei der Deckung im Verbande wird abwechselnd auf der ersten, dritten, fünften Latte u. s. f. stets mit einem ganzen Ziegel und auf der zweiten, vierten, sechsten Latte u. s. f. mit einem halben Ziegel (und zwar der Seitenfalze halber von rechts nach links deckend) angefangen und dann staffelartig nach dem First weitergedeckt. Nachdem die Deckbreite der Ziegel genau festgestellt ist, macht der Dachdecker in Abständen von je fünf Ziegel-Deckbreiten auf die unterste und oberste Latte deutliche Zeichen und verbindet diese durch Schnurschläge a b, c d, e f, g h u. s. f. (Fig. 229), welche durchaus winkelrecht gegen die Lattenrichtung stehen müssen und dazu dienen, dass der Dachdecker

Fig. 229.

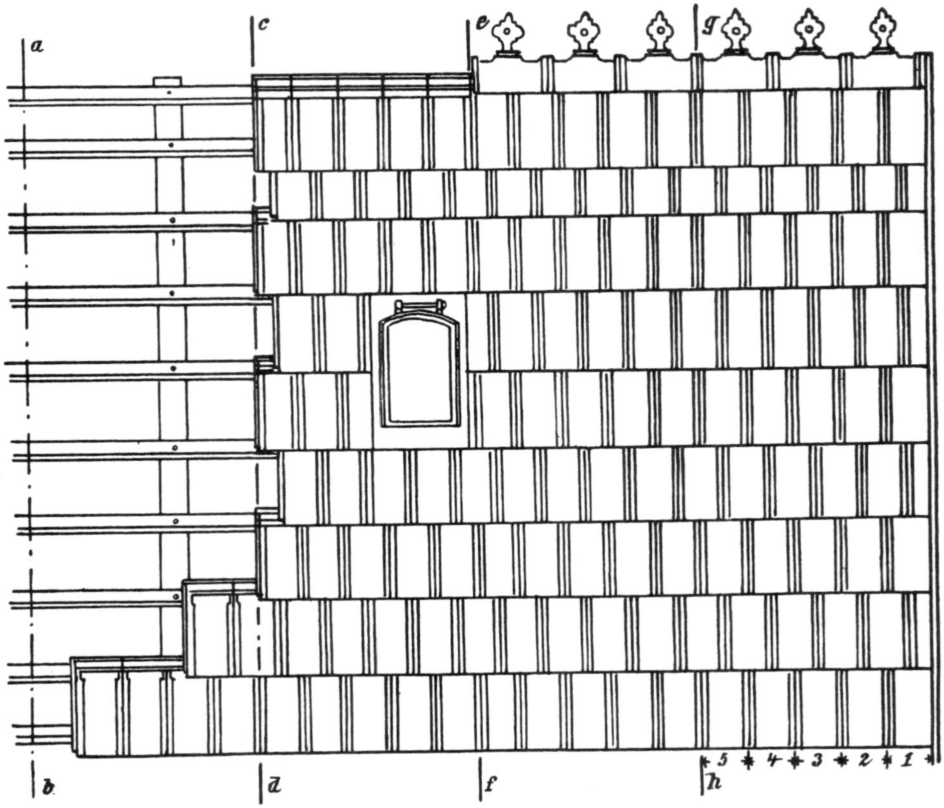

bei jeder zweiten Reihe die linke Kante eines jeden fünften Ziegels genau auf diesen Schnurschlag verlegt. Ohne diese Schnurschläge kommt es selbst bei geübten Dachdeckern vor, dass diese nicht nur ganz bedeutend langsamer arbeiten, sondern auch durch mehr oder weniger unpassendes Zusammenschieben oder Ausziehen der einzelnen Ziegelreihen aus dem richtigen Verband kommen und dass die Längsfugen wie die Nasen der Ziegel dann nicht mehr rechtwinkelig, sondern schräge und verschoben auf die Latten zu liegen kommen. Es können dann die Ziegel nicht mehr genügend in die Kopffalze eingreifen und die Folge sind Undichtigkeiten in der Deckung.

Stellt sich beim Abmessen der Lattenlängen heraus, dass diese durch die ermittelte Deckbreite der Ziegel nicht teilbar ist, so sind die Schnurschläge dementsprechend enger oder weiter zu machen. Würde sich z. B. eine Lattenlänge von 10,15 m ergeben, so würde man bei Verwendung von Falzziegeln, die eine mittlere Deckbreite von 200 mm besitzen, weder mit 50 Ziegelbreiten = 10,00 m, noch mit 51 Ziegelbreiten = 10,20 m auskommen. Man kann sich dann dadurch helfen, dass man in jede Reihe einen halben Ziegel von 100 mm Deckbreite einschiebt und die bei 50 weiteren Ziegelbreiten verbleibenden 50 mm derart verteilt, dass man die Schnurschläge statt 5 X 200 = 1000 mm in Entfernungen von 1005 mm aufreisst, so dass jeder Ziegel 201 mm breit zu decken hat. Ist dagegen die mittlere Deckbreite zu 202 mm ermittelt, so kann der halbe Ziegel wegbleiben und man teilt 50 Ziegelbreiten in 10,15 m, so dass auf jeden Ziegel 203 mm Deckbreite kommen und die Schnurschläge in Entfernungen von 1015 mm zu machen sind.

Die Eindeckung der Dachkehlen kann in folgender Weise geschehen: Zwischen je zwei Dachlatten wird jedesmal noch ein Lattenstück *l* aufgenagelt, so dass die Latten unter der Kehle nur 160 bis 170 mm von Mitte zu Mitte voneinander entfernt liegen, wie Fig. 230 im Grundriss zeigt. Auf diese Lattenunterlage wird Zinkblech Nr. 12 oder Nr. 13 in einer Breite von 40 bis 60 cm mittels Hafter befestigt. Ein Ausschlagen der Kehle mit Brettern zwischen den Dachlatten ist nicht nötig, weil die Zinklage von den Dachlatten und den Zwischenlatten *l* genügend unterstützt ist. Als durchaus fehlerhaft muss aber das häufig gebräuchliche „Aufnageln einer Schalung über die Latten“, namentlich bei flacher Dachneigung bezeichnet werden, weil hierdurch die Kehle höher als die Latten zu liegen kommt, und das Wasser bei starken Regengüssen über das Zinkblech hinweg in den Dachraum laufen wird. Um dieses Ueberlaufen vollständig zu verhindern, schräge man sowohl die Enden der Dach- wie Zwischenlatten nach Fig. 231 ab und bauche die Zinkunterlage nach unten um 5 bis 6 cm ein. Sobald die Zinklage befestigt ist, beginnt das Eindecken mit Kehlfalzziegeln. Diese haben keine Mulden,

Fig. 230.

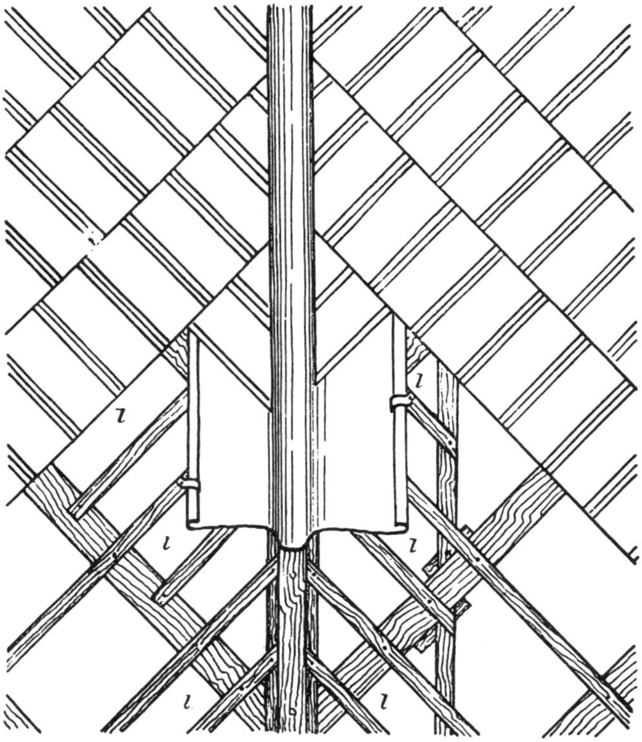

sondern sind auf ihren Oberflächen (abgesehen von den Falzen) und auf den Unterflächen ohne Vertiefungen oder Erhöhungen konstruiert, um eine glatte und dichte Auflage auf dem Zinkblech zu ermöglichen. Weil aber von sämtlichen Kehlfalzziegeln, der schräg zusammenlaufenden Kehlen halber, verschieden grosse Stücke abgetrennt werden müssen, so werden von manchen Ziegeleien besondere Kehlziegel geliefert, deren Unterfläche diagonal sich kreuzende 5 mm tiefe Rinnen aufweisen (Fig. 232 und 233), welche durch Brechen mit der Zange oder durch einige Schläge mit dem Hammer ein beliebiges Trennen gestatten. Diese Kehlziegel werden in Mörtel gelegt und es bieten die Rinnen in der Unterfläche den weiteren Vorteil, dass der Mörtel zwischen Ziegel und Zinklage festgehalten wird.

Fig. 231.

Fig. 232.

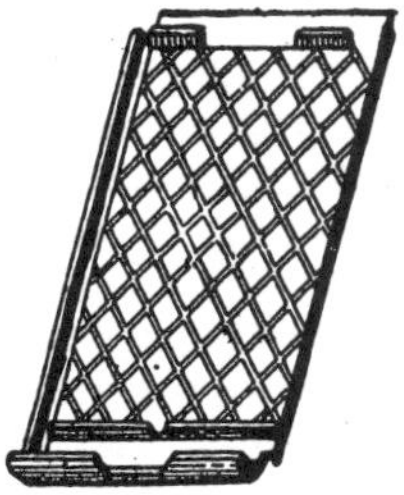

Fig. 233.

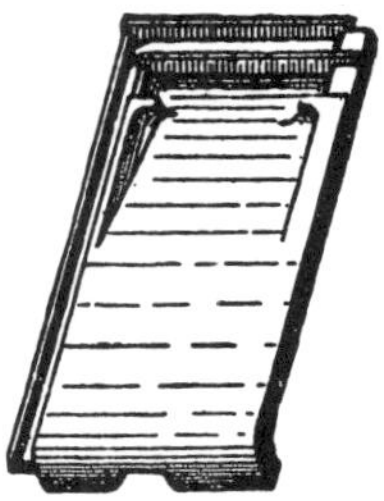

Fig. 234.

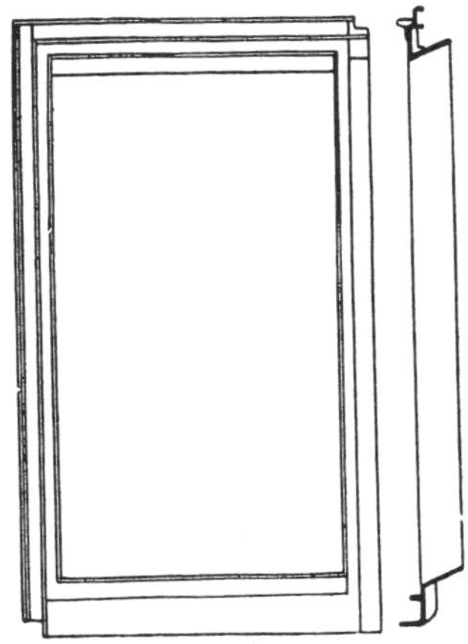

Schornstein-Rahmen.
Oeffnung 50 X 80 oder 50 X 50 cm.

Die Dichtung zwischen Dachdeckung und Schornsteinen, welche diese durchbrechen, kann ebenso wie bei Flachziegeln geschehen, indem

Fig. 235.

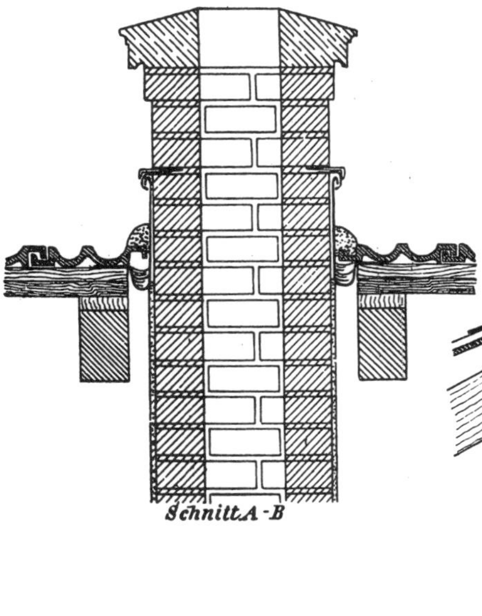

Fig. 236.

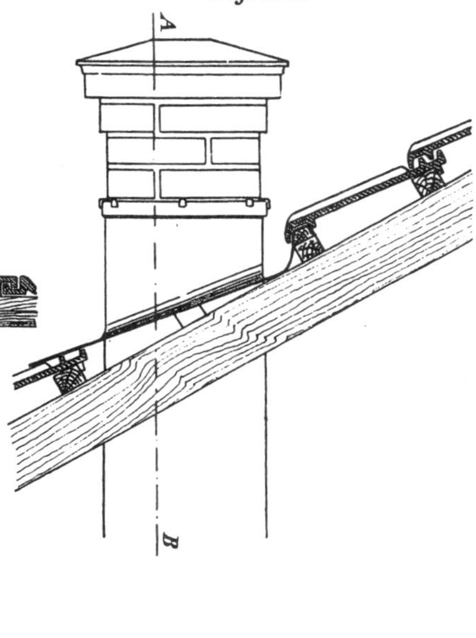

die Falzziegel unter ausgekragte Schichten (vergl. Fig. 146 bis 154) geschoben werden, oder man verwendet gusseiserne Rahmen (Fig. 234), deren nach oben vortretender Rand durch eine am Mauerwerk zu befestigende Zinkkappe zu umfassen ist. Häufig fasst man auch die Schornsteine ringsum mit Zinkblech ein, welches an den Seiten und oberhalb des Schornsteines unter die Ziegel geschoben wird, an der unteren Schornsteinseite aber die letzteren überdeckt. An den Seiten wird das Zinkblech zweckmässig zu einer 5 cm breiten und 4 cm tiefen Rinne gebogen, welche auf der Traufseite (unterhalb des Schornsteins) wieder nach der Oberfläche des Daches geführt wird, damit das angesammelte Wasser hier auf die Falzziegel überfliessen kann, wie die Fig. 235 und 236 zeigen.

Sollen runde Lüftungsrohre durch die Dachdeckung geführt werden, so werden an den betreffenden Stellen zweckmässig mit entsprechend gestalteten Ansätzen versehene „Rohrdurchlässe“ aus gebranntem Thon (Fig. 237) oder aus Gusseisen (Fig. 238) eingelegt. Aehnliche nach Fig. 239 gestaltete Ziegel dienen auch für die Durchleitung schwächerer Rohre oder Eisenstangen (Blitzableiterstangen).

Fig. 237.

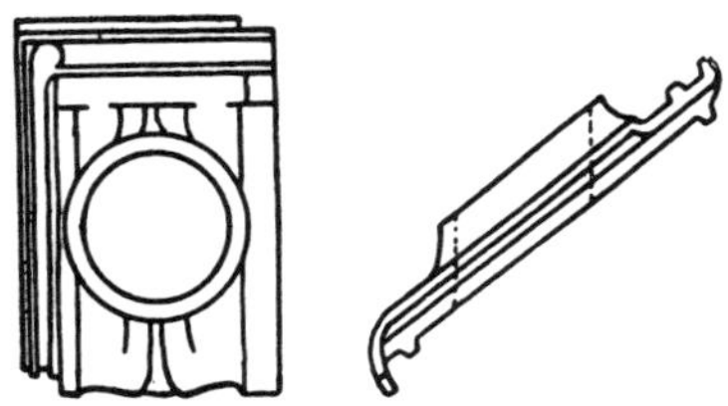

Fig. 238.

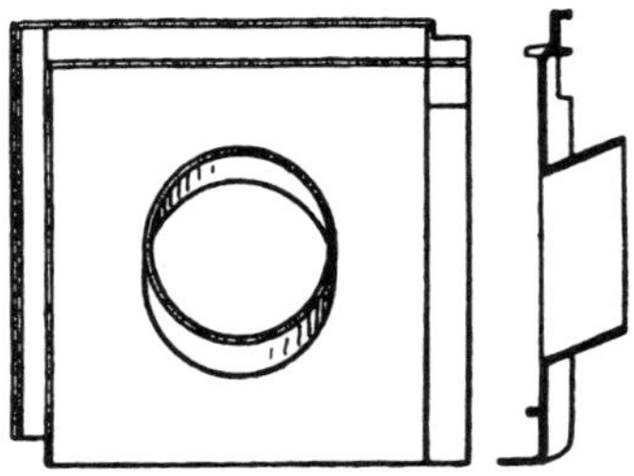

Rohrdurchlass, 2 Ziegel gross, 17 cm Oeffnung.

Fig. 239.

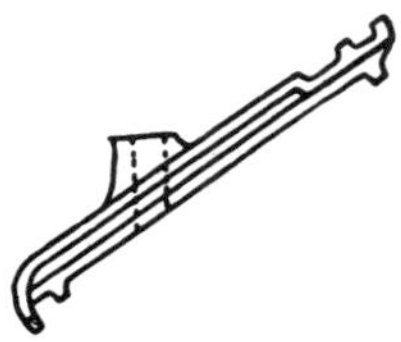

Um den Dachräumen Licht und Luft zuzuführen, werden vielfach gusseiserne oder aus Eisenblech gepresste Dachfenster, welche nur wenig gegen die Fläche der Dachdeckung vortreten, verwendet. Dieselben sind ebenso wie die Falzziegel mit Seiten- und Kopffalzen versehen (vergl. Fig. 240 bei a) und

Fig. 240.

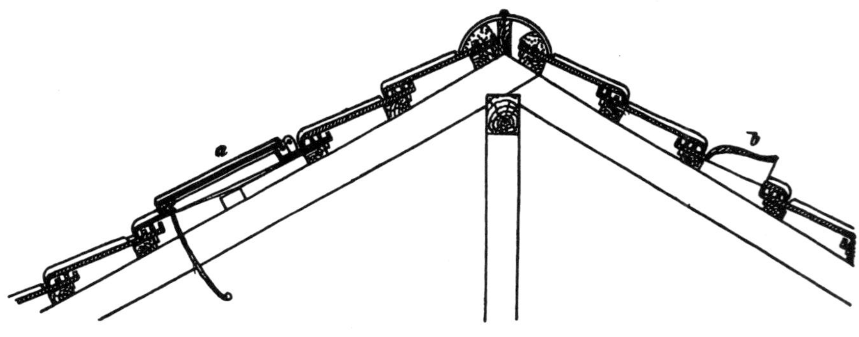

werden in den Grössen von zwei, vier, sechs und neun Ziegeln hergestellt (vergl. Fig. 241 bis 245). Für den gleichen Zweck halten auch manche Ziegeleien die sogen. holländischen Dachgauben (Fig. 240 bei b) aus gebranntem Thon in der Grösse von drei, fünf und sieben Ziegel (Fig. 246 und 247) auf Lager.

Bevor die Eindeckung eines Daches beginnen kann, ist an den Giebelseiten ein geeigneter Anschluss herzustellen, um die hier anschliessenden Ziegelreihen

Fig. 241.

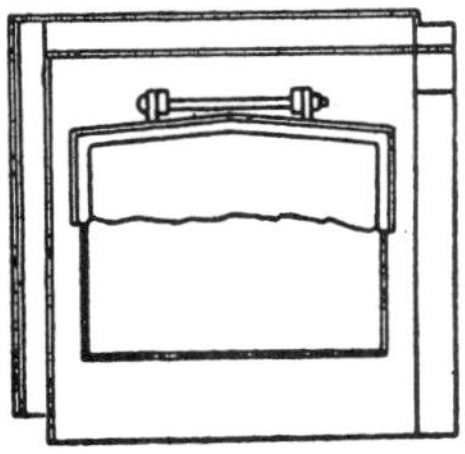

Zwei Ziegel gross (25 X 30 cm i. L.)

Fig. 242.

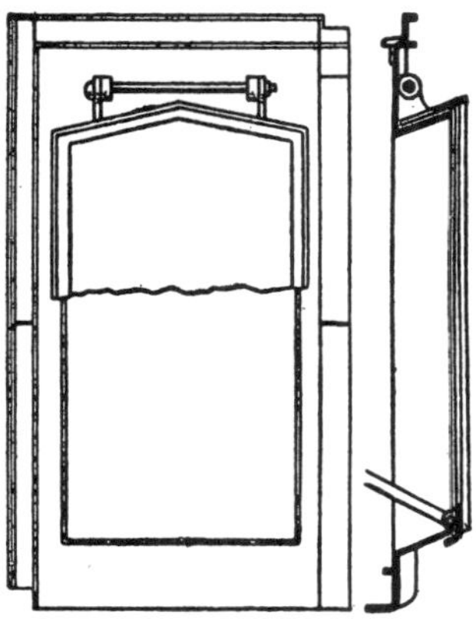

Vier Ziegel gross (30 X 50 cm i. L.)

Fig. 243.

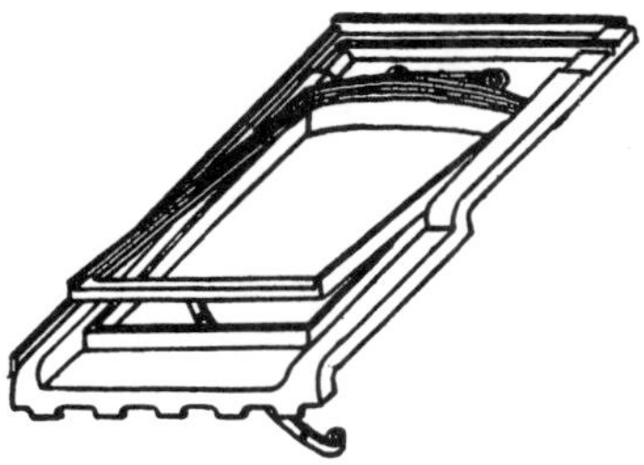

Vier Ziegel gross.

Fig. 244.

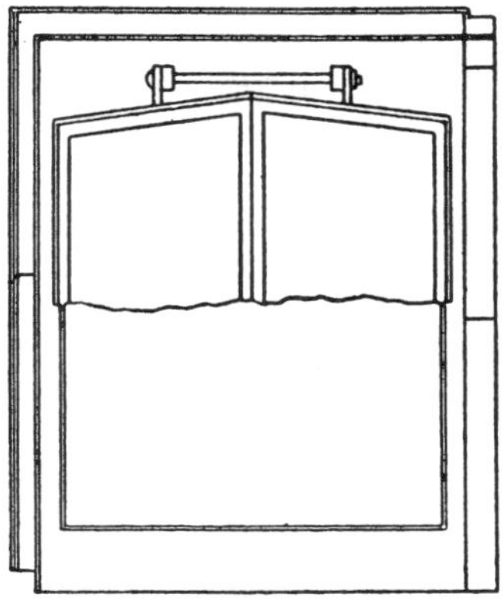

Sechs Ziegel gross (50 X 50 cm i. L.)

Fig. 245.

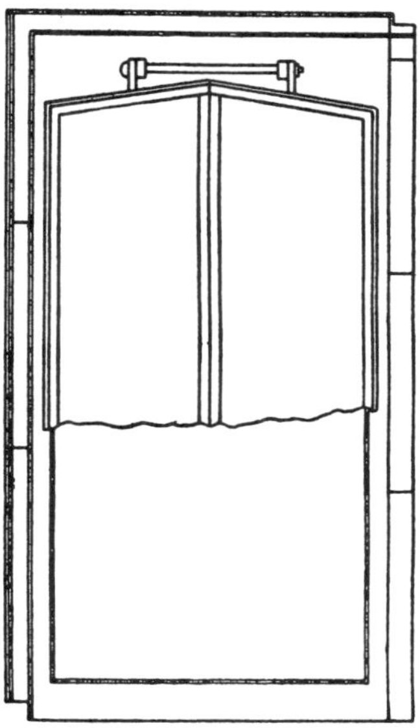

Neun Ziegel gross (50 X 80 cm i. L.)

sturm-, schnee- und regensicher zu lagern. Bei Gebäuden mit vortretendem Freigebinde kann dieser Anschluss in gleicher Weise, wie bei Besprechung der Flachziegeldächer durch die Fig. 89 bis 92 erläutert wurde, oder nach Fig. 248 geschehen, indem ein etwa 25 cm breiter Zinkstreifen auf die Dachlatten oder Sparren genagelt und nach oben in der dargestellten Weise über die Falzziegel gebogen wird. Ludowici verwendet für diesen Zweck sogen. „Seitenziegel", welche 33 cm

Fig. 246.

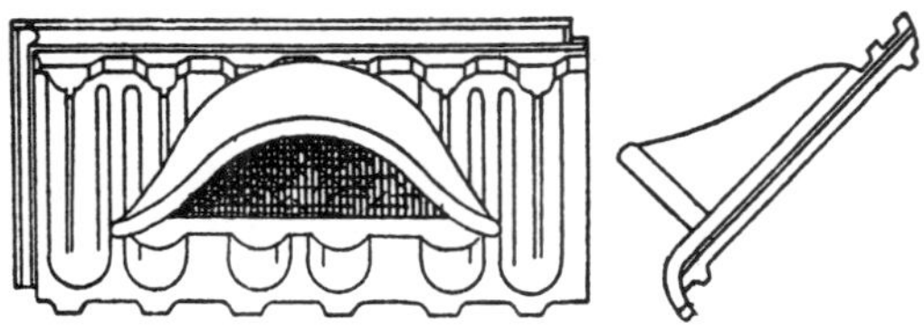

Holländische Gaube auf 3 Ziegeln.

lang sind und mit je 2 Nägeln an den Sparren des Freigebindes befestigt werden (Fig. 250). Passend zu diesen Ziegeln fertigt Ludowici auch Anfängersteine nach Fig. 251.

Fig. 247.

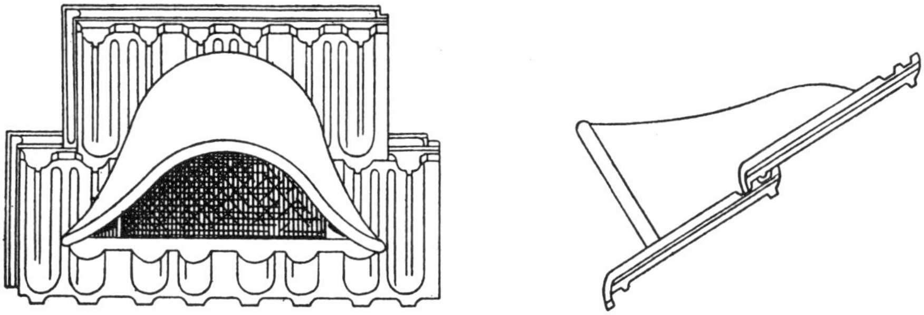

Holländische Gaube auf 7 Ziegeln.

Die hauptsächlichsten Werkzeuge, welche der Dachdecker bei Deckungen mit Dachziegeln verwendet, sind:

1. Die Mörtelkelle (Fig. 252 und 253). Sie dient zum Kalkgeben an den Seitenkanten und an den Kopfenden der Ziegel. Dieselbe hat eine annähernde Länge von 17 cm bei einer Breite von 8 bis 9 cm.
2. Die Fugenverstreichkelle (Fig. 254 bis 256). Sie dient zum Verstreichen und Abbügeln der Fugen.
3. Der Hammer (Fig. 257 und 258) wird zum Zuhauen der halben und Dreiviertelsteine, sowie der Kehl- und Gratziegel benutzt.

Fig. 248.

Fig. 250.

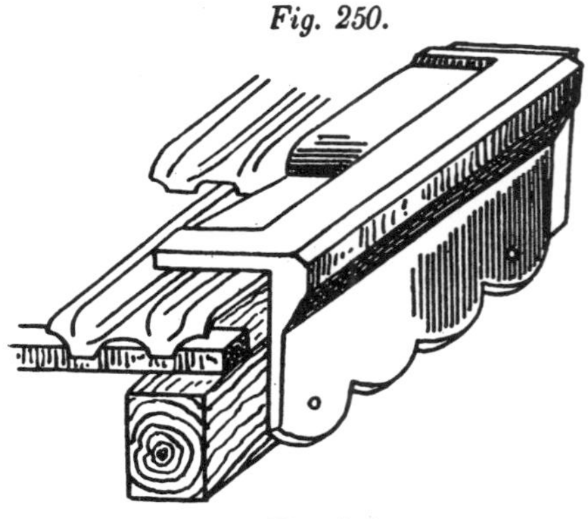

Fig. 249.

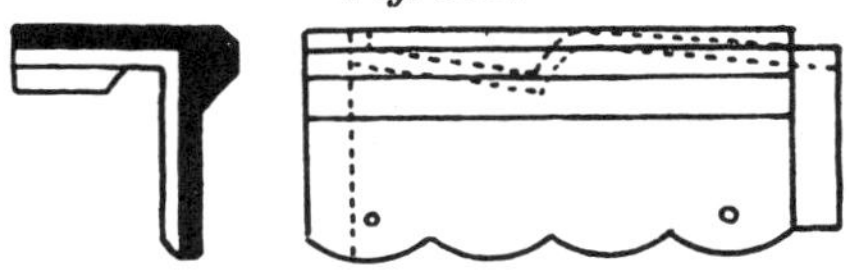

Fig. 253.

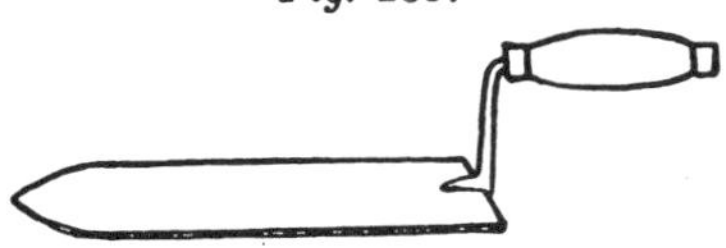

Fig. 251.

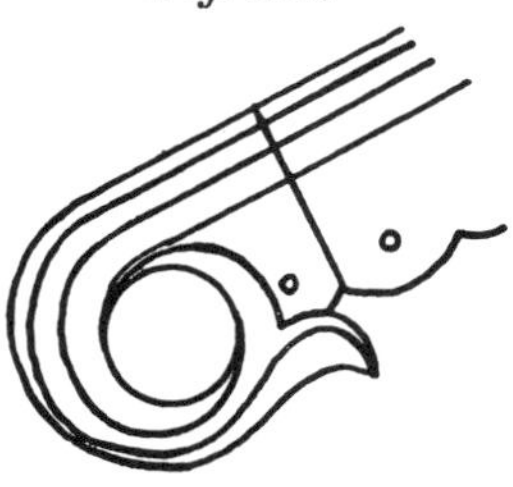

Fig. 252.

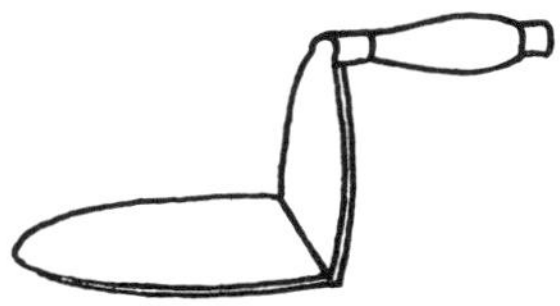

Fig. 255.

Fig. 254.

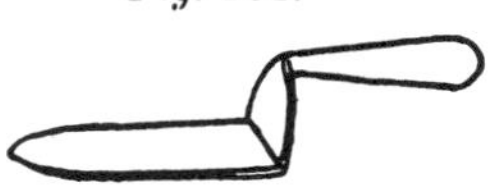

Fig. 256.

4. Das Lattbeil (Fig. 259 und 260) dient zum Abrichten und Annageln der Dachlatten. Die auf der Innenkante vorhandene Einkerbung wird an Stelle einer Zange zur Beseitigung unrichtig oder schief eingeschlagener Nägel benutzt.

Fig. 257.

Fig. 258.

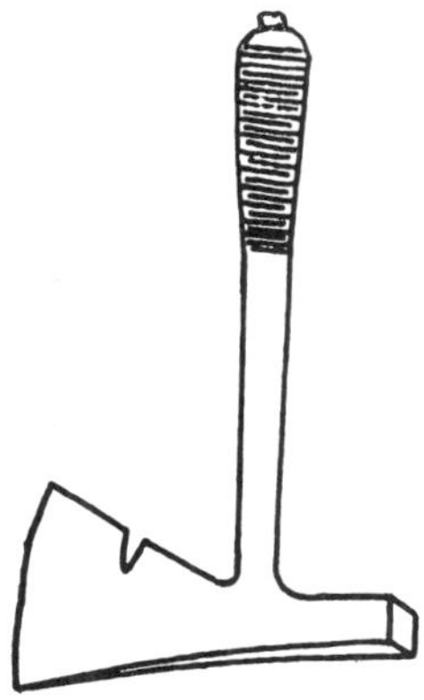

Fig. 259.

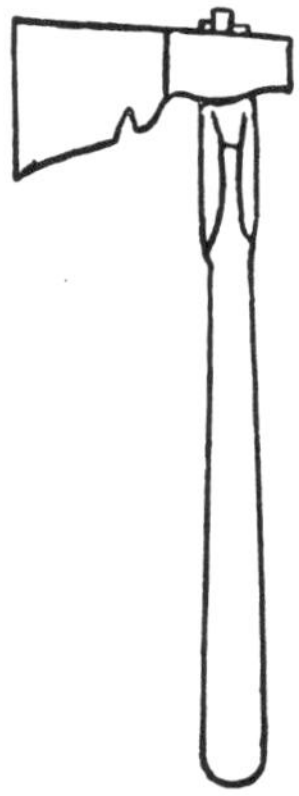

Fig. 260.

Zur Herstellung des Mörtels bedient sich der Dachdecker der gewöhnlichen Kalkbank. Der Mörtel wird in Mulden, deren Enden von aussen mit Eisenblech beschlagen sind, nach dem Ort der Arbeit befördert und in kleine aus Holz oder Eisenblech gefertigte Kübel, welche an die Dachlatten gehangen werden, geschüttet.

1b. Deckung mit Zementplatten.

Zementplatten sind zuerst vor etwa 60 Jahren zu Staudach in Bayern angefertigt und angewendet worden. Man fertigte dieselben aus den in jener Gegend gewonnenen Natur-Zementen, welche, in ihren Hauptbestandteilen dem Portland-Zemente gleichend, in Verbindung mit Sand eine eben so grosse Zugfestigkeit wie diese erreichen, ohne die Eigenschaft des Treibens oder Schwindens zu besitzen. Die Erhärtung schreitet bei dem Staudacher Zement nur sehr langsam, aber stetig fort, während er schon nach etwa 10 Minuten abbindet. So wurde eine aus Staudacher Zement gefertigte Dachplatte bei Gelegenheit des mit der Niederländischen Gewerbe-Ausstellung in Arnheim im Jahre 1879 verbundenen internationalen Wettstreites für Kunststeine durch A. Kroher in Staudach ausgestellt, die laut amtlicher Bescheinigung ununterbrochen während 35 Jahren den Witterungseinflüssen getrotzt hatte und nicht nur noch keine Spur von Verwitterung zeigte, sondern sich sogar weit fester als das neue Material jenes Ausstellers erwies. Erst im Jahre 1857 hat sich die Industrie des bis dahin erprobten Bedachungsmaterials angenommen und seitdem entwickelte sich dieselbe lebhaft nach zwei Richtungen, einesteils als Hausindustrie bei im Winter unbeschäftigten Arbeitern, die auch noch heute in fast jedem Dorfe jener Gegend anzutreffen ist, andererseits als regelrechte Fabrikation.

Durch die verschiedenartige, oft unzuverlässige, den Ruf der Zementplatten beeinträchtigende Behandlung des Zementes und infolge der schwankenden Gelegenheitspreise der Hausindustrie hatten die grösseren Fabriken einen schweren Stand. Demungeachtet hat die regelmässige Fabrikation der Zement-Dachplatten, nachdem sie erst in der Gegend von Staudach festen Fuss gefasst hatte, sich schnell ausgedehnt und erstreckte sich im Jahre 1870 schon über Bayern, Oberösterreich und Steiermark, sowie über einzelne Teile von Baden, Württemberg und Elsass-Lothringen. Gegenwärtig wird dieselbe in ganz Deutschland ausgeübt.

Gegenüber den Ziegeln aus gebranntem Thon haben die Zementplatten den grossen Vorzug, dass sie bedeutend weniger Wasser aufsaugen, weshalb sie eine weit geringere Dachneigung zulassen, als die Ziegeldächer. Bei trockenem Wetter ist ein mit Zementplatten gedecktes Dach um etwa 40 %, bei Regenwetter sogar um etwa 70 % leichter als ein Ziegeldach.

Hinsichtlich der Form der Zement-Dachplatten hat man sich in Staudach zunächst auf die Nachbildung der Dachschiefer und Flachziegel beschränkt und erst später Verbesserungen durch Form- und Konstruktions-Verbesserungen angestrebt. Von den vielen ursprünglichen Formen haben sich hauptsächlich zwei behauptet. Die eine Form (Fig. 261) zeigt nahezu quadratische, diagonal hängende Tafeln, deren oberen und seitlichen Ecken gerade abgeschnitten sind und deren untere Spitze abgerundet ist. Um den Wasserabfluss zu befördern und das Heraufziehen des Wassers in den Fugen zu verhindern, ist die Oberfläche der Platten mit kleinen Wasserrinnen versehen. Die Eindeckung der Firste und Grate erfolgt wie bei den Ziegeldächern mit besonders geformten Hohlsteinen (Fig. 262), welche in Zementmörtel gelegt werden, die Dichtung der Kehlen dagegen in bekannter Weise mittels Zinkblech. Als Dachneigung ist das Verhältnis 1 : 4 zu wählen.

Fig. 261.

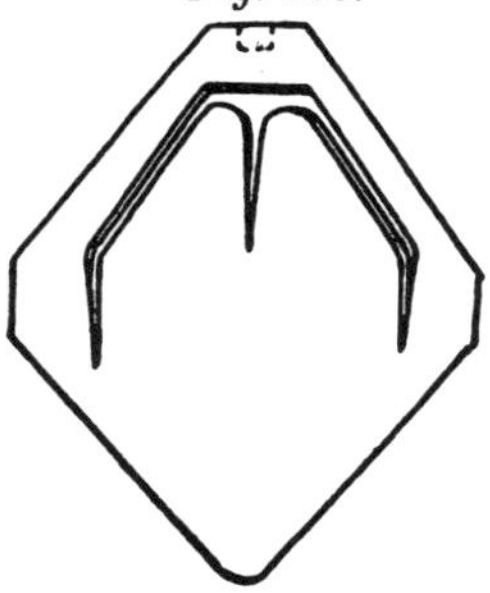

Fig. 262.

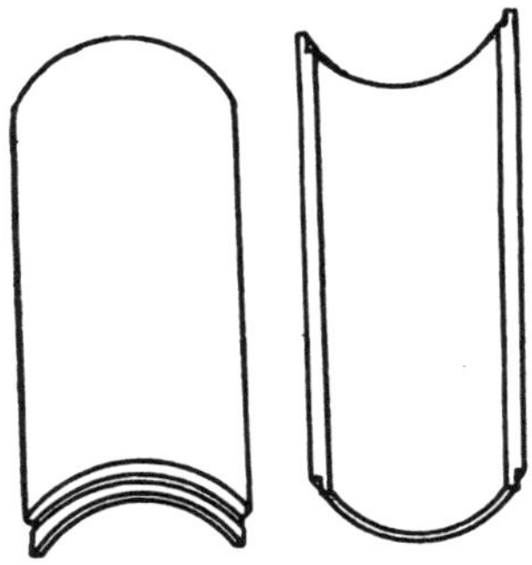

Fig. 263.

Fig. 264.

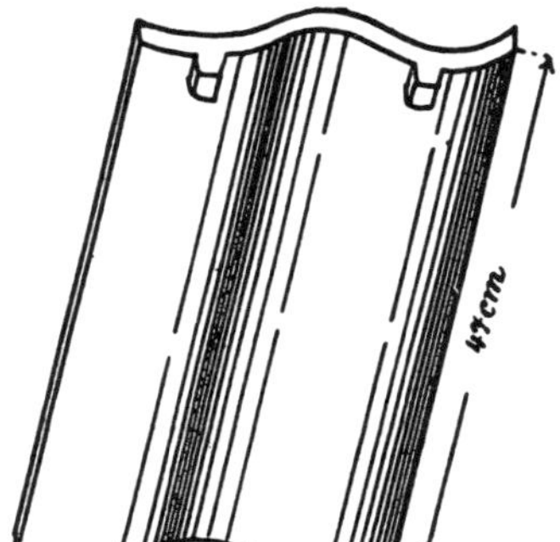

Die zweite Form (Fig. 263) ist den holländischen Pfannen nachgebildet und wird für Rechts- und Linksdeckung hergestellt. Die Dachneigung ist bedeutend steiler und nicht unter 1 : 1,5 zu wählen.

Eine Zementplatte mit doppelter Wölbung (Fig. 264), welche sich für Dachneigungen von etwa 1 : 3 eignet, fertigt der Kunststeinfabrikant Peter Jantzen in Elbing. In dieser Fabrik wird auch nach Art der italienischen Dachdeckung eine Bedachung ausgeführt, welche aus trapezförmigen Platten (Fig. 265) und Kappen (Fig. 266) mit aufgebogenen Rändern besteht, deren Zusammenfügung durch Fig. 267 veranschaulicht wird. Zur Dichtung des Firstes dienen besonders geformte Firststeine

(Fig. 268), welche sich falzartig überdecken. Namentlich bei der Verschickung dieser Platten auf grössere Entfernungen dürfte sich der Uebelstand bemerkbar machen, dass die Ränder derselben leicht beschädigt und die Platten hierdurch unbrauchbar werden.

Fig. 265.

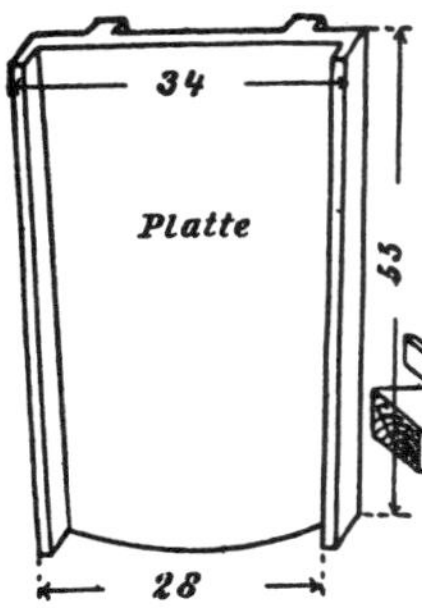

Fig. 268.

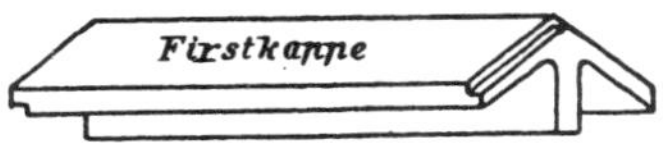

Fig. 266.

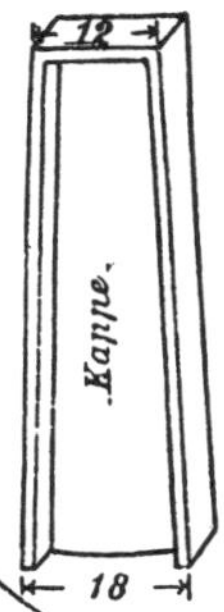

Fig. 267.

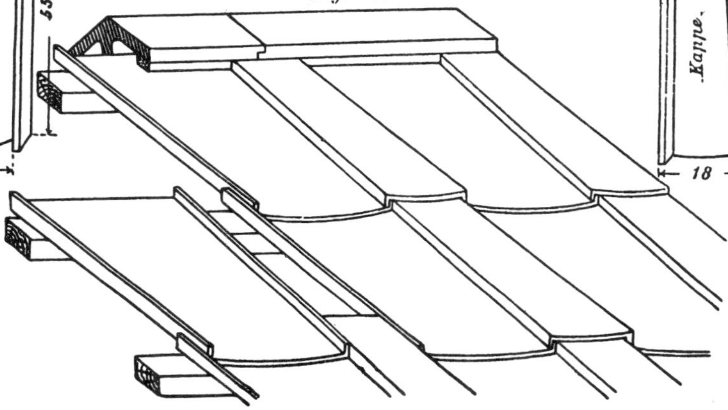

Die Gesellschaft für Zement-Stein-Fabrikation Hüser & Komp. in Oberkassel fertigte bis zum Jahre 1878 Zement-Dachplatten, welche von deren Direktor August Sadée erfunden sind. Dieselben ergeben eine Bedachung, welche im Aeussern einem Schieferdache sehr ähnlich sieht, sich aber von diesem dadurch unterscheidet, dass die Platten mit Falzen ineinander greifen. Diese Platten, welche in den Fig. 269 bis 272 dargestellt sind, hatten jedoch den Nachteil, dass die Ueberdeckung an den Punkten x (Fig. 272) genau übereinander trifft, so dass, wenn bei stürmischem Regenwetter infolge Saugung

Fig. 269.

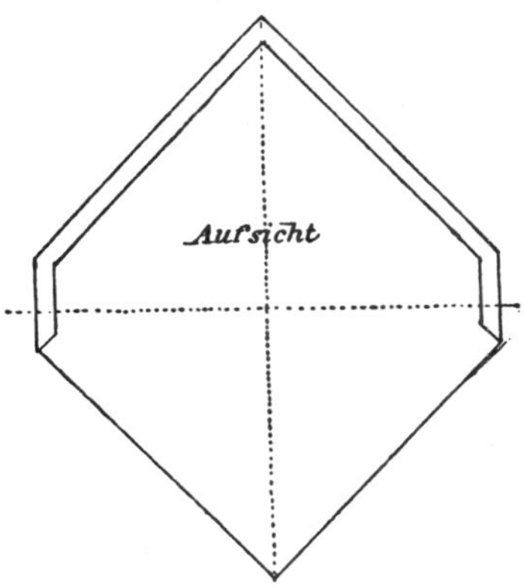

Fig. 270.

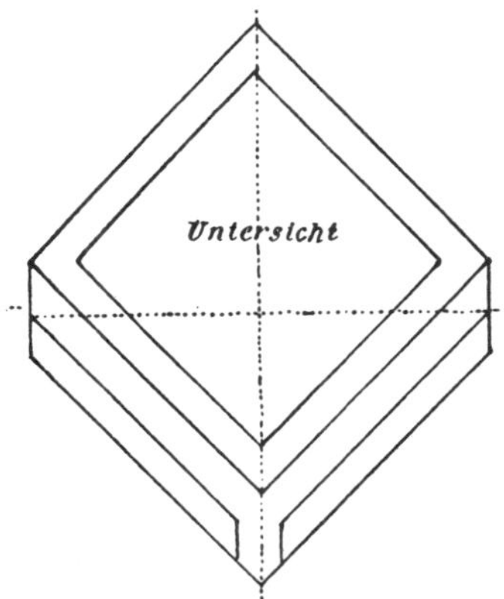

Fig. 271.

Wasser zwischen die Stossfuge y getrieben wird, dies hinter der am oberen Plattenende befindlichen Anhängenase in den Dachraum niederfallen kann. Um diesen Uebelstand zu beseitigen, gab Hüser den Sadéeschen Platten vom

Jahre 1878 an eine trapezoidische Form (Fig. 273 bis 275), indem er den Winkel bei b (vergl. Fig. 273) weniger spitz als bei a machte. Infolge dieser Umfor-

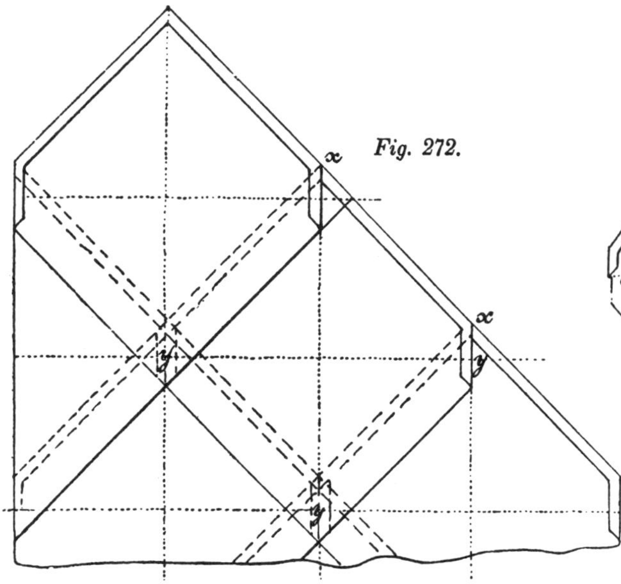

Fig. 272.

Fig. 273.

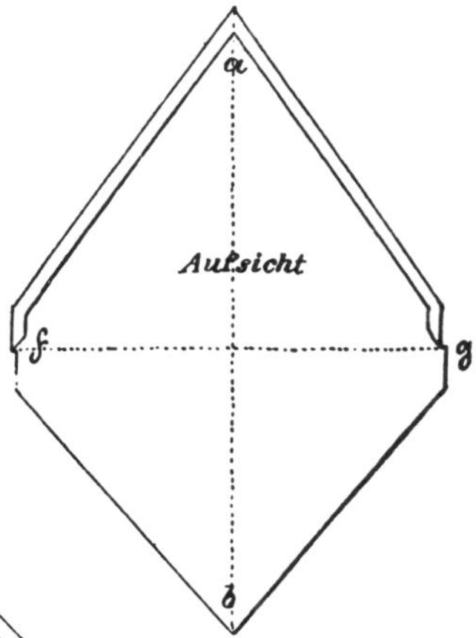

Fig. 274.

Fig. 275.

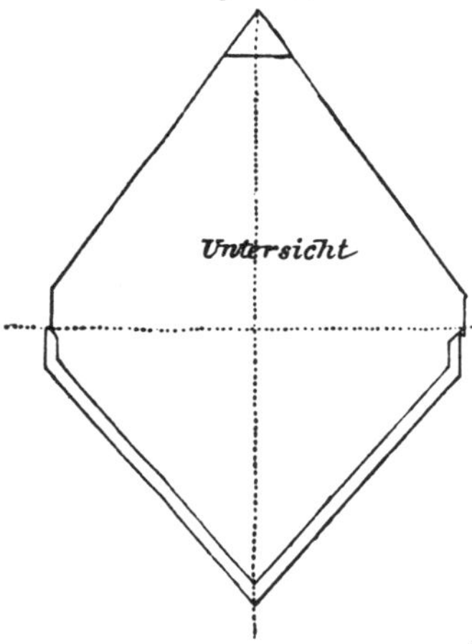

mung tritt die unterhalb der Stossfuge x (vergl. Fig. 276) liegende obere Plattenspitze um etwa 1,5 cm über die deckenden Platten vor, so dass jeder durch die Stossfuge dringende Tropfen auf die von dem Rande d begrenzte Platte zurückfallen und auf dieser abwärts fliessen muss. Ausserdem ist die Stossfuge abweichend von der Sadéeschen Konstruktion zum Schutz gegen das Eindringen von Flugschnee zickzackförmig versetzt (vergl. Fig. 273 bei f und g). Diese Platten messen in der sichtbaren Fläche (also ohne Ueberdeckung) in der Höhe 406 mm, in der Breite 399 mm. Es deckt mithin jede Platte $\frac{406 \cdot 339}{2}$ = rund 688 qcm,

Fig. 276.

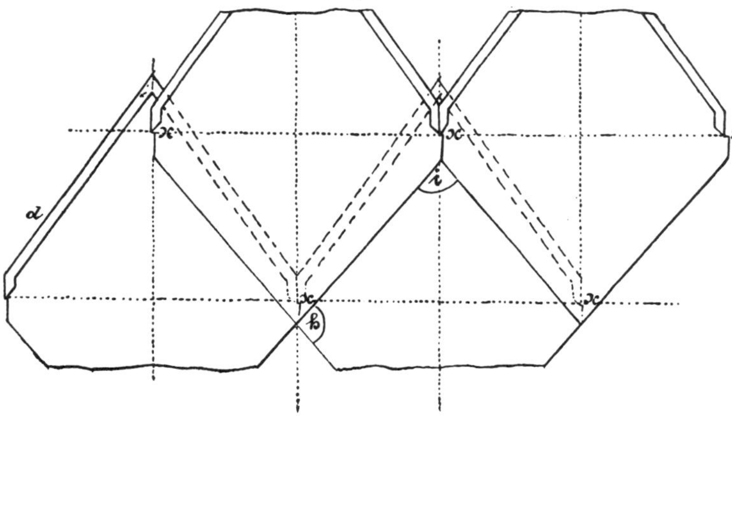

so dass für 1 qm Deckfläche rund 15 Platten erforderlich sind, welche annähernd 40 kg wiegen. Der stumpfe Winkel der sichtbar bleibenden Rauten bei h misst 100°, der spitze Winkel bei i 80°, so dass sich die Platten an Grate und Kehlen bei Dächern mit einer Neigung von 1 : 1,5 ganz genau, an solche mit einer Neigung von 1 : 2 annähernd genau anschliessen. Die Lattungsweite ist auf 18 bis 20 cm zu bemessen (Fig. 277).

Fig. 277.

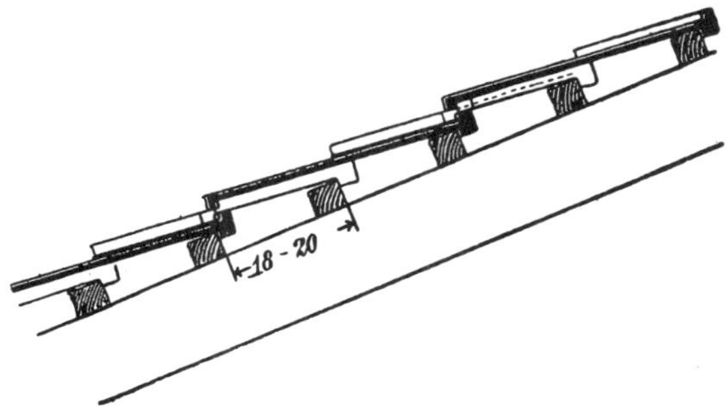

Ganz ähnlich gestaltet sind die Hakenfalz-Zement-Dachziegel der Zement-Dachplatten-Fabrik Carl Thomann Nachfolger in Halle a. S., deren Gewicht noch etwas geringer ist, als dass der vorigen, so dass 1 qm Bedachung nur 35 kg wiegt.

Zementplatten können bei einiger Vorsicht mit dem Schieferhammer oder dem Ziegeldeckerhammer behauen werden; sicherer lassen sich dieselben mit einem Stahlblatt unter Zuhilfenahme von Sand und Wasser durchsägen. Fällt beim Zuschneiden der Platten an den Graten oder Kehlen die Nase fort, so ist die Platte durch einen nach Verbohrung behutsam einzutreibenden Nagel zu befestigen.

3. Deckung mit natürlichem Steinmaterial.

Natürliche Steine, welche zu Dacheindeckungen Verwendung finden sollen, müssen in erster Linie die Eigenschaft besitzen, sich leicht in dünne, gleichmässig starke und ebene Platten spalten zu lassen, welche dann die Bezeichnung „Schiefer" führen.

Am verbreitesten in der Anwendung ist der Thonschiefer, dessen Hauptbestandteile kieselsaure Thonerde und Quarz sind und welcher durch Ablagerung von feinem Thonschlamm und Quarzstaub im Wasser und spätere Erhärtung entstanden ist. Die Gemengteile sind meist so winzig, dass sie dem unbewaffneten Auge nicht erkennbar sind; unter dem Mikroskop betrachtet ist ein feines Gemenge von Thon, staubartigen Quarzkörnern und sehr kleinen Glimmerplättchen zu unterscheiden. Infolge geringer Beimengungen von Steinkohle und Bitumen ist die Farbe des Thonschiefers vorwiegend blaugrau oder schwarz, doch kommen auch gelbe, rote, braune, violette und grüne Färbungen vor, die von Eisenbeimengungen herrühren und den verschiedenen Oxydationsstufen der letzteren ihren Ursprung verdanken. Weitere Beimengungen, die ungünstigen Einfluss auf die Dauerhaftigkeit des Schiefers ausüben, sind kohlensaurer Kalk, Schwefelkies, Kupferkies und hoher Eisen- und Kohlengehalt.

Je mehr Kieselsäure und Thonerde im Verhältnis zu Schwefelkies, Kalk, Kohle, Eisen und Kupferkies ein Schiefer enthält, um so grösser wird demnach seine Wetterbeständigkeit sein.

Das Vorhandensein von kohlensaurem Kalk lässt sich durch das Aufbrausen bei Behandlung mit einer Säure ermitteln. Schwefelkies und Kupferkies sind meist mit blossem Auge an ihren gelbglänzenden Krystallen zu erkennen, sie zersetzen sich an der Luft in schwefelsaures Eisen- oder Kupferoxydul, welches im Wasser löslich ist und dadurch die Zerstörung des Schiefers veranlasst. Beim

Glühen solchen Schiefers zwischen Kohlen entwickelt sich ein unangenehmer, stechender Geruch nach schwefeliger Säure. Enthält der Schiefer grössere Mengen Eisen, so wird seine Farbe bei Behandlung mit Säuren stark bleichen, während das Vorhandensein von Kohle leicht durch den Gewichtsverlust nachzuweisen ist, den dann ein Glühen des Schiefers mit Salpeter verursacht.

Die bedeutendsten Fundorte von Thonschiefer finden sich in England, namentlich in North-Wales, sodann in Frankreich bei Angers an der Loire, Deville, Monthermé, Charlesville, Fumay, Grenoble, in der Bretagne und in Savoyen. In Deutschland befinden sich grössere Schieferbrüche bei Lehesten und Gräfenthal in Thüringen, bei Nuttlar und Hörre-Raumland in Westfalen sowie bei Trier und Clotten an der Mosel und weitere bei Mayen, Kasel, Mühlenbach und Reitstein an der Mosel, bei Siegen und Ostwig in Westfalen, bei Diez und Limburg an der Lahn, bei Dillenburg im Westerwald, bei Weilenmünster und Steinmünster im Taunus, bei Goslar, Rübeland und Hütterode im Harz, bei Erfurt, Probstzella, Schwarzburg und Sonneberg in Thüringen, bei Hof und Plauen im Fichtelgebirge, bei Theuma in Sachsen, bei Waldsassen in der Oberpfalz, bei Ludwigslust in Oberfranken u. s. w. u. s. w.

Neben Thonschiefer ist auch Chloritschiefer und Thonglimmerschiefer für Dachdeckungen geeignet.

Der erstere wird namentlich in den Ardennen bei Rimogne in grossen Mengen und vorzüglicher Qualität gewonnen. Die Grundmasse ist krystallinisch-schuppiger oder blätteriger Chlorit, mit fein verteiltem Quarzstaub, in welche nicht selten geringe Mengen Feldspat eingebettet sind. Die Farbe ist eine schwärzlich-grüne.

Thonglimmerschiefer, auch Urthonschiefer, Grauwackenschiefer oder Phylitt genannt, findet sich vornehmlich bei Angers in Frankreich, sowie in Belgien und Schottland. Er besteht aus einem Gemenge von Quarz und Glimmer und hat meist eine dunkelgraue, seltener eine grünliche, blaue, rote oder violette Färbung.

Andere schieferigen Gesteine, wie Wesersandstein, französischer Kalkschiefer, schieferiger Zechstein aus den Bergwerken bei Mansfeld, haben wegen ihrer geringen Wetterbeständigkeit, Spaltbarkeit oder wegen anderer ungünstiger Eigenschaften nur in nächster Umgebung ihrer Fundorte Verwendung zu Dachdeckungszwecken gefunden.

Guter Dachschiefer soll, geglüht, sich nicht abblättern, heiss ins Wasser geworfen nicht reissen oder springen, nur wenig Wasser in sich aufnehmen und muss, mit dem Hammer angeschlagen, einen hellen Klang von sich geben und sich leicht bohren lassen. Im allgemeinen kann man annehmen, dass ein Schiefer um so dauerhafter ist, je dunkler seine Färbung.

Unter gewöhnlichen Verhältnissen wird die günstigste Neigung für ein Schieferdach bei $^1/_3$ bis $^1/_4$ der Gebäudetiefe als Dachhöhe erzielt, nur bei bestem englischen Schiefer und günstigen klimatischen Verhältnissen kann man die Dachhöhe bis auf $^1/_5$ der Gebäudetiefe ermässigen, während in besonders rauhen Gegenden die Dachhöhe mindestens $^2/_5$ der Gebäudetiefe betragen sollte. Die Dachneigung ist überdies von der Güte des Schiefers, der Grösse der Platten und dem Maasse der Ueberdeckung abhängig zu machen. Je grösser die Platten, je geringer also die Zahl der Fugen ist, um so flacher kann die Dachneigung gewählt werden, um so grösser wird aber auch der Hebelarm sein, mittels dessen der Sturm an der Nagelung rüttelt und die Schiefer zu zersprengen sucht. Kleinere Schiefer erfordern deswegen zwar grössere Steilheit des Daches, setzen aber dem Wind und Schneedruck, wie auch dem Begehen besseren Widerstand entgegen wie grössere Platten.

Die gebräuchlichsten Eindeckungsarten sind die englische Doppeldeckung und die deutsche einfache Deckung, während die französische Deckung in Deutschland nur selten Anwendung gefunden hat.

a) Englische Doppeldeckung.

Als Unterlage zur Befestigung der Schiefer kann sowohl Schalung wie Lattung dienen. Die Schalbretter müssen mindestens 25 mm stark sein und sind mit 7 bis 8 cm langen Nägeln höchstens 20 bis 25 mm von der Langfuge

Fig. 278.

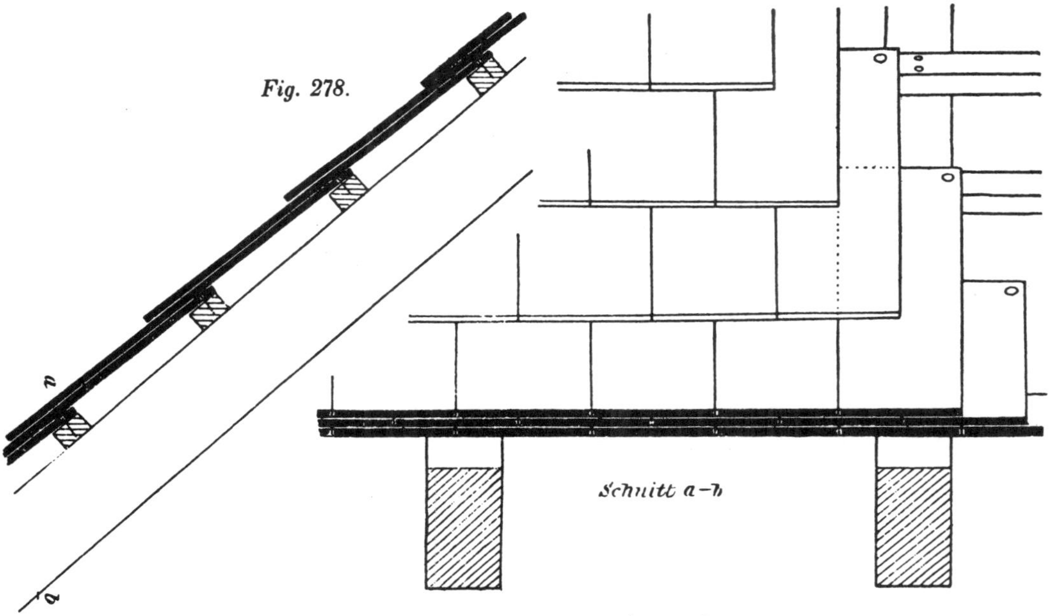

Fig. 279.

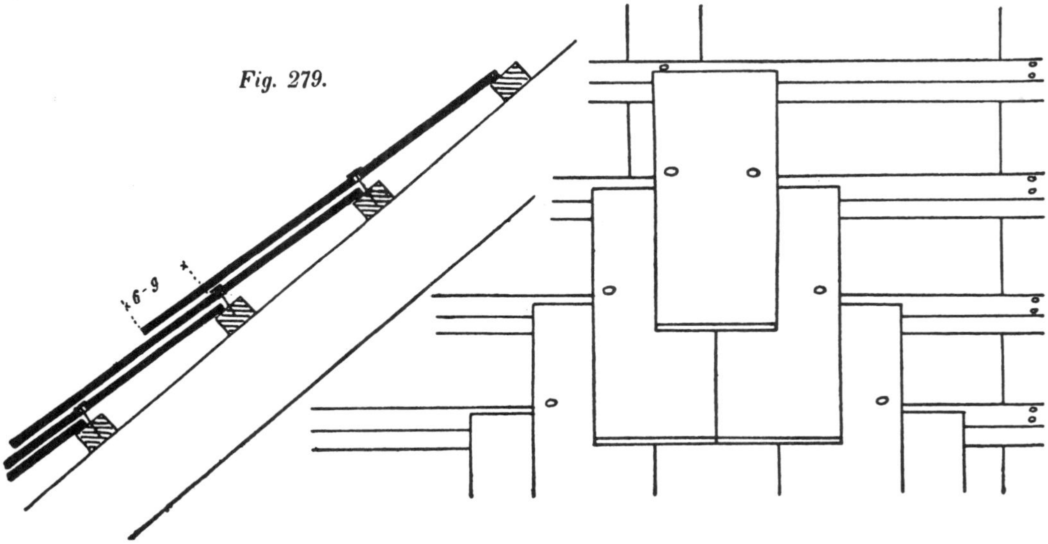

entfernt zu nageln; die meist 4 X 6 cm starken Latten werden am besten mit je zwei 9 cm langen Nägeln auf den Sparren befestigt.

Bei Verwendung grosser Platten empfiehlt es sich, recht schmale Schalbretter anzubringen, damit durch das unvermeidliche Werfen derselben die Schiefer nicht zersprengt werden. Zu empfehlen ist das neuerdings vielfach angewendete Verfahren, die geschalten Dächer mit Dachpappe in wagerechten oder senkrechten Lagen einzudecken, um das Durchnässen der Bretter durch Schweisswasser und das Eindringen von Russ, Schnee und Regen durch die Fugen der Schiefer in den Dachraum zu verhüten.

Die Lattungsweite ist etwas geringer als die halbe Tafellänge zu wählen, damit der erste Stein den dritten noch überdeckt, um das Eindringen von Schnee und Regen in die Deckfugen zu verhindern. Die Nagelung eines jeden Schiefers

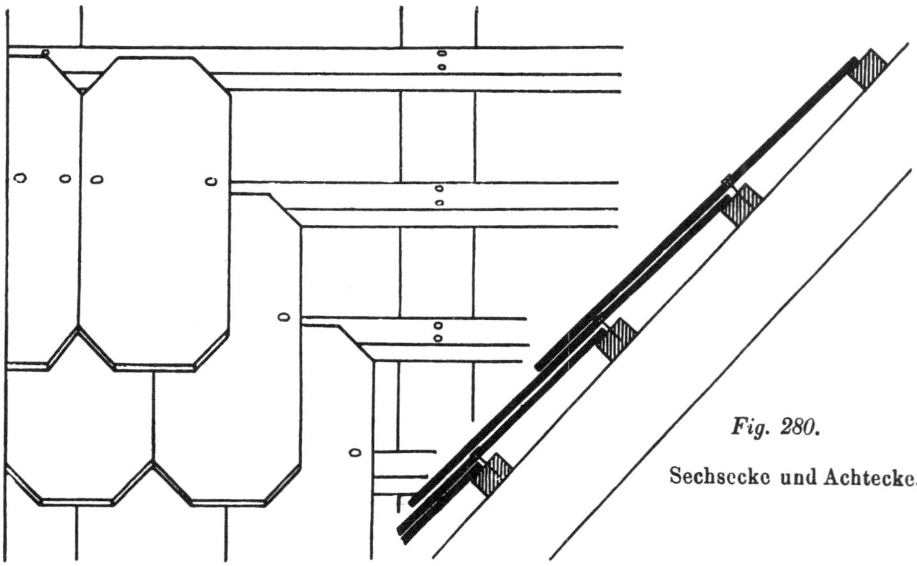

Fig. 280.

Sechsecke und Achtecke.

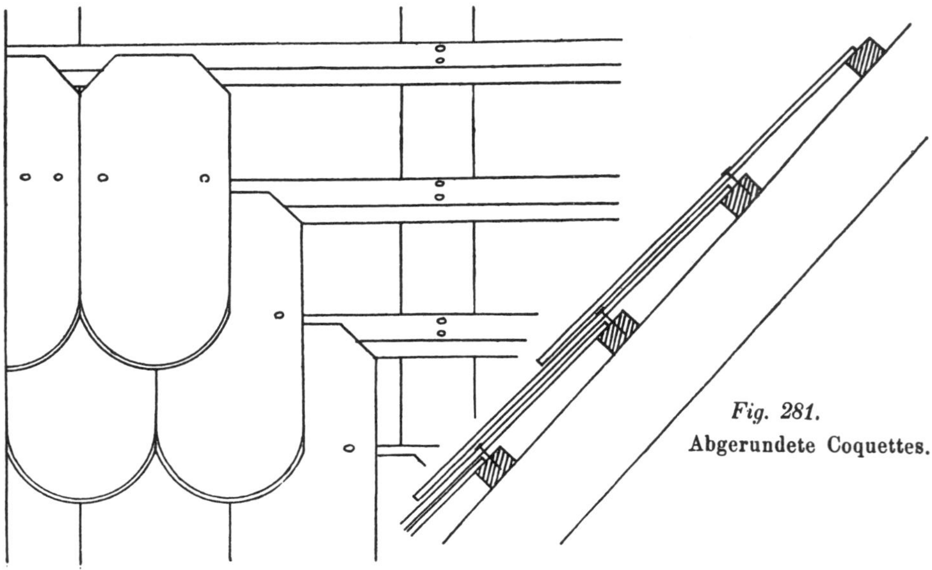

Fig. 281.

Abgerundete Coquettes.

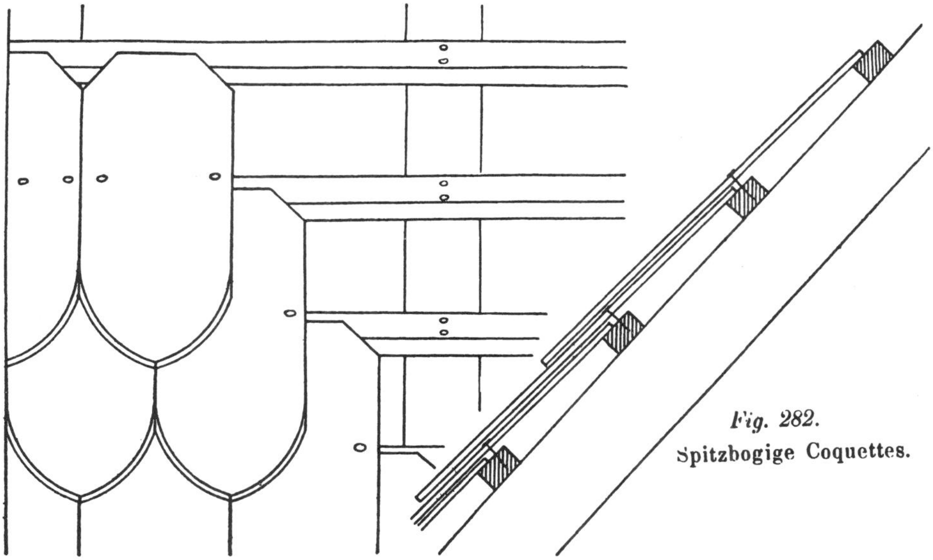

Fig. 282. Spitzbogige Coquettes.

Fig. 283.

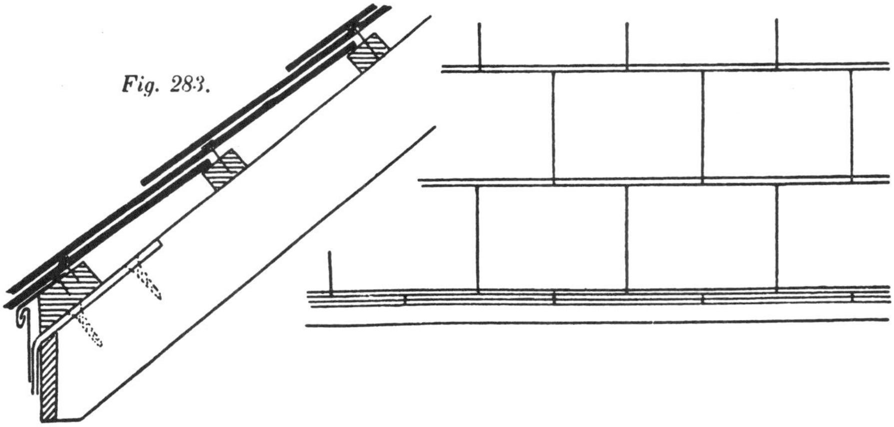

Fig. 284.

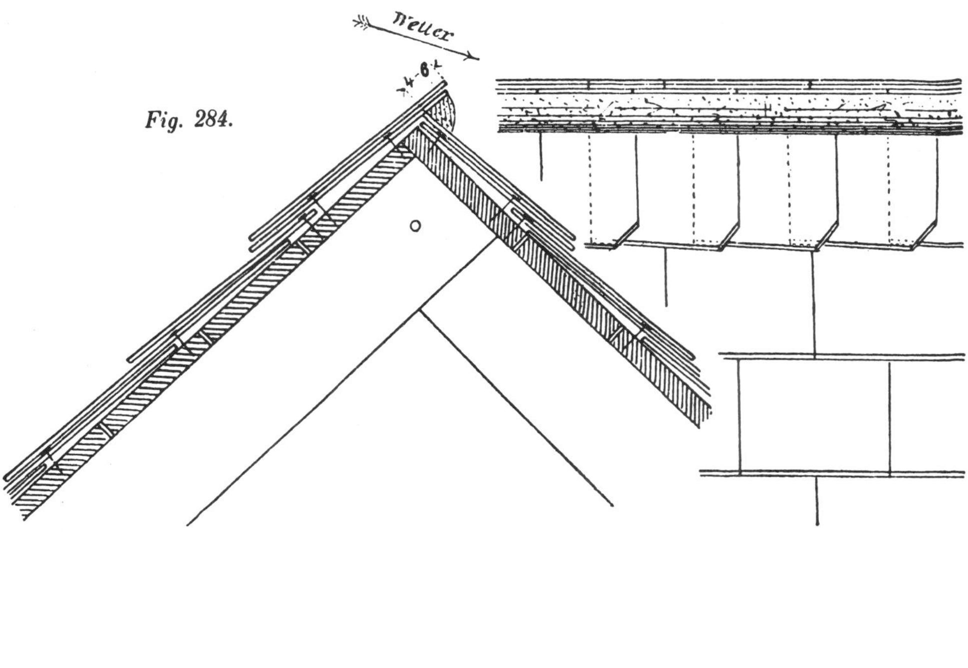

erfolgt mit zwei verzinkten breitköpfigen Schiefernägeln entweder 2 cm von der oberen Kante entfernt (Fig. 278) oder besser nach Fig. 279 in der Mitte der Platten, so dass die Nägel gleichzeitig die Kante des tiefer liegenden Schiefers festhalten und die Platten infolge des kleineren Hebelarmes, mit dem der Sturm an denselben rüttelt, in ihrer Lage mehr gesichert sind.

Statt der rechteckigen Platten werden auch häufig solche mit gebrochenen oder abgerundeten Kanten (Coquettes) (Fig. 280 bis 282) in Doppeldeckung verlegt. Diese Schablonen sind billiger als die Rechtecke, da dieselben naturgemäss aus kleineren Stücken gewonnen werden können als die vollen Rechtecke. Sie werden vorzugsweise von deutschen Werken hergestellt. Bei grösseren Abeckungen leidet jedoch wegen der geringeren Ueberdeckung der Nagelstellen die Güte des Doppeldaches und manche Undichtigkeiten der Dächer sind auf diesen Uebelstand zurückzuführen.

Fig. 285.

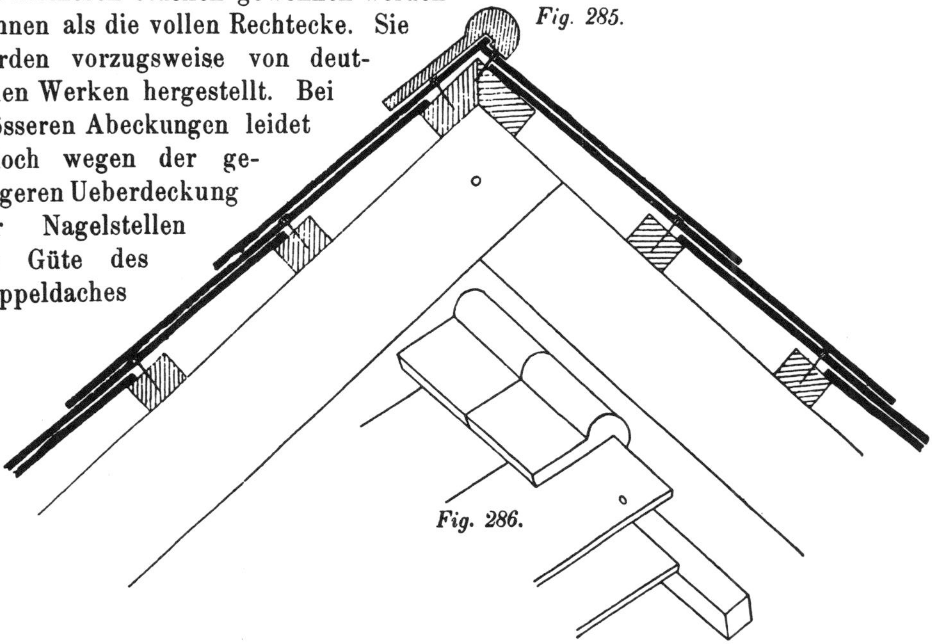

Fig. 286.

Fig. 287.

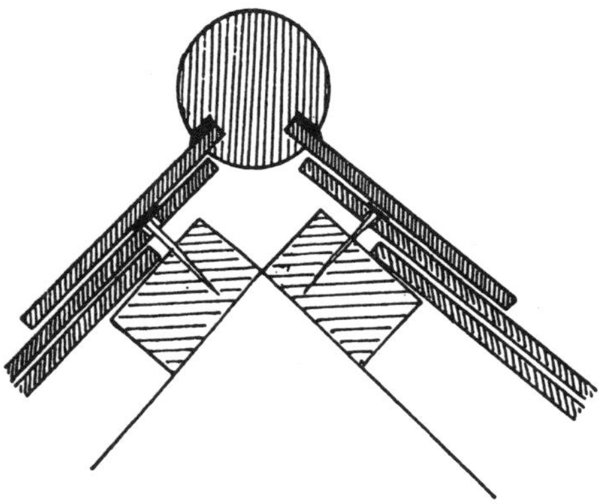

An der Traufe werden Steine von halber Länge der übrigen Decksteine verlegt und mittels Nagelung auf der ersten Latte befestigt (Fig. 283).

Die Dichtung am Firste kann dadurch geschehen, dass man die der Wetterseite zugekehrten Firstschiefer um 4 bis 6 cm gegen die Firststeine der angrenzenden Dachfläche vortreten lässt und die Fuge mit Schieferkitt, ein Gemenge aus Asphalt und Kreide, verstreicht. Die Firststeine sind mit seitlicher Ueberdeckung (Fig. 284) zu verlegen, damit keine offenen Nagelstellen entstehen und die oberste Schicht der Decksteine muss ebenso wie die Traufschicht mit Schiefern halber Länge gedeckt werden. An dem der Walmseite zugekehrten Ort ist allerdings die offene

Nagelung bei den hier abschliessenden Firststeinen nicht zu umgehen; die Dichtung dieser Nagelstellen sucht man mittels Schieferkitt zu erreichen.

In England wird der First mit von starkem Schiefer angefertigten Patent-Firststeinen nach Fig. 285 und 286 gedichtet, oder es werden in einen Rundstab nach Fig. 287, der Dachneigung entsprechend, zwei Schieferplatten eingeschoben, welche die Nagelstellen der Firstschicht um etwa 10 cm überdecken. Zuweilen werden auch besonders geformte Firstdeckel von asphaltiertem oder emailliertem Gusseisen (Fig. 288 bis 290) verwendet, die falzartig übereinander greifen und mittels schwacher Schraubbolzen an eine unter die Firstlatten gescho-

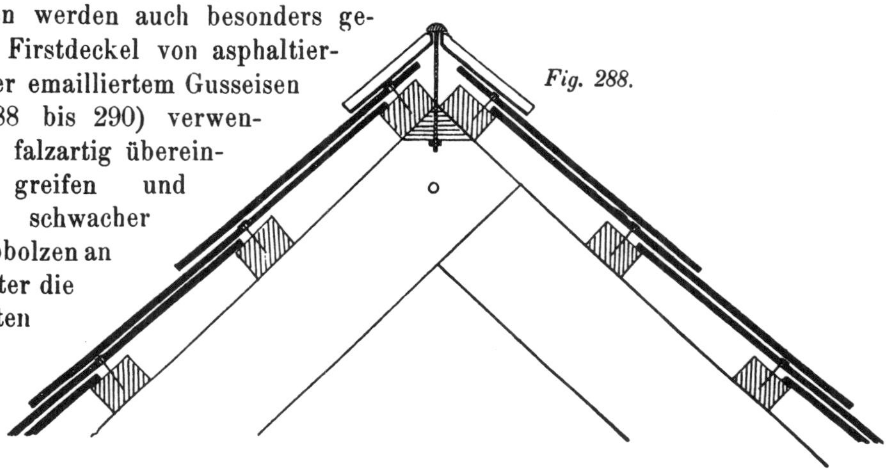

Fig. 288.

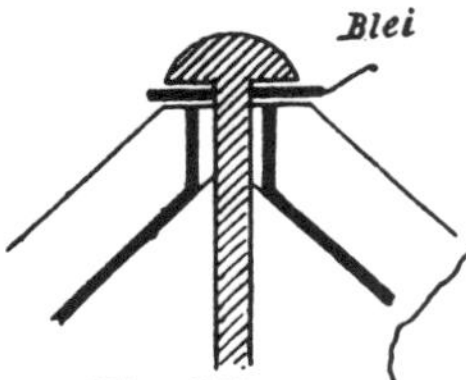

Fig. 289.

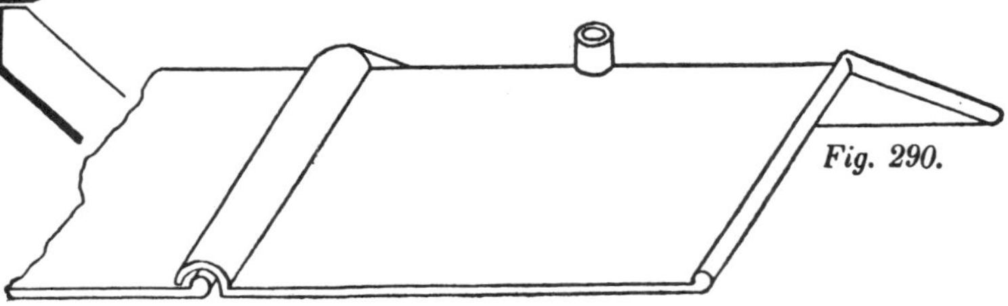

Fig. 290.

bene dreikantige Leiste befestigt werden. Da diese Deckel für jede Dachneigung besonders geformt und angefertigt werden müssen, so ist ihre Anwendung eine nur vereinzelte geblieben. Weit häufiger wird Zinkblech zur Firstdeckung verwendet. Die gewöhnlich 2 m langen und 30 bis 50 cm breiten Blechstreifen (Fig. 291) werden so über den First gelegt, dass sie

Fig. 291.

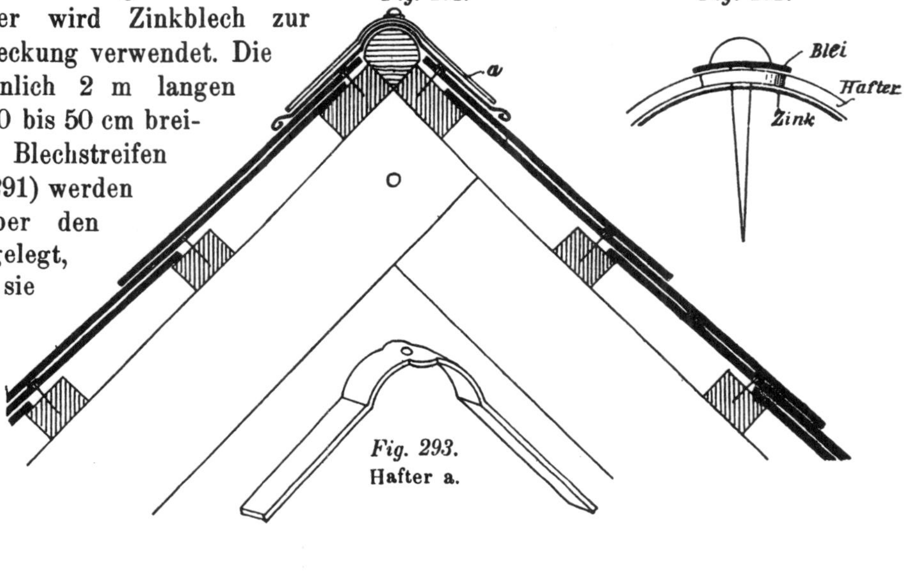

Fig. 292.

Fig. 293.
Hafter a.

die oberste Schieferschicht um etwa 10 cm überdecken. Um zu verhindern, dass der Sturm das Zinkblech abhebt, werden Hafte (Fig. 292 und 293) aus 3 bis 5 mm starkem und 20 bis 25 mm breitem verzinkten Eisen in Abständen von 50 bis 60 cm angeordnet und mittels kräftiger Nägel auf einer Firstleiste befestigt. Zur Dichtung zwischen Haften und Nagelköpfen werden zweckmässig unter die letzteren Bleiplättchen eingeschoben.

Die gebräuchlichsten Abmessungen rechteckiger englischer Schieferplatten, die günstigsten Lattungsweiten und der Bedarf an Schiefer, Latten und Lattnägeln ist aus der nachstehenden Tabelle zu entnehmen. Da im Handel stets das englische Zollmaass üblich ist, so sind die Abmessungen sowohl nach diesem als auch nach Metermaass in der Tabelle angegeben.

Abmessungen		Lattungsweite	Bedarf für 10 qm Dachfläche:		
engl. Zoll	cm	cm	Schiefer: Stück	Latten: m	Lattnägel: Stück
16 X 26	41 X 66	31	80	32	34
15 X 26	38 X 66	31	88	32	34
14 X 24	36 X 61	29	100	35	37
12 X 24	31 X 61	29	115	35	37
12 X 22	31 X 56	26,5	125	38	41
11 X 22	28 X 56	26,5	140	38	41
10 X 20	25 X 51	24	175	42	45
10 X 18	25 X 46	21,5	190	46	50
9 X 18	23 X 46	21,5	210	46	50
10 X 16	25 X 41	19	220	53	58
9 X 16	23 X 41	19	240	53	58
8 X 16	20 X 41	19	275	53	58
12 X 14	31 X 36	16,5	205	60	65
10 X 14	25 X 36	16,5	255	61	66
8 X 14	20 X 36	16,5	320	61	66
7 X 14	18 X 36	16,5	355	61	66
10 X 13	25 X 33	15	280	67	73
7 X 13	18 X 33	15	390	67	73
8 X 12	20 X 31	14	375	72	78
6 X 12	15 X 31	14	500	72	78
5,5 X 11	14 X 28	12,5	600	80	90
8 X 10	20 X 25	10	475	100	110

b) Deutsche Deckung.

Diese Deckart lässt sich nur mit fest verwachsenen guten Schiefern aus deutschen Brüchen ausführen, da diese wegen ihrer grösseren Stärke (5 bis 6 mm gegenüber 3 bis 4 mm der englischen, französischen und belgischen Schiefer), geringeren Grösse und engeren Nagelung der Platten dem Sturme viel geringere Angriffspunkte bieten und dem Zerbrechen beim Ausbessern des Daches, welches

Taf. 1.

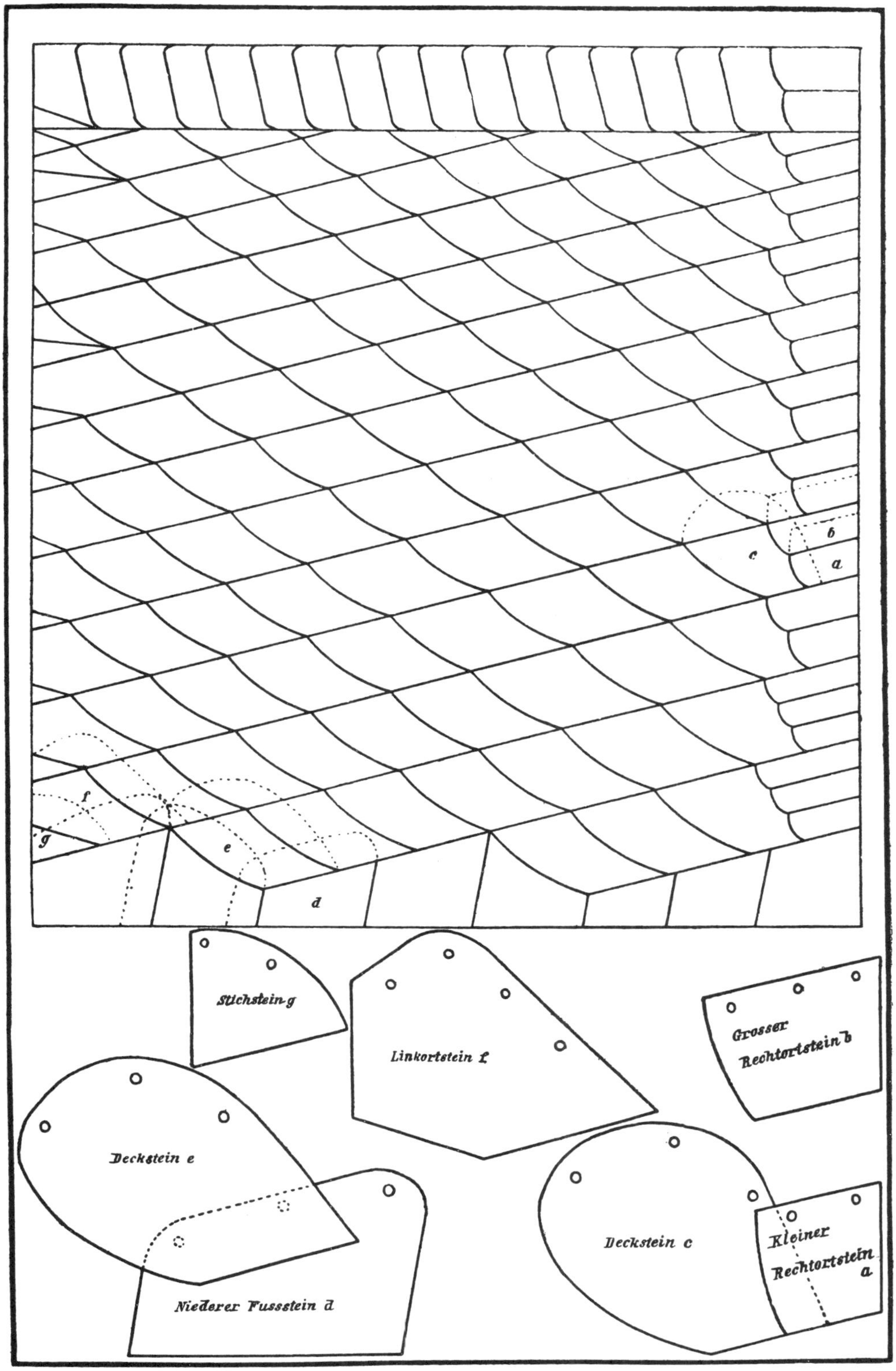

b
c
a
f
g
e
d
Stichstein g
Linkortstein f
Grosser Rechtortstein b
Deckstein e
Niederer Fussstein d
Deckstein c
Kleiner Rechtortstein a

wegen der erforderlichen starken Neigung nur von Leitern aus geschehen kann, die das Gewicht des Schieferdeckers auf eine grössere Anzahl Platten verteilen, weniger ausgesetzt sind. Auch ist insofern das deutsche Material für diese Deckart günstiger als ausländisches, weil bei dem kleineren Format der Steine eine kleinere Fläche des Daches in Mitleidenschaft gezogen wird, wenn eine Auswechselung nur eines oder weniger Steine vorgenommen werden soll.

Da die Decksteine in verschiedener Grösse geliefert werden, so müssen sie vor ihrer Verwendung durch den Dachdecker sortiert werden derart, dass die grösseren zu den der Traufe naheliegenden Reihen oder „Gebinden", die kleineren zu den dem Firste benachbarten Gebinden Verwendung finden. Infolge dieser Anordnung (vergl. Tafel 1) gewinnt das Dach nicht nur an Schönheit, sondern auch den Vorteil, dass das in der Nähe der Traufe sich in grösserer Menge sammelnde Wasser eine geringere Fugenzahl antrifft.

Den Bezeichnungen der einzelnen Dachteile entsprechend unterscheidet man hauptsächlich: Fuss- oder Traufsteine, Firststeine, Ort- oder Giebelsteine, Kehlsteine und Decksteine und danach wiederum: Fuss-, First-, Ort-, Kehl- und Deckgebinde. Es sind mithin in Fig. 294 die Linien a b, b c, d r, f q, g h, k l und l m die Fusslinien, n o, o i und p e die Firstlinien, e f und n a die rechten, d e und m n die linken Ortlinien, b o die Gratlinie und l o, r p und q p die Kehllinien des Daches.

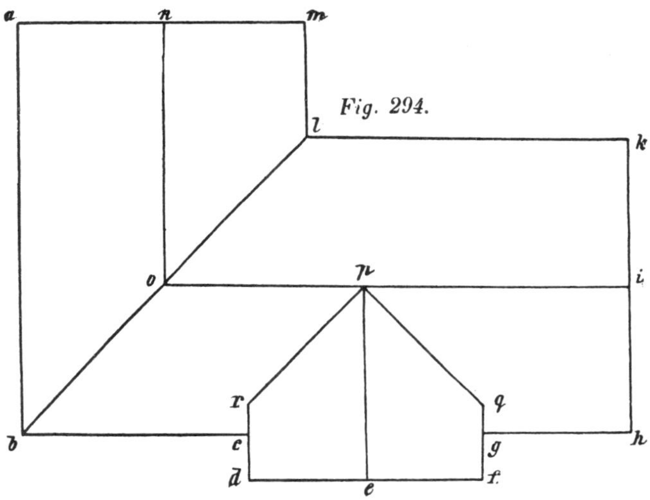

Fig. 294.

Zu den Fussgebinden verwendet man entweder Steine gleicher oder verschiedener Höhe. Im ersten Falle müssen die unteren Steine der an das Fussgebinde in wagerechter Linie auslaufenden Deckgebinde entsprechend zugehauen werden (Fig. 295), so dass hierdurch ein gewisser Materialverlust entsteht. Diese Deckweise ist deswegen weniger zu empfehlen und auch weniger üblich als die mit ungleich hohen und verschieden geformten Fusssteinen, bei welcher die Decksteine in den einzelnen Deckgebinden gleiche Höhe und Form erhalten. Die an den Orten liegenden Fusssteine nennt man Eckfusssteine, die an ein Deckgebinde anschliessenden Gebindefusssteine und die übrigen gewöhnliche Fusssteine, wobei noch mit Rücksicht auf deren verschiedene Grösse zwischen niederen, mittleren

Fig. 295.

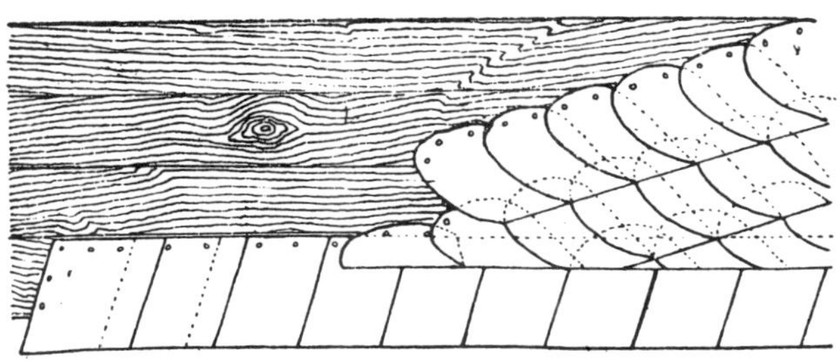

und hohen Fusssteinen unterschieden wird (vergl. Tafel 1). Die Eindeckung wird in der Weise ausgeführt, dass zunächst die ersten vier Fusssteine am rechten Ort je nach ihrer Grösse mit 3 bis 5 Nägeln, darauf die Steine des ersten Deckgebindes mit 2 bis 3 Nägeln, alsdann die Fusssteine bis zum zweiten Deckgebinde, jetzt die Steine des letzteren u. s. w. befestigt werden.

Die einzelnen Deckgebinde erhalten eine solche Lage, dass sie je nach der herrschenden Windrichtung von links nach rechts oder umgekehrt von der Traufe aus ansteigen. Dieses Ansteigen der Gebinde soll bezwecken, dass das an den Kanten der einzelnen Decksteine herabfliessende Wasser an einem relativ tiefsten Punkte zum Abtropfen gelangt und muss daher um so grösser gewählt werden, je flacher das Dach ist. Die Grösse der Ueberdeckung der einzelnen Decksteine sowohl als auch der Gebinde muss sich nach der geringeren oder stärkeren Neigung des Daches und der mehr oder minder dem Regen und Sturm ausgesetzten Lage des Gebäudes richten. Eine zu grosse Ueberdeckung wird ein zu starkes Auseinanderklaffen der Schiefer voneinander hervorrufen und besonders bei Sturm schädlich wirken. Bei zu geringer Ueberdeckung wird dagegen Regen und Schnee durch die Fugen eindringen können. Die seitliche Ueberdeckung der Decksteine wählt man zu 5 bis 7 cm und die Ueberdeckung der Gebinde von oben nach unten, die sogen. „Dicke“ der Ueberbindung, zu 7 bis 10 cm oder auch wohl bei steileren Dächern zu $^1/_6$ und bei flacheren zu $^1/_5$ der Gebindehöhe.

Fig. 296.

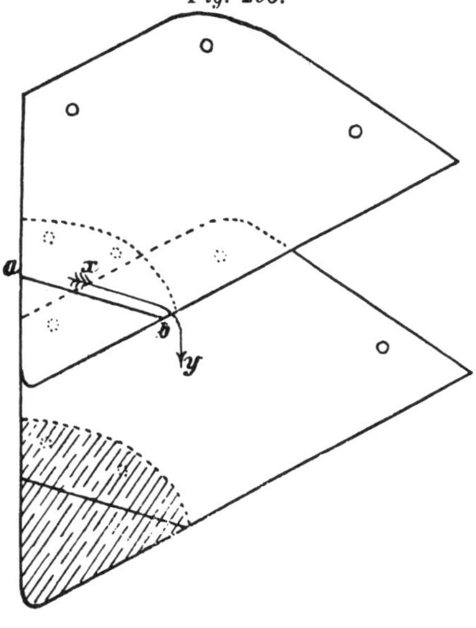

Grosse Decksteine werden mit drei, kleinere nur mit zwei Nägeln auf der Schalung befestigt, wobei darauf zu achten ist, dass die Nagelung jeden Steines nur auf einem, nicht auf zwei Brettern geschieht, weil sonst infolge des Arbeitens des Holzes der Stein leicht zersprengt wird.

Die Orte werden entweder zugleich mit den Deckgebinden eingedeckt, so dass sie den Anfang und den Schluss derselben bilden, oder es erfolgt die Ein-

Fig. 297.

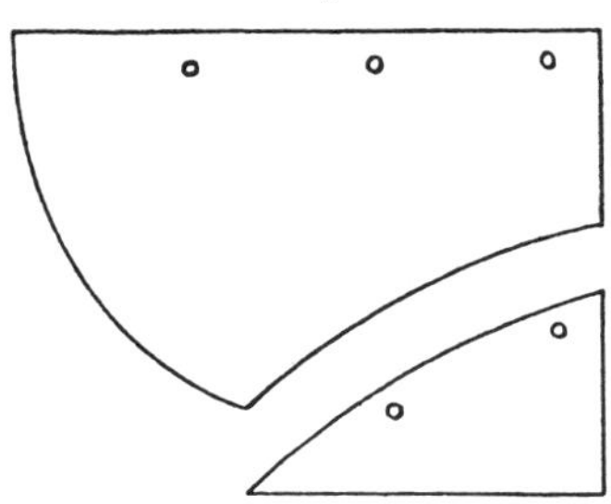

Fig. 298.

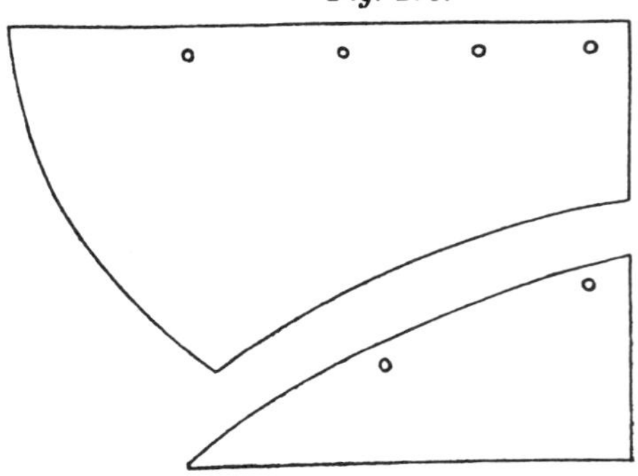

deckung erst nach Vollendung aller Deckgebinde mit besonderen Ortgebinden, die dann als „Strackorte“ bezeichnet werden.

Im ersteren Falle werden am rechten Ort (Tafel 1) schmalere Steine, von denen zwei oder drei die Höhe des betreffenden Deckgebindes bilden, verwendet, damit an dieser, den Angriffen des Sturmes besonders ausgesetzten Stelle eine dichtere Nagelung vorhanden ist und damit sich das Wasser, welches bei jedem Stein an der geneigt liegenden Kante herabfliessen und am tiefsten Punkte auf den nächstliegenden Stein des Deckgebindes übertreten wird, besser verteilt. Bei Verwendung nur eines Ortsteines von der Höhe des Deckgebindes würde die Gefahr vorliegen, dass das an der unteren schrägen Kante sich in grösserer Menge sammelnde Wasser in die dort befindliche Fuge eintritt.

Am linken Ort erhalten die Steine gleiche Höhe mit den Steinen des Deckgebindes, während ihre Länge in jedem Gebinde eine andere ist. Um zu verhindern, dass sich am tiefsten Punkte des Steines keine grössere Wassermenge ansammeln kann, welche durch den Wind über den Ort weggetrieben werden könnte, ist die untere Ecke zu brechen (vergl. Tafel 1 und Fig. 296 bei a b) und das fehlende Stück durch einen sogen. „Stichstein“ (Figur 296 schraffierter Teil) zu ersetzen. Hierdurch wird der tiefste Punkt des Ortsteines verlegt und die grösste Wassermenge auf den tiefer liegenden Ortstein (vgl. Fig. 296 bei x—y) geleitet. Wenn die Deckgebinde von rechts nach links aufsteigen, so müssen die Rechts-Ortsteine mit Stichsteinen nach den Fig. 297 und 298 gedeckt werden.

Fig. 299.

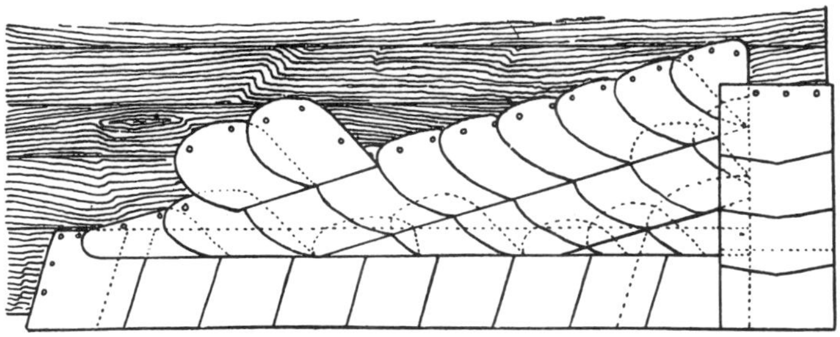

Fig. 300.

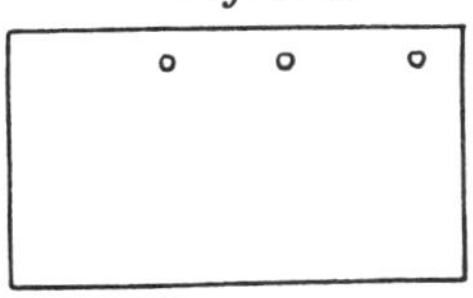

Fig. 301.

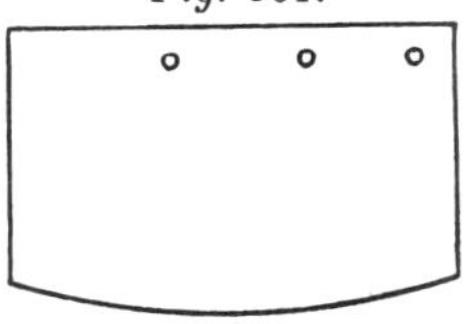

Fig. 302.

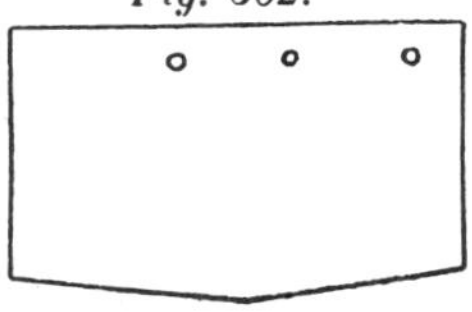

Die Deckung mit Strackort (Fig. 299) ist nur für den rechten Ort zu empfehlen, weil das an der schrägen Kante der Deckgebinde herablaufende Wasser am linken Ort unter die Strackortsteine laufen und in den Dachraum eindringen würde. Die untere

Fig. 303.

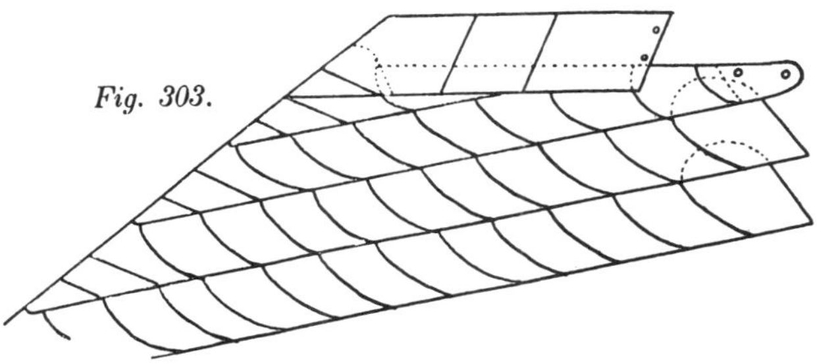

Kante, mit welcher sich die Strackortsteine überdecken, kann eine gerade (Fig. 300), oder besser des schnelleren Wasserabflusses wegen, eine gebogene (Fig. 301), oder eine stumpfwinkelig gebrochene (Fig. 302) sein. Die Befestigung der Strackortsteine geschieht mit 3 bis 5 Nägeln, ihre Breite wechselt zwischen 25 und 40 cm, ihre Höhe zwischen 20 und 35 cm. Das Maass ihrer gegenseitigen Ueberdeckung und das der Ueberdeckung mit den Decksteinen muss 8 bis 10 cm betragen.

Fig. 304.

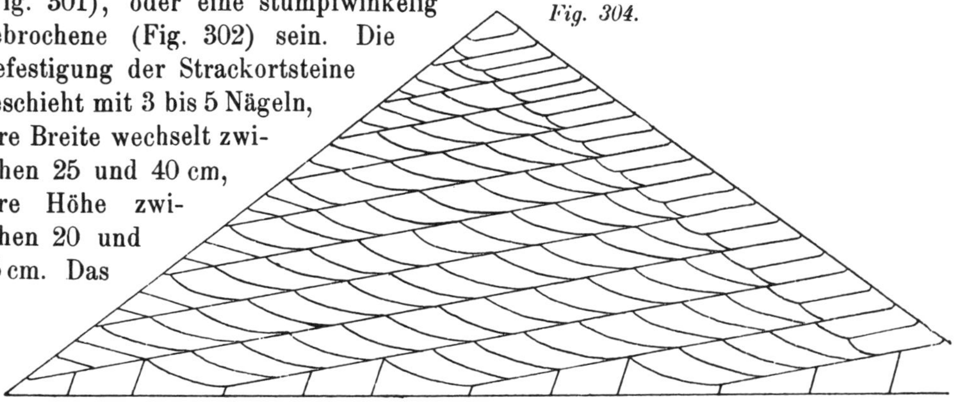

Das **Firstgebinde** wird zum Schluss der ganzen Dachfläche meist von links nach rechts mit gleich hohen (25 bis 40 cm) Steinen, deren Breite eine verschiedene sein kann, ausgeführt. Bei dem der Wetterseite zugekehrten Firstgebinde lässt man die Steine 6 bis 8 cm übertreten und dichtet die Fuge auf der anderen Dachseite mit Schieferkitt oder mit Zement,

Fig. 305.

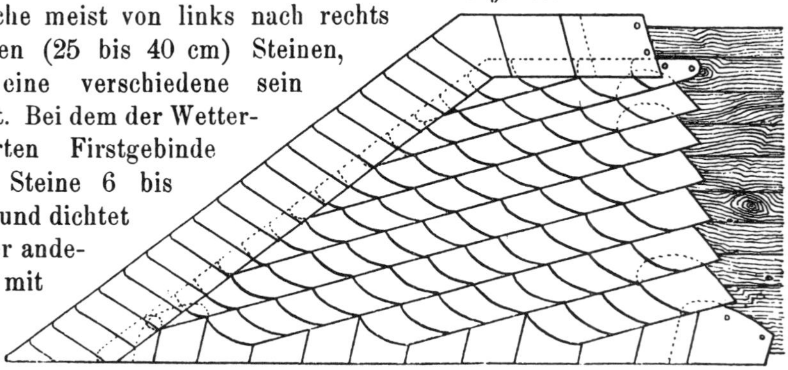

Fig. 306.

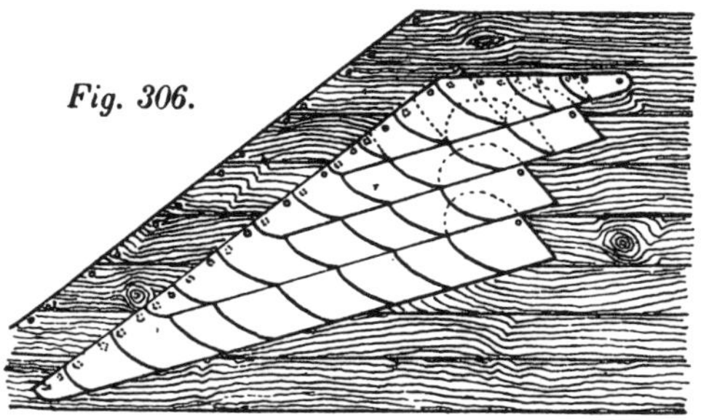

Fig. 307.

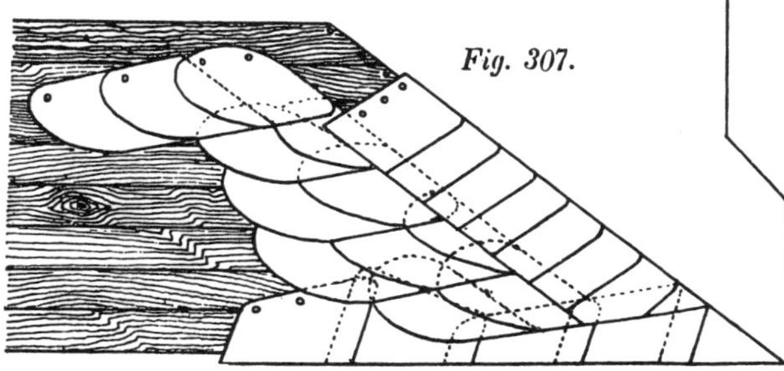

Fig. 308.

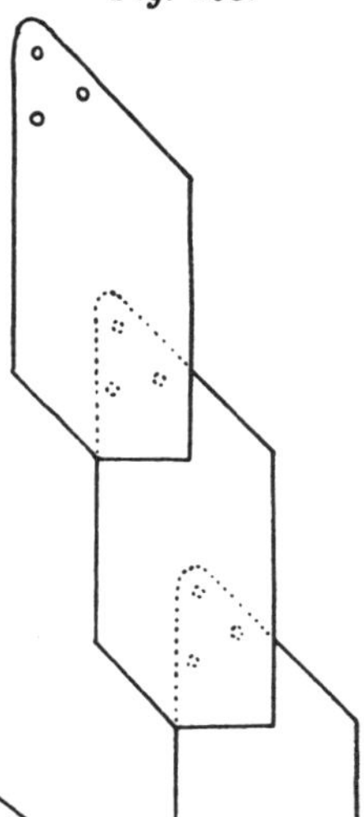

Fig. 309.

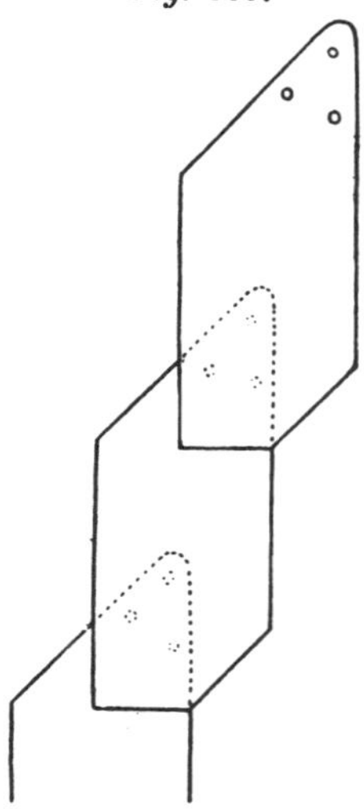

der mit Haarkalk oder mit Rindsblut angerichtet ist. Dort, wo ein Firststein vom Nachbarsteine überdeckt wird, ist er, je nach seiner Grösse, mit zwei oder mehr Nägeln zu befestigen.

An den Graten kann die Eindeckung ebenso wie an den Giebelseiten mit Ortsteinen und Stichsteinen (Fig. 303 und 304), oder mit Strackortsteinen (Fi- 305 bis 307) erfolgen.

Die Eindeckung der Kehlen geschieht ähnlich wie die des rechten Ortes mit schmalen, höchstens 14 cm breiten Kehlsteinen (Fig. 308 und 309) im Anschluss an die Deckgebinde der einen Dachfläche, indem diese, der herrschenden Windrichtung entsprechend, entweder mit Rechtsdeckung (Fig. 310) oder mit Linksdeckung (Fig. 311) in die Deckgebinde der angrenzenden Dachfläche einbinden.

Die Ausfütterung der Kehlen wird in der Weise bewirkt, dass man nach Fig. 312 ein, dem Winkel der Kehle entsprechend, zugeschnittenes Brett in dieselben nagelt. Die Kehlsteine müssen sich mit ihren Langseiten mindestens 8 cm überdecken und um ein gleiches Maass die Gebinde. Bei Kehlen von bedeutender Länge ist auch bei sorgfältigster Eindeckung mit Kehlsteinen besonders an der Traufe zu befürchten, dass das hier in grosser

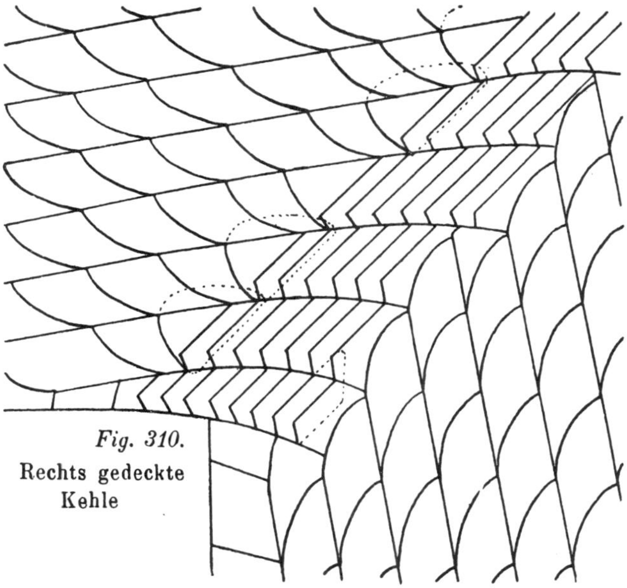

Fig. 310.
Rechts gedeckte Kehle

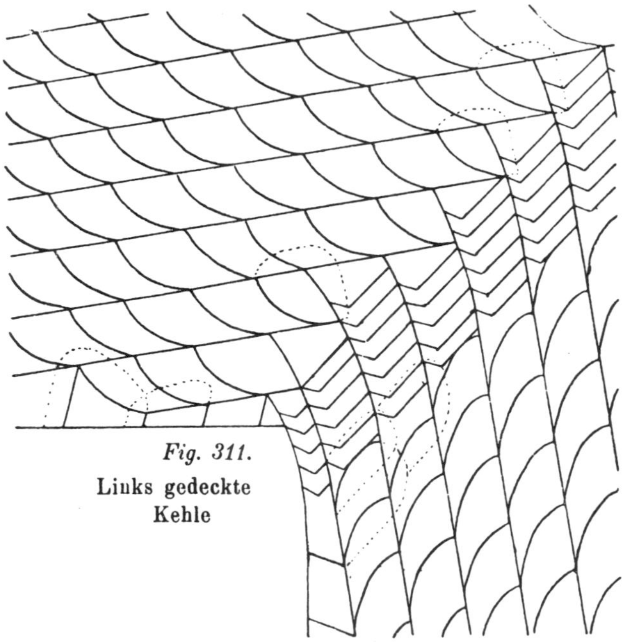

Fig. 311.
Links gedeckte Kehle

Fig. 312.

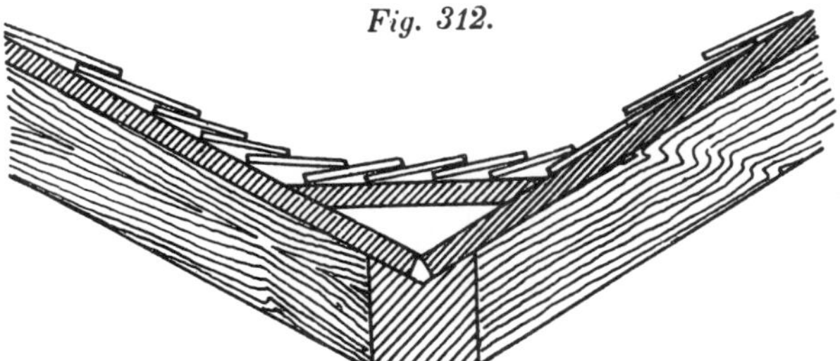

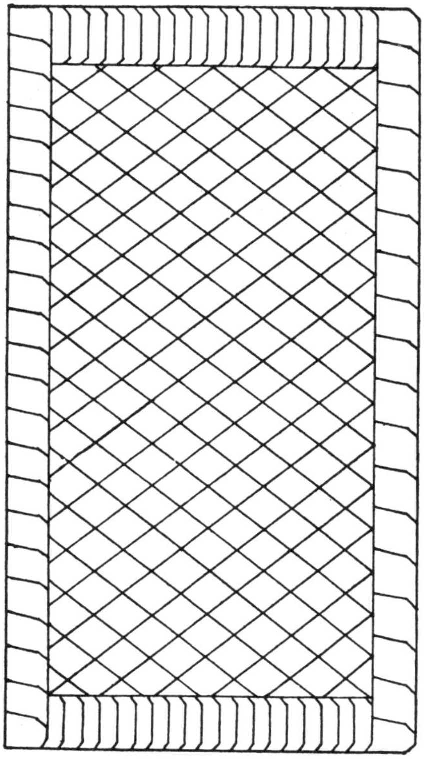

Fig. 315.

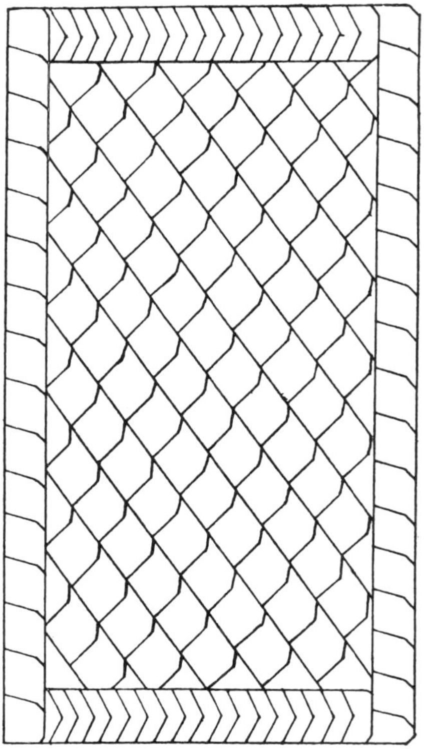

Fig. 316.

Fig. 313.

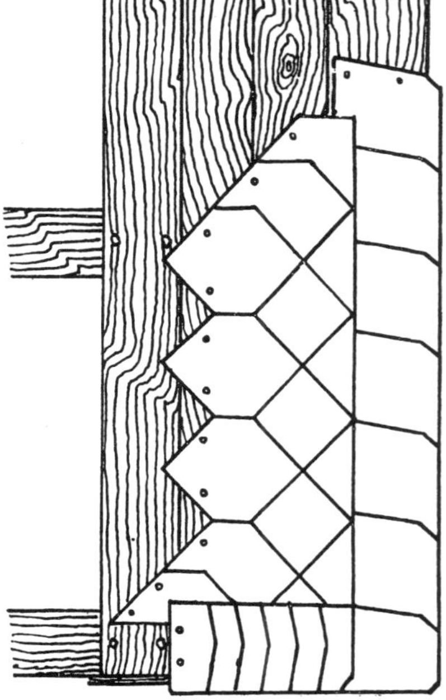

Fig. 314.

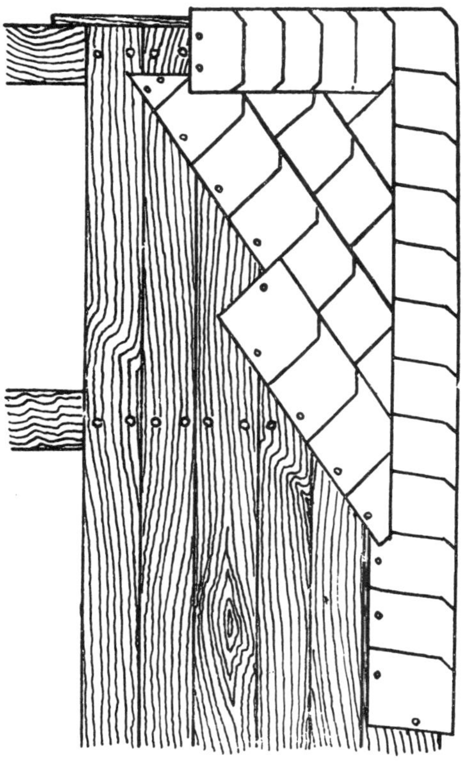

Fig. 317.

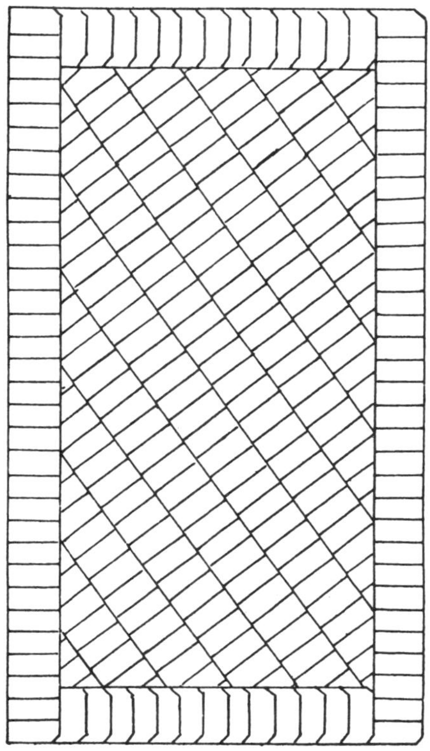

Fig. 318.

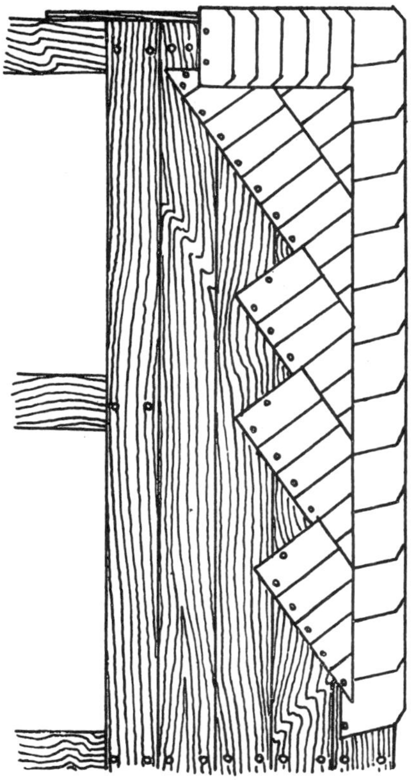

Fig. 319.

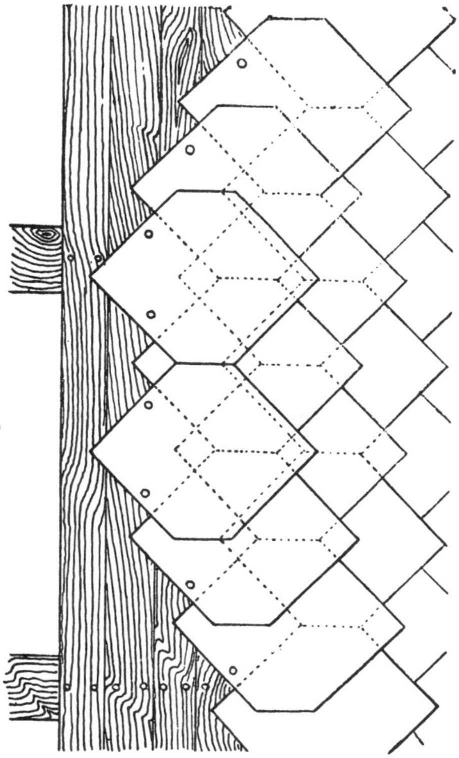

Fig. 320.

Menge zusammenfliessende Wasser durch den Wind unter die Kehlsteine und in den Dachraum getrieben wird; man sollte deswegen vorziehen, in solchem Falle die Kehlen in gleicher Weise mit Zinkblech oder Walzblei auszufüttern, wie dies bei den Ziegeldächern des näheren erörtert und bildlich veranschaulicht wurde.

Neben dieser bewährten, seit Jahrhunderten in Deutschland geübten Eindeckungsart mit schuppenförmigen Schiefern hat sich in neuerer Zeit auch die einfache Deckung mit deutschen Schablonenschiefern, vorzugsweise mit sechseckig rechtwinkeligen Normalschablonen (Fig. 313 und 314), sechseckig spitzwinkeligen (Fig. 315) und fünfeckigen Schablonen (Fig. 316 und 317) eingebürgert, während die einfache Deckung mit Rechtecken (Fig. 318 und 319) weit weniger Anwendung gefunden hat. Die Einfassung dieser Dächer am Fusse, an den Ortseiten, am Firste und an den Graten erfolgt stets mit Strackort, wie bei dem altdeutschen Schuppendach beschrieben.

Schablonen kleineren Formates müssen auf Schalung, am besten mit Pappunterlage, verlegt werden, während die Deckung mit grösseren Platten auch auf Lattung ausführbar ist. Das Maass der Ueberdeckung beträgt 5 bis 7 cm. Sollen flachere Dächer eine etwas grössere Ueberdeckung erhalten, so kann dies bei Verwendung von Normalschablonen dadurch erreicht werden, dass man die untere Spitze der oberen Platten gegen die Kanten der tiefer liegenden Steine vortreten lässt, wodurch gleichzeitig die Dachfläche ein wirkungsvolleres Aussehen erhält (Fig. 320).

Aus den nachstehenden Tabellen sind die gängigsten Grössenmaasse, der Materialbedarf für je 10 qm Dachfläche, das Gewicht und der Preis für je 1000 Stück Schablonen, wie solche durch die Schieferbrüche von Karl Oertel in Lehesten zu beziehen sind, zu entnehmen.

Normal-Schablonen

Bezeichnung	Diagonale Länge und Breite mm	Länge des seitlichen Abschnittes mm	Auf 10 qm sind erforderlich rund Stück	1000 Stück decken rund qm	1000 Stück wiegen kg	1000 Stück kosten Mk.	
N. N. 1	662 × 555	107	65	154	4250	331	Rechtwinkelige Sechseck-Schablonen (Normal-Schablonen).
N. N. 2	614 × 510	107	77	130	3350	279	
N. N. 3	568 × 462	107	94	106	2850	228	
N. N. 4	521 × 414	107	117	86	2200	188	
N. N. 5	474 × 367	107	149	67	1600	148	
N. N. 6	427 × 320	107	198	51	1300	112	
N. N. 7	380 × 273	107	268	37	900	81	
N. N. 8	356 × 249	107	323	31	700	66	
N. N. 9	332 × 237	95	356	28	600	59	
N. N. 10	308 × 213	95	441	23	500	45	
N. N. 11	285 × 213	72	441	23	450	41	
N. N. 12	262 × 190	74	565	18	400	31	
N. N. 13	204 × 164	40	757	13	200	16	

Normal-Schablonen

Bezeichnung	Diagonale Länge und Breite mm	Länge des seitlichen Abschnittes mm	Auf 10 qm sind erforderlich rund Stück	1000 Stück decken rund qm	1000 Stück wiegen kg	1000 Stück kosten Mk.	
No.							
0	664 X 450	107	80	125	3000	260	Spitzwinkelige Sechseck-Schablonen.
I	616 X 415	107	95	106	2500	220	
II	567 X 379	107	115	87	2050	183	
III	521 X 355	107	136	73	1700	156	
IV	474 X 308	107	177	57	1350	121	
V	427 X 285	107	219	46	1050	97	
VI	380 X 250	107	293	34	825	72	
VII	356 X 238	95	322	31	675	64	
VIII	332 X 214	73	361	28	550	56	
IX	308 X 202	73	421	24	475	44	
X	285 X 190	73	497	20	400	38	
XI	262 X 178	73	595	17	350	28	
XII	238 X 154	60	730	14	225	15	
XIII	214 X 130	48	927	11	175	9,50	
Littera							
A A	664 X 521	—	81	123	3350	261	Fünfeck-Schablonen (Littera-Schablonen).
A	616 X 486	—	97	104	2700	222	
B	567 X 450	—	117	86	2100	184	
C	521 X 427	—	138	72	1750	157	
D	474 X 380	—	179	56	1400	123	
E	427 X 356	—	226	44	1100	98	
F	380 X 320	—	294	34	900	73	
G	356 X 298	—	368	28	700	65	

Rechteckige Schablonen für einfache Deckung

No.	Grössen engl. Zoll	Grössen mm	Ueberdeckung cm	10 qm erfordern rund Stück	1000 Stück decken rund qm	1000 Stück wiegen kg	1000 Stück kosten Mk.
6	18 X 10	457 X 254	7	140	71	1750	157
7	16 X 10	406 X 254	7	162	62	1400	138
8	18 X 9	457 X 229	7	163	62	1500	140
9	16 X 9	406 X 229	7	188	53	1250	120
10	16 X 8	406 X 203	7	223	45	1050	101
11	14 X 8	356 X 203	7	263	38	900	86
12	14 X 7	356 X 178	5—7	256	39	750	71
13	13 X 7	330 X 178	5—7	279	36	700	64
14	12 X 6	305 X 152	5—7	383	26	550	44

Schuppenschiefer für altdeutsche Deckung werden in verschiedener Grösse (Mittelhöhen von 16 bis 40 cm) geliefert und sind vor ihrer Verwendung durch den Dachdecker zu sortieren.

Strackort-Schablonen mit unterer abgekanteter Seite

No.	Abmessungen			Auf 1 m Länge sind erforderlich	1000 Stück		
	Breite mm	Mittelhöhe mm	Seitenhöhe mm	Stück	Deckung bei 48 mm Ueberdeckung rd. qm	wiegen kg	kosten Mk.
1	355	190	142	11	42	750	62
2	308	166	119	14	29	550	44
3	262	142	95	20	18	350	23
4	214	119	83	22	15	250	15
5	178	95	72	28	10	150	10

c) Französische Deckung.

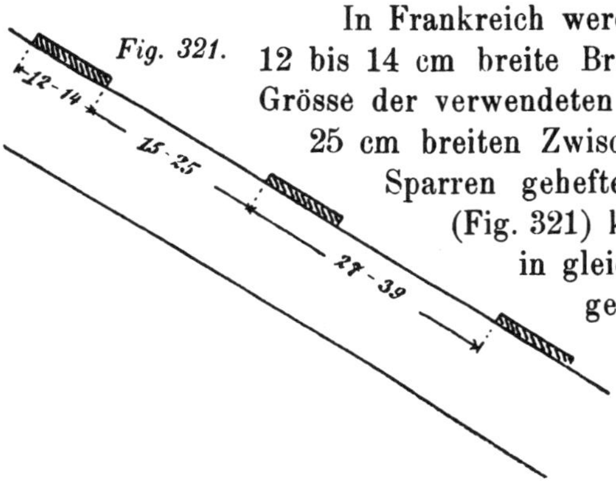

Fig. 321.

In Frankreich werden als Unterlage für Schieferdeckung 12 bis 14 cm breite Bretter verwendet, welche, je nach der Grösse der verwendeten Schiefer, unter Belassung von 15 bis 25 cm breiten Zwischenräumen mit je 2 Nägeln auf die Sparren geheftet werden. Infolge dieser Anordnung (Fig. 321) können die Schieferplatten nicht überall in gleichem Abstande von der oberen Kante genagelt werden, sondern es muss sich die Lage der Nagellöcher nach der Lage der Bretter richten und es ist mithin der Schieferdecker gezwungen, die Nagelstellen für jede Schicht durch probeweises Auflegen und Vorreissen mit der Schnur zu bestimmen. Hinsichtlich der Form unterscheidet man rechteckige Schiefer (Fig. 322) und Schablonenschiefer (Fig. 323 bis 326), deren untere Kante abgerundet oder geschweift ist.

Fig. 322.

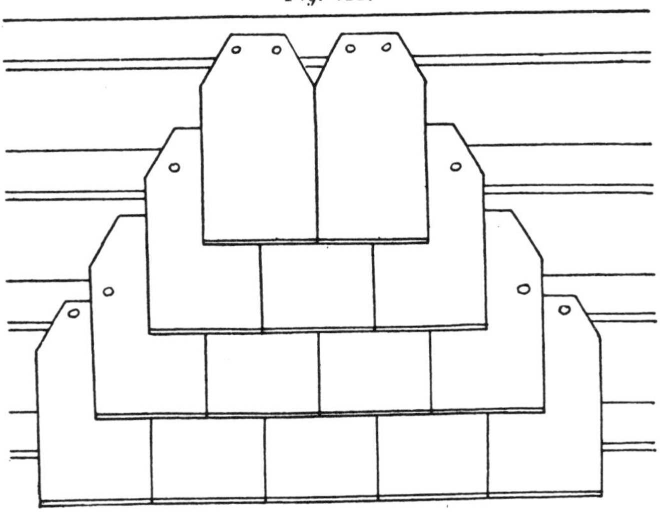

An den Graten werden die Schieferplatten genau zusammengepasst, so dass nach Fig. 327 entweder die Stärken der Platten abwechselnd in den aufeinanderfolgenden Schichten oder nach Fig. 328 nur in denen der Wetterseite sichtbar sind. Diese Methoden der Gratdeckung dürften jedoch nur bei peinlichst genauer Bearbeitung der Stossflächen eine ausreichende Dichtung gewährleisten und es wird deswegen mehr zu empfehlen sein, die Grate mit

Fig. 323.

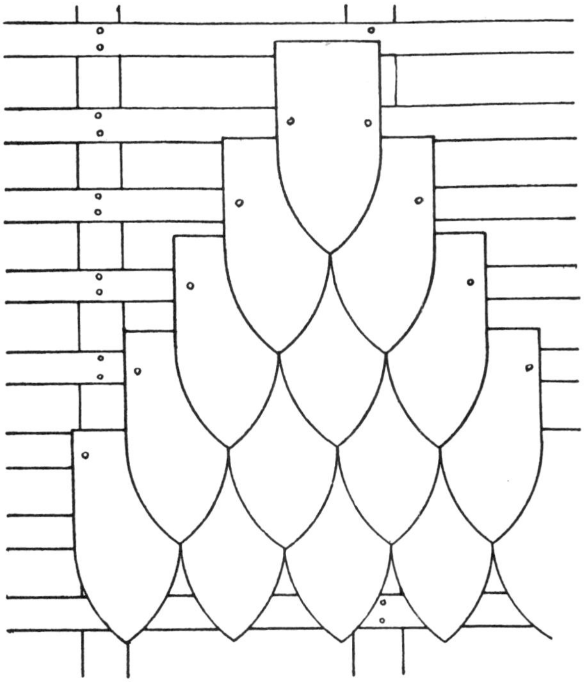

Fig. 325.

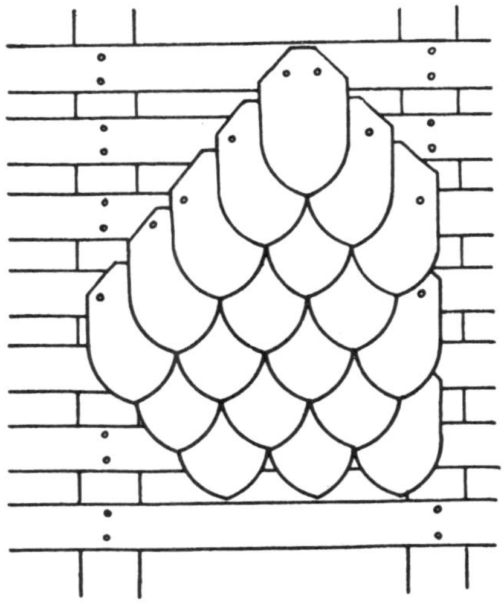

Fig. 324.

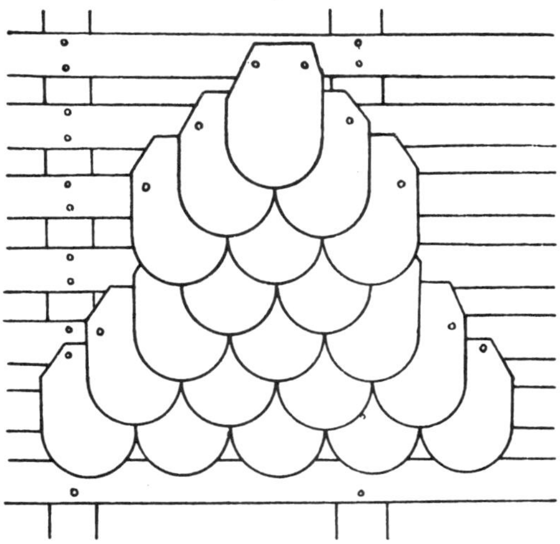

Fig. 326.

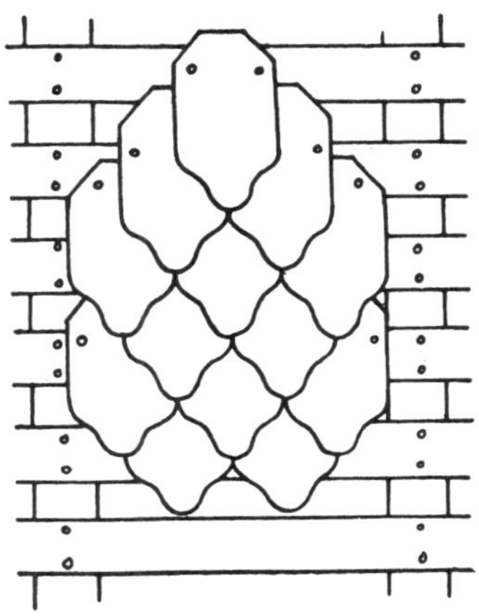

Streifen von Zinkblech oder Walzblei einzufassen, welche entweder nach Fig. 329 durch Haften oder nach Fig. 330 mit Nägeln, deren Köpfe durch Auflöten kleiner Blechkappen zu verdecken sind, auf der Schalung befestigt werden. Zuweilen werden auch besonders geformte Deckbleche (Fig. 331 und 332) verwendet, deren

Fig. 327.

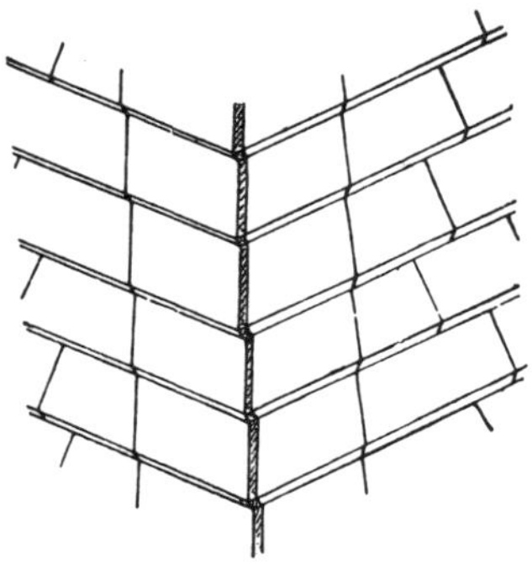

Fig. 328.

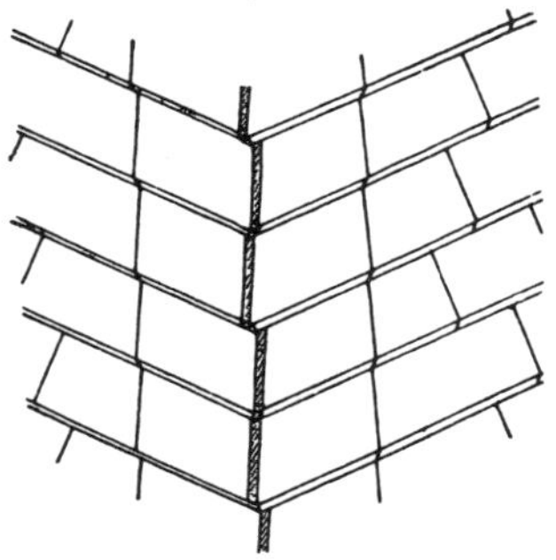

Fig. 329.

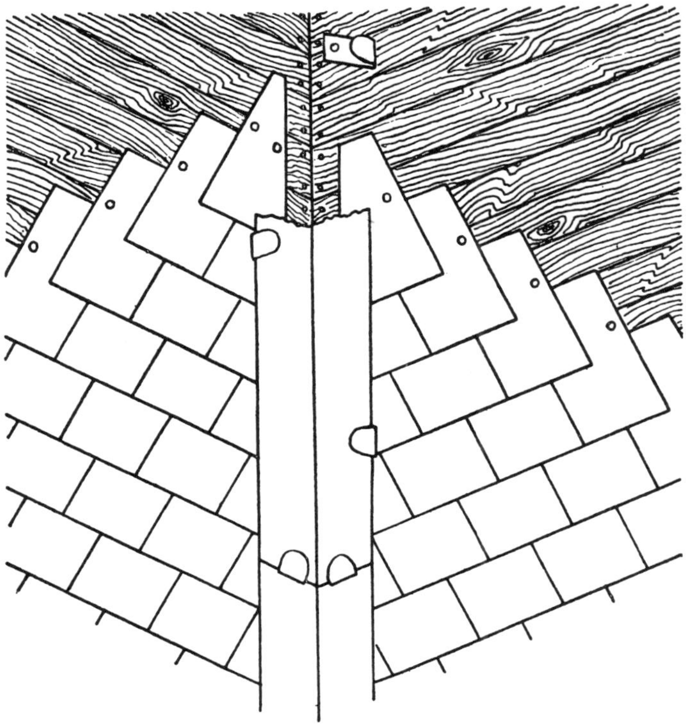

nach oben aufgebogene Kante an einer auf dem Grate angebrachten Holzleiste nach Fig. 333 und 334 durch Nagelung befestigt und durch eine Zinkkappe

Fig. 330.

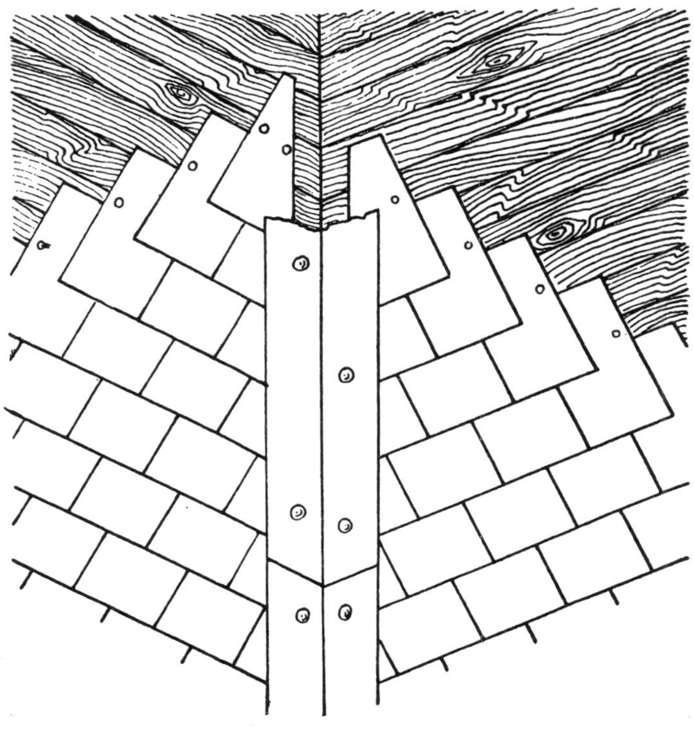

überdeckt wird, oder welche nach Fig. 335 mittels Haften gegen Abrutschen gesichert werden. Der an diesen Deckblechen vorhandene kleine Vorsprung a

Fig. 331.

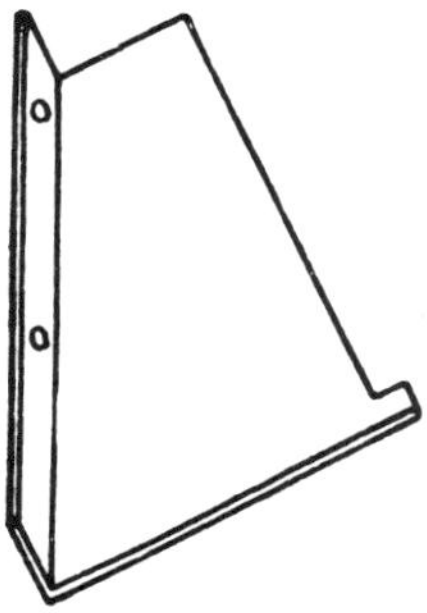

a

Fig. 332.

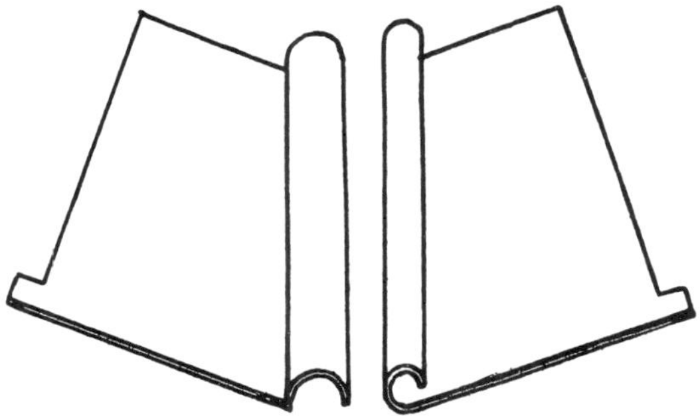

a a

Fig. 333.

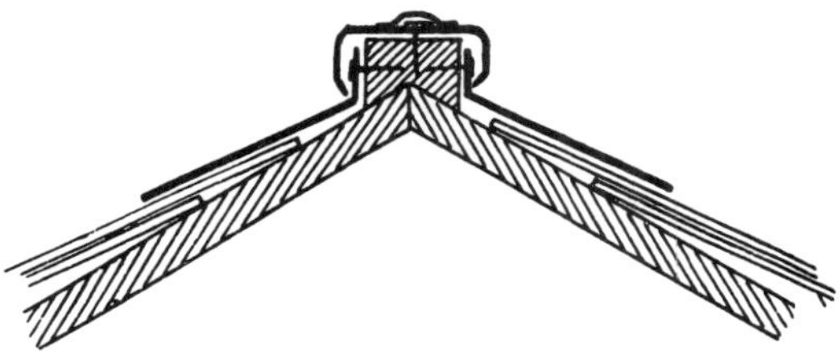

Fig. 334.

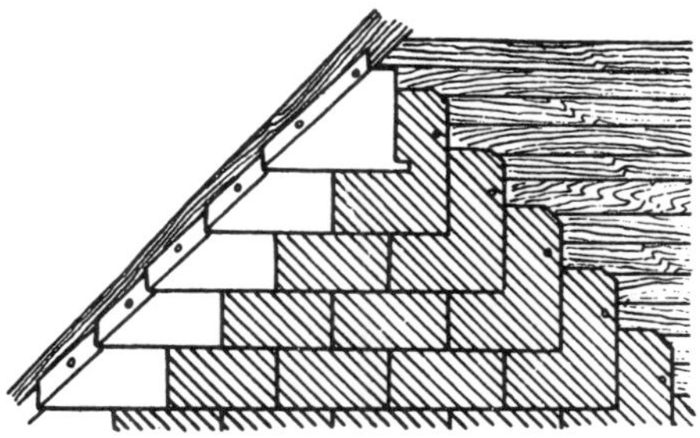

Fig. 335.

soll die Zinkplatte festhalten, weil dieselbe das Bestreben hat, sich nach oben zu krümmen und sich unter der ihr überdeckenden Schiefertafel festzuklemmen.

Die vielfachen Uebelstände, welche die Nagelung der Schieferplatten dadurch mit sich bringt, dass schon bei geringfügigen Bewegungen derselben, wie solche durch den Sturm, durch das Werfen des Holzwerkes oder durch das Betreten des Daches hervorgerufen werden, die Nägel leicht ausspringen und dass die sich wiederholenden Ausbesserungen die Deckung immer mehr verschlechtern, weil neu eingezogene Schiefer nur in den sichtbaren Flächen (statt unter der Ueberdeckung) genagelt werden können, haben zu vielen Versuchen geführt, die Befestigung der Schiefer auf der Schalung oder den Latten in anderer, die beregten Uebelstände vermeidenden Weise zu bewirken.

Zunächst schlug der Franzose Gérard in Nancy vor, die Schiefer mittels Draht an den Dachlatten zu befestigen. Jede Schieferplatte ist einmal zu durchlochen und mittels zweier verzinkter Drähte nach den Fig. 336 bis 338 an der

Fig. 336.

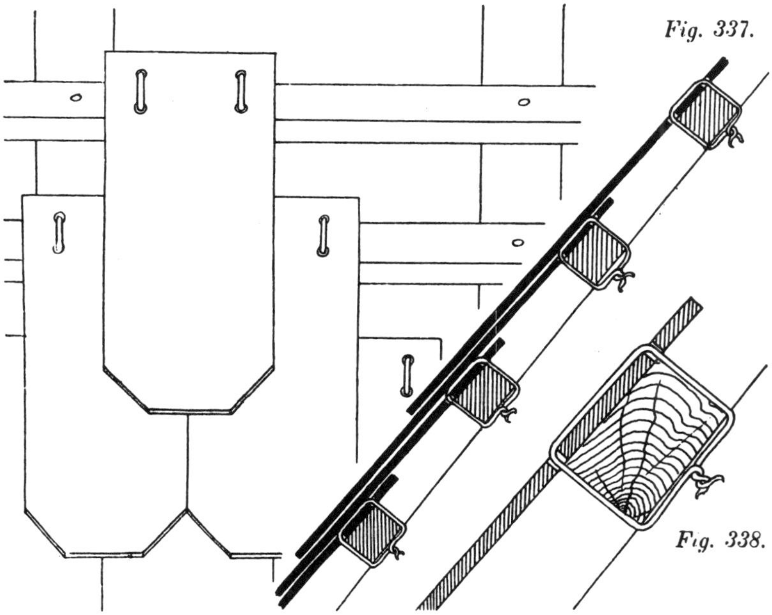

Fig. 337.

Fig. 338.

betreffenden Dachlatte zu verklammern. Diese Methode ist nicht nur zeitraubend, da sie zwei Dachdecker erfordert, von denen der eine im Dachinnern das Anbinden, der andere am Aeussern des Daches das Durchstecken der Drähte besorgt, sondern sie erheischt auch eine durchaus genaue Arbeit, damit die Drähte glatt auf den Steinen aufliegen und möglichst wenig auftragen. Da dennoch die sich überdeckenden Schiefer um die Drahtdicke voneinander getrennt sind, so ist ein Abheben durch Sturm sowie das Einwehen von Regen und Schnee zu befürchten,

Fig. 339.

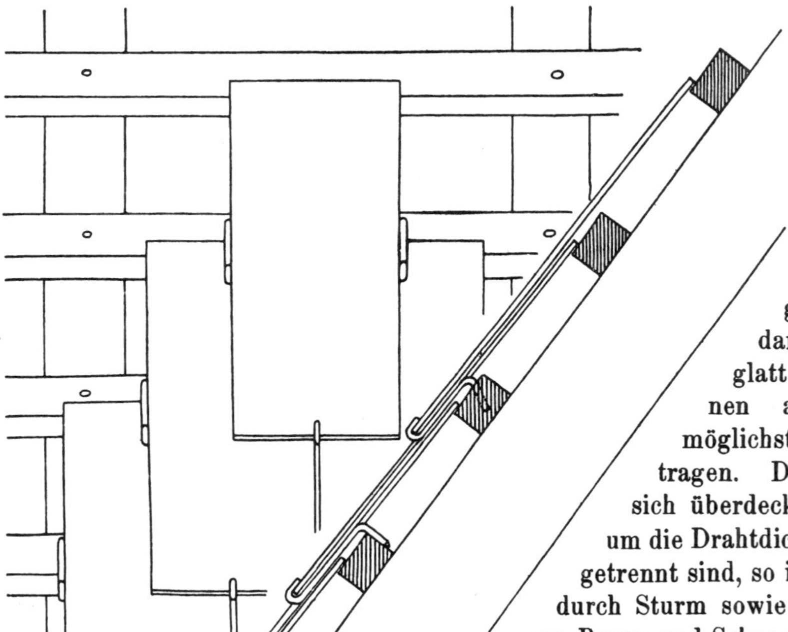

auch werden die Steine infolge des Hohlliegens zwischen den Drähten beim Begehen der Dachfläche leicht springen und viele Ausbesserungen erfordern. Die letzteren können aber immer nur in der seitherigen Weise durch offene Nagelung ausgeführt werden, was trotz des Verkittens der Nagelköpfe zum Durchsickern des Wassers Veranlassung gibt.

Auch die vielen in Frankreich üblichen Systeme, bei denen die Schieferplatten mittels Haken aus Kupferblech, die an Latten befestigt sind, gehalten werden, haben sich der Mehrzahl nach in unserem rauhen Klima nicht bewährt, weil durch das Herabgleiten des Schnees von den Dachflächen die breiten Blechhaken verbogen und die Schieferplatten gelöst wurden. Nur, wenn diese, wie bei dem System von Manduit & Béchet in Paris, von mindestens 3 mm starkem Kupferdraht hergestellt sind, ist eine gute Haltbarkeit der Deckung zu erwarten. Die etwa 9 cm langen Haken werden mit ihrem oberen, entsprechend gebogenen Ende entweder in die Latten oder die Schalung eingetrieben oder in die Lattung eingehängt (vergl. Fig. 339 bis 342). Jede Schiefertafel wird durch das etwa 2 cm lang umgebogene untere Ende des Drahtes in ihrer Mitte sowie

Fig. 340.

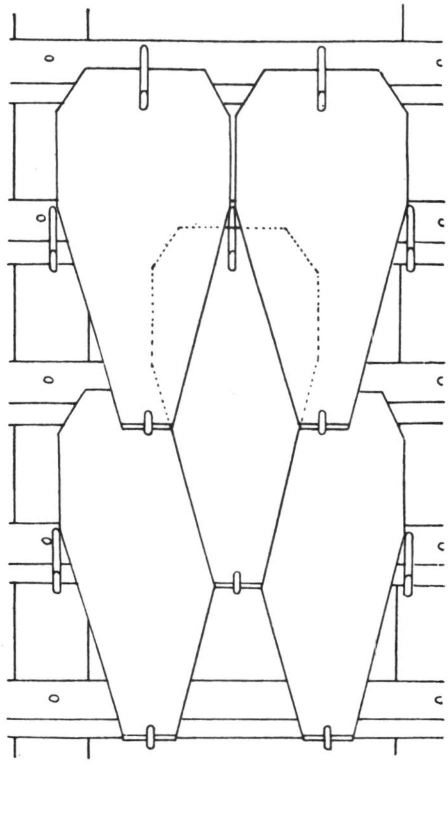

Fig. 341.

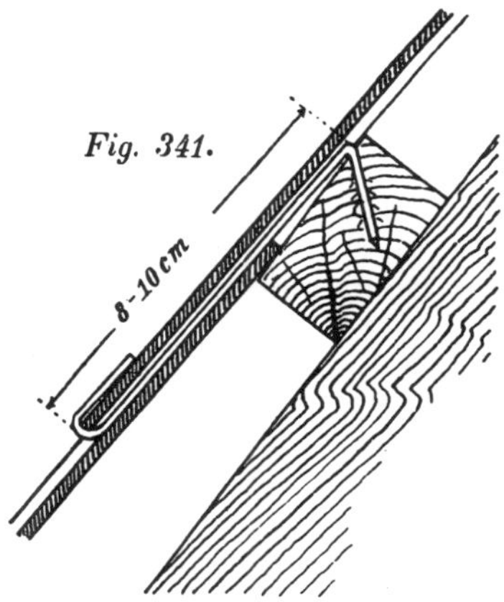

Fig. 342.

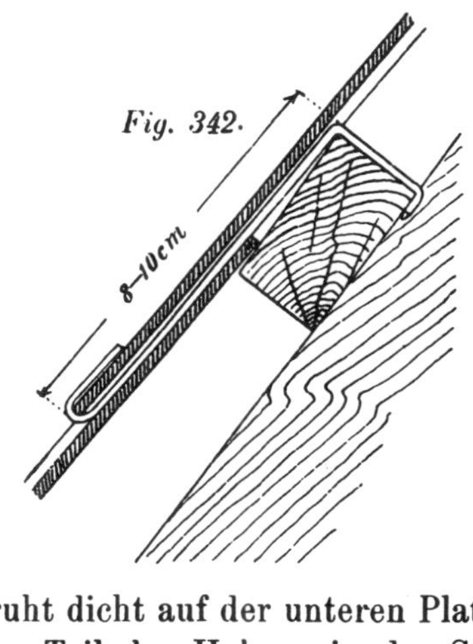

durch die überdeckende Platte festgehalten und ruht dicht auf der unteren Plattenschicht auf, weil der von aussen nicht sichtbare Teil des Hakens in der Stossfuge zwischen zwei Platten liegt. Die Vorzüge dieses Systems sind vornehmlich die, dass:

1. die Befestigungsstelle der Platten an ihrer unteren Kante liegt und somit den Stürmen keine Angriffspunkte geboten werden, wie dies namentlich bei Nagelung oder der Befestigung durch Draht an der oberen Plattenkante der Fall ist;
2. Ausbesserungsarbeiten sind ohne Schwierigkeiten auszuführen, indem man den Haken nach unten biegt, den schadhaften durch einen neuen Stein ersetzt und den Haken wieder aufbiegt;
3. der verhältnismässig dünne runde Draht dem herabgleitenden Schnee keine genügenden Angriffspunkte bietet, um verbogen zu werden.

Zu warnen ist vor der Verwendung von Messinghaken an Stelle der Kupferhaken, weil diese, wenn warm gebogen, an den Biegungsstellen leicht Risse bekommen und brüchig werden, so dass bei eintretenden Bewegungen in der Bedachung die Haken brechen und die Schieferplatten abrutschen können. Jedenfalls sollten Messinghaken vor ihrer Verwendung zur Befestigung der Schiefer auf ihre Tragfähigkeit untersucht werden.

Die erwähnten Vorzüge dieses Systems bestimmten den Landbaumeister Otto Wankel dasselbe auch bei dem einfachen, mit Schablonenschiefer schräg gedeckten Dach anzuwenden. Jeder Schiefer wird auch hier nur mittels eines einzigen Drahthakens befestigt. Dieser Haken liegt nach Fig. 343 in der Stossfuge zweier Schiefer, so dass auch hier die Schiefer dicht aufeinander zu liegen

Fig. 343.

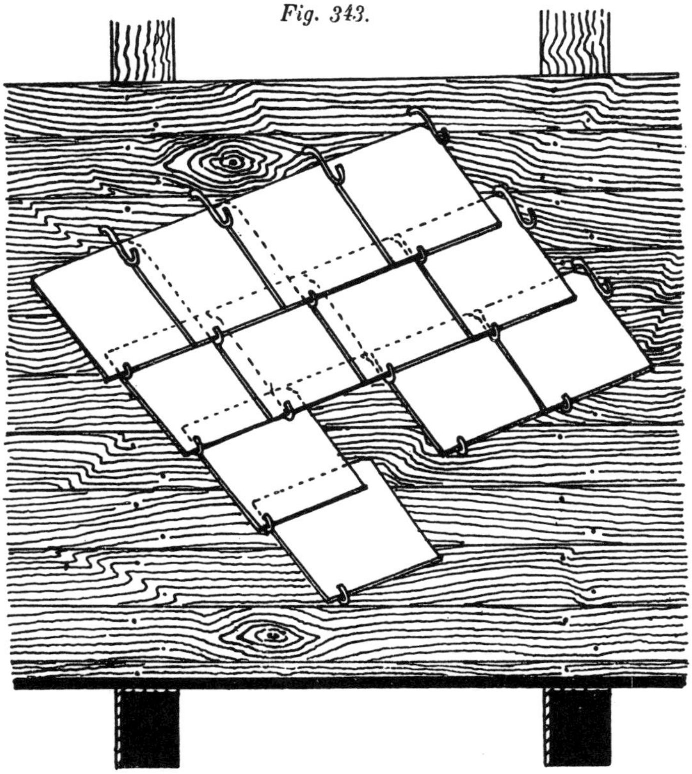

Fig. 344.

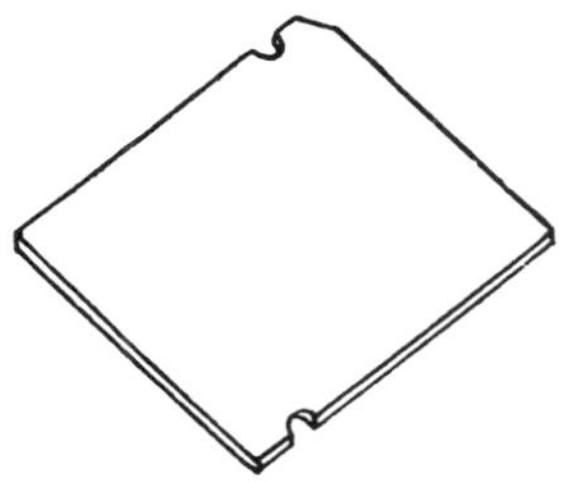

Fig. 345.

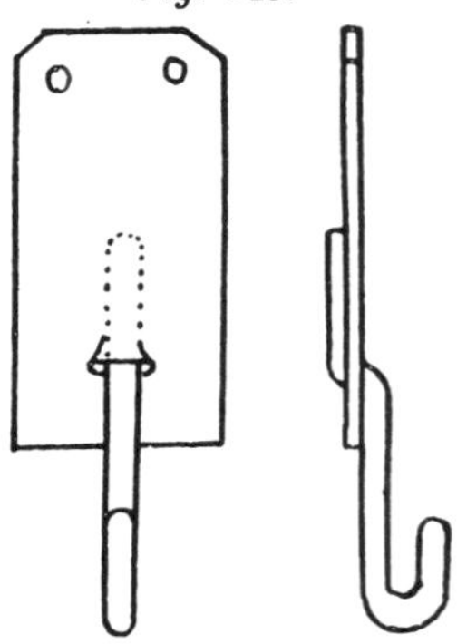

kommen und ein Klaffen der Schichten vermieden wird. Um ein Drehen der Schiefer unmöglich zu machen, ist in jeden Schiefer, nach Fig. 344, oben wie unten eine Kerbe einzuhauen, in welche die Haken eingreifen. Selbstverständlich ist bei Ausführung dieser Befestigungsart grosse Sorgfalt zu beobachten, weil sonst durch das Verschieben der Platten das Dach ein wenig gutes Aussehen erhalten würde.

C. Neufeld in Iserlohn befestigt die Kupferhaken durch Lötung auf der Unterfläche kleiner Zinkplättchen, welche durch Nagelung auf der Lattung oder Schalung befestigt werden (Fig. 345). Diese Abänderung kann indessen als eine Verbesserung nicht angesehen werden, da durch die Verbindung des Zinkbleches mit dem Kupferdraht bei Zutritt von Feuchtigkeit durch das sich bildende Kupferoxyd das Zinkblech zerstört wird.

Die wichtigsten Handwerkzeuge des Schieferdeckers sind:

1. Der Hammer (Fig. 346 und 347). Derselbe besteht aus der schneideartig zugeschärften Klinge a, welche in den Griff b endigt und zum Behauen der Schiefer benutzt werden kann, dem Kopf c, mit welchem die Schiefernägel eingeschlagen werden und aus der Spitze d, die zur Erzeugung der Nagellöcher in den Schiefern benutzt wird.

Fig. 346.

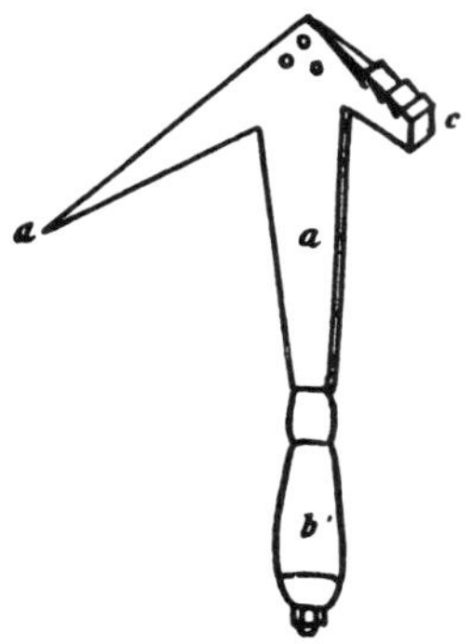

Fig. 347.

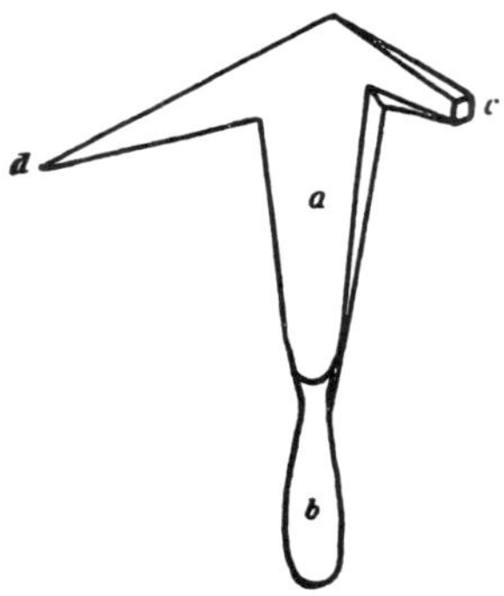

Fig. 348.

Fig. 349.

2. Die Brücke (Fig. 348) ist eine schwach gekrümmte Stahlschiene, deren obere Kante messerartig zugeschärft ist. Der in der Mitte dieser Schiene angeschweisste Dorn, die sogen. Angel, wird in die aus zwei Holzböcken mit darüber liegendem Brett gebildete Steinbank oder, wenn das Behauen der Schiefer nicht zu ebener Erde, sondern auf dem Dache geschehen soll, in einen Sparren getrieben. Die zu behauenden Schiefer werden auf die Brücke gelegt und die überflüssigen Teile mittels der Klinge des Hammers entfernt und der Platte die gewünschte Form gegeben. Zuweilen hat die Brücke auch zwei Angeln (Fig. 349) und heisst dann „Klammer".

3. Die Schieferschere soll das Zurichten der Schiefer vereinfachen. Sie ist gewissermassen eine Zusammensetzung aus der Brücke und der Klinge des Hammers. Die letztere ist entweder so befestigt, dass sie nur einschneidig (Fig. 350 und 351) oder doppelschneidig (Fig. 352 und 353) benutzt werden kann. Die Befestigung geschieht entweder ebenso wie bei den Brücken durch Eintreiben der Angeln in Holzwerk (Fig. 350 und 352), oder durch Aufschrauben auf ein festliegendes

Holzstück (Fig. 351), oder es ist die Brücke fest mit einer schweren eisernen Platte verbunden (Fig. 353).

Fig. 350.

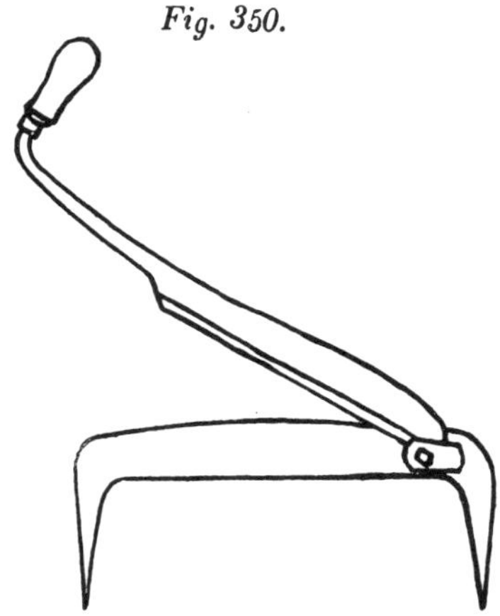

Fig. 353.

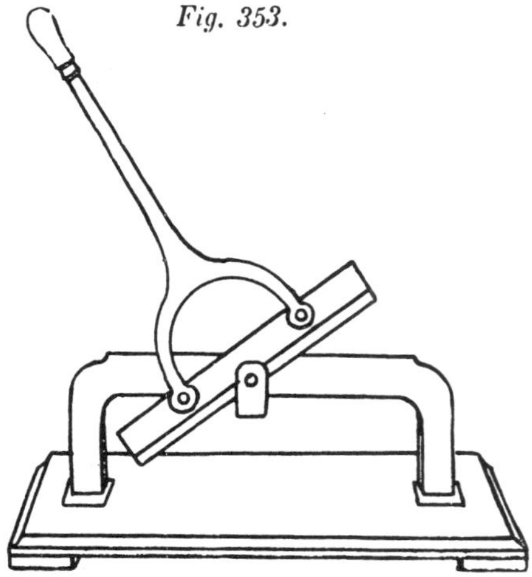

Fig. 351.

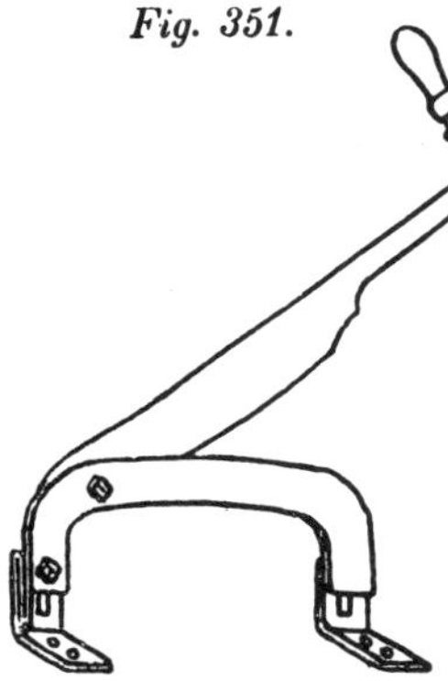

Fig. 354.

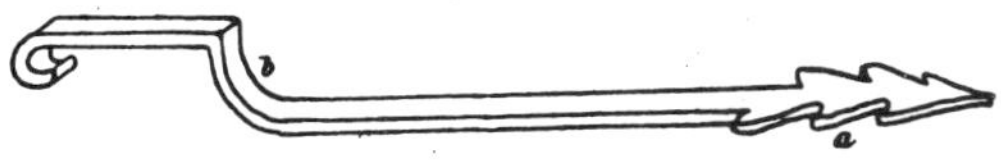

Fig. 355.

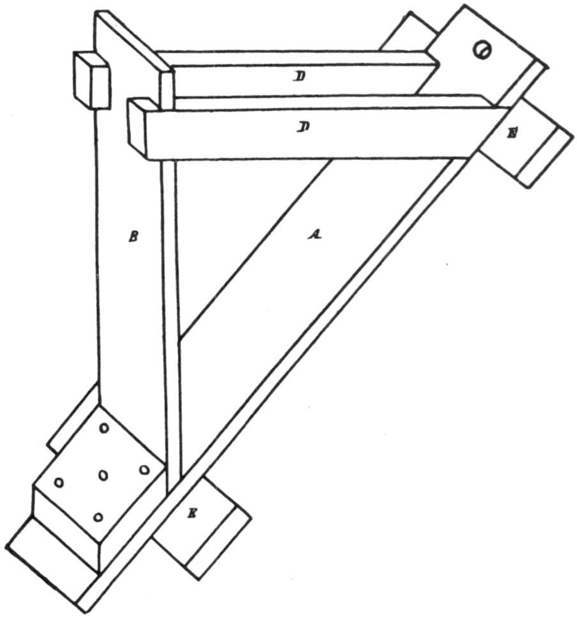

Fig. 352.

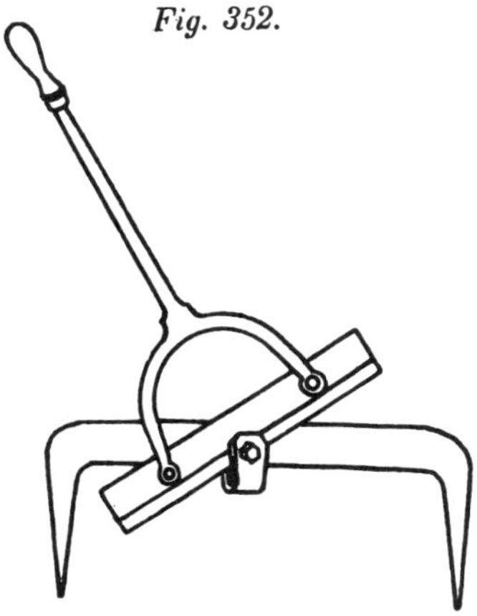

4. Das Nageleisen (Fig. 354) wird benutzt, um Nägel aus unrichtig befestigten Tafeln oder bei Ausbesserungen aus den zu beseitigenden Tafeln zu entfernen. Zu dem Zwecke fährt der Schieferdecker mit dem gezahnten Ende a des Eisens unter die betreffende Schieferplatte, fasst den Nagel mit einem der Zähne und hebt denselben, indem er kräftige Hammerschläge gegen b führt.

5. Der Dach- oder Deckstuhl dient zur Lagerung der zur Verwendung kommenden Steine. Derselbe wird entweder als festes (Fig. 355) oder verstellbares (Fig. 356) Gerüst aus Bohlen und Stollenholz hergestellt. Beide Arten bestehen aus dem als Unterlage dienenden Brette A, auf welches bei Fig. 355 das Brett B und bei Fig. 356 die Stollenhölzer C befestigt sind und den zur Lagerung der Schiefer dienenden festen Leisten oder der beweglichen Bohle D. Da die Unterlage für die Schieferplatten, wenn der Deckstuhl auf dem Dache steht, kein Gefälle nach der Dachtraufe zu haben darf, weil sonst ein Abrutschen der Schieferplatten zu erwarten steht, so muss der Schieferdecker bei Verwendung feststehender Böcke eine grössere Anzahl derselben mit verschiedenen Neigungswinkeln der Leisten D gegen das Unterlagsbrett A besitzen. Zweckmässiger und für alle Fälle ausreichend ist deshalb der verstellbare Bock. Um das Zerdrücken der Schiefer durch die Deckstühle zu verhindern, werden unter die Unterlagsbohlen E Strohbüschel gelegt.

Fig. 356.

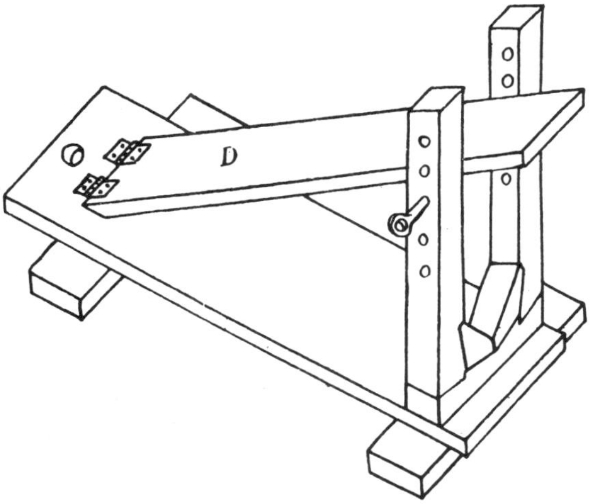

Die Deckstühle werden entweder einzeln benutzt oder sie werden zu zwei oder mehreren in gleicher Dachhöhe aufgestellt und durch

Fig. 357.

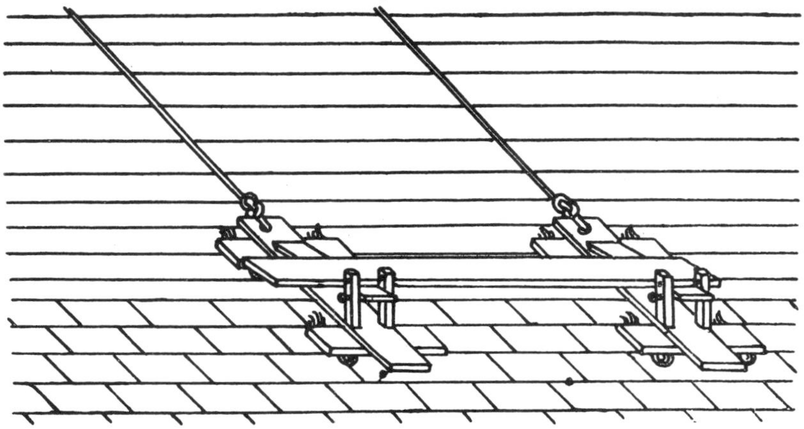

aufgelegte Bohlen, welche dem Schieferdecker zur Unterstützung bei der Arbeit und zur Lagerung der Schiefer und Werkzeuge dienen, miteinander verbunden (Fig. 357). Die Befestigung der Deckstühle geschieht durch Taue, welche um Dachhaken geschlungen werden.

4. Deckung mit Metallen.

Für die Ausführungen von Metalldeckungen dienen als Hauptstoffe vornehmlich: Zink, Eisen, Kupfer und Blei.

Die grosse Schwierigkeit, Metalldeckungen dauerhaft auszuführen, wird durch das Bestreben der Metalle, sich bei Temperaturveränderungen auszudehnen, beziehungsweise zusammenzuziehen, hervorgerufen. Es sind deshalb alle Konstruktionen so auszuführen, dass die einzelnen Teile, aus welchen die Deckung zusammengesetzt wird, die durch die Temperaturschwankungen erzeugten Grössen- und Formveränderungen ertragen können, ohne dass die Dichtigkeit der Deckung dadurch leidet. Namentlich bei Zinkblech ist dies um so schwieriger zu erreichen, weil die Bewegungen nicht nach allen Richtungen hin gleich stark sind; es ist dies eine Folge der Ungleichheit der Spannungen in den Tafeln, welche durch das Walzen hervorgerufen wird. Die Tafeln werden infolgedessen windschief und beulig und verbleiben in diesem Zustande nach abnehmender Kälte oder Wärme. Das Löten und Nageln ist deswegen bei allen Metalldeckungen auf das geringste Maass zu beschränken, weil durch beide Befestigungsarten die Beweglichkeit der Bleche eingeschränkt und dadurch bei starken Temperatur-Unterschieden ein Reissen und Brechen der Metalle verursacht wird. Besonders ist auch darauf zu achten, dass keine Nagelung unbedeckt bleibt, weil eine solche stets undicht ist, und ebenso sind die Bleche, um Oxydationen zu vermeiden, nach jeder Lötung sorgfältig mit Wasser aufzuspülen, damit etwa noch anhaftende Säure entfernt wird.

Die grösste Längenausdehnung erleidet das Zink, die geringste das Eisen. Die annähernden Maasse der Längenausdehnungen bei 1° C. Wärmezunahme für die in Frage kommenden Metalle sind aus der nachstehenden Tabelle zu entnehmen.

Zink	= $^1/_{320}$ =	rund	0,003
Eisen . . .	= $^1/_{820}$ =	„	0,001
Kupfer . . .	= $^1/_{580}$ =	„	0,002
Blei	= $^1/_{350}$ =	„	0,003

Bei verzinktem Eisen ist die Ausdehnung des Hauptstoffes, also $^1/_{820}$, bei emailliertem Eisen, welches vereinzelt in solchen Fällen Verwendung findet, wo die erhitzende Einwirkung der Sonnenstrahlen vermindert werden soll, das arithmetische Mittel aus den Ausdehnungskoeffizienten beider Stoffe, d. i. aus $^1/_{820}$ und $^1/_{1115}$, also zu rund $^1/_{970}$ anzunehmen.

Ein weiterer Nachteil, welcher den Metallbedachungen anhaftet, ist ihr gutes Wärmeleitungsvermögen und der dadurch bedingte starke Temperaturwechsel in den Dachräumen, sowie das hierdurch veranlasste Schwitzen des Metalles und die Notwendigkeit, auf die Beseitigung dieses Schwitzwassers bei der Anlage der Dächer Rücksicht zu nehmen.

Kupfer leitet die Wärme etwa siebenmal, Eisen etwa zweimal und Zink etwa dreimal besser als Blei. Wird also beispielsweise ein Dach mit 2 mm starken Bleiplatten gedeckt, so wird die Deckung einen sechsmal besseren Wärmeschutz für die Dachräume bieten als eine Deckung mit 1 mm starken Zinktafeln.

Die genauen Zahlen für das Wärmeleitungsvermögen sind bei:

Zink . . . . . = 30,
Eisen . . . . . = 60,
Kupfer . . . . = 260,
Blei . . . . . = 30.

Zu berücksichtigen ist auch das elektrische Verhalten der Metalle zu einander. Es ist deshalb die Verwendung von Eisen- oder Zinkhaften bei Kupferdeckung, oder umgekehrt die Anwendung von Kupferhaften bei Eisen- oder Zinkdeckung zu vermeiden. Ebenso darf auch nicht das Traufwasser von Kupferdeckungen über Eisen- oder Zinkteile (Dachrinnen, Abfallrohre) geleitet werden, weil das durch Kohlensäure-, Schwefelsäure- oder Salpetersäuregehalt der Luft gelöste Kupferoxyd sich auf dem Eisen oder Zink niederschlagen und Anlass zur Bildung von Löchern geben würde.

Das dauerhafteste unter den zur Dachdeckung brauchbaren Metallen ist das Kupfer. Wegen des hohen Preises wird dasselbe indessen nur selten und fast ausschliesslich bei monumentalen Gebäuden verwendet. An der Luft oxydiert es sehr bald und erhält einen grünen Ueberzug, die sogen. „Patina“, welcher dem Metalle fest anhaftet und solchen Schutz gewährt, dass ein Ueberzug mit anderen Metallen oder mit Oelfarbe entbehrlich ist. Es ist deswegen verwerflich, wie dies aus Unkenntnis der Sachlage hin und wieder geschehen ist, den schützenden Ueberzug von Kupferoxyd durch Abschaben zu entfernen, weil dann das Kupferblech durch neue Oxydation geschwächt und bei Wiederholungen schliesslich zerstört würde.

Deckungen mit Blei sind von annähernd gleicher Dauer wie die mit Kupfer und bedürfen ebensowenig eines schützenden Ueberzuges. Die grosse Haltbarkeit der Bleidächer ist durch solche in Frankreich und Italien erwiesen, welche mehrere hundert Jahre alt sind und sich tadellos erhalten haben. Ein Uebelstand des Bleies ist seine leichte Schmelzbarkeit; dieselbe kann bei einem Brande das Löschen erheblich erschweren und für die Löschmannschaften sehr gefährlich werden. Sehr vorsichtig muss man hinsichtlich der Unterlage sein, auf welcher Bleideckung ausgeführt werden soll. Namentlich in neuerer Zeit ist wiederholt beobachtet worden, dass Blei auf Brettschalung eingedeckt schon nach kurzer Zeit zerstört war. Der Grund ist in dem mehr oder weniger grossen Gehalt an Pflanzensaft, welcher besonders bei Eichenholz eine ansehnliche Menge von Gerbsäure enthält, zu suchen. Letztere verursacht in sehr kurzer Zeit die Oxydation des Bleies, so dass an der Unterseite des Metalles weisses, erdiges kohlensaures Bleioxyd, vermischt mit essigsaurem Bleioxyd entsteht, welches sowohl die Zerstörung des Bleies als die Fäulnis des Holzes verursacht. In früheren Jahrhunderten sind diese Erscheinungen, so weit bekannt, nicht gemacht worden. Es mag dies darin seinen Grund haben, dass damals die Hölzer durchweg auf dem Wasserwege befördert wurden, wodurch ein Auslaugen und Befreien von der Gerbsäure herbeigeführt wird. Jedenfalls ist die Verwendung von Eichenholz für die Brettschalung bei Bleidächern zu vermeiden und durch solche aus Tannen- oder Pappelholz zu ersetzen. In Frankreich überdeckt man die Schalung mit einer oder mehreren Lagen Papier, welche mit Paraffin getränkt werden. Es wird angenommen, dass der Gehalt an Naphthalin auch geeignet ist, das Blei gegen die Zerstörungen durch Insekten zu schützen. Derartige Zerstörungen sind in der That des öfteren beobachtet worden und sind dadurch zu erklären, dass kleine Holzkäfer, welche im Gespärre oder in der Dachschalung vorhanden waren, das Holz und hiernach das meist nur 1,5 bis 2,5 mm starke Walzblei durchbohrten.

Aber nicht nur durch saftreiches Holz wird das Blei zerstört, sondern auch durch feuchten Kalk-, Zement oder Gipsmörtel, indem sich kohlensaures, beziehungsweise schwefelsaures Bleioxyd bildet. Es ist deswegen zu empfehlen, alle Mauerteile, an welche Bleideckung anschliesst, vorher mit Goudron oder mit dem erwähnten Paraffin-Papier zu verkleiden.

In chemisch reinem, destilliertem Wasser bleibt Blei unverändert, oxydiert aber äusserst rasch unter den Einwirkungen von destilliertem und der Luft ausgesetztem Wasser. Es überzieht sich dann mit einer dünnen Schicht von Bleioxyd, welches vom Regenwasser fortgespült wird. Wo also, wie in den meisten industriellen Etablissements, ausströmender Dampf auf die Dachdeckung einwirken kann, sind Bleidächer nicht am Platze, weil der Dampf aus stark durchlüftetem, destilliertem Wasser besteht.

Aus den hervorgehobenen Gründen geht hervor, dass Blei zu Dachdeckungen in ziemlich bedeutender Stärke (nicht unter 2 mm) verwendet werden muss, wenn es den vielen üblen Einflüssen, die seine Oxydation und mithin eine Verringerung seiner Stärke veranlassen, auf längere Zeit widerstehen soll.

Bei Zinkblech bildet sich allerdings ebenfalls schon nach kurzer Zeit durch die Einwirkungen der feuchten Atmosphäre eine Oxydschicht. Dieselbe ist jedoch im Regenwasser nur wenig löslich und bildet bald einen sicheren Schutz für das darunter liegende Metall. In dumpfer Luft schreitet die Oxydation so schnell vor, dass das Metall binnen kurzer Zeit überhaupt zerstört wird. Deshalb muss die Schalung, auf welcher das Zink aufruht, aus trockenen Brettern so hergestellt werden, dass zwischen den einzelnen Schalbrettern Fugen von mindestens 5 mm Breite verbleiben, welche der Luft freien Zutritt gestatten. Dies ist namentlich auch deswegen erforderlich, weil sich infolge des Temperaturunterschiedes zwischen Aussen- und Innenluft an der Unterfläche des Metalles leicht Niederschläge bilden.

Die häufige Anwendung von Zink erklärt sich vor allem durch seine Billigkeit gegenüber Kupfer und Blei. Dasselbe erhält nur selten einen schützenden Ueberzug durch Oelfarbe, und zwar dann, wenn es Dünsten von Schwefelsäure, schwefeliger Säure, Salpetersäure, Ammoniak oder Chlor ausgesetzt ist, oder wenn Traufwasser von Holzzementdächern darüber geleitet wird, welche mit Mergel oder lehmigem Kies überschüttet sind. Vor Aufbringung der Oelfarbenanstriche ist das Zinkblech mit Mennige zu grundieren. Für die Oelfarbenanstriche hat sich ganz besonders eine unter der Bezeichnung „Neosilexore“ von der Gesellschaft für Bergbau und Hüttenbetrieb „Vieille Montagne“ in den Handel gebrachte, aus Zinkweiss und einem kieselhaltigen Material bestehende Mischung bewährt, welche der Zinkbedachung ein steinähnliches Aussehen gibt und vorzüglich auf dem Metalle haftet.

Eichenholz ist beim Zink, wie beim Blei, wegen seines Gerbsäuregehaltes von der Verwendung zur Dachschalung auszuschliessen. Ebenso sind auch alle ast- und harzreichen Tannen- und Kieferbretter auszusondern, weil sich wiederholt gezeigt hat, dass die Zerstörung des Zinkbleches zunächst genau über den Aststellen erfolgte. Frischer Kalk-, Zement- oder Gipsmörtel wirken in gleicher Weise auf das Zink zerstörend ein wie auf das Blei und es sind deshalb bei Gesimsabdeckungen und Maueranschlüssen dieselben Vorsichtsmassregeln zu beachten, deren bereits für Bedachungen mit Blei gedacht wurde. Ferner sind Zinkbedachungen auch da nicht angebracht, wo die Luft mit schwefeliger Säure, wie in Fabrikstädten, oder mit Salzsäure, wie an den Seeküsten, gefüllt ist und noch viel weniger eignet sich das Zink zur Bedachung chemischer Fabriken oder Laboratorien.

Eisen ist für Bedachungszwecke ohne schützenden Ueberzug nicht verwendbar, weil es binnen kurzer Zeit der Zerstörung durch Oxydation anheimfallen würde. Früher begnügte man sich mit einem mehrfachen Anstriche mit Oelfarbe oder asphaltreichem Teer, welcher vor Verwendung der Bleche auf beiden Seiten derselben aufgetragen wurde. Da indessen die als Unterlage dienende Brettschalung jede Ausbesserung an der Innenseite unmöglich macht und gerade diese infolge des sich bildenden Schwitzwassers des Schutzes in erhöhtem Maasse bedarf, so ist man heute allgemein zu dem haltbareren Verzinken der Eisenbleche übergegangen. Bei Gebäuden in der Nähe chemischer Fabriken oder bei Dächern, welche starkem Rauche und Russbildung ausgesetzt sind, wird allerdings der dünne Zinküberzug schnell zerstört und damit ein Oxydieren der Bleche veranlasst. Für solche Fälle empfiehlt sich mehr die Verbleiung des Eisenbleches, welche allen Säuren, mit Ausnahme der Kohlen- und Essigsäure, widersteht. Verzinntes Eisenblech, das sogen. Weissblech, wird seiner geringen Haltbarkeit wegen nicht mehr zu Bedachungen benutzt. Emailliertes Eisenblech kann, wie bereits vorerwähnt, dort in Frage kommen, wo es sich um Unschädlichmachung starker Sonnenbestrahlung handelt, ebenso bei industriellen Anlagen, in denen Kohlensäure oder Ammoniak enthaltende Gase erzeugt werden.

Im allgemeinen ist die Anwendung von Metallen für Bedachungen unmittelbar über Wohnräumen nicht zu empfehlen, einesteils, weil dieselben sehr gute Wärmeleiter sind und andererseits, weil die auffallenden Regentropfen und in erhöhtem Maasse Hagelkörner ein lautes, unangenehmes Geräusch verursachen. Beiden Uebelständen kann zwar durch eine doppelte Verschalung der Sparrenlage und Ausfüllung der Zwischenräume mit schlechten Wärme- und Schallleitern (Lohe, Torf, Sägemehl, Infusorienerde u. s. w.) abgeholfen werden, doch ist zu bedenken, dass hierdurch die Gefahr der Fäulnisbildung im Holzwerke und die Feuersgefahr vergrössert, bei Zinkbedachung auch die Zerstörung des Metalles durch Oxydation an seiner Unterfläche hervorgerufen wird.

Die Formen, in welchen die Metalle bei Dachdeckungen zur Anwendung gelangen, sind:

a) glatte Bleche in Tafeln aus Zink, Eisen und Kupfer und in Rollen aus Blei;
b) gewellte, kannelierte und gerippte Bleche aus Zink und Eisen;
c) Formbleche in Gestalt von Rauten, Schuppen, Krämp- und Falzziegeln aus Zink und verzinktem oder emailliertem Eisenblech;
d) Gussplatten aus asphaltiertem oder emailliertem Eisen.

Die Arbeiten bei der Eindeckung mit Metallen beschränken sich vornehmlich auf „Löten“, „Nieten“, „Biegen“ und „Falzen“ der Bleche.

Durch das Löten sollen zwei Metallstücke unter Zuhilfenahme eines dritten Metalles, des sogen. „Lotes“, so miteinander verbunden werden, dass ihre Vereinigung eine durchaus dichte ist. Da das Lot nur auf metallisch reinen Flächen haftet, so sind die zu verbindenden Stellen vor Aufbringung des Lotes von Oxyd und Unreinigkeiten zu befreien und auch während des Lötens vor Oxydation zu schützen. Man erreicht dies durch Abschaben, Feilen oder auf chemischem Wege durch verdünnte Säuren beziehungsweise durch Ueberstreuen der zu lötenden Stelle mit Salmiak, Kolophonium, Borax oder Lötfett. Lötungen werden nur bei Zink, Blei und Kupfer vorgenommen, ausnahmsweise auch bei verzinkten Eisenblechen, doch ist bei diesen die Verbindung wenig haltbar und man wird deswegen bei diesem Metalle wie bei den unverzinkten Eisenblechen für gewöhnlich eine Verbindung durch Nietung vorziehen.

Als Lot verwendet man für Zink und Blei stets das sogen. „Schnelllot“, eine Verbindung von Zinn und Blei, welche auch die Bezeichnung „Lötzinn“ führt, während Kupfer meist mit Messing gelötet wird. Nur bei Arbeiten, die sich nicht in der Werkstätte ausführen lassen, also namentlich bei Reparaturarbeiten auf dem Dache, wird auch bei Kupfer Lötzinn benutzt.

Nachdem die zu lötende Naht gereinigt ist, wird dieselbe mit Kolophonium bestreut oder mit „Lötfett“, einer Mischung aus 1 Teil Kolophonium und 1 Teil Talg mit geringem Zusatz von Baumöl und Salmiakwasser, bei Zink mit gewöhnlicher Salzsäure bestrichen. Alsdann wird mittels des auf Holzkohlenfeuer erhitzten Lötkolbens Lötzinn abgezogen und in die Fuge der zu verbindenden Bleche, welche sofort mittels der Lötzange oder des Lötholzes zusammenzupressen ist, gebracht. Während des Lötens ist darauf zu achten, dass die Spitze des Kolbens durchaus rein und gut verzinnt ist.

Fig. 358.

Fig. 359.

Fig. 360.

Fig. 361.

Fig. 362.

Fig. 363.

Fig. 364.

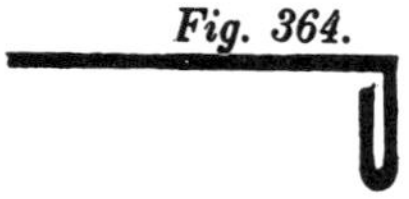

Fig. 365.

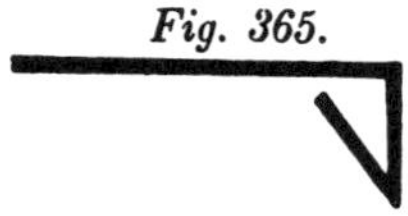

Fig. 366.

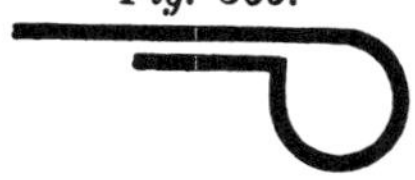

Fig. 367.

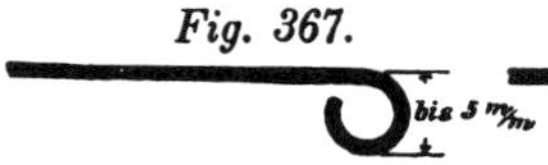

Fig. 368.

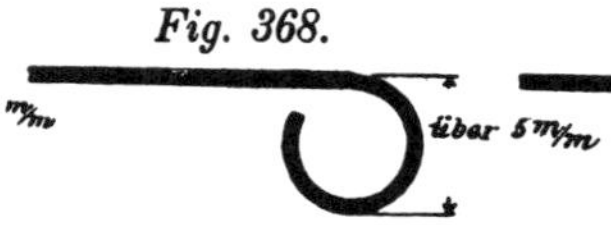

Fig. 369.

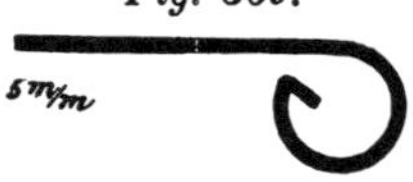

Fig. 370.

Fig. 371.

Fig. 372.

Fig. 373.

Lötungen auf dem Dache sind wegen der Gefahren, welche fahrlässiges Umgehen mit der Säure, sowie mit der Holzkohlenfeuerung hervorrufen können, auf das Notwendigste zu beschränken und streng zu überwachen.

Das Biegen und Falzen der Bleche, früher durch den Bauklempner „von Hand“ ausgeführt, wird jetzt fast ausschliesslich in den Hüttenwerken oder in der Bauklempnerei mittels Maschinen bewirkt, weil bei Biegungen mittels unvollkommener Handwerkszeuge leicht ein Reissen oder Brüchigwerden der Bleche, insbesondere der Zink- und Eisenbleche, eintritt.

Die Falzungen, Biegungen und Abkantungen, welche unmittelbar mit der Falz- und Biegemaschine gefertigt werden können, sind in den Figuren 358 bis 373 zur Darstellung gebracht. Die für diese Grundformen vom Bauklempner angenommenen Bezeichnungen sind:

Aufkantung (Fig. 358), Abkantung (Fig. 359), Einkantung (Fig. 360), Umkantung (Fig. 361), einfach liegender Falz (Fig. 362), doppelt liegender Falz (Fig. 363), Abkantung mit innerem Falz (Fig. 364), Abkantung mit scharfer Einkantung (Fig. 365), Wulstfalz (Fig. 366), Hohlumschlag oder Wulst (Fig. 367 und 368), Wulst mit scharfer Einkantung (Fig. 369), angesetzter Wulst (Fig. 370), einfach stehender Falz (Fig. 371), doppelt stehender Falz (Fig. 372), Wulstfalz (Fig. 373).

a) Deckung mit Zink.

Zink findet wegen seiner Billigkeit vor allen anderen Metallen die häufigste Anwendung zu Bedachungszwecken. Die grosse Längenausdehnung in der Richtung, nach welcher das Zink ausgewalzt wurde, sowie seine, namentlich im Vergleich zu Walzblei, bedeutende Sprödigkeit, machen indessen seine Verwendung zu einer äusserst schwierigen und es ist deswegen erklärlich, dass gerade bei Deckungen mit diesem Metall früher häufig Mängel eintraten, die Anlass gegeben haben, das Zinkdach zeitweise in Verruf zu bringen.

Da sich die Zinkbleche bei kühler Witterung schwer biegen und falzen lassen und namentlich an scharfen Umkantungen leicht brechen, so ist es vorteilhafter, die Eindeckung der Zinkdächer in den warmen Sommermonaten vornehmen zu lassen, als in der kälteren Herbst- oder Winterszeit. Ueberhaupt sollte darauf geachtet werden, dass seitens der Klempner nur Bleche verarbeitet werden, bei welchen die erforderlichen Biegungen und Falzungen bereits in den Walzwerken vorgenommen wurden, und dass an den Anschlussstellen das dennoch nötige Biegen und Falzen auf das geringste Maass beschränkt werde. Hierbei ist zu beachten, dass alle scharfen Biegungen quer zur Walzrichtung ausgeführt werden, weil anderenfalls viel eher ein Brechen des Zinkbleches eintritt. Zinkblech durch stärkeres Erhitzen geschmeidiger machen zu wollen, wäre durchaus verfehlt, da dasselbe seine grösste Zähigkeit bei einer Temperatur von 155° C. erreicht und bei einer Erwärmung über diesen Punkt hinaus dauernd spröde und brüchig bleibt.

Zink findet entweder in der Form von gewalzten glatten, gewellten, kannelierten und gerippten Tafeln oder von gestanzten Dachschindeln, Rauten- oder Schuppenschablonen zu Dachdeckungen Verwendung.

Die beiden bedeutendsten Zinkerzeugungsstätten, deren Inhaber den Handel mit Zink in Deutschland fast ausschliesslich beherrschen, gehören der Gesellschaft „Vieille Montagne“ mit zahlreichen Hüttenwerken im Rheinlande und in Belgien, sowie der Aktiengesellschaft „Lipine“ in Oberschlesien.

Bei der

Deckung mit gewalzten glatten Tafeln

lassen sich die folgenden Deckweisen unterscheiden:

α) Falzdeckung,
β) Wulstendeckung,
γ) Leistendeckung,
δ) Rinnendeckung.

Die beiden ersten Systeme haben sich wenig gut bewährt und sind durch das Leistensystem zumeist verdrängt worden, so dass füglich hier von einer Besprechung derselben Abstand genommen werden kann.

Zinktafeln werden gewöhnlich in den Grössen 0,80 X 2,00 und 1,00 X 2,00 m, grössere Tafeln nur auf besondere Bestellung gewalzt. Je nach der Stärke, beziehungsweise dem Gewicht der Tafeln, sind dieselben nach Nummern eingeteilt, von denen für Bedachungszwecke vornehmlich die Nummern 12 bis 16 Verwendung finden, während die schwächeren zur Herstellung der verschiedenartigsten Hausgeräte und Spielwaren, die stärkeren zur Anfertigung von Badewannen, Fallrohren, zur Auskleidung von Bassins u. dgl. m. benutzt werden.

Das annähernde Gewicht und die Stärke der Zinkbleche nach deren verschiedenen Nummern ist aus der nachstehenden Tabelle zu entnehmen:

Nummern der Tafeln	Annähernde Stärke der Tafeln mm	Annäherndes Gewicht für 1 qm	Annäherndes Gewicht der Tafeln von:	
			0,80 X 2,00 m	1,00 X 2,00 m
1	0,100	0,70	1,120	1,400
2	0,143	1,00	1,600	2,000
3	0,186	1,30	2,080	2,600
4	0,228	1,60	2,560	3,200
5	0,250	1,75	2,800	3,500
6	0,300	2,10	3,360	4,200
7	0,350	2,45	3,920	4,900
8	0,400	2,80	4,480	5,600
9	0,450	3,15	5,040	3,300
10	0,500	3,50	5,600	7,000
11	0,580	4,06	6,496	8,120
12	0,660	4,62	7,392	9,240
13	0,740	5,18	8,288	10,360
14	0,820	5,74	9,164	11,480
15	0,950	6,65	10,640	13,300
16	1,080	7,56	12,096	15,120
17	1,210	8,47	13,552	16,940
18	1,340	9,38	15,008	18,760
19	1,470	10,29	16,464	20,580
20	1,600	11,20	17,920	22,400
21	1,780	12,46	19,936	24,920
22	1,960	13,72	21,952	27,440
23	2,140	14,98	23,968	29,960
24	2,320	16,24	25,984	32,480
25	2,500	17,50	28,000	35,000
26	2,680	18,76	30,016	37,520

Die **Leistendeckung** ist infolge der Verbesserung der Herstellungsweise des Zinkbleches, insbesondere infolge der Einführung von Falz- und Biegemaschinen, mittels deren man in der Lage war, scharfe Biegungen an den Kanten der Bleche vorzunehmen, ohne befürchten zu müssen, dass an diesen Stellen Brüche auftreten, entstanden. Der Vorteil gegenüber der Falz- und Wulstdeckung besteht namentlich darin, dass die Längsverbindung der Tafeln in der Richtung des Dachgefälles eine feste und deshalb Beschädigungen infolge des Betretens der Dachfläche weniger ausgesetzt ist, als bei jenen.

Als **geringste Dachneigung** für Leistendeckung ist 15° anzunehmen. Beträgt das Gefälle weniger als 20°, so werden die Quernähte der Deckbleche durch Lötung, bei steileren Dächern dagegen durch Falzung verbunden. Auf sehr steilen Dächern haben sich die Zinkblechbedachungen als ganz besonders dauerhaft erwiesen und finden eben deshalb in neuerer Zeit auf solchen immer mehr Anwendung.

Fig. 374.

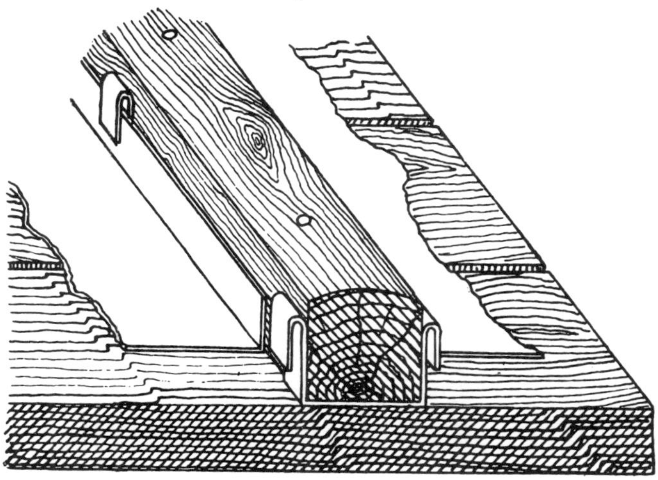

Die ältere Konstruktionsweise, nach Figur 374 quadratische, oben flach abgerundete Holzleisten zu verwenden, an deren Seiten die Deckbleche aufgekantet und mit Haften, die unter den Leisten durchgezogen werden, zu befestigen und die Leisten (nach Fig. 375) mit an beiden Seiten abgekanteten Blechstreifen abzudecken, hat sich nicht bewährt. Es bildeten sich in der Mitte der Deckbleche Beulen, weil die Holzleisten die seitliche Ausdehnung der Bleche hinderten, das Regenwasser wurde infolgedessen an den Rand der Leisten geleitet und zog sich zwischen den dicht aufeinander schliessenden Aufkantungen der Deckbleche und den Abkantungen der Deckstreifen in die Höhe. Diesem Uebelstande suchte man zunächst durch Erhöhung der Holzleisten, später durch Abschrägung ihrer Seitenflächen, wie bei der

Fig. 375.

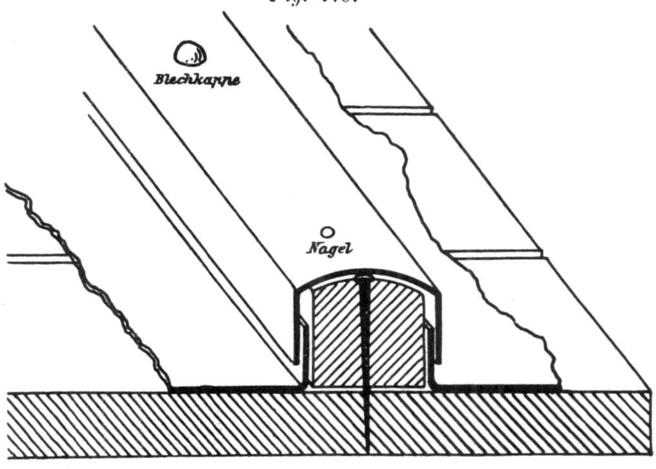

belgischen und französischen Leistendeckung, zugleich aber auch durch zweckentsprechende Falzbildungen zu begegnen.

Bei dem Berliner oder Wusterhausenschen System besitzen die Leisten rechteckigen Querschnitt von 4 cm Höhe und 5 bis 6,5 cm Breite. An diesen werden die Decktafeln aufgekantet und erhalten an ihren Rändern eine etwa 1 cm breite Umkantung. Die Befestigung an den Leisten geschieht entweder nach Fig. 376 durch unter den Leisten durchgezogene oder nach Fig. 377 und 378 durch angenagelte oder schliesslich nach Fig. 379 durch auf die Deckkappe angelötete Haften. Die wagerechten Verbindungen der

Fig. 376.

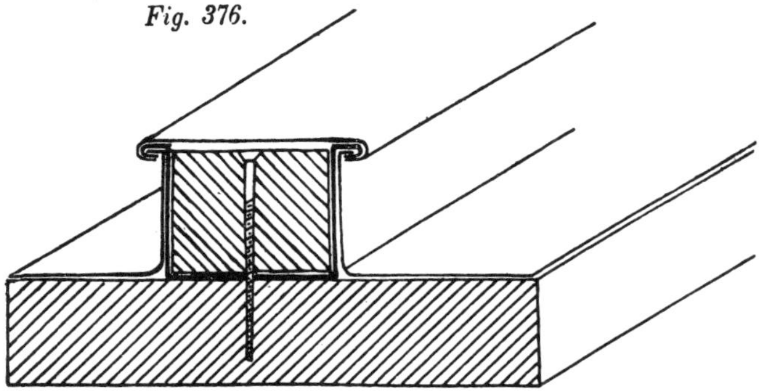

Fig. 377.

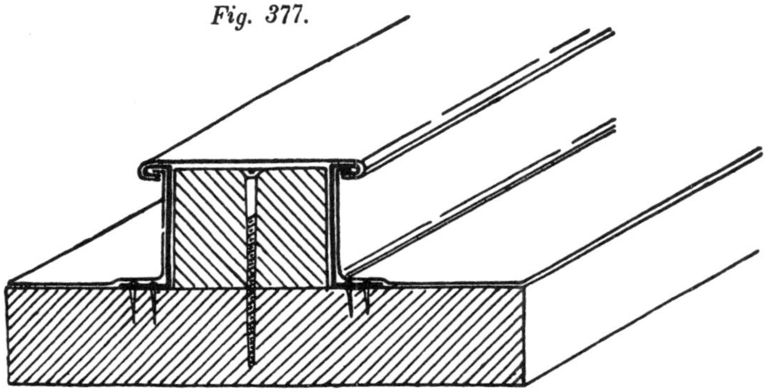

Fig. 378.

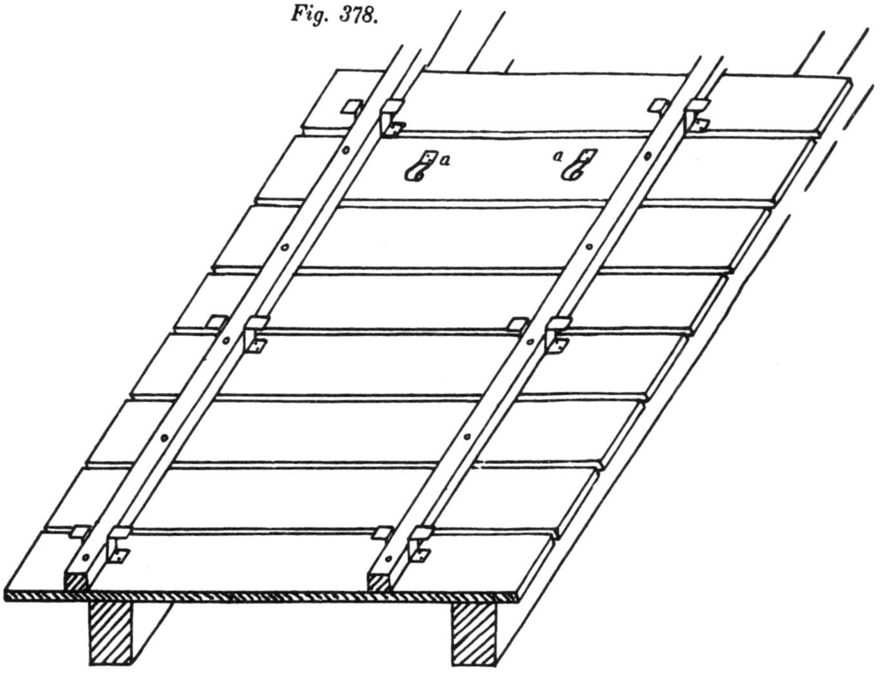

Deckbleche werden ebenfalls mittels Haften bewirkt, welche auf die Schalung genagelt werden (vergl. Fig. 378 bei a und Fig. 380).

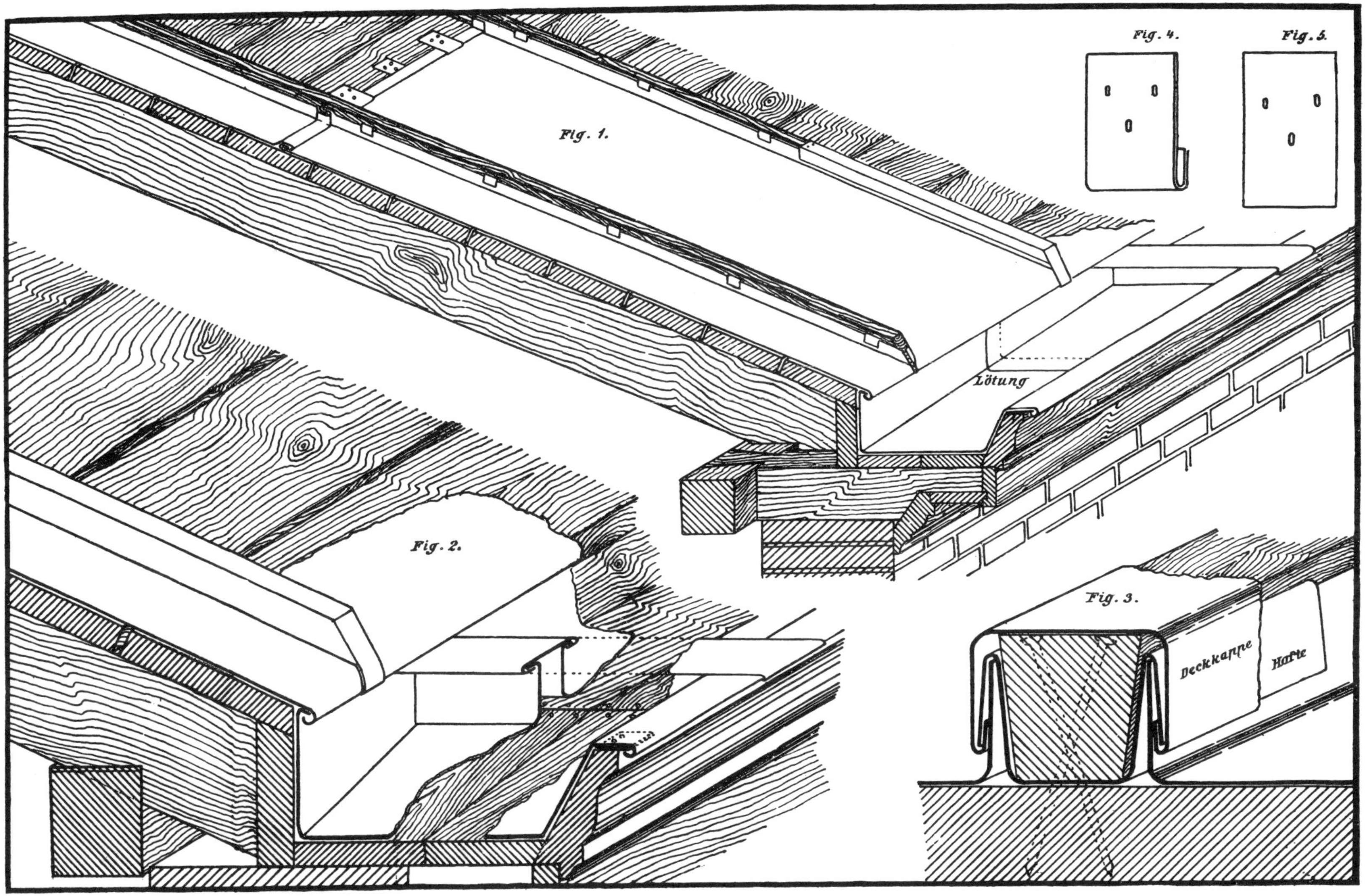
Fig. 1.
Lötung
Fig. 2.
Fig. 3.
Deckkappe
Hafte
Fig. 4.
Fig. 5.

An den Giebelkanten geschieht die Befestigung der Deckbleche und Kappstreifen in ähnlicher Weise nach Fig. 381 mittels Haften, welche unter den Leisten durchgezogen werden.

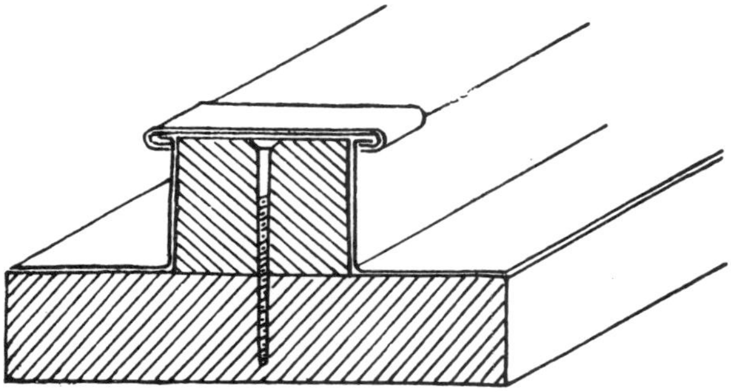

Fig. 379.

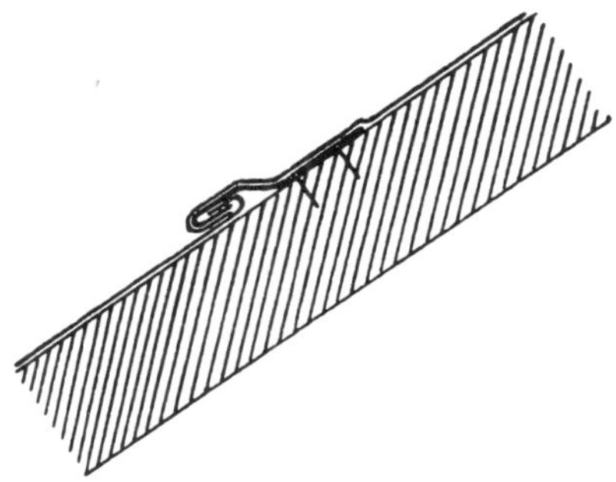

Fig. 380.

Diese Deckweise hat sich gut bewährt, ist aber durch die in Deutschland jetzt fast ausschliesslich angewendete Rheinische oder Belgische Leistendeckung verdrängt worden. Als Gefälle empfiehlt die Gesellschaft „Vieille Montagne“ für diese Deckart 0,35 bis 0,50 m auf 1 m Länge. Die konisch geschnittenen Leisten erhalten eine untere Breite von 2,5 cm, eine obere Breite von 3,5 cm und eine Höhe von 3,5 cm und werden mit schräg eingeschlagenen Nägeln (vergl. Fig. 3 auf Tafel 2) auf der Schalung befestigt, wobei darauf zu achten ist, dass die Nagelköpfe mit einem eisernen Dorn gut in die Leisten versenkt werden.

Fig. 381.

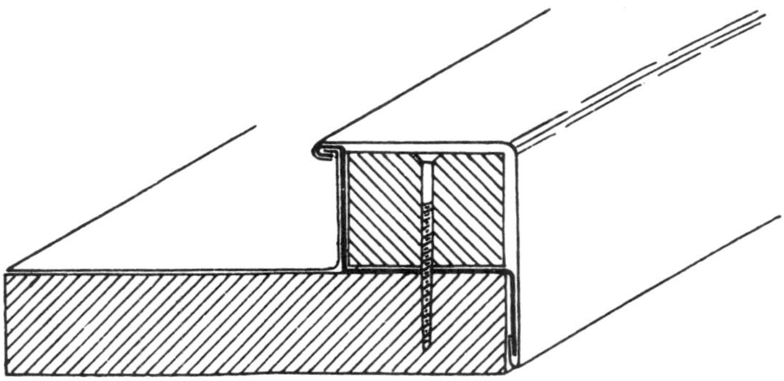

Die Deckbleche werden an den Holzleisten aufgekantet und durch unter den Leisten durchgezogene Haften aus starkem Zinkblech (Nr. 14 bis 16) von 4 bis 6 cm Breite, die in Abständen von 40 bis 50 cm anzuordnen sind, festgehalten. Ueber die Leisten greifen die Deckkappen, welche von unten so aufgeschoben werden, dass sie die Haften umklammern. Diese Deckkappen, gewöhnlich in 1 m Länge ausgeführt, werden an ihrem oberen Rande durch je zwei Nägel auf den Holzleisten befestigt und wenigstens 4 cm breit durch das untere Ende der folgenden Deckkappe überdeckt, ohne gelötet zu werden.

Die Tafeln haben oben einen 3,5 cm breiten nach aussen umgebogenen Falz. Unter der Mitte dieses Falzes (vergl. Fig. 1 auf Tafel 2) wird eine Hafte angelötet und mit drei Nägeln auf der Schalung gehalten. Etwa 10 cm von den Leisten entfernt werden zwei weitere Haften in den Falz der Tafel eingehakt und ebenfalls mit je drei Nägeln auf der Schalung befestigt. Die folgende Tafel erhält an ihrer unteren Kante einen Falz von 3 cm Breite und wird mit diesem in den Falz der unteren Tafel eingehangen.

Greifen die Deckbleche an der Trauflinie in einen Falz des Rinnenbleches ein, so sind die Deckkappen nach Fig. 382 derart zuzuschneiden, dass der obere Teil senkrecht von A nach B gebogen, dann umgekantet und in den Falz der Deckbleche eingefügt werden kann. Der Teil A C ist mit den Seiten der Deckkappe zu verlöten.

Fig. 382.

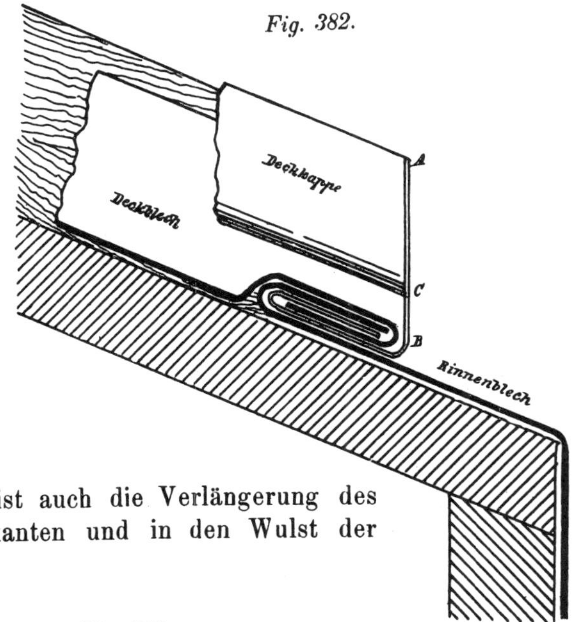

Schliessen hingegen die Deckbleche an der Traufe mit einem Wulst (Fig. 383) ab, so ist auch die Verlängerung des Kappstreifens wulstförmig umzukanten und in den Wulst der Deckbleche einzuhängen.

Fig. 383.

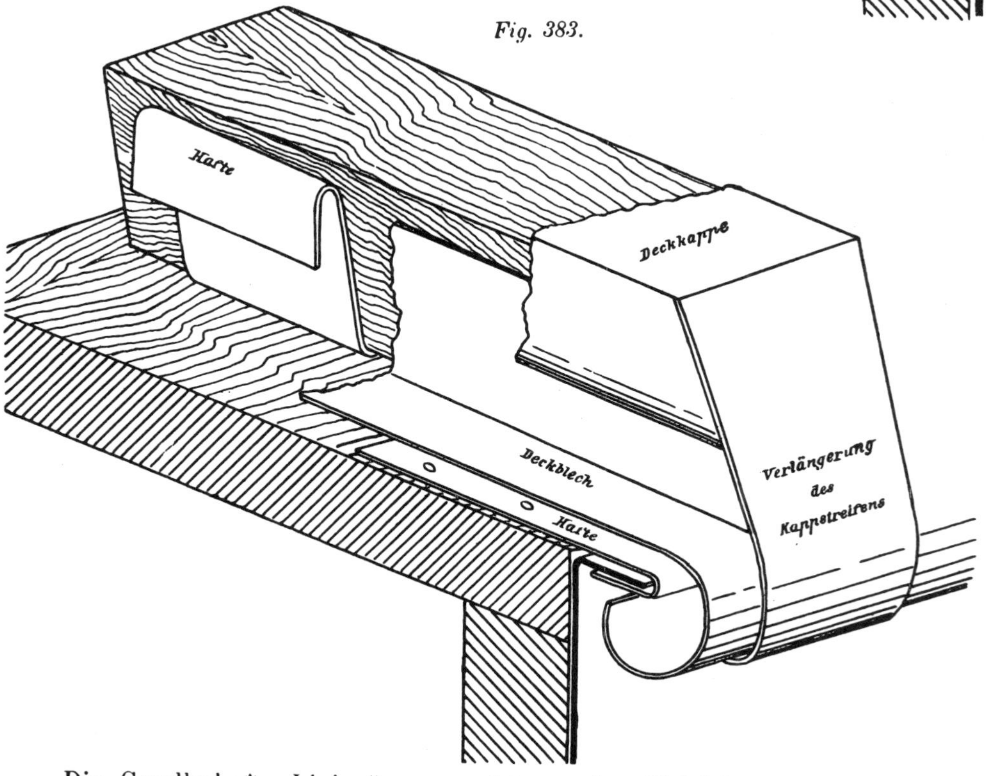

Die Gesellschaft „Lipine“ verwendet zu den Holzleisten an der Traufe besondere Blechkappen, welche nach Fig. 384 und 385 aus einem Stück gefertigt werden.

Am First werden die Deckbleche entweder zusammengelötet oder, wie dies seitens der Gesellschaft „Vieille Montagne" vorgeschlagen wird, durch eine 6 cm hohe Holzleiste, welche der Firstlinie entlang auf der Schalung angebracht ist, getrennt. An dieser Firstleiste sind die Tafeln nach Fig. 386 etwa 58 mm hoch aufzukanten und mittels einer unter dieser Aufkantung in der Mitte der Tafel angelöteten

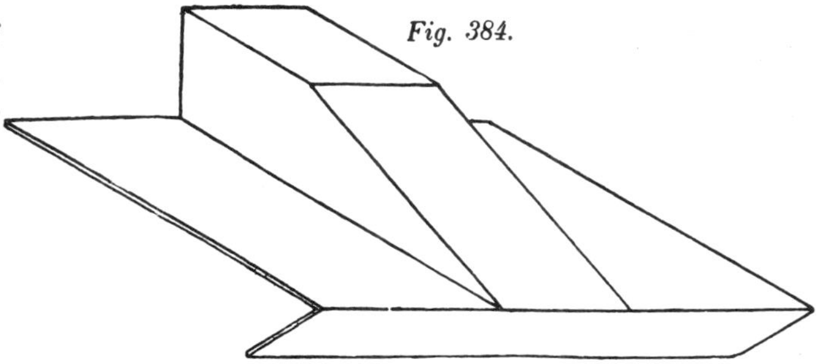

Fig. 384.

Fig. 385.

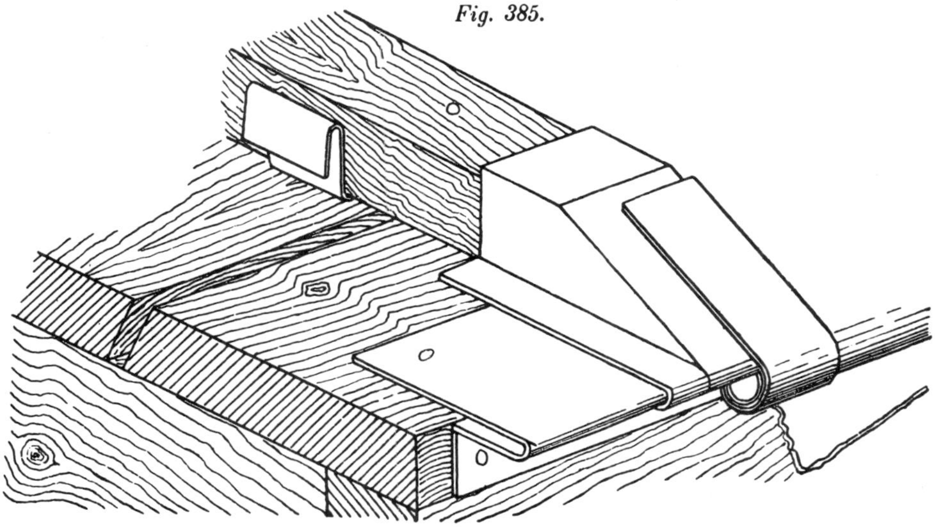

Fig. 386.

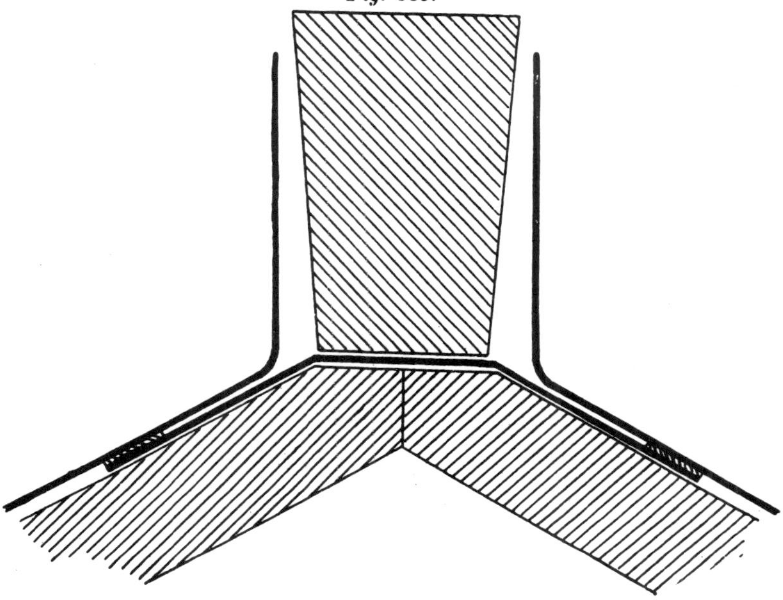

Hafte, welche nach Fig. 387 unter der Firstleiste durchgezogen und auf der Schalung genagelt wird, festzuhalten. Die Deckkappen D_1 der Leisten E erhalten am Kopfende seitliche Falze K, in welche die Seitenfalze der Deckbleche eingreifen. Diese sind bei a beziehungsweise bei b miteinander zu verlöten. Von oben werden die Falze K durch die sie überdeckenden Deckkappen der Firstleiste gegen das Eindringen von Nässe geschützt. Da die Deckkappen der Leisten E nicht dicht an die Firstleiste anschliessen, so ist dieser Zwischenraum durch Einfügen eines an die Kopfenden angelöteten Kappenstückes, welches die Kappen D_1 um 4 bis 5 cm überdeckt, zu schliessen.

Fig. 387.

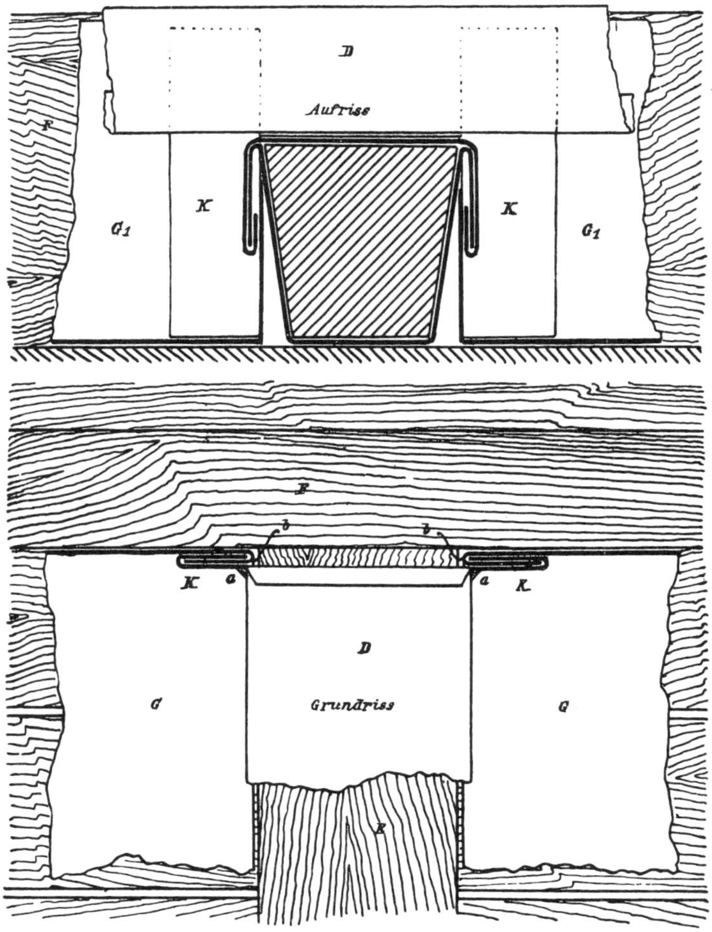

D. Deckkappe der Firstleiste F. K. Kopfende der Deckkappe D.
D_1. „ „ Leiste E. G u. G_1. Deckblech.

Die Firstkappen, gewöhnlich 1 m lang, werden zu etwa 5 m langen Stücken zusammengelötet und mit einer etwa 6 cm breiten Ueberdeckung an den Stössen ohne Lötung verlegt.

Die Gesellschaft „Lipine“ verwendet nach den Fig. 388 und 389 gleich hohe First- und Deckleisten. Die Deckkappen müssen infolgedessen an den Knotenpunkten miteinander verlötet werden.

Fig. 388.

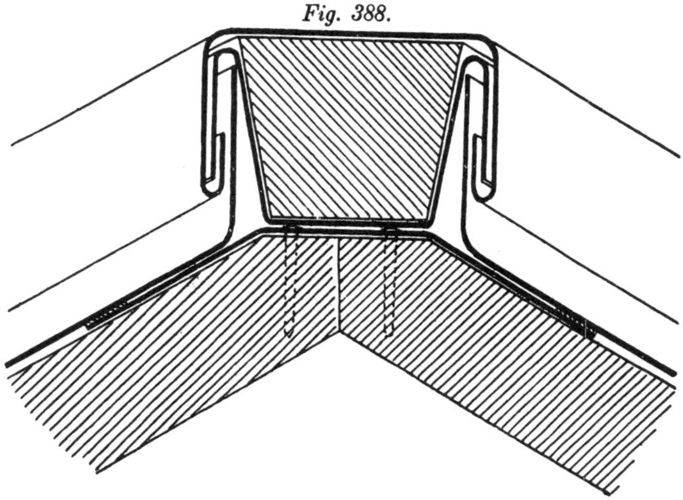

Der Klempnermeister Karl Frick in Strassburg im Elsass hat, veranlasst durch den oft beobachtenden Uebelstand, dass sich die einfachen Falze in den

Fig. 389.

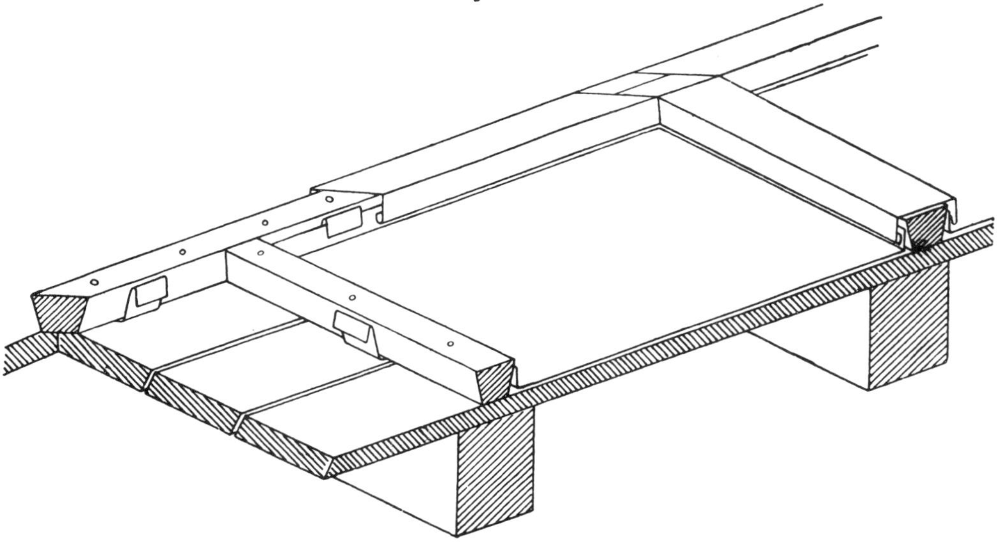

Quernähten der Leistendeckungen bei Regen und Sturm leicht mit Wasser füllen, eine Konstruktion erdacht, durch deren Anwendung das Ansammeln von Wasser in den Querfalzen unmöglich gemacht wird.

Fig. 390.

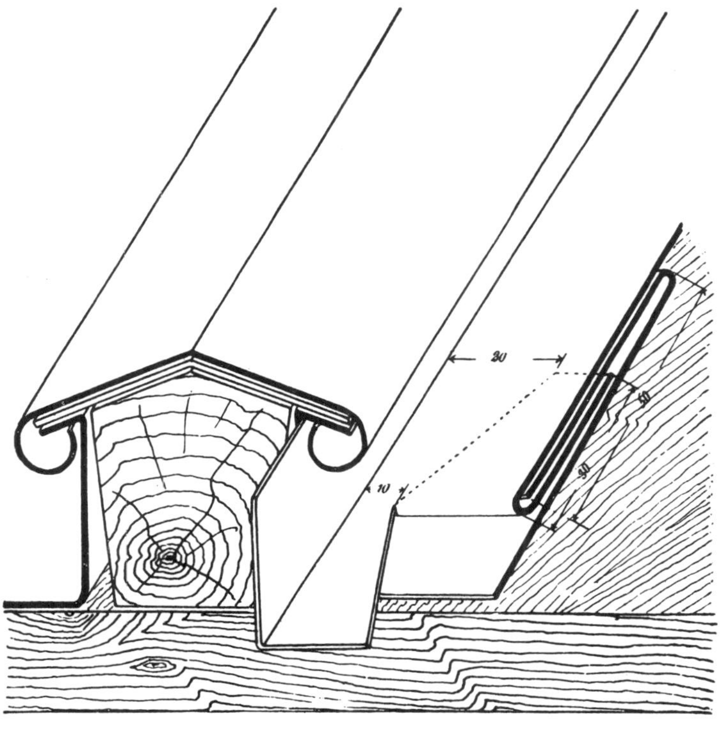

Die Holzleisten sind oben nach beiden Seiten hin abgedacht; auf ihnen werden eiserne verzinkte Plättchen A (vergl. Fig. 2 und 2a auf Tafel 3 und Figur 390) mit je vier Nägeln, die zugleich die Holzleisten festhalten, in Abständen von 40 bis 50 cm befestigt. Unter den Ueberstand dieser Haften greifen die aufgekanteten und oben eingekanteten Deckbleche und werden darauf mittels der an beiden Seiten mit Wulsten versehenen Deckkappe überdeckt.

Bei steilen Dächern (von 35 bis 45° Neigung) erfolgt die Verbindung der Tafeln in der Querrichtung durch einfache Falze. Hierbei werden die Bleche an ihrem oberen Ende 50 mm breit umgebogen, dann an den Längsseiten aufgekantet und die Aufkantungen oben eingekantet. Hierauf sind die Bleche an dem unteren Ende, wo ein 30 mm breiter Falz angebogen wird, an jeder Seite, wie Fig. 390 zeigt, so einzuschneiden, dass die Schnittlinien am Ende des Bleches 20 mm und an der Stelle, wo die Abkantung des Falzes erfolgt, 10 mm von der seitlichen Aufkantung abstehen. Der zwischen den Einschnitten liegende Teil des Deckbleches wird jetzt zur Falze umgebogen und erhält auf diese Weise unten an den Seiten vorspringende Enden, welche, verstärkt durch die damit in Verbindung stehende Aufkantung, dazu dienen sollen, das Regenwasser vom Eindringen in die offenen Falzenden abzuhalten. Da bei dieser Anordnung die unteren Falze auf beiden Seiten offen sind, so ist es auch nicht möglich, dass durch den Wind in die Falze eingetriebenes Wasser dauernd in diesen zurückgehalten wird.

Zum Festhalten der Bleche dienen wiederum Haften (vergl. Fig. 1 auf Tafel 3), sowie die oben auf der Holzleiste befestigten eisernen Plättchen beziehungsweise die Deckkappen. Zu den letzteren ist sehr starkes Blech (Nr. 16 bis 18) zu verwenden, da sich anderenfalls die Wulste bei längerer Einwirkung der Sonnenhitze aufziehen und die Einkantungen der Deckbleche sich nach unten zu neigen werden. Grössere Anwendung hat das Fricksche System bei den Neubauten der Kaiser Wilhelm-Universität in Strassburg im Elsass gefunden.

Bei flacheren Dächern wird der einfache Falz besser durch den doppelten Falz nach Fig. 3 auf Tafel 3 ersetzt. Die Befestigung der Bleche an ihren oberen Kanten erfolgt wiederum mittels Haften, die auf die Schalung genagelt werden, während eine unterhalb der oberen Falzung in der Mitte der Deckbleche angelötete Hafte B (vergl. Fig. 1 und 3, Tafel 3) zum Einhaken der Tafeln mit ihrem unteren Falze dient.

Das französische Leistensystem hat grosse Aehnlichkeit mit dem belgischen, zeigt aber doch einige nicht unwesentliche Unterschiede. Die Aufkantungen der Deckbleche werden nicht winkelrecht, sondern mit geringer Neigung nach aussen hergestellt. Dieser Aufkantung entsprechend sind auch die Holzleisten gestaltet, besitzen also die umgekehrte Form der Leisten des belgischen Systems, indem sie oben schmäler als unten sind. Hierdurch wird das Abziehen der Deckbleche von den Leisten verhindert und im Gegenteil ein Anschmiegen derselben an die Holzleisten veranlasst. Die Deckkappen sind ebenfalls nicht ganz im rechten Winkel gebogen und unten in einer Breite von 8 bis 10 mm gekantet, so dass sich dieselben mit der unteren Längskante fest an die Aufkantung der Deckbleche anschliessen (Fig. 391).

Fig. 391.

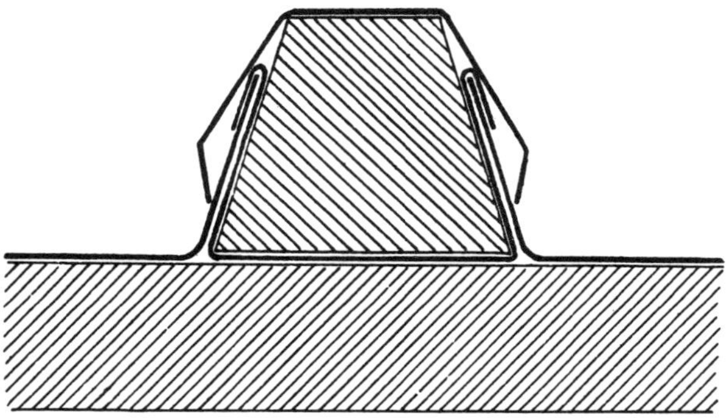

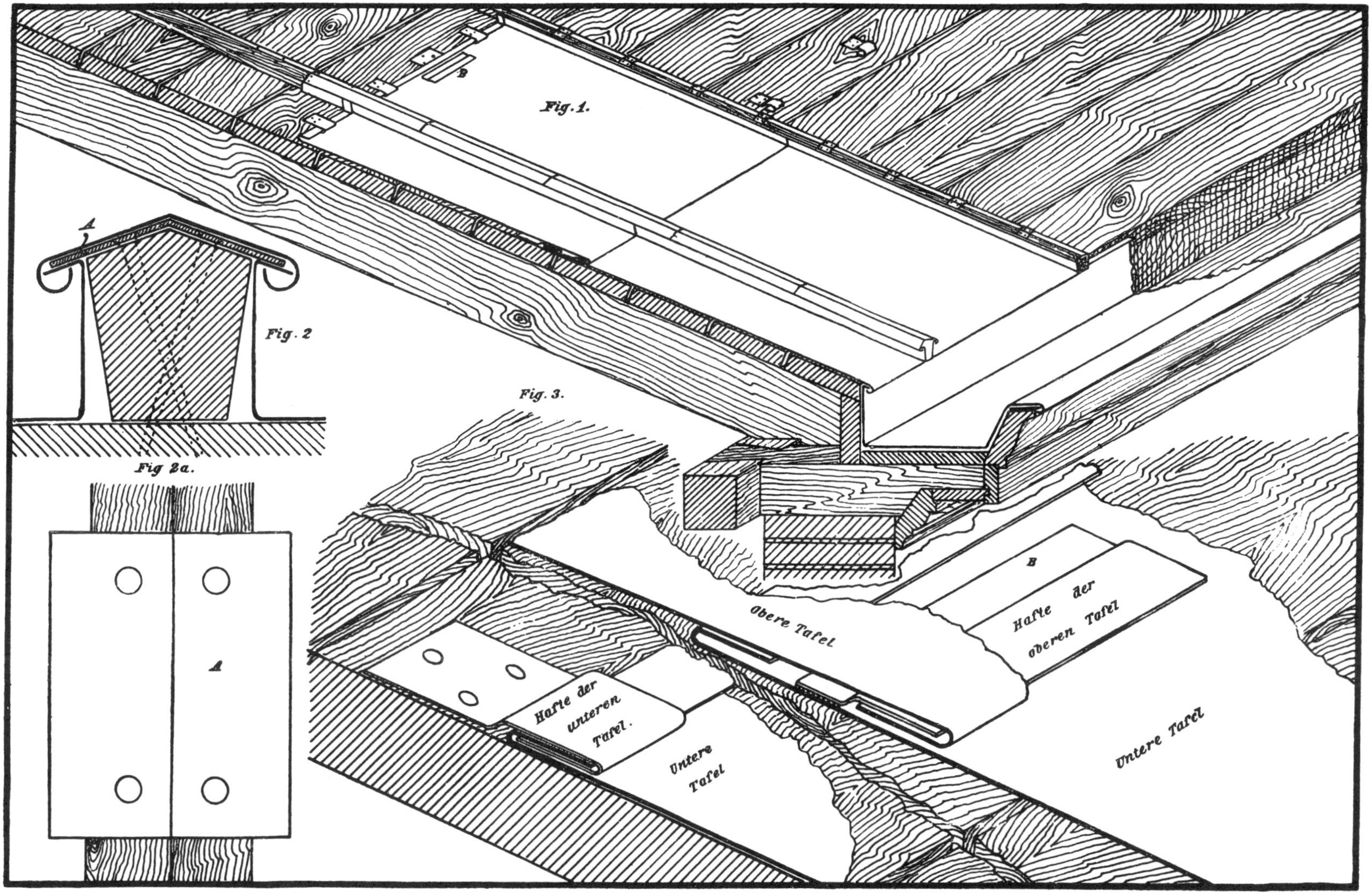
Fig. 1.
B
A
Fig. 2
Fig 2a.
A
Fig. 3.
B
Hafte der
oberen Tafel
Obere Tafel
Hafte der
unteren
Tafel.
Untere
Tafel
Untere Tafel

Zugleich mit den Holzleisten werden die Haften, welche unter diesen durchlaufen, festgenagelt oder festgeschraubt (Fig. 392). Hierbei ist es gleichgiltig, ob man alle Holzleisten zunächst auf der Dachschalung befestigt oder ob diese nach dem Aufdecken jeder einzelnen Tafelreihe an deren Aufkantung angerückt und dann genagelt werden. In jedem Falle ist aber scharf darauf zu achten, dass die Leisten in genau gerade, parallel laufende Linien zu liegen kommen. Sollen die sämtlichen Holzleisten vor dem Eindecken eingeteilt und angenagelt werden, damit an verschiedenen Stellen des Daches mit dem Decken begonnen werden kann, so bedient man sich mit Vorteil eiserner Normallehren, durch welche der Abstand von Leiste zu Leiste genau bestimmt wird. Die Deckbleche erhalten oben und unten einen Querfalz und zwar ist der obere nach aussen, der untere dagegen nach innen zu biegen. *Der untere Falz ist stets um einige Millimeter schmäler zu machen als der obere*, weil dann das vom Sturme an der Deckung hinaufgetriebene Wasser nicht durch den Falz hindurch treten kann, dasselbe sich vielmehr nur so hoch stauen wird, als der schmalere Falz breit ist. Gewöhnlich erhält deswegen der obere Falz eine Breite von 32 mm, der untere eine solche von 28 mm.

Fig. 392.

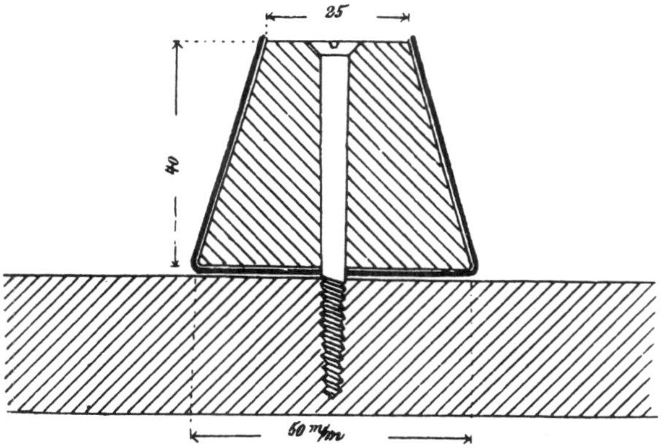

Beim Aufdecken der Bleche beginnt man an der Traufkante und werden diese durch Einhängen über den Vorsprungstreifen festgehalten. Häufig wird zu diesem Zweck der einfache Falz benutzt, welcher sich aber bei Zinkblech nicht bewährt hat, da es nicht selten vorkommt, dass der längere Zeit den Sonnenstrahlen ausgesetzte Falz sich aufzieht und senkrecht herabhängt, als wäre er niemals geschlossen gewesen. Diese Gefahr des Aufziehens der Falze wächst mit der Breite derselben. Weit besser bewährt haben sich die Wulste (Fig. 393) von 20 bis 25 mm Durchmesser und ebenso die Abkantung mit scharfer Einkantung, der sogen. „Dreikant" (Fig. 394).

Fig. 393.

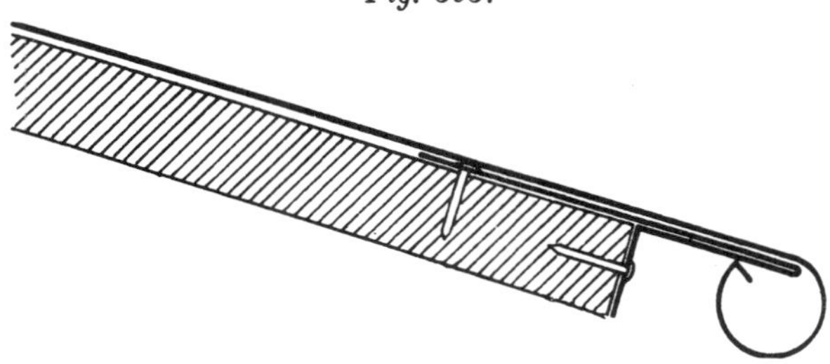

Fig. 394.

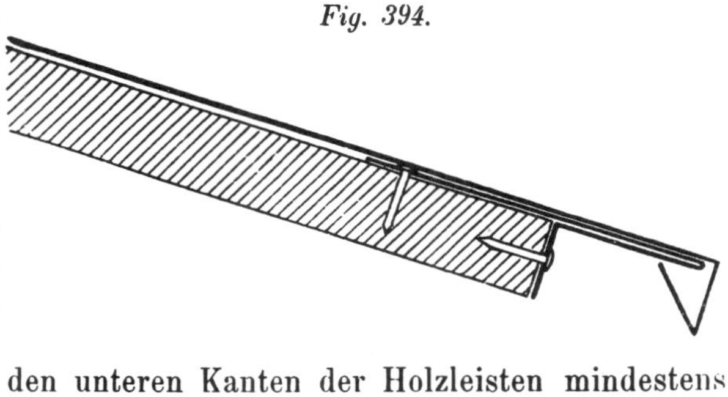

Beim Einlegen der Deckbleche hat man streng darauf zu achten, dass dieselben zwischen den unteren Kanten der Holzleisten mindestens 5 bis 6 mm Spielraum zur freien Bewegung haben, dass sich die Längen-

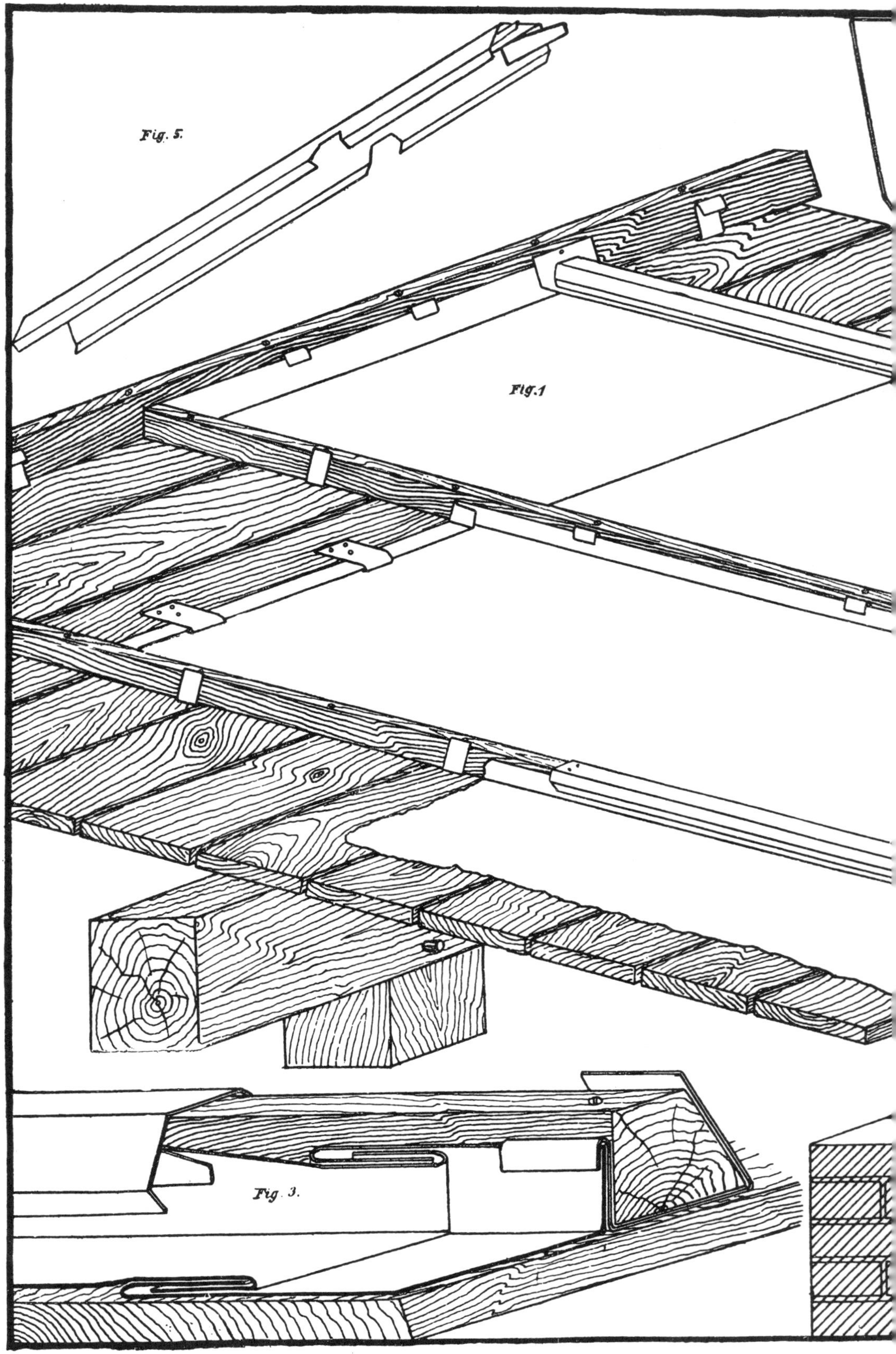
Fig. 5.
Fig. 1
Fig. 3.

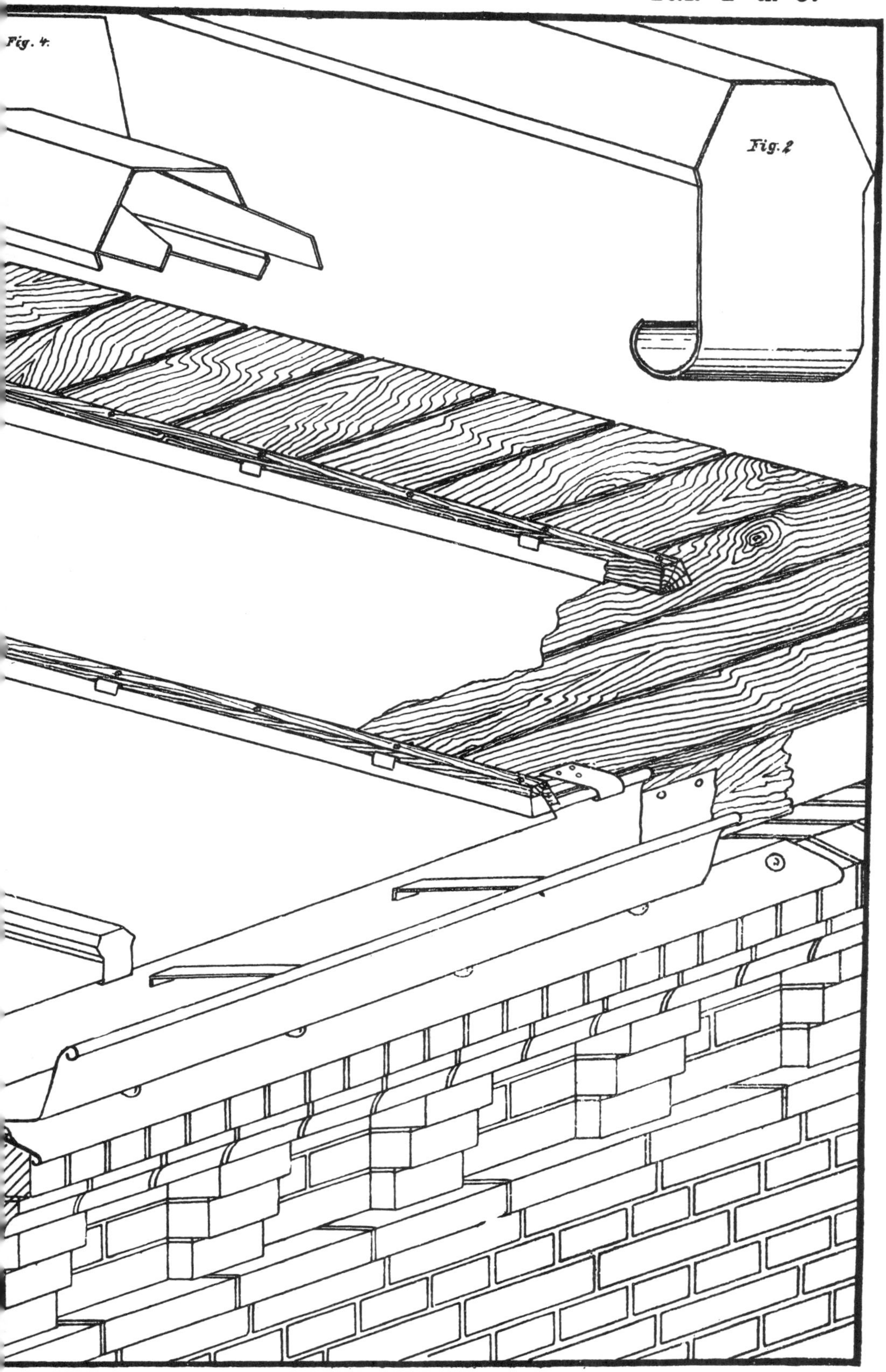
Fig. 4.
Fig. 2

aufkantungen der Bleche dagegen mit ihrer oberen Kante fest gegen die Holzleisten anlegen. Wird der Spielraum nicht gegeben und werden infolge der zu scharfen Aufkantung und durch die Deckkappen und Haften die Deckbleche fest gespannt, so steigen dieselben der Länge nach in der Mitte und zuweilen auch an den Quernähten in die Höhe. Wenn dann durch den Sturm ein Druck gegen die aufgebauchten Deckbleche ausgeübt wird, so entsteht jenes berüchtigte Aufschlagen der Bleche gegen die Dachschalung, welches um so misslicher ist, wenn sich unter dem Dache unmittelbar Wohnräume befinden. In solchem Falle sollte man deshalb möglichst schmale Bleche zur Deckung verwenden und ausserdem die gegebenen Vorschriften genau beachten.

Um das Abgleiten der Bleche, insbesondere von steilen Dachflächen zu verhindern, sind an deren oberen Kanten Haften anzubringen, welche in den oberen Falz eingehangen und mit drei Nägeln auf der Schalung befestigt werden (vergl. Fig. 1 auf Tafel 4 u. 5). Wie die Vorkommnisse bewiesen haben, sind diese eingehängten Haften jedoch nicht immer im stande, eine zum Abgleiten geneigte Blechtafel festzuhalten und es ist namentlich bei schwachen Blechen und sehr steilen Dachflächen des öfteren ein Aufziehen der Querfalze und der Haften beobachtet worden. Es empfiehlt sich deshalb ein Anlöten der Haften am oberen Ende der Deckbleche. Dieses Anlöten darf aber nur am unteren Ende der Haften unterhalb der Umkantung des Falzes geschehen (vergl. Fig. 395), weil sonst die mit dem Zinnlot in Berührung gekommene Kantung hart und brüchig wird. Die Nagellöcher in den Haften sind vor Ausführung der Nagelung länglich auszuschneiden, dabei die Bewegungsfreiheit der Deckbleche in der Querrichtung nicht gehindert wird.

Fig. 395.

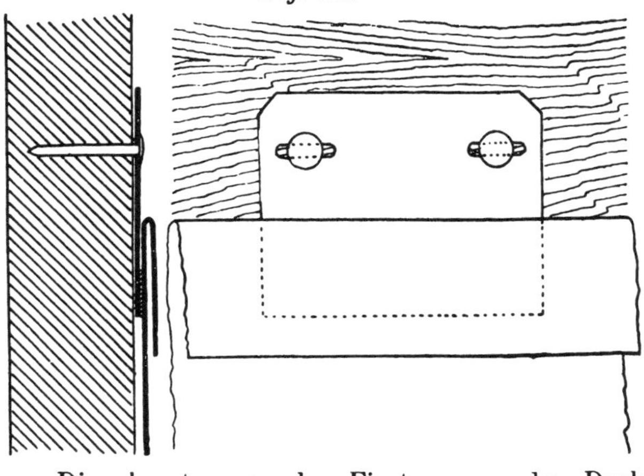

Die obersten, an den First grenzenden Deckbleche sind an die Firstleiste (Fig. 1, Taf. 4 und 5) anzupassen und aufzukanten. Die Ecken am Zusammenstoss der Längen- und Queraufkantungen dürfen nicht ganz ausgeschnitten werden, sondern es ist hier stets an einer Seite eine Naht zuzugeben, das die Naht bildende vorstehende Ende umzulegen und jede Ecke sorgfältig zu verlöten. wobei das Lot nicht gespart werden darf. Hierauf werden ebenso wie bei den übrigen Deckblechen Haften angelötet (Fig. 396) und erst dann angenagelt, wenn der untere Falz des Bleches in den oberen des vorhergehenden Deckbleches eingehängt ist. Erst jetzt wird die Firstleiste mit ihren Haften aufgelegt und festgenagelt. Nachdem dann die Haften der First- und Scharenleisten (die von der Traufe zum First laufenden Leisten) über die Aufkantungen der Deckbleche umgelegt sind, wird mit dem Aufbringen der 1 m langen Deckkappen begonnen. Die erste Deckkappe, welche unten an die Traufe anschliesst, ist nach dem Ende der Holzleiste anzuschneiden und dann ein Vorkopf (Boden), welcher eingebördelt werden muss, in das Leistenende einzulöten. Dieser Vorkopf muss so beschaffen sein, dass seine untere Hälfte die Einhängewulste an der Traufkante vollständig umschliessen kann (vergl. Fig. 2, Tafel 4). In das untere Ende jeder nachfolgenden Deckleiste werden in die Abkantungen Federhaften (Figur 3 und 4, Tafel 4 u. 5) von starkem Zinkblech eingelötet, deren Lötstellen man aber so weit zurücksetzen muss, als die Leisten übereinandergreifen sollen, wozu 50 mm genügen (vergl. Fig. 397). Diese Federhaften sollen das Auseinanderbiegen der Abkantungen der Deckkappen verhindern. Am oberen Ende sind die Deckkappen vor dem Aufbringen der überdeckenden Kappe zu nageln.

Fig. 396.

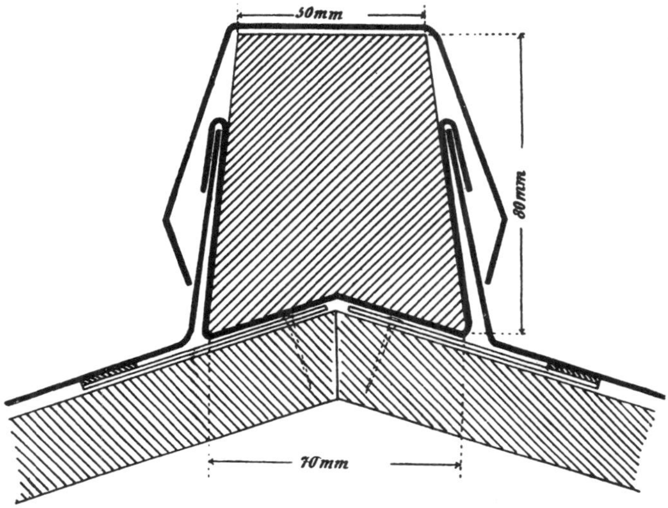

Fig. 397.

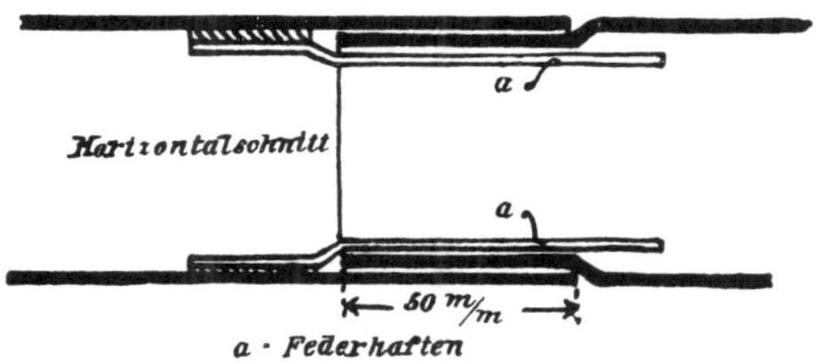

An das oberste Stück der Scharen-Deckkappen wird ein Blatt angelötet (vgl. Fig. 4 auf Taf. 4 u. 5), welches die Höhe der Firstleiste hat und mindestens doppelt so breit wie die Scharenleiste sein muss. Dieses Blatt wird dann ebenso wie die Aufkantung der obersten Deckbleche von der Firstkappe (Fig. 5 auf Tafel 4 und 5) überdeckt.

Die Rinnendeckung, auch Plattform-, Balkon- oder Terassen-Deckung genannt, findet nur auf annähernd horizontalen Flächen Anwendung; es ist hierfür besonders starkes Zinkblech (Nr. 15 bis 17) erforderlich.

Die 45 mm breiten und 45 mm tiefen Holzrinnen erhalten ein Gefälle von 1 : 100 bis 1 : 50 und werden in Abständen von 1,85 m von Mitte zu Mitte angeordnet. Die Dachfläche zwischen je zwei Rinnen wird durch zwei aneinandergelötete Zinktafeln von 1 m Breite ausgefüllt. In die Holzrinnen werden die Kastenrinnen eingelegt, die oben 10 mm breit scharf eingekantet sind. Diese Zinkrinnen werden durch in die Einkantungen eingehakte Haften a (Fig. 1, Tafel 6) an die Dachschalung angehalten. Ueber die Einkantungen an den Rinnen sind die der Länge nach an einer Seite gewulsten Deckbleche (Fig. 2, Tafel 6) einzuhängen. Alsdann sind dieselben durch kleine Holzkeile, welche man zwischen die Einkantungen der Rinnen schiebt, sowie an dem anderen Längenende durch kleine Haftbleche, die etwa 6 mm übergreifen, niederzuhalten. Ueber die so angehefteten Deckbleche greifen die in die nächstfolgenden Rinnen eingehängten etwa 20 mm breit und werden mit den ersteren durch Lötung verbunden. Bei diesem Aufdecken der Bleche ist aber darauf zu achten, dass dieselben überall Spielraum zu freier Bewegung erhalten.

Die Aufkantungen am oberen Ende der Plattform sind durch Haften b (Fig. 1, Tafel 6) festzuhalten und durch einen mit kleinen Mauerhaken am Mauerwerk befestigten Ueberhangstreifen c zu überdecken. Seitlich von den Rinnen sind an die obere Aufkantung der Deckbleche Falze nach aussen zu biegen, welche durch ein übergeschobenes Blech d zu schliessen sind. Auf dieses Blech wird die am Kopfe der Rinnen vorgesehene Aufkantung e (Fig. 4, Tafel 6) gelötet, während an der Traufseite der Rinnen ein über das Rinnenblech fortgreifendes Blech f (Fig. 3, Tafel 6) angelötet wird.

Der hauptsächlichste Vorzug der Rinnendeckung besteht darin, dass durch Wegfallen jeglichen Vorsprunges die Plattform von stehenbleibendem Wasser befreit wird und dass durch die Art der Konstruktion ebenso wie bei den Leistensystemen vollkommener Spielraum für die Ausdehnuug des Zinkbleches gewährt wird. Der Raum zwischen den gewulsteten Blechen über den Rinnen wird durch eigenartig gebogene Blechstreifen, die man „Fugenschliesser“ nennt, überdeckt, damit das Eindringen von Staub und Schnee und somit ein Verstopfen der Rinnen unmöglich gemacht wird.

Auch bei der auf den Tafeln 7 und 8 zur Darstellung gebrachten Balkonabdeckung nach dem Leistensystem ist sowohl der zweckmässigen Ableitung des Wassers, als auch der ungehinderten Beweglichkeit des Zinkbleches Rechnung getragen. Der über die Zinkabdeckung ausgebreitete Lattenrost verhindert überdies eine Beschädigung des Zinkbleches durch das Begehen des Balkons.

Bei der Deckung mit gewelltem Zinkblech kann je nach der Tragfähigkeit des Bleches als Unterlage eine Bretterschalung, Lattung oder Pfettenlage dienen. Die Gesellschaft „Vieille Montagne“ liefert Wellenbleche in zwei, die Gesellschaft „Lipine“ in fünf verschiedenen Formen, deren Abmessungen aus nachstehender Tabelle zu entnehmen sind:

Bezeichnung der Gesellschaft	Profil	Wellenbreite m	Wellenhöhe m	Breite der gewellten Tafel m	Länge der gewellten Tafel m
Vieille Montagne	gross gewellt	0,100	0,035	0,75	2,00
	klein gewellt	0,060	0,014	1,93 oder 2,57	1,30
Lipine	A	0,117	0,055	0,89 oder 1,02	3,00
	B	0,100	0,032	1,08 oder 1,30	3,00
	C	0,110	0,032	0,80	3,00
	D	0,060	0,014	2,67	1,50
	E	0,020	0,007	2,64	1,60

Die gross gewellten Bleche der Gesellschaft „Vieille Montagne“, sowie die Profile A, B, C und D der Gesellschaft „Lipine“ werden in den Stärken Nr. 12 bis 16, die kleiner gewellten Bleche der ersteren Gesellschaft in Stärken Nr. 10 bis 14 angefertigt, während das Profil E der Gesellschaft „Lipine“, welches durch eine Bretterschalung zu unterstützen ist, aus Blechstärken Nr. 10 bis 12 hergestellt wird.

Taf. 6.

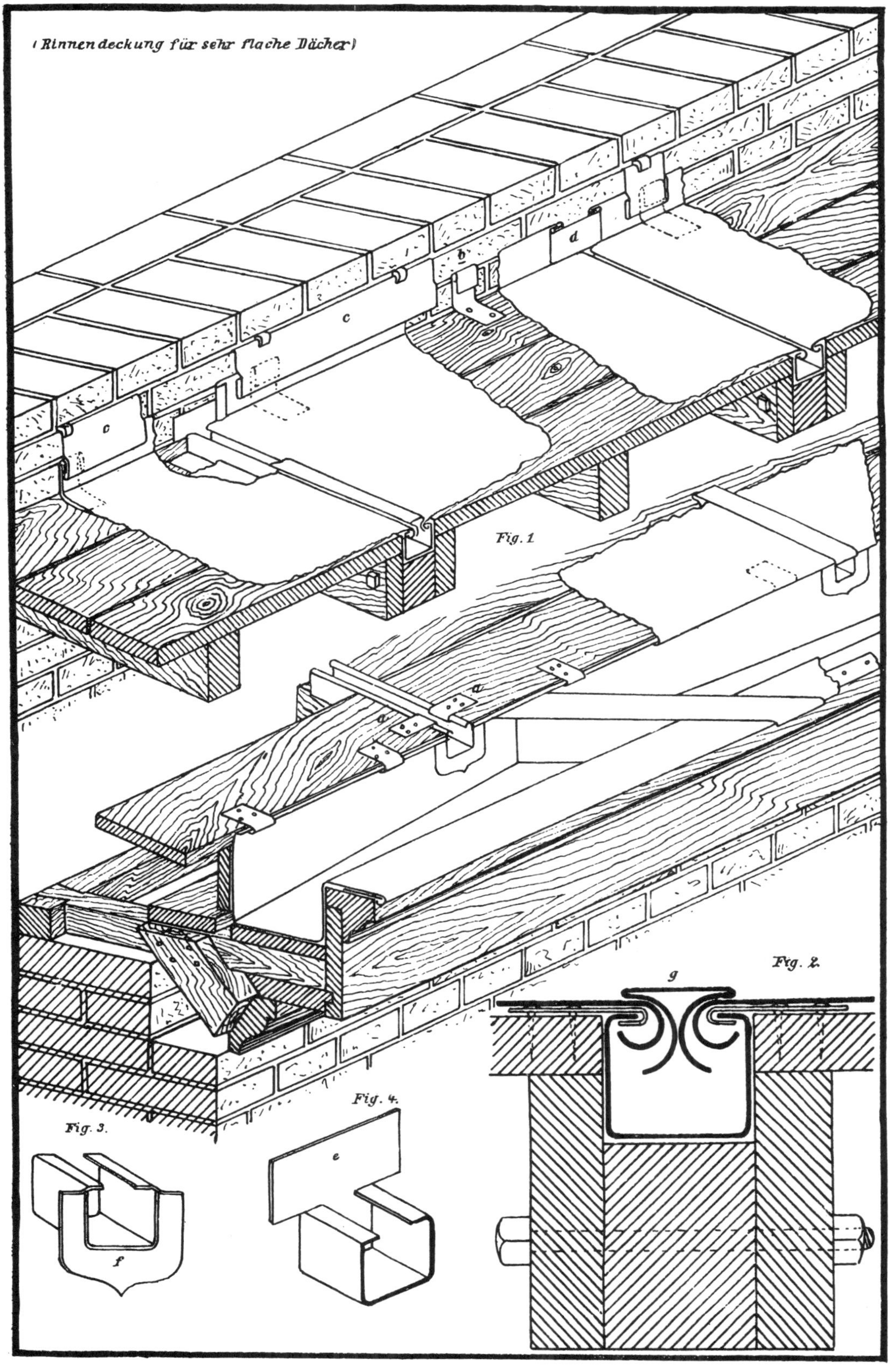
(Rinnendeckung für sehr flache Dächer)
Fig. 1
a
b
c
d
Fig. 2
g
Fig. 3
f
Fig. 4
e

Je nach der Blechstärke kann der Pfettenabstand, in der Dachschräge gemessen, betragen:

Gesellschaft	Profil	Zinkblech Nr.				
		12	13	14	15	16
Vieille Montagne	gross gewellt	0,85 m	0,91 m	0,96 m	1,03 m	—
	klein gewellt	0,40 m	0,50 m	0,60 m	—	—
Lipine	A	0,97 m	1,04 m	1,09 m	1,17 m	1,25 m
	B und C	0,80 m	0,86 m	0,90 m	0,97 m	1,03 m
	D	0,35 m	0,42 m	0,50 m	—	—

Die Deckung klein gewellter Bleche auf Schalung wird seitens der Gesellschaft „Vieille Montagne“ meist nach dem belgischen Leistensystem ausgeführt, indem je nach Grösse der Tafeln in Entfernungen von 2,0 oder 2,7 m nach Fig. 398 quadratische Leisten von 35 mm Seitenlänge auf die Schalung genagelt, hieran

Fig. 398.

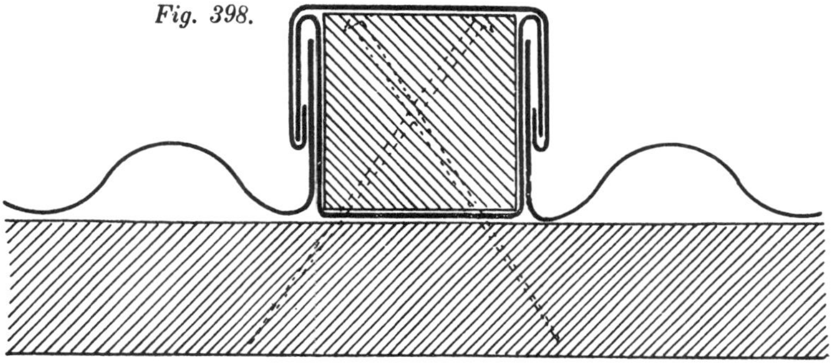

Fig. 399.

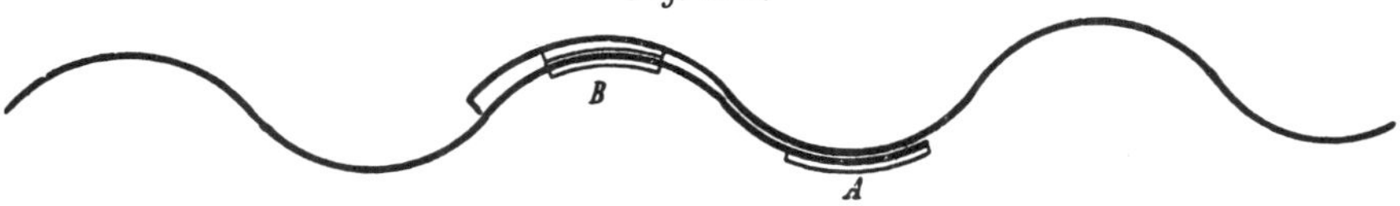

die Seiten der Bleche aufgekantet und in bekannter Weise befestigt werden. Ein anderes Verfahren besteht darin, dass die Bleche an den senkrechten Stössen

Fig. 400.

Fig. 401.

Fig. 402.

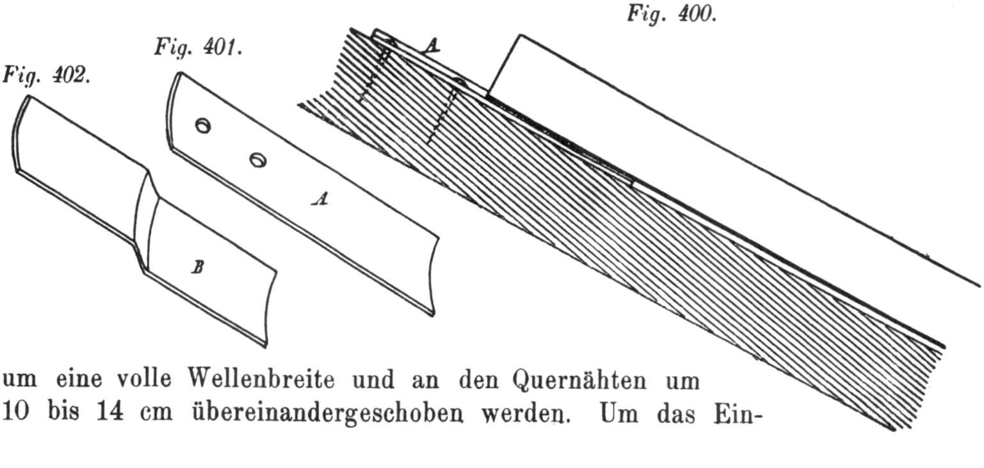

um eine volle Wellenbreite und an den Quernähten um 10 bis 14 cm übereinandergeschoben werden. Um das Ein-

Längenschnitt A-B

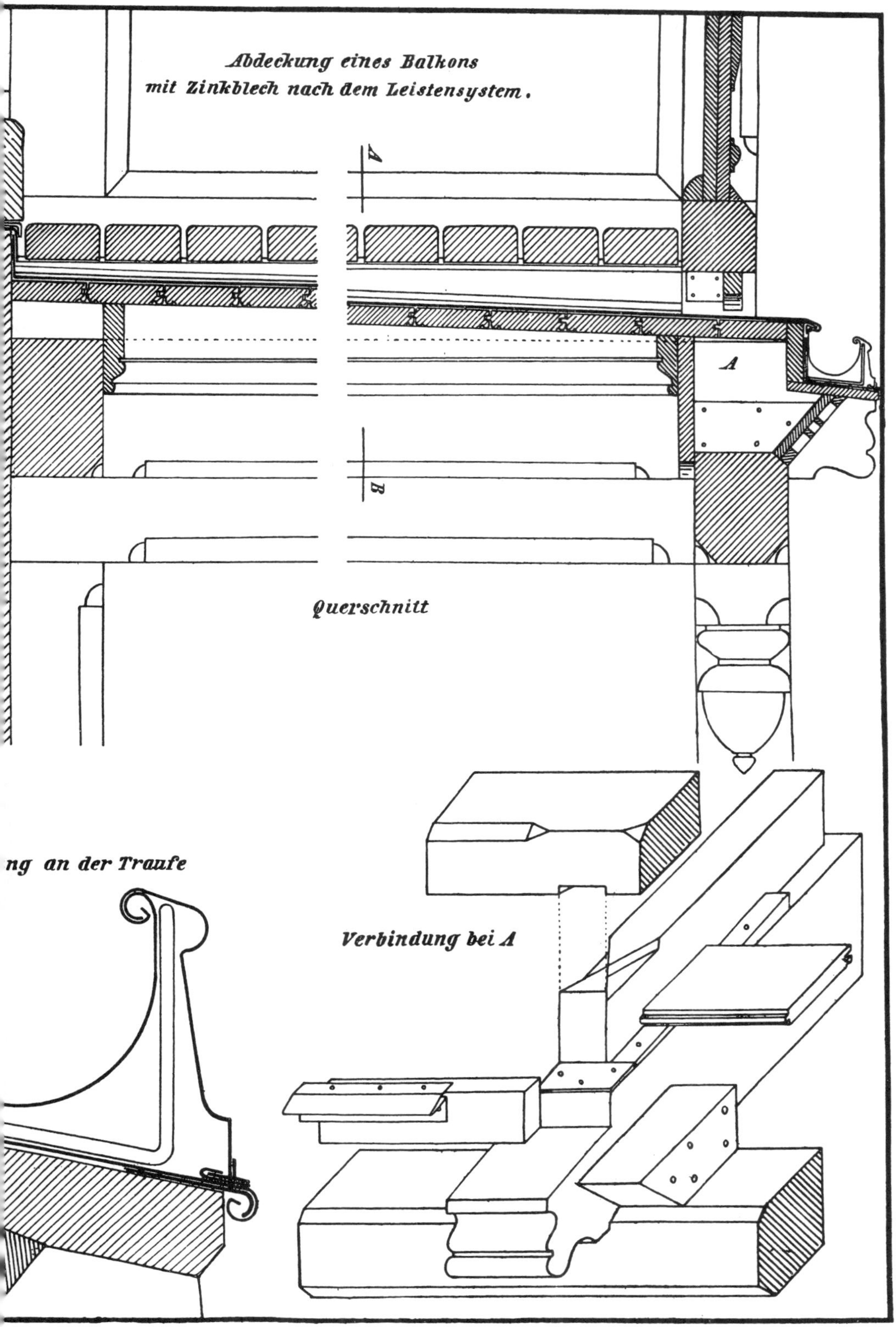
Abdeckung eines Balkons
mit Zinkblech nach dem Leistensystem.
A
A
B
Querschnitt
ng an der Traufe
Verbindung bei A

dringen von Wasser an den Längsnähten zu verhindern, sind die äusseren deckenden Kanten der Tafeln nach Fig. 399 etwa 4 mm tief abzukanten. Zur Befestigung der Bleche auf der Schalung oder Lattung dienen die an ihren oberen und unteren Kanten in Abständen von 5 zu 5 Wellen angelöteten Haften A und B (vergl. Fig. 399 bis 402). Die Haften A werden auf die Schalung genagelt, während die Haften B unter die Kopfenden der unteren Tafeln beziehungsweise unter den Falz des Rinnenbleches (Tafel 9 und 10) geschoben werden. Die Dachneigung muss bei dieser Deckart mindestens 45 cm auf 1 m betragen.

Fig. 405.

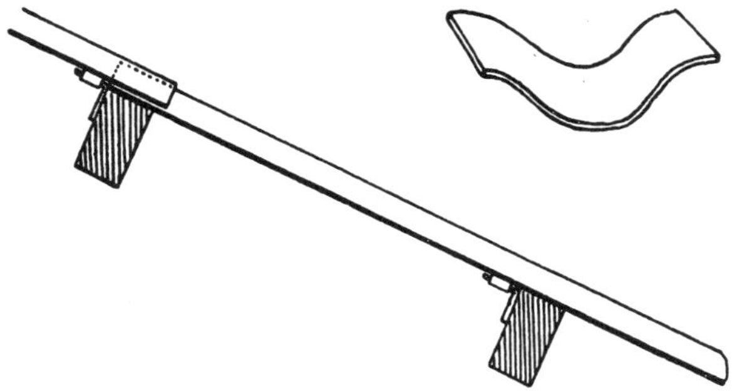

Fig. 403.

Fig. 404.

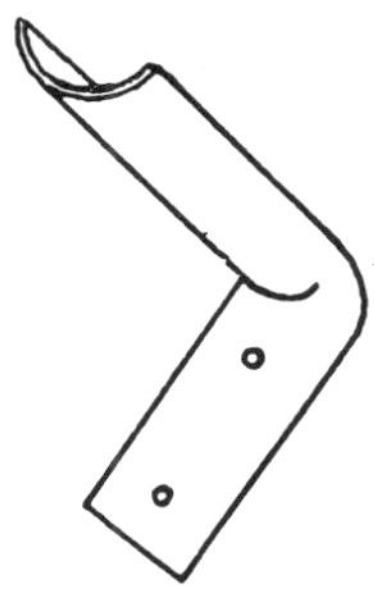

Bei der Deckung auf Pfetten ohne Schalung oder Lattung muss die Dachneigung mindestens 25° betragen. Die Ueberdeckung in den wagerechten Stössen ist bei dieser Neigung auf 14 cm, bei 30° auf 12 cm, bei 35° auf 10 cm und bei noch grösserer Steilheit auf 8 cm zu bemessen.

Fig. 406.

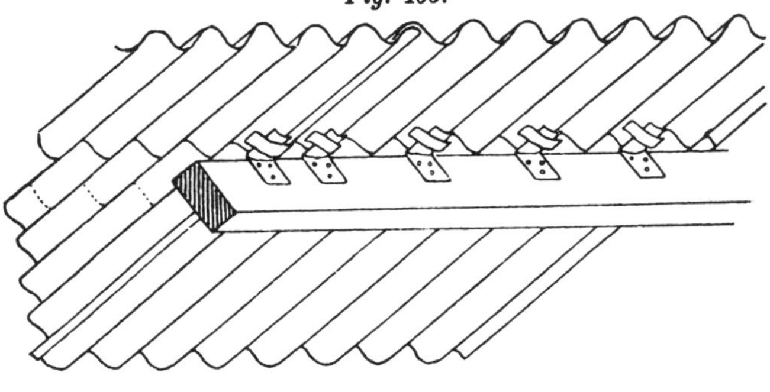

Bestehen die Pfetten aus Holz, so werden an die Unterseite der Wellen Oesen (Fig. 403) angelötet, welche aus einem einfachen, gebogenen Zinkstreifen Nr. 14 von etwa 40 mm Breite und 70 mm Länge bestehen. In diese Oesen greifen winkelförmig gebogene, aus 40 mm breitem Zinkblech Nr. 16 bis 18 oder aus verzinktem Eisenblech hergestellte Haften (Fig. 404), welche in Abständen von etwa 20 cm und mit je zwei Nägeln an den Pfetten zu befestigen sind. Die Deckbleche werden, an der Traufe beginnend, mit den Oesen über die Haften von oben her eingeschoben, so dass dieselben fest auf den Pfetten niedergehalten werden (vergl. Fig. 405 und 406). Eine andere, einfachere, aber nur für Profil A der Gesellschaft „Lipine“ sich eignende Befestigungsweise besteht darin, dass man die Deckbleche an ihrem

Fig. 407 u. 408.

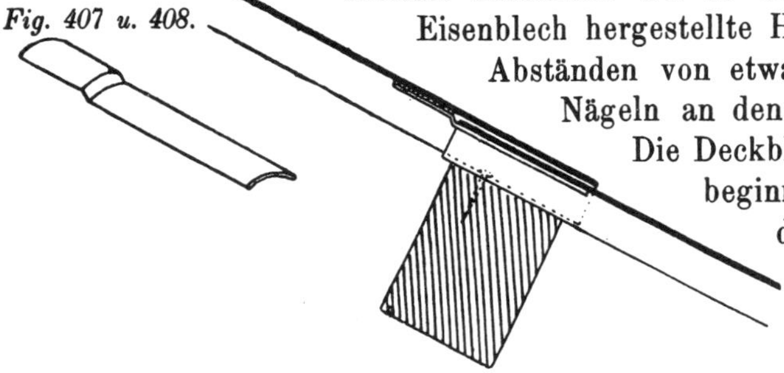

oberen Ende mit starken Zinknägeln oder verzinkten Eisennägeln auf die Pfetten aufnagelt, während man dem anderen Ende Spielraum zu freier Bewegung gewährt. Das letztere wird dadurch erreicht, dass man an das untere Ende der Deckbleche Haften (Fig. 407) anlötet, welche, wie Fig. 408 zeigt, unter die befestigte Kante der tiefer liegenden Deckbleche geschoben werden. An den Längsstössen überdecken sich die Bleche nach Fig. 409 einfach mit den letzten Wellen ohne jegliche weitere Verbindung.

Fig. 409.

Fig. 411.

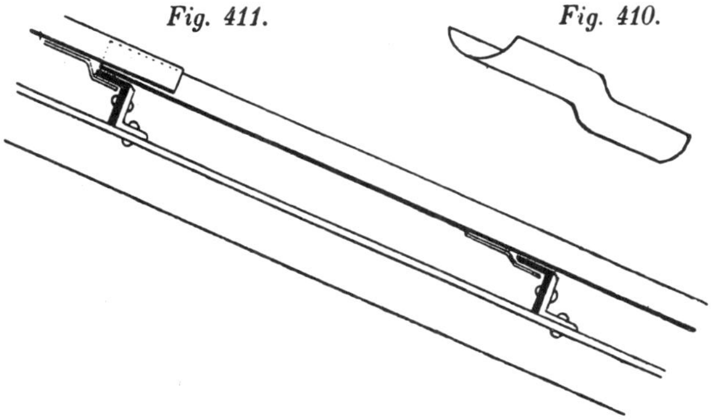

Fig. 410.

Bei eisernen Dachstühlen bestehen die Pfetten in der Regel aus ∟- oder ⊔-Eisen, deren offene Schenkel dem First zugekehrt sein müssen und die mittels eines kurzen Stückes Winkeleisen an die Binderstreben befestigt werden. Die Anbringung der Deckbleche ist hier eine noch einfachere, als bei den hölzernen Dachstühlen, indem an die Unterseite der Wellenbleche gekröpfte Haften (Fig. 410) angelötet werden, mit welchen die Bleche über den nach oben stehenden Schenkel der Pfetten eingehängt werden (Fig. 411 und 412).

Fig. 412.

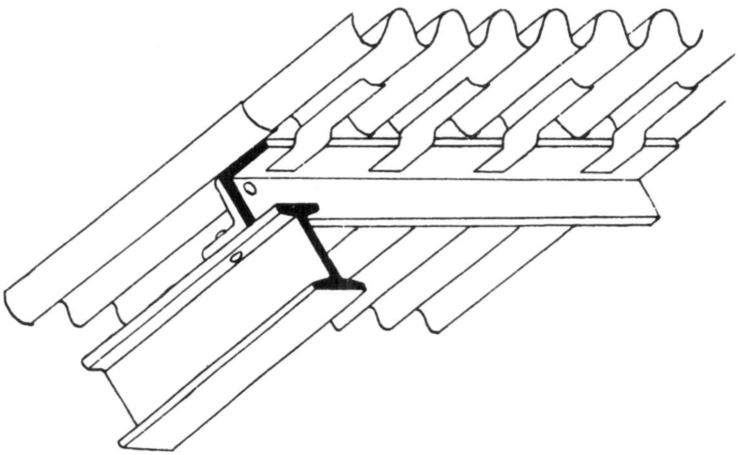

Zur Abdeckung am First lötet man entweder einen winkelförmigen Zinkblechstreifen (Fig. 413) an den oberen Rand des Wellblechs und überdeckt denselben durch eine entsprechend gefalzte Firstkappe, oder man bedient sich der von der Gesellschaft „Lipine“ für jedes Profil passend angefertigten Firstbleche (Fig. 414).

Fig. 413.

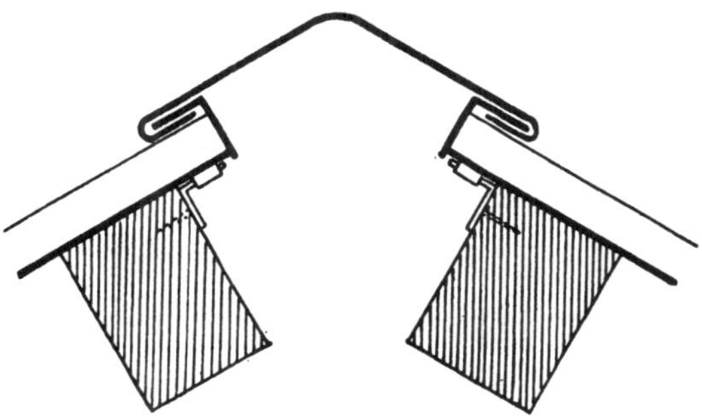

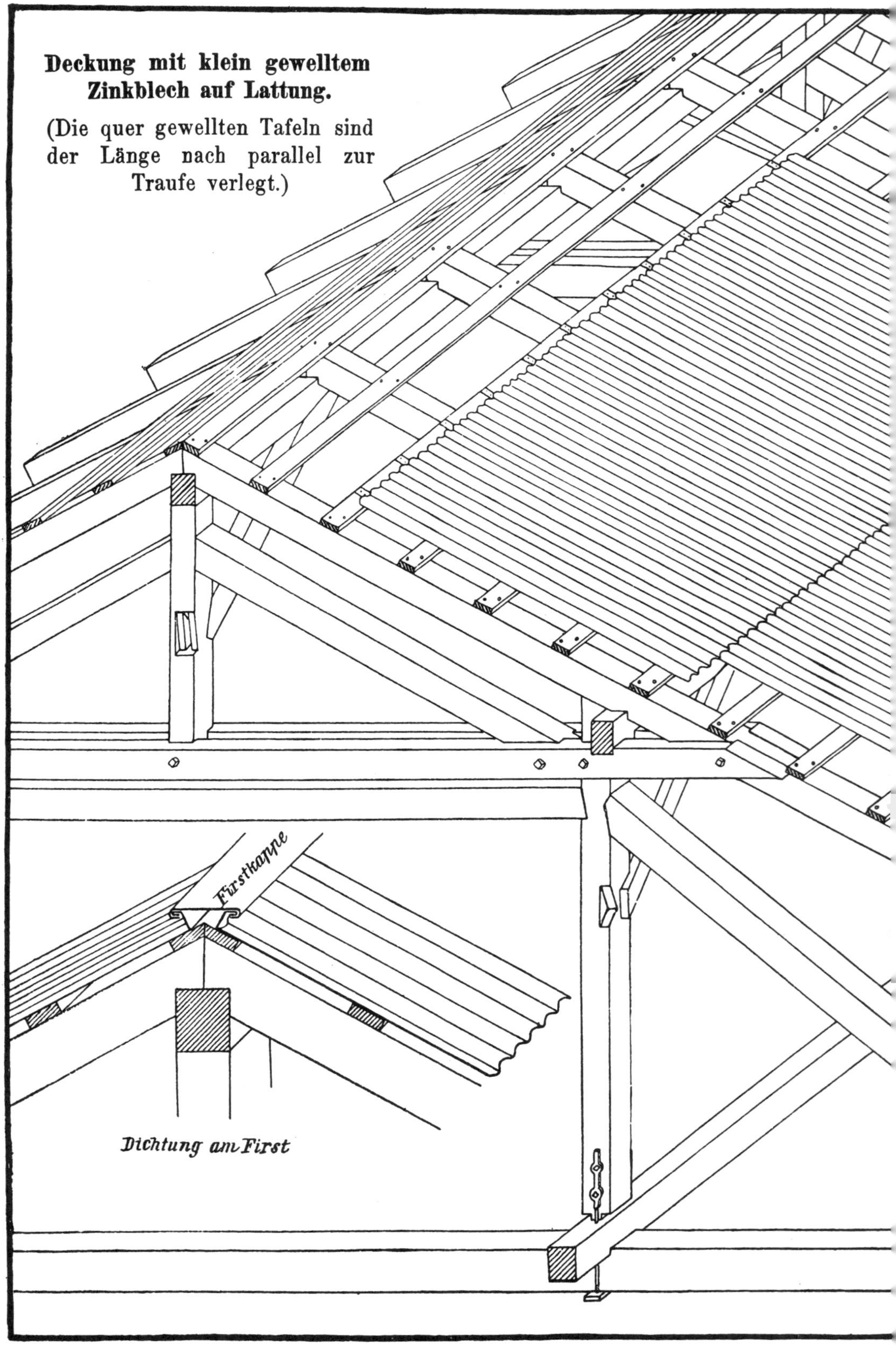

Deckung mit klein gewelltem Zinkblech auf Lattung.

(Die quer gewellten Tafeln sind der Länge nach parallel zur Traufe verlegt.)

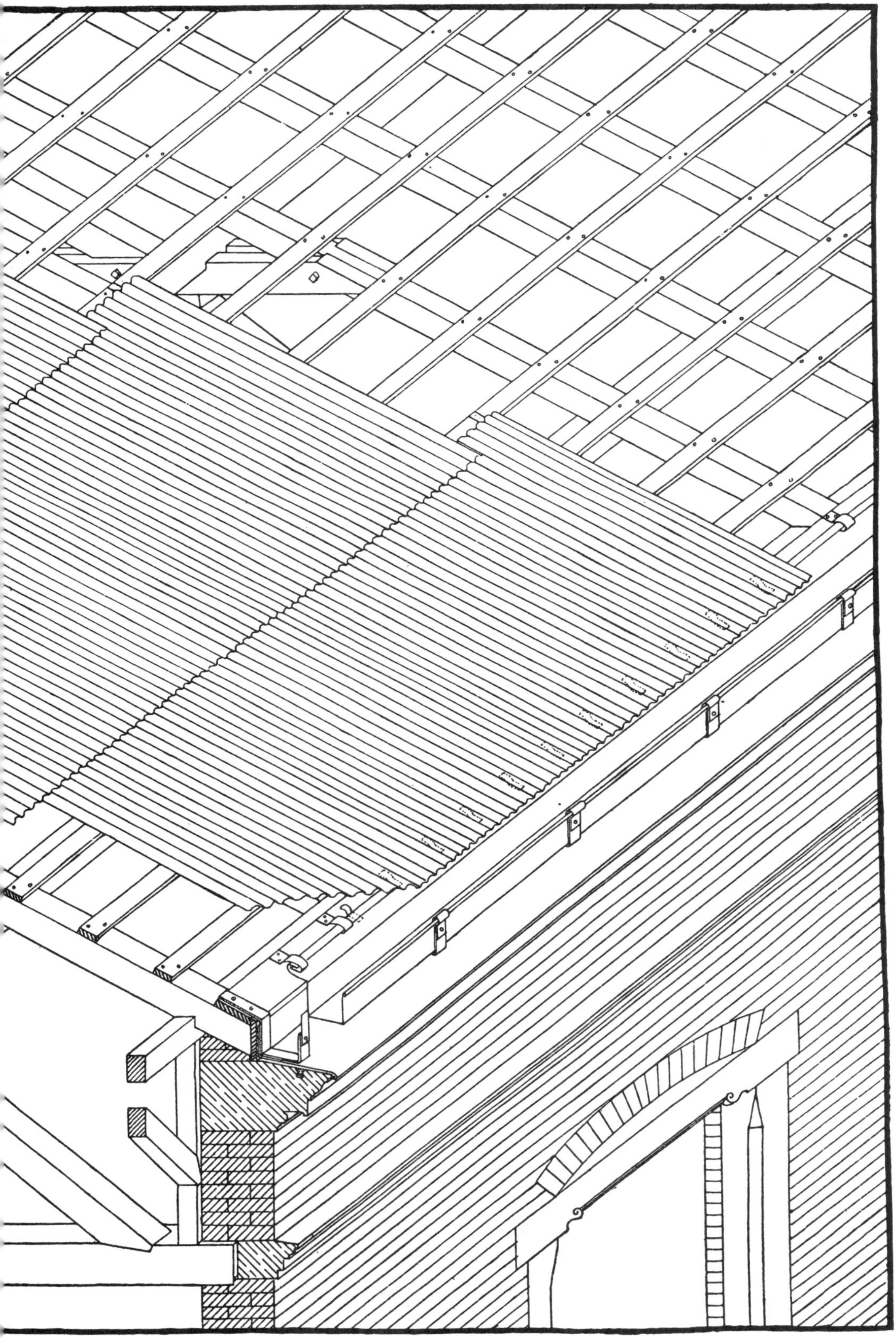

An der Traufe lässt man die Wellenbleche am einfachsten so weit vorstehen, dass das in den Wellenthälern abziehende Wasser in die Dachrinnen eingeführt wird. Es ist dann unmittelbar hinter der Dachrinne eine Pfette anzuordnen, an welcher die Deckbleche in üblicher Weise zu befestigen sind (Fig. 415). Ist eine Dachrinne nicht nötig, so lässt man das Dach möglichst weit über die Aussenmauer des Gebäudes vortreten und befestigt die untersten Deckbleche wiederum an einer Pfette (Fig. 416). Begegnet die Anbringung einer Pfette dicht hinter der Dachrinne technischen Schwierigkeiten, so sind an die Unterseite der Bleche, ebenso wie bei der Eindeckung auf Schalung, Oesen anzulöten, in welche an dem Falze des Rinnenbleches angelötete Haften eingreifen (Fig. 417).

Fig. 414.

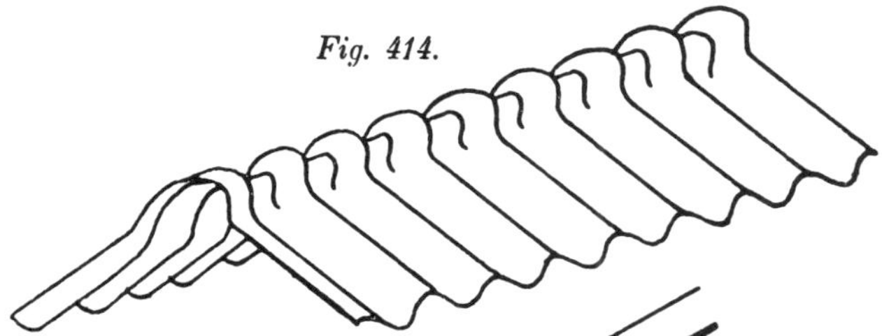

Fig. 415.

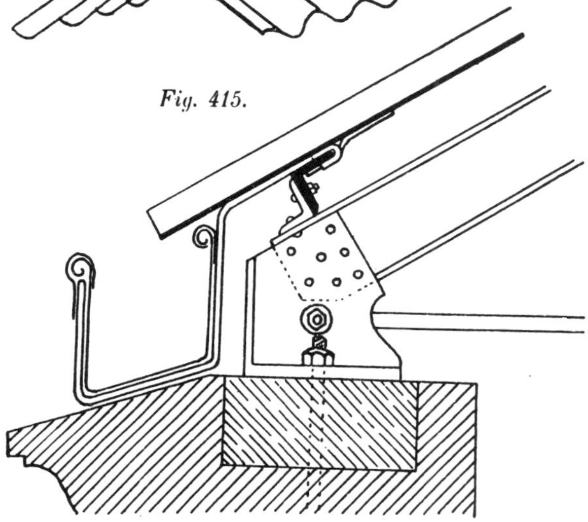

Bei Verwendung von bombierten Wellenblechen ist die Eindeckungsweise genau dieselbe wie bei geraden Wellblechen. Es ist aber darauf zu achten, dass eiserne Pfetten sorgfältig mit Oelfarbe gestrichen oder verzinkt werden, damit das Zinkblech nicht durch rostendes Eisen zerstört wird. Zur Verhütung dieses Uebelstandes legt man auch wohl zwischen die Pfetten und das Wellenblech Streifen von schwachem Walzblei.

Für die Bedachung über Gebäuden, in denen Wasserdämpfe in erheblichem Maasse erzeugt werden (über Lokomotivschuppen, Giessereien, Siedereien, Schlachthallen u. s. w.) empfiehlt die Gesellschaft „Vieille Montagne“ die Verwendung von kanneliertem Zinkblech (Fig. 418). Die Befestigung desselben geschieht mittels doppelt gebogener Haften

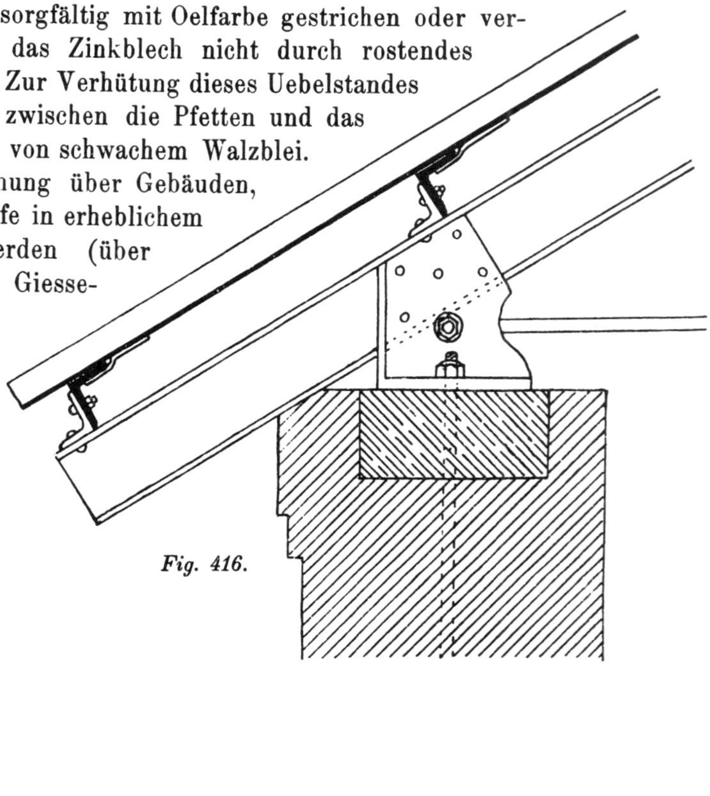

Fig. 416.

(Fig. 419 und 419a), welche an der unteren Kante der Deckbleche auf deren Unterseite angelötet und über die eisernen Pfetten (Fig. 420) geschoben

Fig. 417.

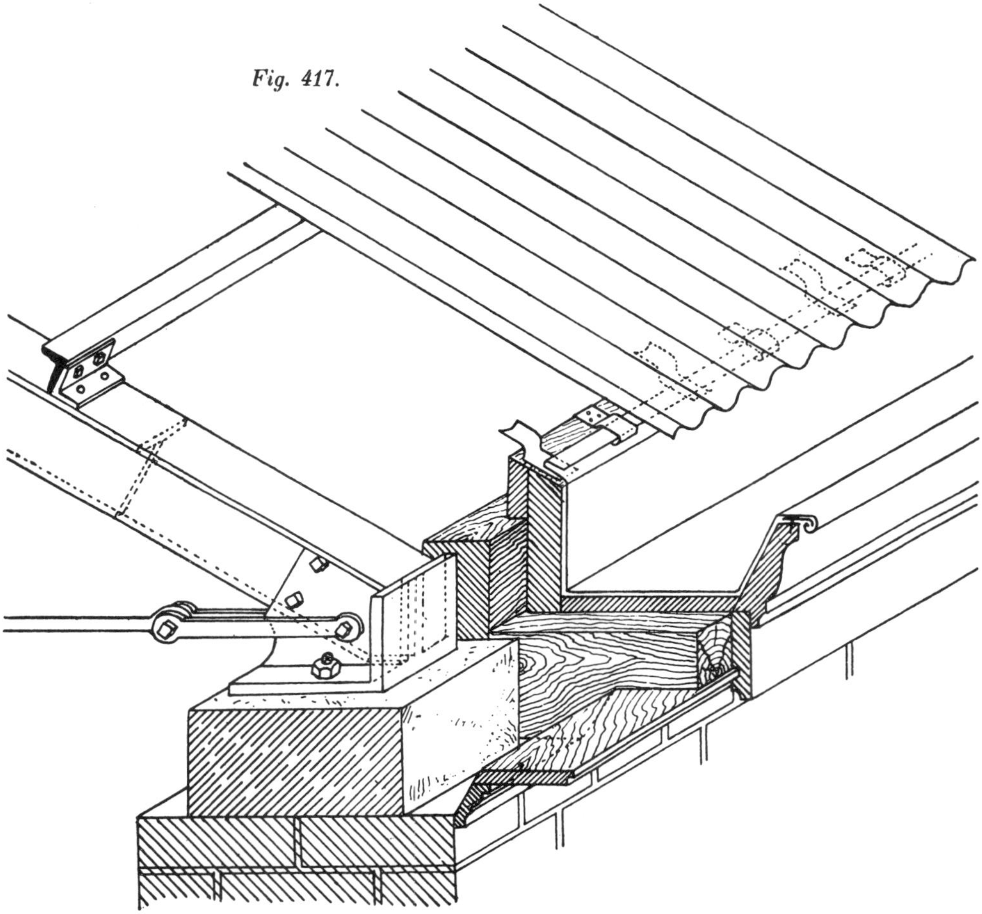

Fig. 418.

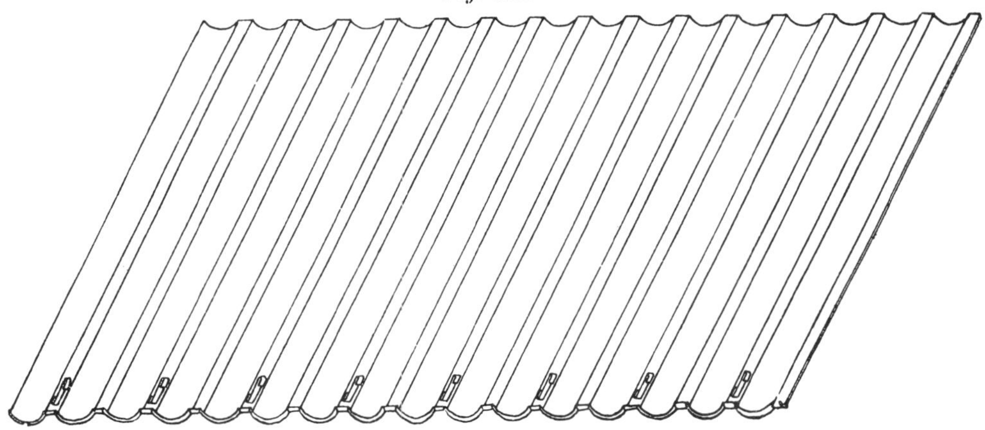

beziehungsweise an die Holzpfetten (Fig. 421) angenagelt werden. Der durch die Haften gebildete Hohlraum zwischen den Deckblechen und Pfetten gestattet den Abfluss des sich bildenden Schweisswassers von der Unterfläche der oberen

Fig. 1.

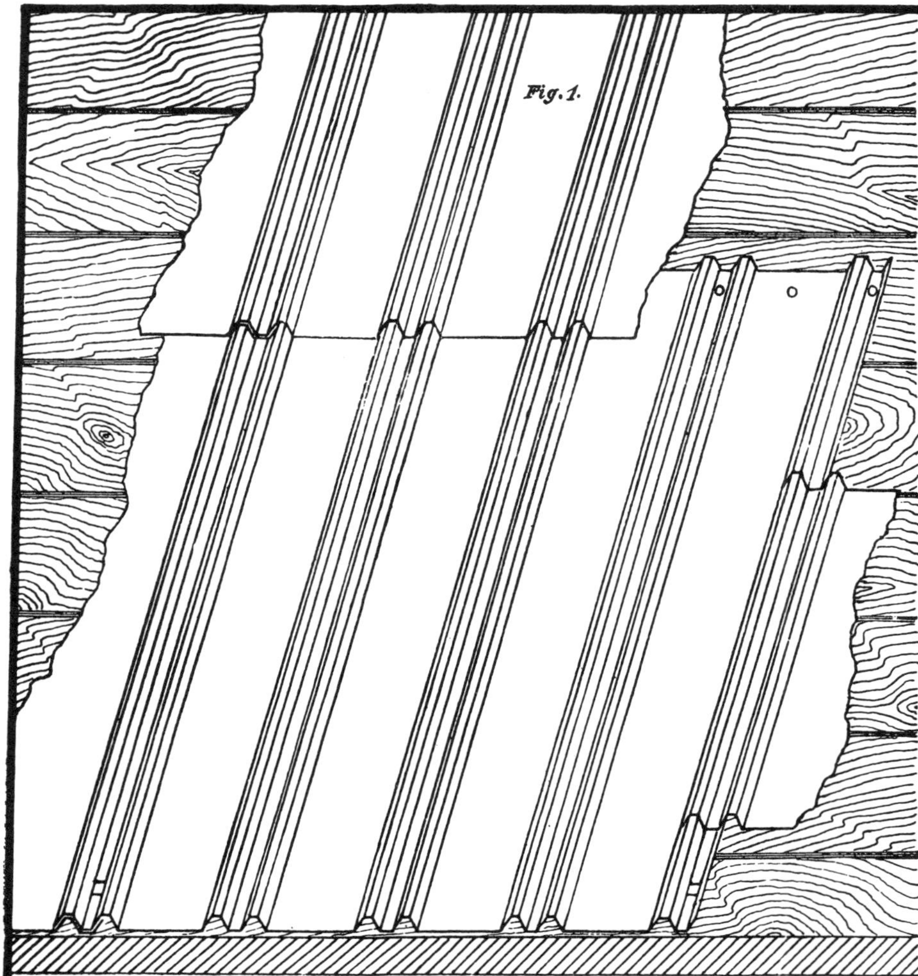

Fig. 3.

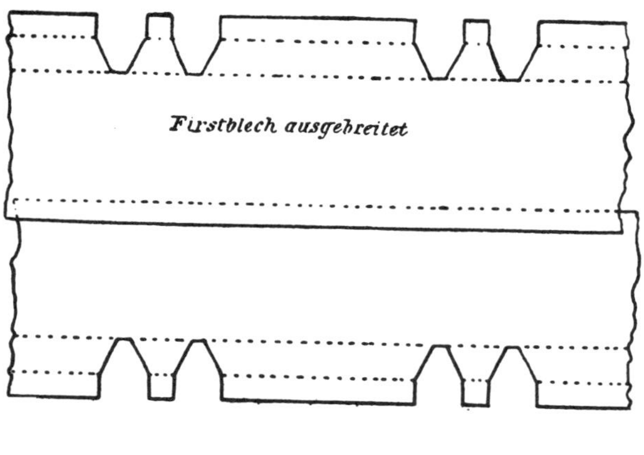

Fig. 4.

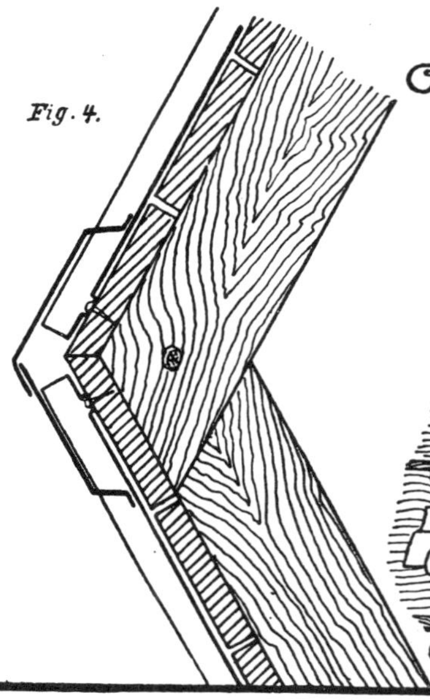

Fig. 2.
Fig. 5.
Fig. 6.

auf die Oberfläche der tiefer liegenden Deckbleche, während die Abkantung der unteren Blechkante das Eintreiben von Wasser und Schnee verhindert. Diese

Fig. 419.

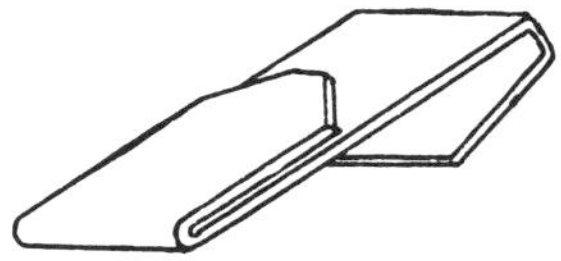

Fig. 419a.

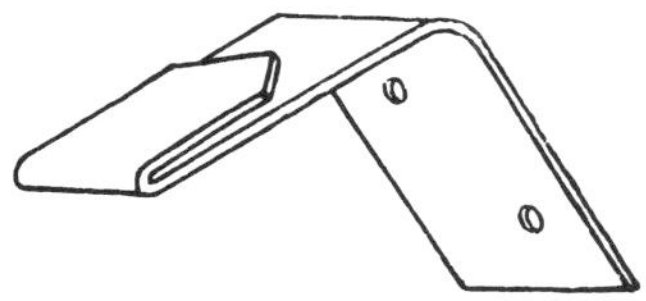

Fig. 420.

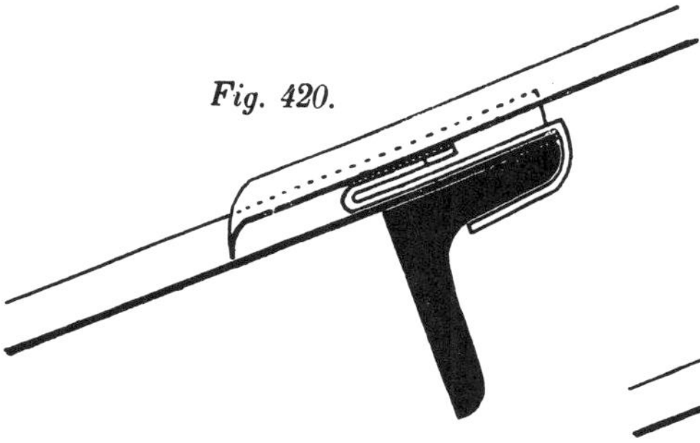

Fig. 421.

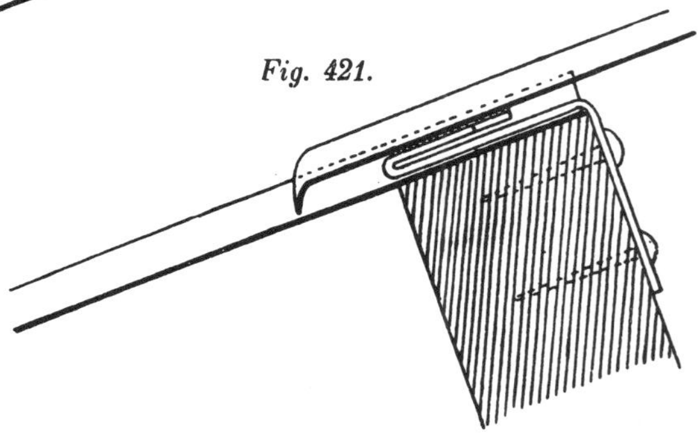

Deckbleche werden meist aus Zinkblech Nr. 14 in einer Breite von 1 m und in einer Länge von 1,78 m angefertigt. An den Längsfugen sind die Bleche umgefalzt und greifen nach Fig. 422 über einen eingeschobenen Blechstreifen. Die Entfernung der Pfetten ist auf 70 bis 90 cm zu bemessen, als flachste Dachneigung 40 cm auf 1 m anzunehmen.

Fig. 422.

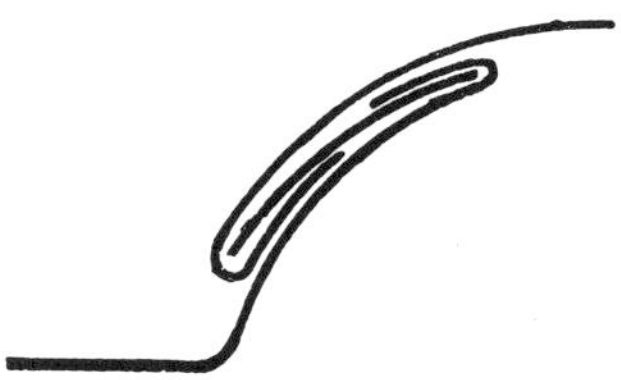

Fig. 423.

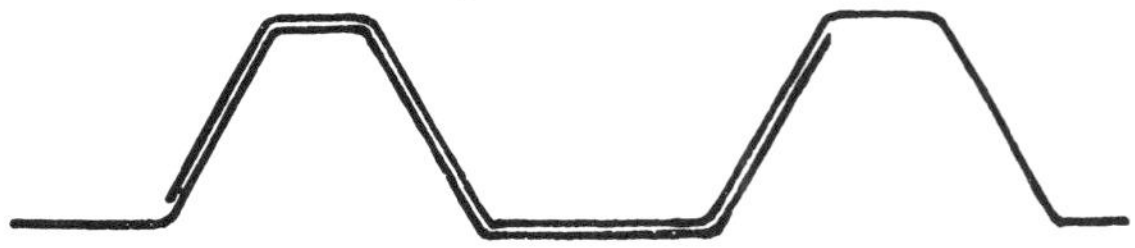

Die genannte Gesellschaft fertigt auch doppelt gerippte Tafeln (System Baillot) in einer Länge von 1 m und einer Breite von 0,94 m.

Das Verlegen dieser Bleche geschieht entweder auf einer geschlossenen Bretterschalung oder auf einzelnen Brettern, deren gegenseitiger Abstand etwa

Fig. 424.

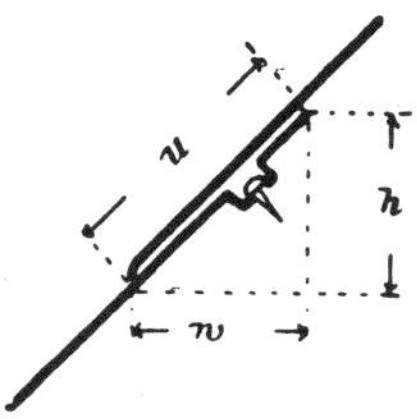

Fig. 425.

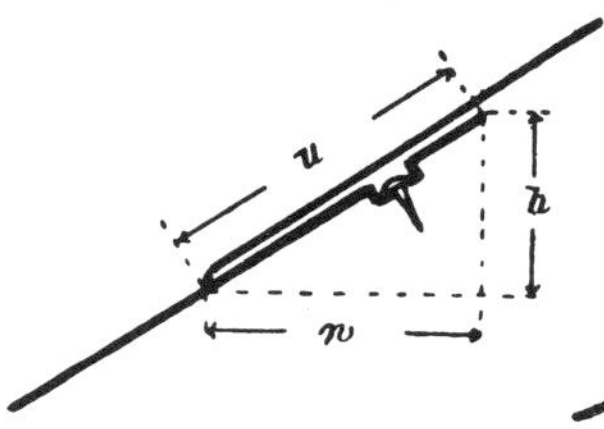

Fig. 426.

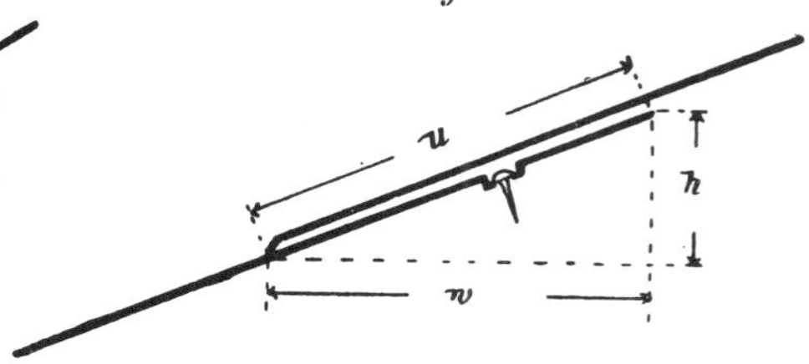

das Doppelte der Brettbreite beträgt. Die senkrechte Ueberdeckung der Bleche geht aus Fig. 423 hervor; die wagerechte hängt von der Dachneigung ab und muss so gross sein, dass die Höhe h des Dreiecks, welchés durch die Ueberdeckung u mit der Wagerechten w gebildet wird, nach den Fig. 424 bis 426

Fig. 427.

mindestens 5 cm beträgt. An diesen wagerechten Stössen werden die unteren Deckbleche etwa 2 cm unter ihrer oberen Kante mit verzinkten Nägeln auf der Brettunterlage befestigt, während an den Rippenseiten der oberen Deckbleche nach den Fig. 427 bis 429 Federhaften F angelötet sind, welche unter die Rippenseiten der unteren Deckbleche geschoben werden und der Befestigung eine grosse Straffheit verleihen, so dass die Deckung auch den heftigsten Stürmen genügenden Widerstand entgegensetzt. In die, den Längskanten zunächst liegenden Rinnen der unteren Tafel sind ausserdem Oesen O eingelötet, in welche die an den oberen Deckblechen angelöteten Hafte H eingreifen (Figur 430). Die untere Seite der Tafeln ist ebenso wie bei den kannelierten Blechen abgekantet, so dass das Eintreiben von Schnee verhindert wird.

Fig. 428.

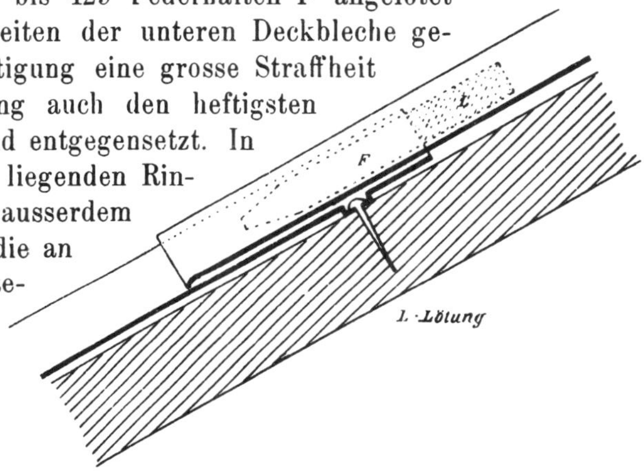

Die Firstdichtung geschieht bei Satteldächern mittels besonders geformter Firstbleche nach den Fig. 2 bis 4 auf Tafel 11 und 12 und bei Pultdächern mit Formblechen nach Fig. 431.

Fig. 429.

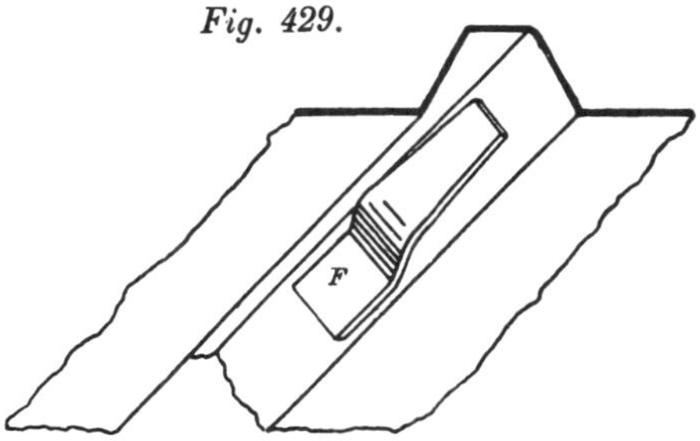

Unteransicht.

An der Traufkante sind die Rippenenden aufzuschneiden und nach Fig. 5 auf Tafel 11 und 12 umzukanten und zu verlöten, während die Bleche zwischen den Rippen umzukanten und nach Fig. 5 oder 6 (Tafel 11 und 12) in einen Blechstreifen einzuhängen sind, welcher entweder auf dem Rinnenblech oder auf einem Vorstossblech aufgelötet ist. An den Giebelseiten des Daches kann der Anschluss mittels Haften erfolgen, welche entweder nach Fig. 7 auf die Dachschalung oder nach Fig. 8 (Tafel 11 u. 12) auf ein an die Endsparren befestigtes Windbrett genagelt sind.

Fig. 430.

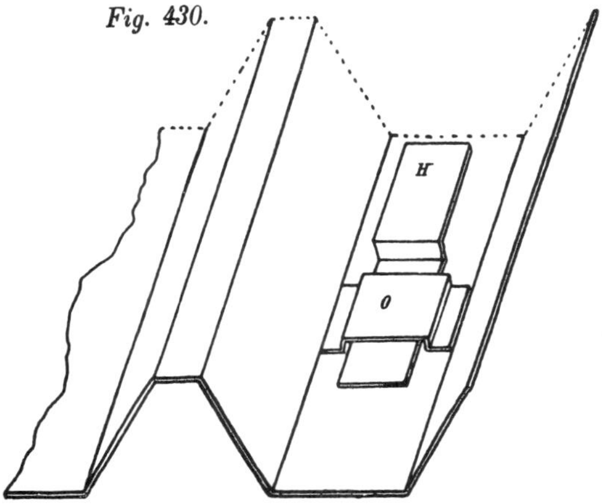

Von den vielen Eindeckungsarten mit kleineren glatten, gepressten oder gestanzten Zinkplatten, den sogen. „Formblechen", haben sich namentlich die

— Rauten- und Schuppensysteme —

gut bewährt und nicht allein zu Dachbedeckungen, sondern auch zu Wandverkleidungen ausgedehntere Verwendung gefunden, während das Platten- oder Schindelsystem in Deutschland nur in vereinzelten Fällen zur Ausführung gelangte.

Der Hauptgrund für die schnelle und ausgebreitete Einführung dieser Formbleche dürfte darin zu suchen sein, dass dieselben von vielen Firmen in fertigem Zustande mit angebogenen Falzen und den erforderlichen Haften geliefert werden, so dass dem Bauklempner nur erübrigt, sie in sachgemässer Weise zu verbinden und zu befestigen, eine Arbeit, die schnell und leicht zu erlernen ist.

Es ist selbstverständlich, dass die Neigung der Dachflächen bei diesen Deckarten wegen der grösseren Anzahl von Fugen eine steilere sein muss, als bei der Deckung mit den grossen Blechtafeln nach den Leistensystemen.

Fig. 431.

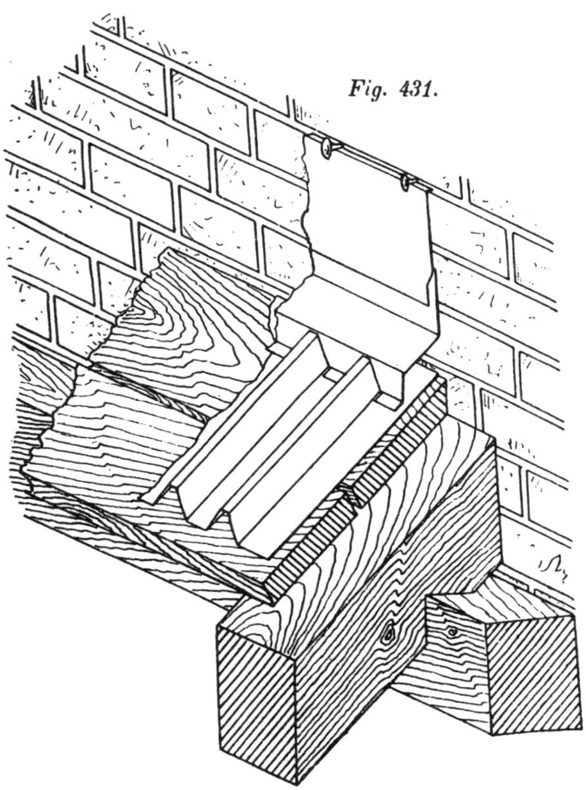

Die Gesellschaft „Vieille Montagne" schreibt deswegen für die **Deckung mit Rauten** eine geringste Neigung von 40 bis 45 cm auf 1 m, die Gesellschaft „Lipine" dagegen eine solche von nur 35° vor. Es dürfte anzuraten sein, die Angaben der ersteren Gesellschaft als geringstes Gefälle anzunehmen, da die bei dieser Deckart häufig beobachteten Undichtigkeiten fast durchweg auf ein zu geringes Gefälle der Dachflächen zurückzuführen waren. Beide Gesellschaften fertigen quadratische und spitzwinkelige Rauten an, von denen sich die letzteren besonders zur Eindeckung von steilen Dächern (Mansarden, Türmen u. s. w.) eignen. Da die Rauten, namentlich in der Art ihrer Befestigungs- und Schutzmittel gegen das Eindringen von Nässe unter die Deckung, nicht unwesentlich voneinander abweichen, so seien die Erzeugnisse beider Gesellschaften getrennt voneinander beschrieben.

Die quadratischen Rauten der Gesellschaft „Vieille Montagne" werden in verschiedener Grösse und dementsprechend auch aus verschieden starkem Zinkblech hergestellt. Die näheren Angaben hierüber sind aus der nachstehenden Tabelle zu entnehmen:

Abmessungen der Rauten cm	Anzahl der Rauten für 1 qm Dachfläche Stück	Gewicht der Rauten einschl. der Haften für 1 qm Dachfläche in kg					Diagonallänge zur Berechnung der erforderl. halben Rauten cm
		Nr. 9	Nr. 10	Nr. 11	Nr. 12	Nr. 13	
Rauten für steile Dächer mit 2 cm breiten Falzen:							
28 X 28	14,65	5,50	6,06	6,95	7,83	—	40
Rauten für flachere Dächer mit 2½ cm breiten Falzen:							
27 X 27	16,13	6,00	6,60	7,56	8,53	—	39
34 X 34	10,01	—	6,38	7,27	8,16	9,05	48,5
43 X 43	6,09	—	6,00	6,82	7,64	8,46	61
59 X 59	3,08	—	—	5,82	6,56	7,31	83,5

Das Ineinandergreifen der einzelnen Rauten geschieht mittels der an den beiden unteren Rändern nach unten und an den oberen Rändern nach oben

Fig. 432.

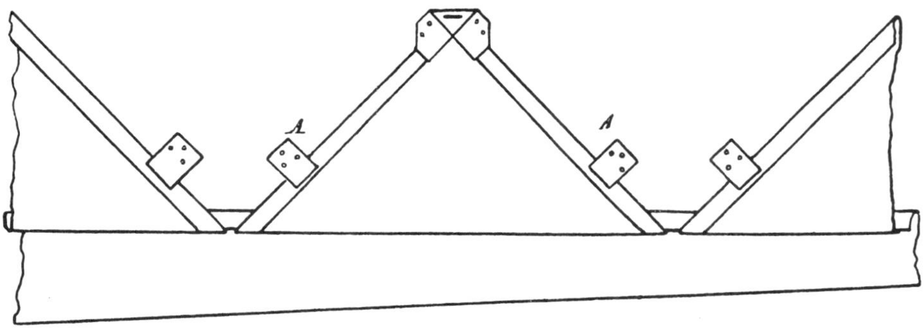

gebogenen Falze (vergl. Tafel 13 und 14), die Befestigung auf der Schalung durch Nagelung der beiden seitlichen auf den Falzen gelöteten Haften A (Fig. 432) und der oberen in die Falze eingehängten Hafte B (Fig. 433). In der dreieckigen, umgebogenen Spitze der letzteren Hafte befindet sich ein wagerechter Einschnitt, der zur Aufnahme des Schliesswinkels C, D, E dient, welcher mittels der Zunge F

Fig. 433.

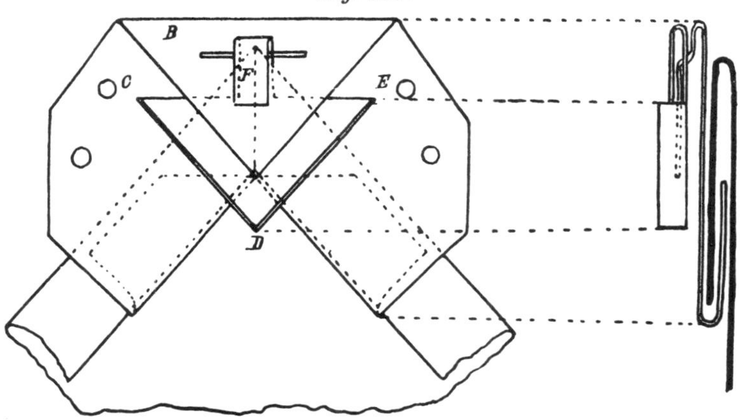

Fig. 434.

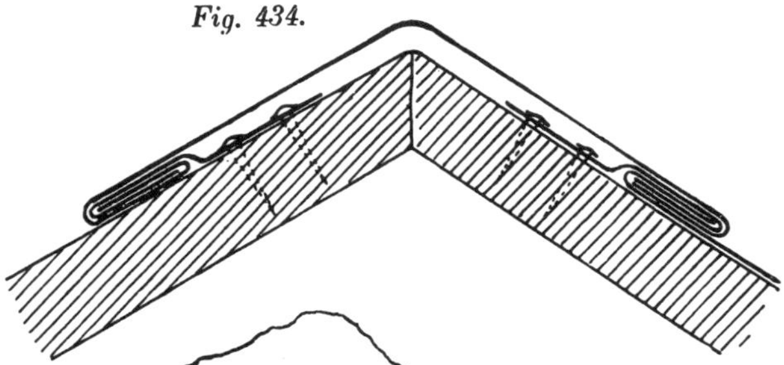

Fig. 435.

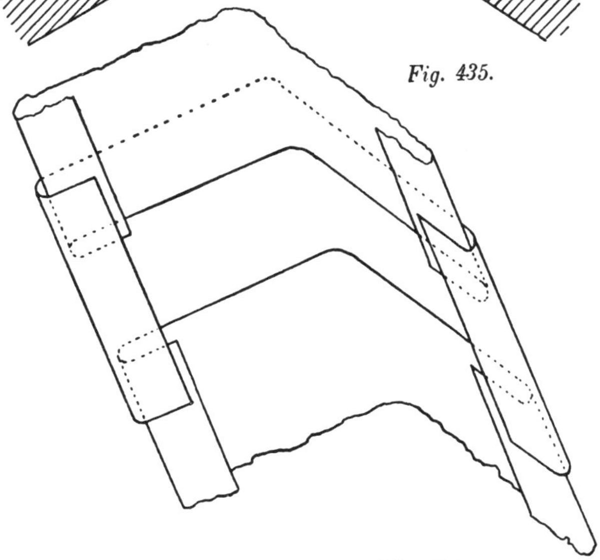

eingeschoben wird. Diese soll, nachdem sie nach unten umgebogen ist, das Herausfallen des Schliesswinkels verhindern, ohne sein Verschieben nach rechts oder links unmöglich zu machen. Der Schliesswinkel muss sich beim Verlegen mit den senkrechten Aufkantungen CD und DE genau an die Falze der nach oben folgenden Raute anschliessen, weil er das Eindringen von feinem Schnee bei den sich überdeckenden unteren Spitzen verhindern soll.

Vor dem Beginn des Verlegens muss sich der Dachdecker davon überzeugen, ob die Traufline genau parallel zur Firstlinie verläuft; anderenfalls hat er

Fig. 436.

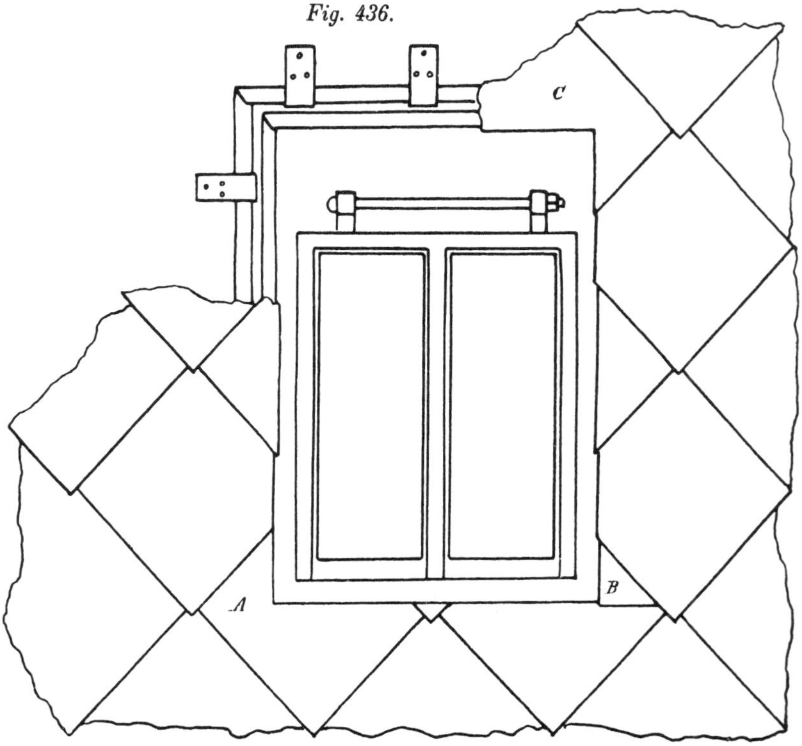

die Unregelmässigkeit durch einen ungleich breiten Vorsprungstreifen auszugleichen, in welchen zunächst die dreieckigen Rauten nach Fig. 432 und Tafel 13 und 14 eingehangen werden. Bevor dann die ganzen Rauten eingehangen werden, ist es ratsam, von der Traufe nach dem First in Abständen von 3 bis 4 Rautenbreiten senkrechte Linien aufzureissen, welchen man beim Fortschreiten der Arbeit folgt, um nicht nach rechts oder links abzuweichen.

Am First werden die Endrauten mit gewöhnlichen Haften auf der Schalung gehalten. Das Firstblech (Fig. 434) erhält auf beiden Seiten einen $2^1/_2$ cm breiten Falz, mit dem es in den Falz der Deckbleche eingeschoben wird. Es wird aus Stücken von 1 m Länge hergestellt, die man aneinanderlötet und mit Rücksicht auf die Ausdehnung durch Schiebenähte verbindet (Fig. 435), wenn die Länge 4 m überschreitet.

Fig. 437.

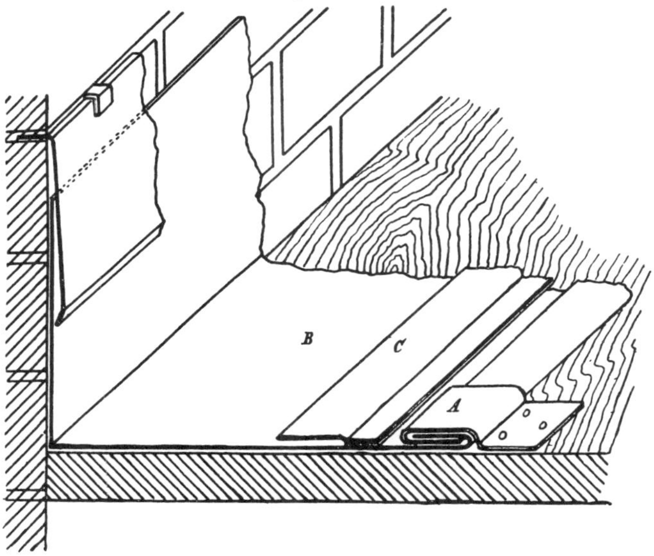

Sind die Rauten an liegende Dachfenster anzuschliessen, so würde es fehlerhaft sein, die unteren Rauten wie bei A in Fig. 436 auszuschneiden, da dann Undichtigkeiten unvermeidlich wären. Man verfährt wie bei B dargestellt, indem man die Eckrauten horizontal abschneidet und den oberen Rand nach oben umfalzt, so dass die aus einer anderen Raute geschnittene Ecke B hier eingehangen werden kann. An der oberen Ecke des Dachfensters bei C können dagegen die Rauten, wie in der Zeichnung veranschaulicht, ausgeschnitten sein.

Fig. 438.

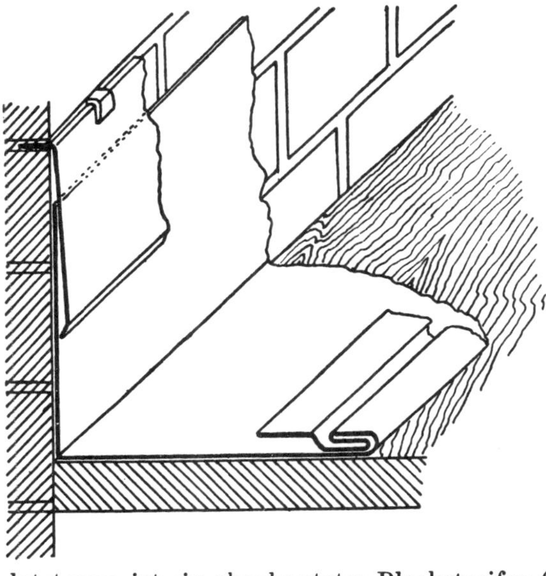

Soll die Rautendeckung an über Dach gehendes Mauerwerk (Schornsteine, Brandgiebel u. s. w.) angeschlossen werden, so ist das Anschlussblech, in welches die Rauten eingreifen, mit doppeltem Falz zu versehen. Zur Bildung dieses Falzes werden zunächst Haften A (Fig. 437) durch Nagelung auf der Schalung befestigt und in diesen das mit einfachem Falze versehene Anschlussblech B eingehangen. Auf letzterem ist ein abgekanteter Blechstreifen C durch Lötung befestigt, welcher mit dem ersten Falz sich zu einem Doppelfalz vereinigt. In den Falz des Bleches C sind die Rauten einzuhängen. Der Doppel-

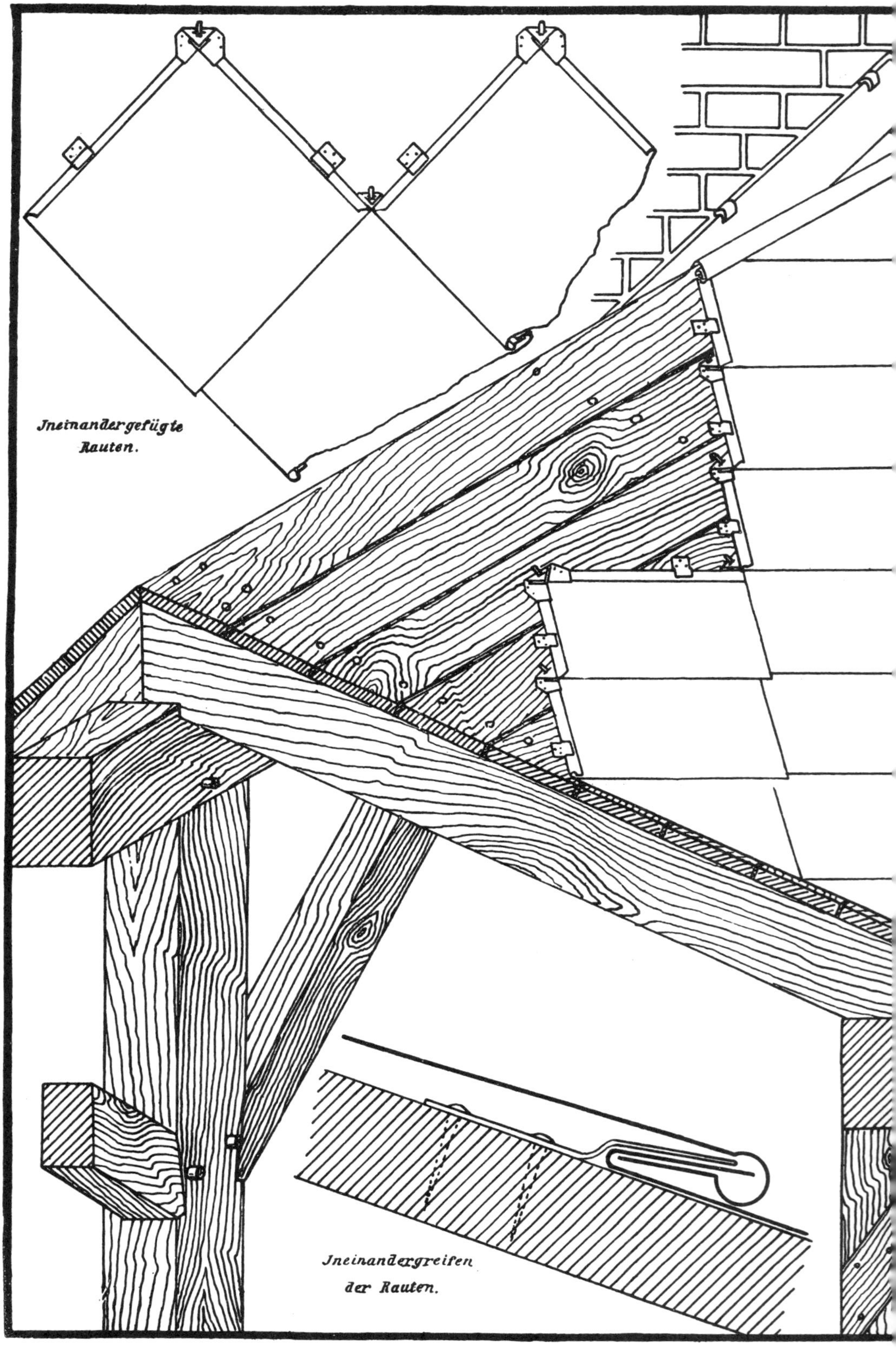
Jneinandergefügte Rauten.
Jneinandergreifen der Rauten.

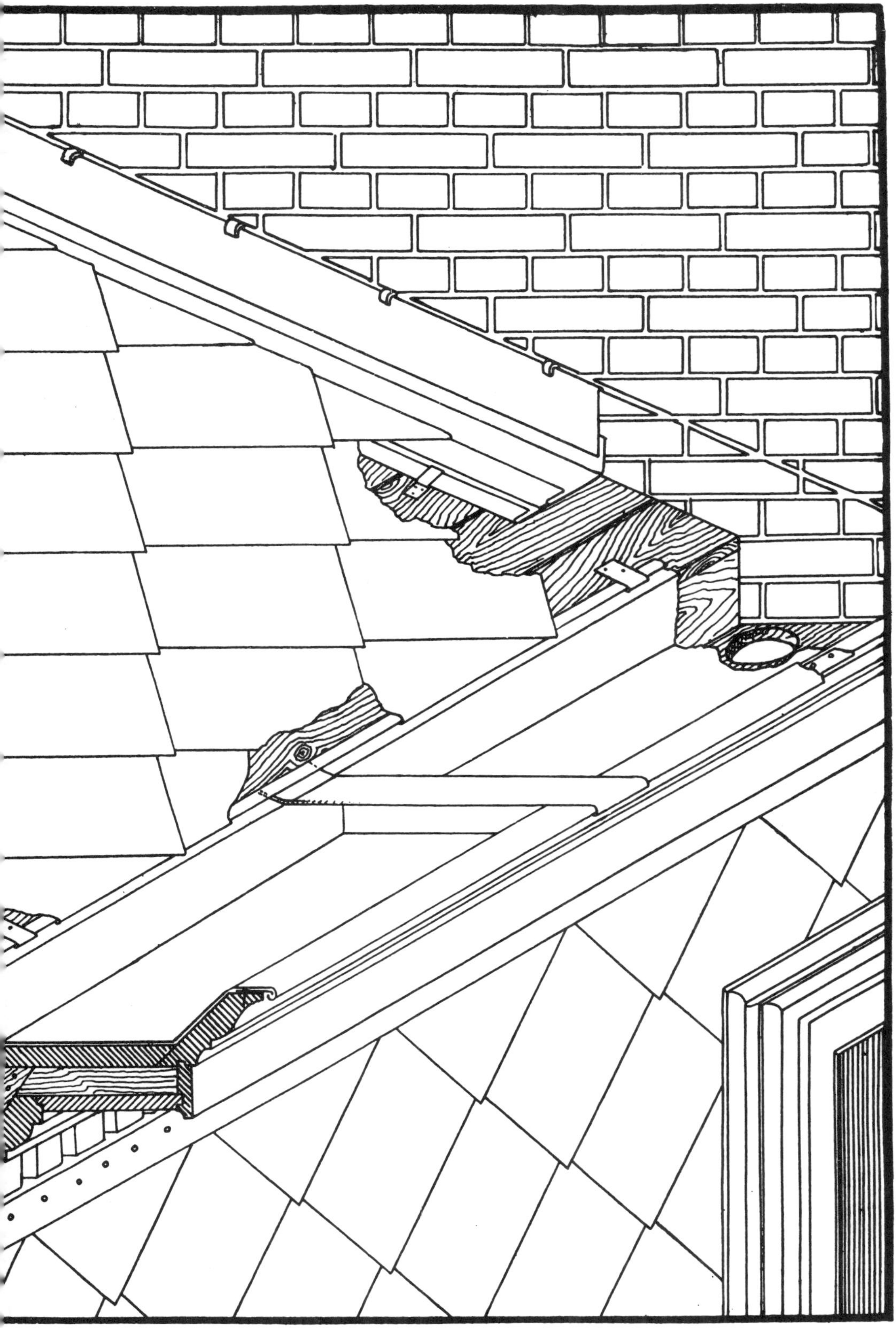

falz kann auch dadurch hergestellt werden, dass man das Anschlussblech nach Fig. 438 biegt, so dass das Auflöten des Blechstreifens in Fortfall kommt.

In ähnlicher Weise kann auch der Anschluss an den freien Giebelseiten des Daches nach Fig. 439 oder 440 geschehen.

Fig. 439.

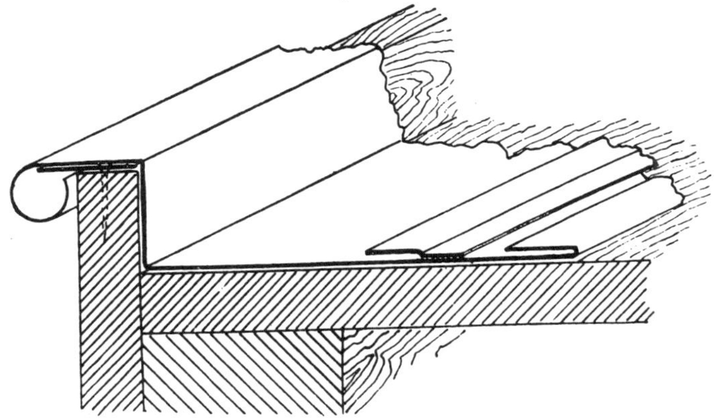

Die Spitzrauten der Gesellschaft „Vieille Montagne“ sind 46 cm lang und $25^1/_2$ cm breit. Sie greifen ebenfalls mit 2 cm breiten Falzen ineinander und werden bei kleinen Dachflächen nur durch einen an der oberen Spitze einzuschlagenden Nagel, bei grösseren und steileren Dächern ausserdem noch durch

Fig. 440.

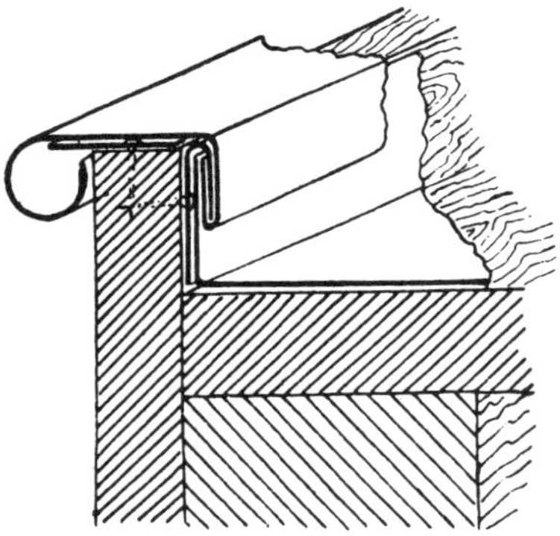

Fig. 441.

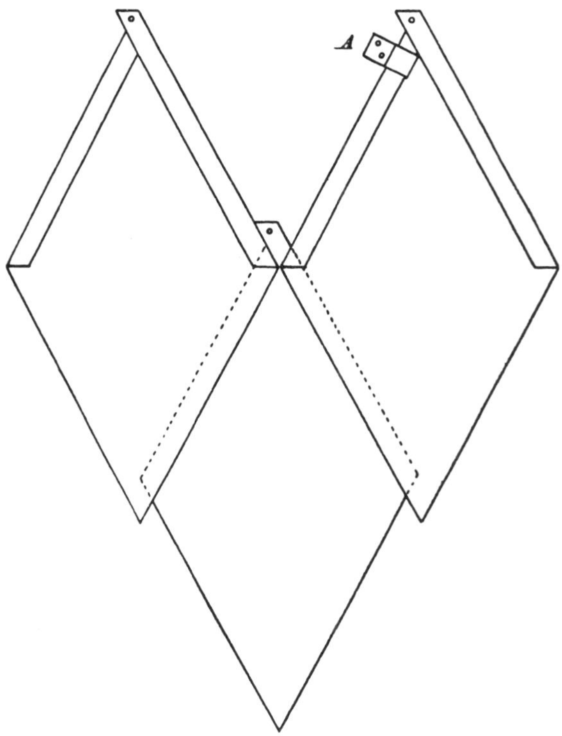

Fig. 442.

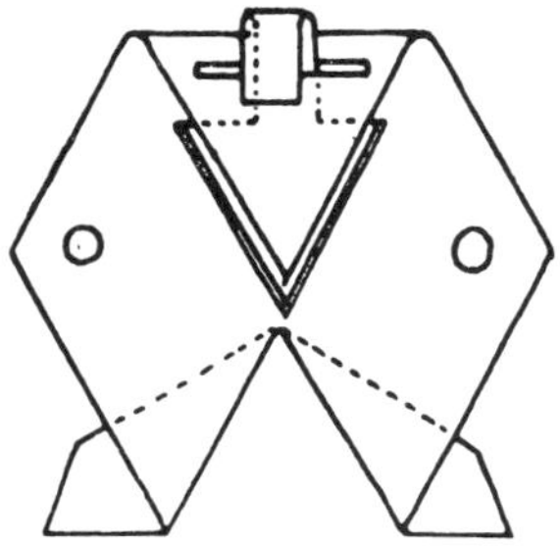

eine Hafte A (Fig. 441) oder besser, durch die in Fig. 442 dargestellte Hafte mit Schliesswinkel gehalten.

Die quadratischen Patentrauten der Gesellschaft „Lipine“ zeigen hinsichtlich Befestigungsart und Dichtungsweise an der zumeist gefährdeten unteren Spitze wesentliche Verbesserungen gegenüber anderen Fabrikaten.

Fig. 443.

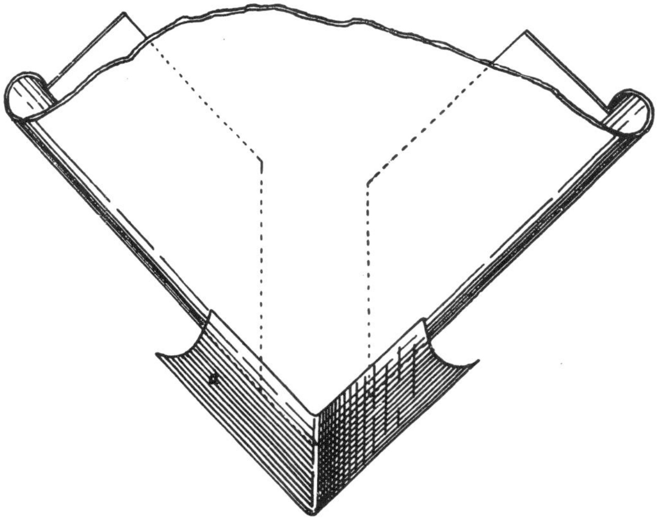

An der unteren Ecke (Fig. 443) ist ein in der Mitte abgebogener Schutzwinkel a aufgelötet, welcher den Zweck hat, die bei dem Eindecken an der oberen Ecke der Raute sich bildende Oeffnung zu überdecken. Aus gleichem Grunde ist an der oberen Ecke (Figur 444) die Schutzkante C angebracht, über welche der Schutzwinkel der höher liegenden Raute weggreift, so dass das Eindringen von Regen und Schnee hier unmöglich gemacht ist.

Die Befestigung erfolgt durch die angelötete, durchlochte Hafte c (Fig. 445) und durch die gleichfalls an der Unterfläche angelöteten Haften d mit den sie überdeckenden Blechstreifen e. Hierdurch wird den Rauten die freie Bewegung in ungehindertem Maasse gestattet.

Fig. 445.

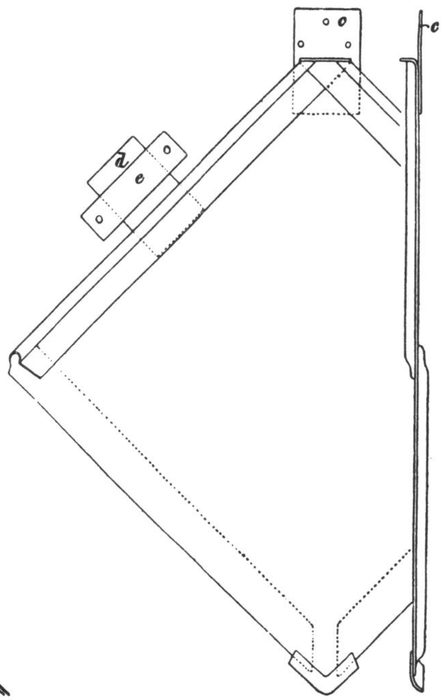

Fig. 444.

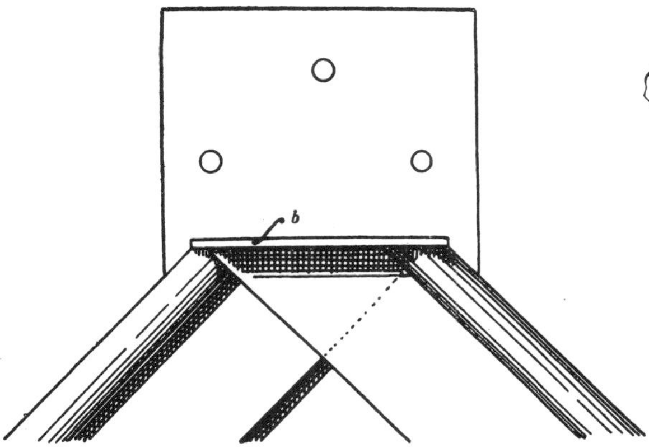

Die Eindeckung mit Patentrauten geschieht in gleicher Weise wie mit den quadratischen Rauten der Gesellschaft „Vieille Montagne“ und dürfte durch aufmerksame Betrachtung der Fig. 446 ohne weiteres verständlich werden.

Fig. 446.

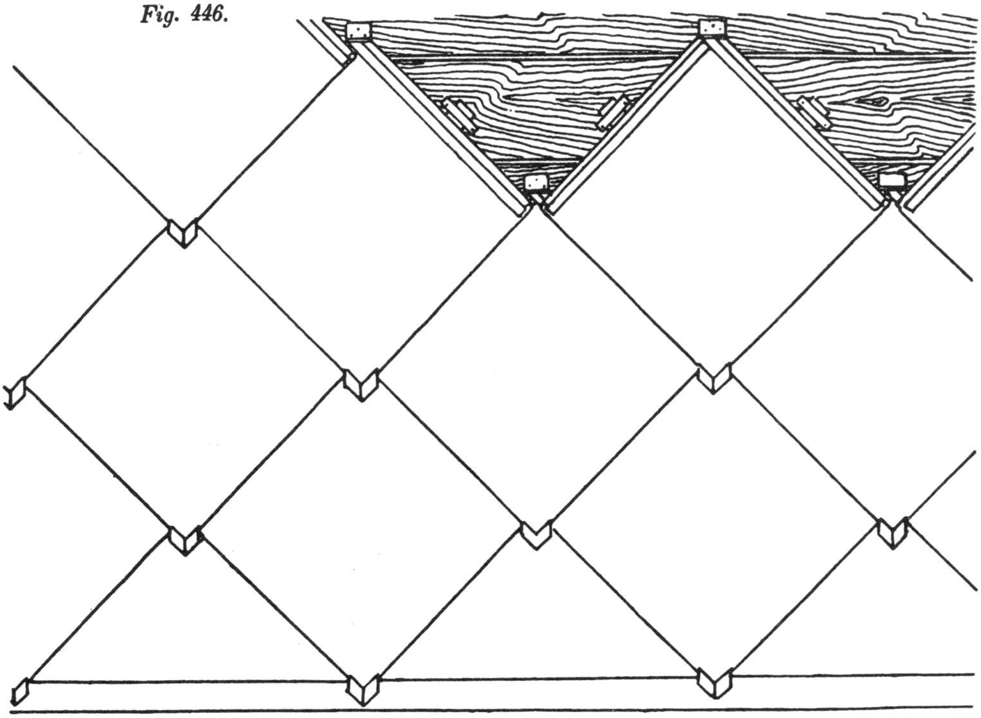

Auch diese Rauten werden in verschiedenen Grössen und aus verschiedenen Zinknummern hergestellt, worüber die folgende Tabelle Aufschluss gibt.

Abmessungen der Rauten in cm		Stückzahl der Rauten für 1 qm Dachfläche	Gewicht für 1 qm Dachfläche in kg			
Länge und Breite	Diagonale		Nr. 10	Nr. 11	Nr. 12	Nr. 13
35	49	9,85	6,82	7,72	8,62	—
40	56	7,35	6,23	7,08	7,94	—
45	63	5,70	5,78	6,60	7,41	—
50	71	4,55	5,47	6,26	7,04	—
55	78	3,71	5,21	5,97	6,74	7,51
60	85	3,09	—	5,78	6,52	7,26
75	106	1,93	—	5,36	6,02	6,75

Die Spitzrauten der Gesellschaft „Lipine“ werden ohne Anwendung von Haften durch je zwei Nägel an ihrem oberen Ende auf Lattung (Fig. 447) oder auf Schalung (Fig. 448) befestigt. Die Abmessungen, das Gewicht und der Bedarf an Rauten für 1 qm Dachfläche geht aus nachstehender Tabelle hervor.

Länge cm	Breite cm	Gewicht für 1 qm Dachfläche in kg			Stückzahl für 1 qm Dachfläche
		Nr. 10	Nr. 11	Nr. 12	
38	20	7,50	8,70	9,80	32,0
43	22	7,10	8,20	9,30	25,0
50	25	6,60	7,70	8,70	18,2
58	29	6,20	7,20	8,20	13,5

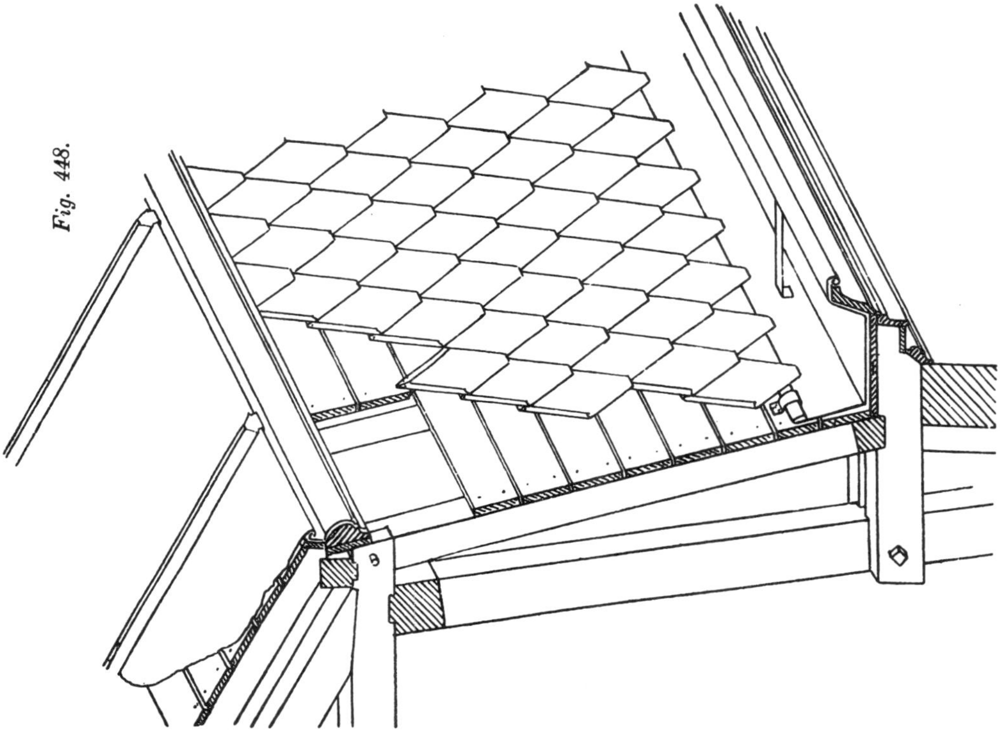

Fig. 448.

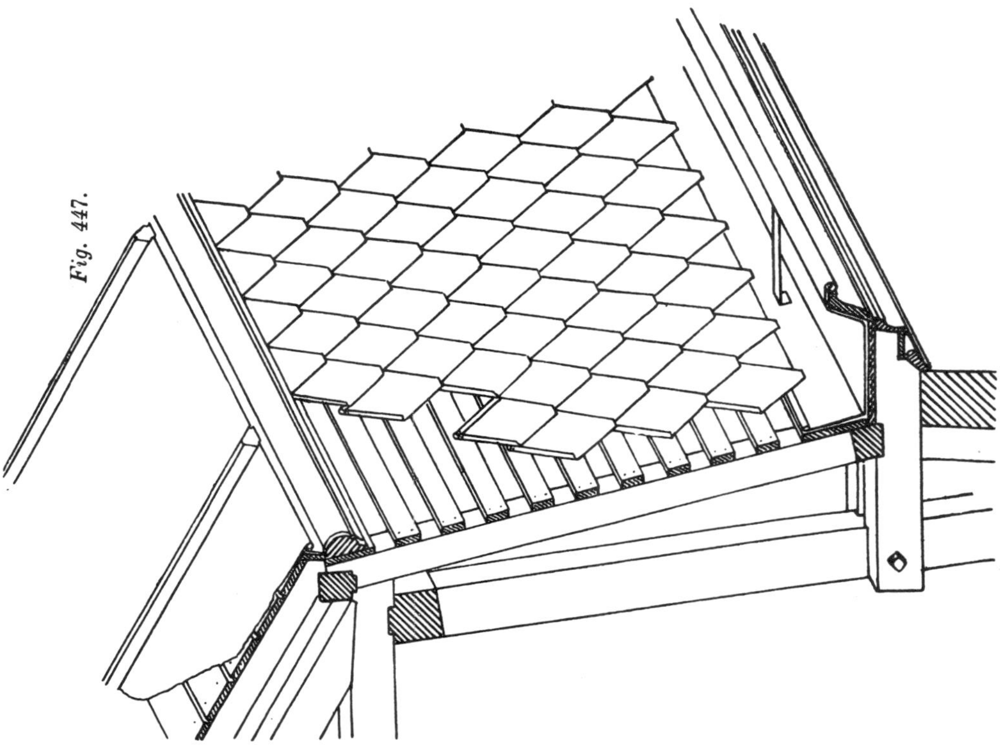

Fig. 447.

Gleiche Formen werden auch von der Zinkornamentenfabrik von Krans, Walchenbach & Peltzer in Stolberg bei Aachen mit eingepressten Mustern (Fig. 449 und 450) angefertigt.

Fig. 449.

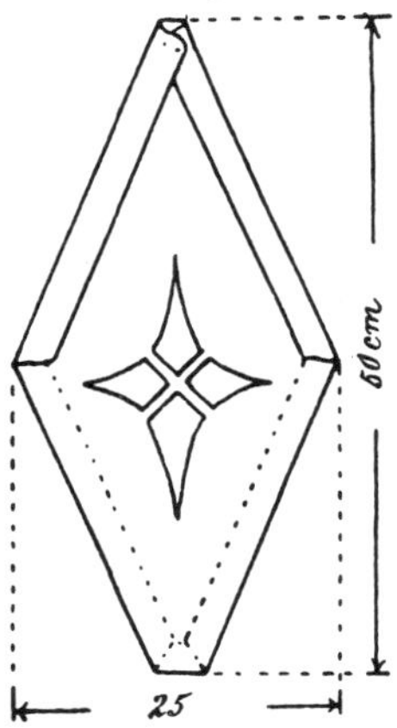

Fig. 450.

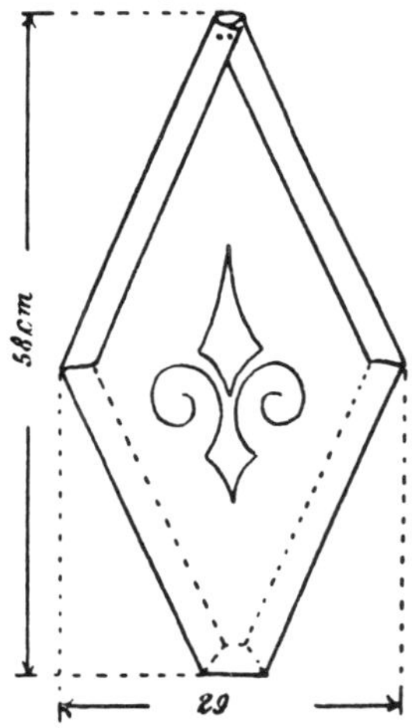

Bei sehr steilen Dächern (Mansarden) erhalten die Dachflächen, mit Ausnahme der Traufkante, gewöhnlich eine Einfassung mit am Rande gekehltem Blech, welches am Grat und am Anschluss an den oberen, flacheren Dachteil mit ornamentierten Hohlkehlen und Gesimsgliedern verziert wird. Beispiele hierfür veranschaulichen die Figuren 451 und 452.

Um den Dachflächen eine kräftigere, wirkungsvollere Modellierung zu verleihen, kam man vom Rautensystem auf die **Eindeckung mit Schuppen.**

Fig. 451.

Fig. 452.

Fig. 453.

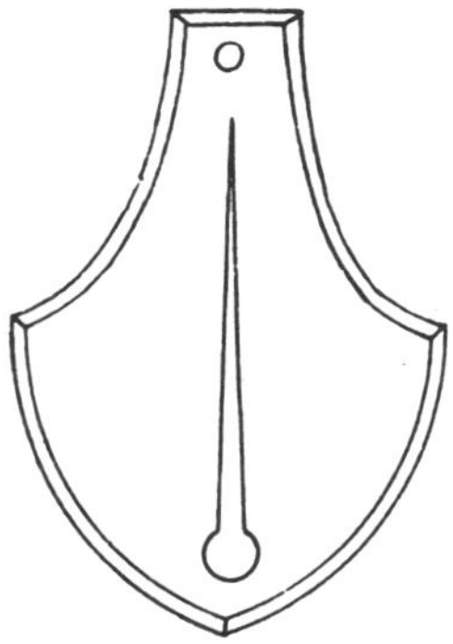

Fig. 454.

Fig. 455.

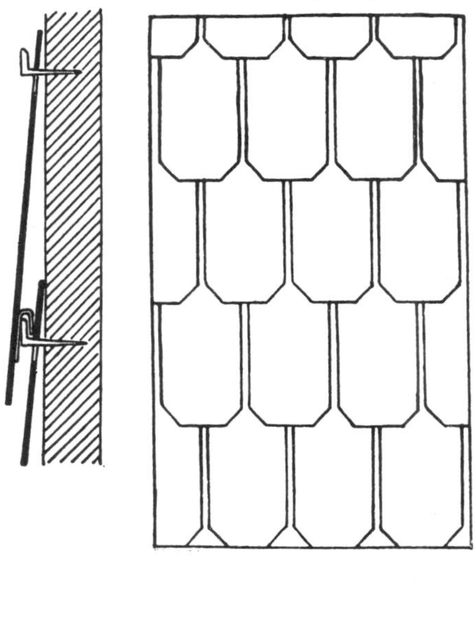

Fig. 456.

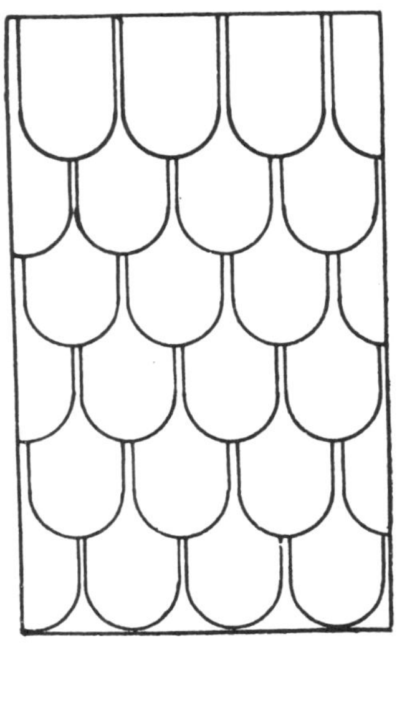

Fig. 457.

Hierfür werden entweder einzelne Schuppen (Fig. 453 bis 455) oder rechteckige (Fig. 456 bis 458) beziehungsweise

Fig. 458.

Fig. 459.

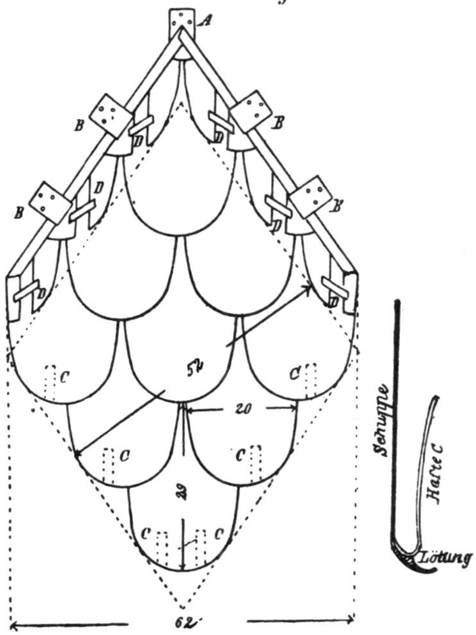

rautenförmige Bleche (Fig. 459) verwendet, in welche eine grössere Zahl (neun und mehr) kleiner Schuppen irgend welcher Form eingepresst sind.

Fig. 460.

Die einzelnen Schuppen werden entweder mit Nägeln oder mittels Haken auf der Schalung oder Lattung befestigt. Im letzteren Falle besitzen sie an ihrem oberen Ende einen Schlitz (Fig. 455), mit welchem sie über den Haken geschoben werden, während auf der Rückseite am unteren Ende eine Oese angelötet ist, die über den Haken der tiefer liegenden Schuppe geschoben wird. Bei kleineren und flacheren Dächern werden die grösseren Bleche mit Ueberdeckung verlegt und durch

Lötung verbunden, bei steileren dagegen durch Haften (Fig. 459) befestigt. Die Hafte A an der oberen Spitze ist auf der Unterseite des Bleches angelötet, während die vier seitlichen Haften B sich in den nach oben umgebogenen Falz des Bleches einhaken. Die an der unteren Kante der äusseren Schuppen angelöteten Haften C werden in die gleichfalls aufgelöteten Scheiden D eingehangen. Fig. 460 zeigt den Anschluss dieser Schuppendeckung an den Grat eines steilen Mansardendaches, in welchem ein aus Zink gepresstes Dachfenster angeordnet ist. Der Anschluss der Schuppenbleche an dieses Fenster ist durch Fig. 461 in zwei verschiedenen Weisen veranschaulicht.

Fig. 461.

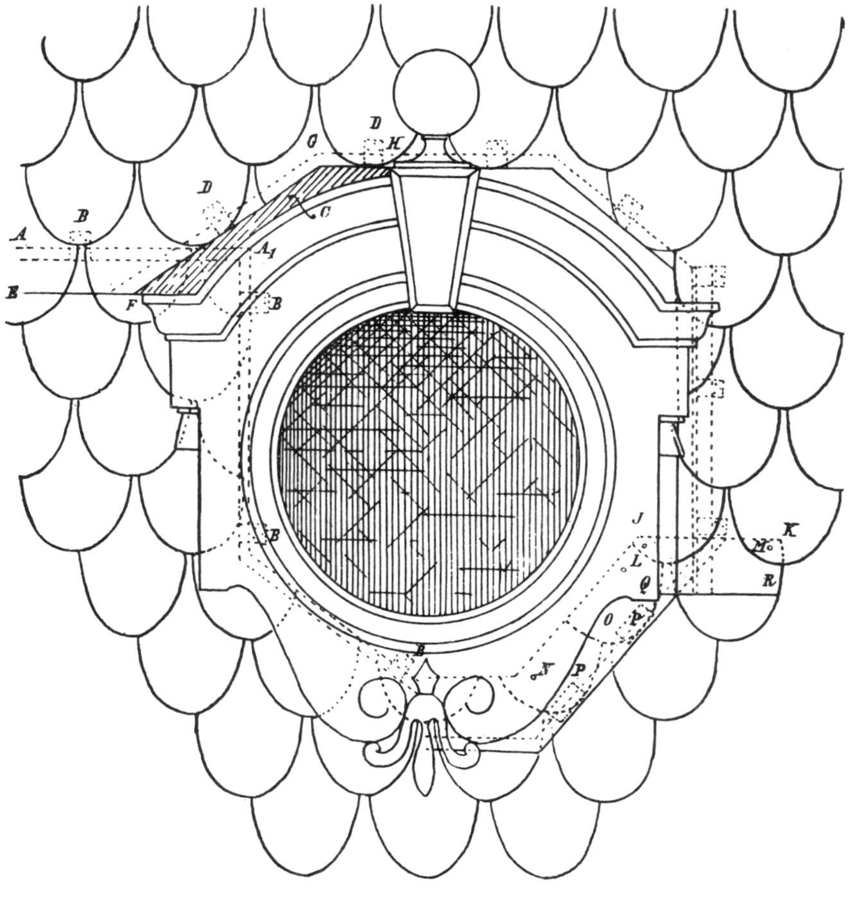

Bei dem linksseitigen Anschlusse werden die Tafeln der Holzkonstruktion des Fensters so nahe wie möglich gebracht und reichen mit ihrem oberen Falze bis zu der Linie A A_1. Die Befestigung derselben geschieht mittels der Haften B, welche in den Falz eingehangen und auf der Schalung durch Nagelung gehalten werden. Hierauf wird das Dachfenster mit dem an den oberen Rand desselben angelöteten Anschlussstreifen C, welcher in der Zeichnung durch leichte Schraffierung hervorgehoben ist, aufgelegt und mittels der Haften D befestigt. Nachdem dies geschehen, kann mit dem Legen der oberen Schuppentafeln begonnen werden, wobei die Schuppen nach den Linien E F, F G und G H verlötet werden müssen,

Fig. 462.

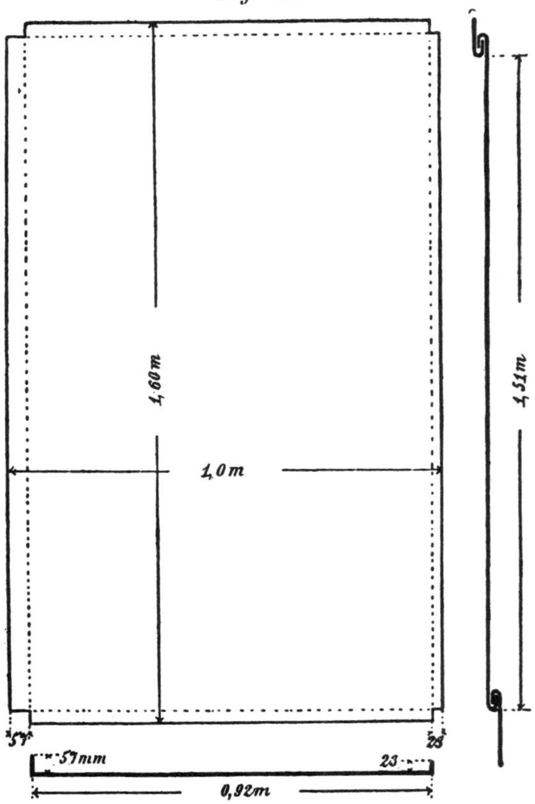

wenn man nicht vorzieht, dieselben nach den Linien F G und G H in den Anschlussstreifen C einzuhaken.

Bei dem rechtsseitigen Anschlusse reichen die Tafeln bis zu der Linie J K und werden durch Nagelung bei L, M und N auf der Schalung festgehalten. Der geneigt liegende untere Anschlussstreifen O des Dachfensters ist durch Haften P zu befestigen, welche auf die Schuppen gelötet sind, während die Haften des seitlichen und oberen Anschlussstreifens auf die Schalung genagelt werden. Die oberen Schuppentafeln werden in diese Anschlussstreifen eingehakt und von Q bis R mit den unteren Schuppen verlötet.

b) Deckung mit Eisen.

Das Eisen ist das einzige Metall, welches ohne schützenden Ueberzug (Anstriche, Verzinkung, Verbleiung, Erzeugung einer Eisenoxydulschicht) zu Bedachungszwecken nicht anwendbar ist. Der Form nach kommen vornehmlich Tafelbleche, Wellbleche und Formbleche, weniger dagegen gusseiserne Platten in Betracht.

Tafelbleche erhalten am besten einen Ueberzug von Blei. Dieselben werden von der Dillinger Hütte in einer Länge von 1,60 m und einer Breite von 1 m hergestellt, so dass bei einer Breite von 9 cm für den Längenfalz und von 3 cm für den Seitenfalz

Fig. 463.

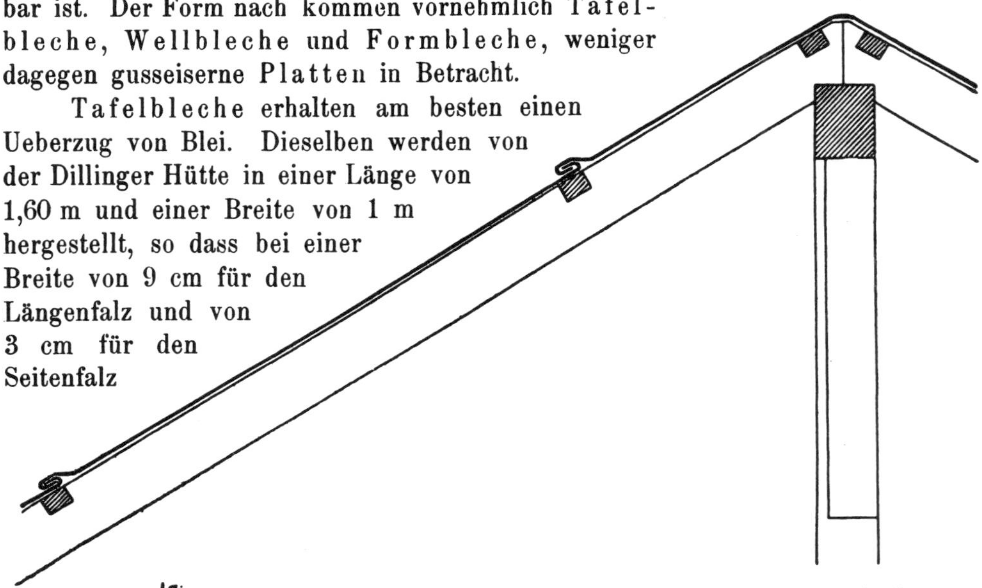

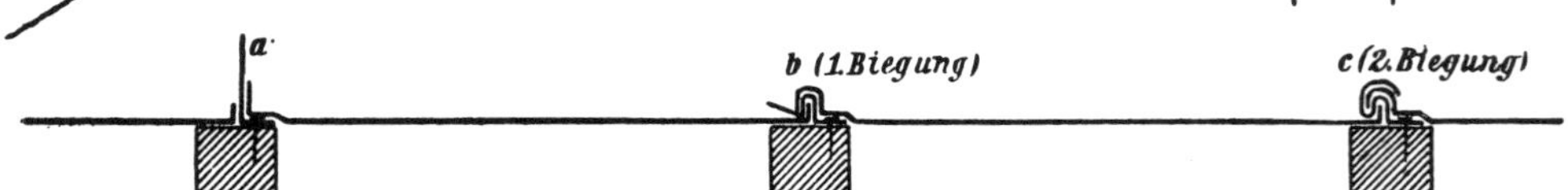

Fig. 464.

eine Decklänge von 1,51 m und eine Deckbreite von 0,92 m verbleibt (Fig. 462). Nach den Angaben von Hein, Lehmann & Komp. in Berlin, welche Firma die Deckung mit diesen Blechen als einen Sonderzweig ihres Geschäftes betreibt, geschieht die Ausführung dieser Deckweise in folgender Weise: Die Sparren sind so einzuteilen, dass die Seitenfalze der Bleche auf die Mitte der Sparren treffen. Die Unterstützung der Querstösse geschieht durch Dachlatten, welche nach Figur 463 in die Sparren eingelassen werden. Die Befestigung der Bleche an den Langseiten erfolgt mittels Haften aus verbleitem Eisenblech, welche nach Fig. 464 auf die Sparren genagelt und mit den Deckblechen in der bei a, b und c veranschaulichten Weise verfalzt werden. Ueber den First wird eine ganze Tafel nach Fig. 463 gelegt und ebenso wie die übrigen Deckbleche mit diesen durch Falzung verbunden.

Fig. 465. Profil 3.

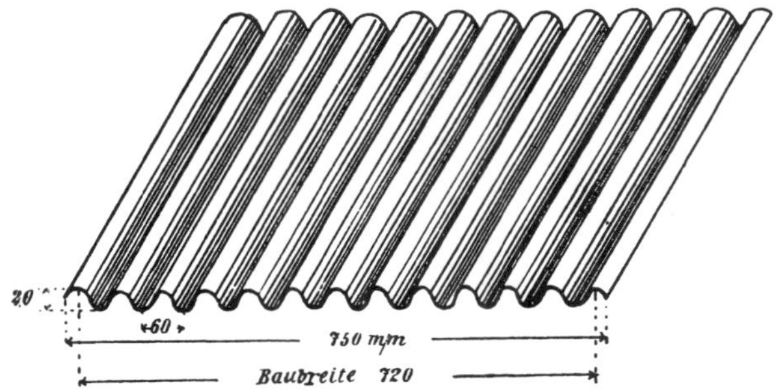

Fig. 466. Profil 4a.

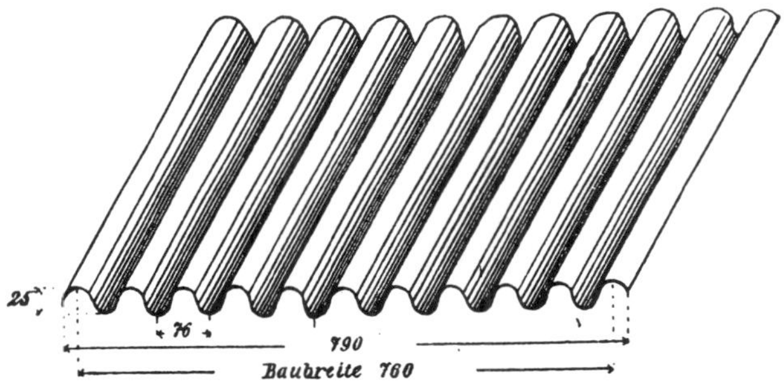

Fig. 467. Profil 8.

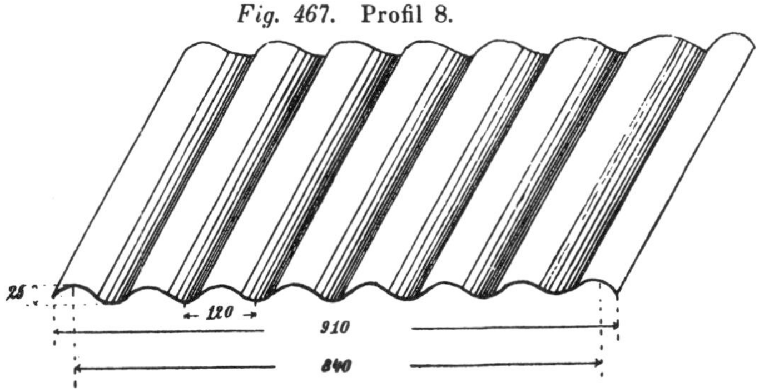

Fig. 468. Profil 9.

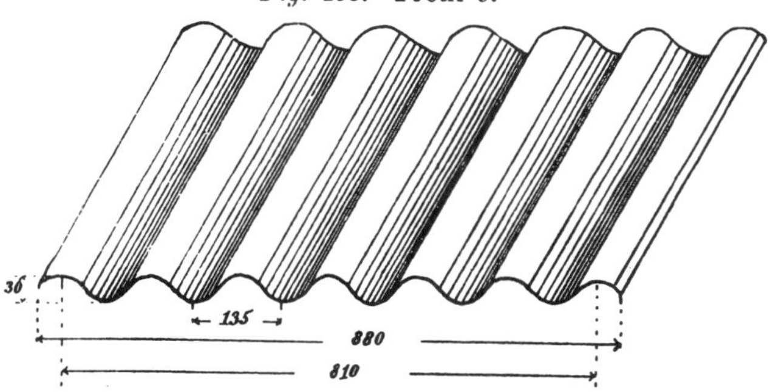

Bei der Deckung mit Eisenwellblech, welches gewöhnlich verzinkt ist, unterscheidet man flach gewelltes Blech, auch kurzweg „Wellblech“ genannt und „Trägerwellblech“. Die flach gewellten Bleche haben meist $^1/_4$ bis $^1/_5$ der ganzen Wellenbreite zur Wellentiefe (Fig. 465 bis 469), während bei den Trägerwellblechen die Wellentiefe mindestens gleich der halben Wellenbreite (Fig. 470 bis 476) ist. Die ersteren haben deshalb nur ein geringes Widerstandsmoment und müssen durch Pfetten unterstützt werden, die in der Regel nicht mehr als 2 m weit auseinander liegen. Die Trägerwellbleche besitzen dagegen ein bedeutendes Widerstandsmoment bei verhältnismässig geringem Eigengewicht und brauchen deswegen nur an ihren Stössen unterstützt zu werden oder sie können „bombiert“, d. h. gewölbartig gebogen (Fig. 477), an den Stössen zusammengenietet und ohne Dachgerüst wie ein Gewölbe auf Stützen oder Mauern gelagert werden, wobei nur die Auflagerenden durch Zugstangen zu verspannen sind. Die Wellbleche werden zum Zweck der Eindeckung von Dächern in Tafeln von 1,40 bis 3,00 m

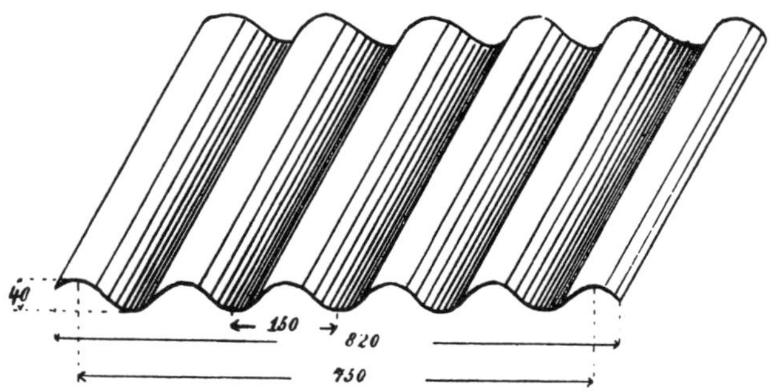

Fig. 469. Profil 10.

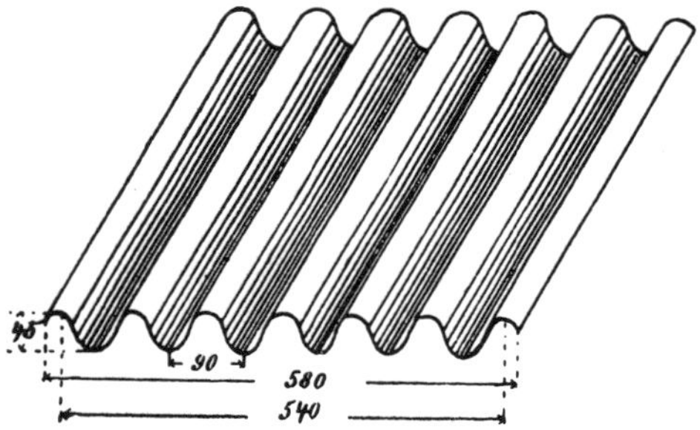

Fig. 470. Profil 6.

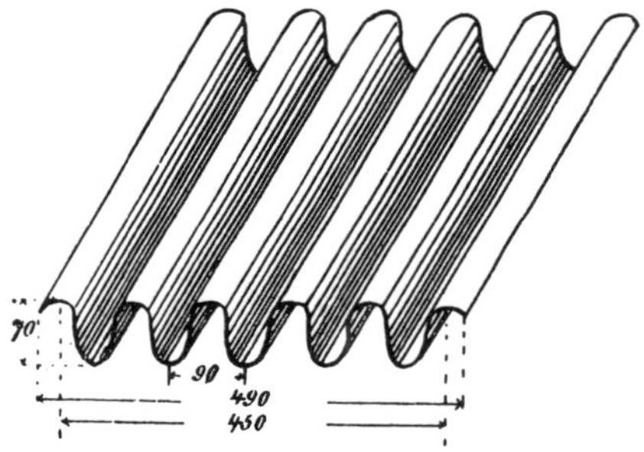

Fig. 473. Profil 6e.

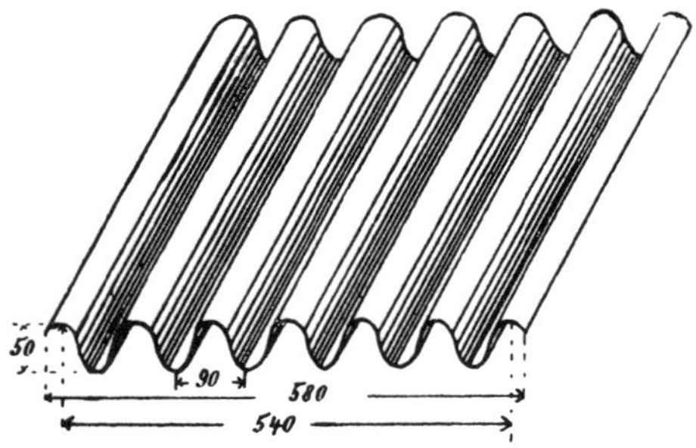

Fig. 471. Profil 6a.

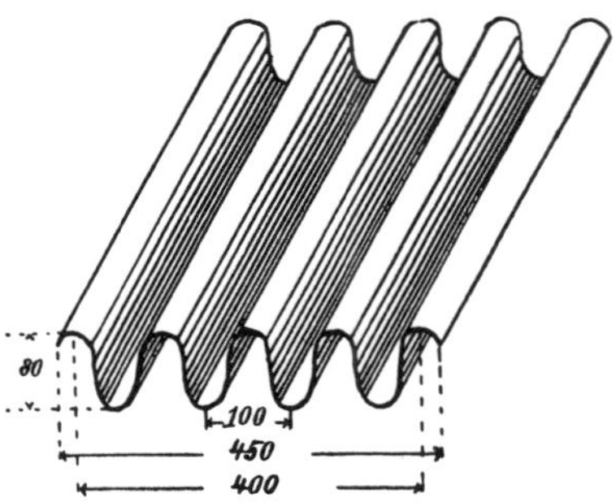

Fig. 474. Profil 71.

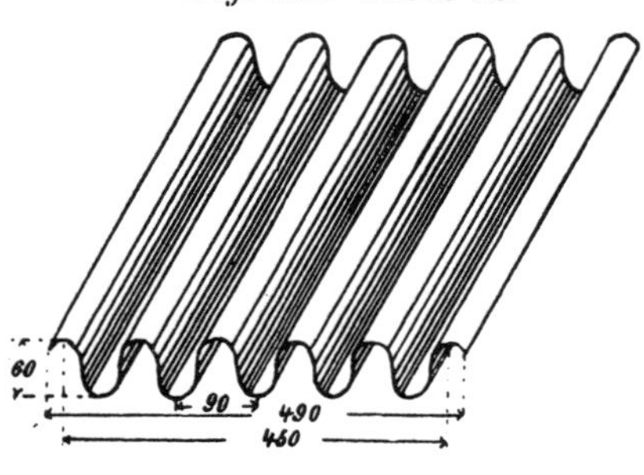

Fig. 472. Profil 6c.

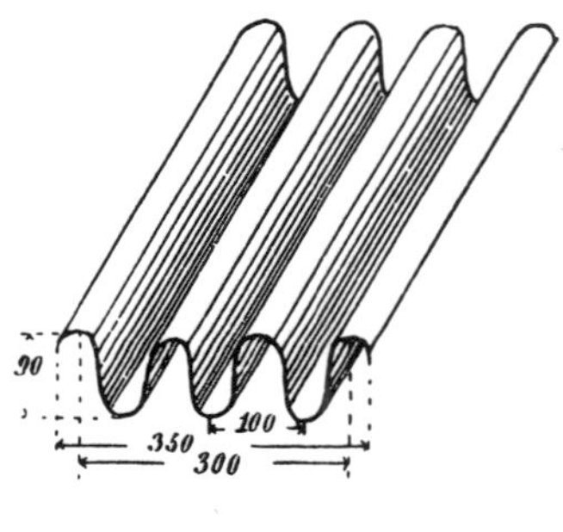

Fig. 475. Profil 7n.

(ausnahmsweise bis 6,00 m) Länge bei 0,60 bis 1,30 m Breite und 0,5 bis 6,0 mm Stärke angefertigt. Nähere Auskunft hierüber erteilt die nachstehende, dem

Fig. 476. Profil 7p.

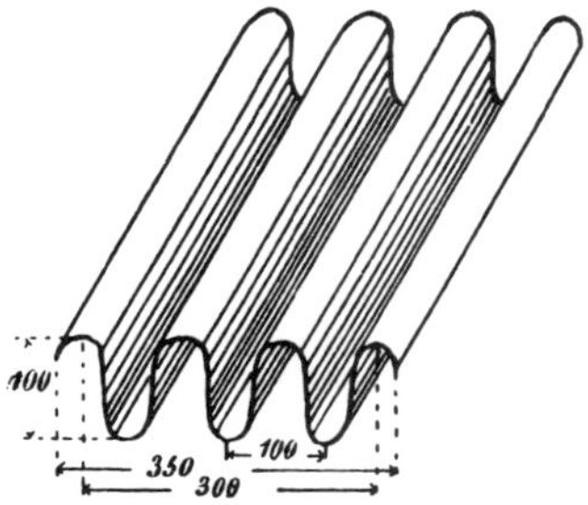

Fig. 477.

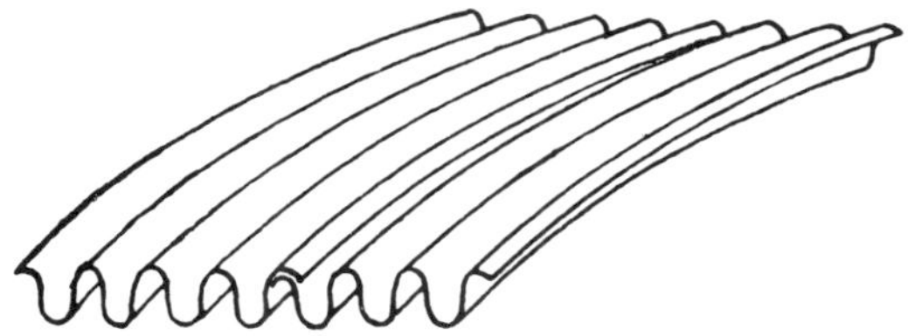

Prospekte der Aktien-Gesellschaft für Verzinkerei und Eisenkonstruktion, vormals Jacob Hilgers in Rheinbrohe, entnommene Tabelle:

Nr.	Profil-Bezeichnung	Stärke	Annäherndes Gewicht für 1 qm gedeckte Fläche bei einer Stärke von		Widerstandsmomente für 1 m Breite, bezogen auf	Querschnitt für 1 m Breite	Grösste Baubreite
		mm	mm	kg	cm	qcm	mm
1	35 × 19	0,5 bis 1,5	0,50 0,75 1,00 1,25 1,50	7,0 10,5 14,0 17,5 21,0	3,7 5,5 7,4 9,2 11,1	8,25 12,37 16,50 20,62 24,74	600
2	40 × 20	0,5 bis 1,5	0,50 0,75 1,00 1,25 1,50	6,7 10,3 13,5 17,0 20,3	3,7 5,6 7,5 9,3 11,2	7,90 11,80 15,80 19,70 23,60	600
3	60 × 20	0,5 bis 1,5	0,50 0,75 1,00 1,25 1,50	5,4 8,2 10,9 13,6 16,3	3,0 4,5 6,0 7,6 9,1	6,30 9,45 12,60 15,75 18,90	720
3 a	60 × 30	0,5 bis 1,5	0,50 0,75 1,00 1,25 1,50	6,60 9,80 13,10 16,40 19,70	5,6 8,4 11,2 14,0 16,8	7,80 11,70 15,40 19,50 23,40	600
4	76 × 20	0,5 bis 2,0	0,50 1,00 1,50 2,00	4,90 9,80 14,70 19,60	2,9 5,8 8,9 11,6	5,55 11,30 16,95 22,96	760
4 a	76 × 25	0,5 bis 2,0	0,50 1,00 1,50 2,00	5,60 10,90 16,80 21,80	3,9 7,8 11,7 15,6	6,30 12,60 18,90 25,20	760

Nr.	Profil-Bezeichnung	Stärke mm	Annäherndes Gewicht für 1 qm gedeckte Fläche bei einer Stärke von mm	kg	Widerstandsmomente für 1 m Breite, bezogen auf cm	Querschnitt für 1 m Breite qcm	Grösste Baubreite mm
5	80 × 40	0,5 bis 2,0	0,50 1,00 1,50 2,00	7,00 14,10 21,00 27,50	7,5 14,9 22,4 29,8	7,70 15,50 23,20 31,00	560
6	90 × 45	0,5 bis 2,5	0,50 1,00 1,50 2,00 2,50	6,60 13,20 19,80 26,40 33,00	8,4 16,8 25,2 33,6 41,9	7,80 15,60 23,40 31,20 39,00	540
6a	90 × 50	0,5 bis 2,5	0,50 1,00 1,50 2,00 2,50	7,12 14,24 21,36 28,48 35,60	9,8 19,6 29,4 39,3 49,1	8,40 16,80 25,20 33,60 42,00	540
6b	90 × 55	0,5 bis 2,5	0,50 1,00 1,50 2,00 2,50	7,50 15,00 22,50 30,00 37,50	11,3 22,7 34,0 45,3 56,7	8,90 17,80 26,70 35,60 44,50	450
6c	90 × 60	0,5 bis 2,5	0,50 1,00 1,50 2,00 2,50	8,00 16,00 24,00 32,00 40,00	13,0 25,9 38,9 51,8 64,8	9,45 18,90 28,35 37,80 47,25	450
6d	90 × 65	0,5 bis 2,5	0,50 1,00 1,50 2,00 2,50	8,40 16,80 25,20 33,60 42,00	14,7 29,4 44,0 58,7 73,4	10,00 20,00 30,00 40,00 50,00	450
6e	90 × 70	0,5 bis 2,5	0,50 1,00 1,50 2,00 2,50	8,85 17,70 26,55 35,40 44,25	16,5 33,0 49,5 66,0 82,5	10,55 21,10 31,65 42,20 52,75	360
6f	90 × 75	0,5 bis 2,5	0,50 1,00 1,50 2,00 2,50	9,32 18,64 27,96 37,28 46,60	18,4 36,8 55,3 73,7 92,1	11,15 22,30 33,45 44,60 55,75	360
6g	90 × 80	0,5 bis 2,5	0,50 1,00 1,50 2,00 2,50	9,80 19,60 29,40 39,20 49,00	20,4 40,9 61,3 81,8 102,2	11,70 23,40 35,10 46,80 58,50	360

Nr.	Profil-Bezeichnung	Stärke	Annäherndes Gewicht für 1 qm gedeckte Fläche bei einer Stärke von		Widerstandsmomente für 1 m Breite, bezogen auf	Querschnitt für 1 m Breite	Grösste Baubreite
		mm	mm	kg	cm	qcm	mm
6h	90 × 85	0,5 bis 2,5	0,50 1,00 1,50 2,00 2,50	10,20 20,40 30,60 40,80 51,00	22,5 45,1 67,6 90,2 112,7	14,25 24,50 38,75 49,00 63,25	360
6i	90 × 90	0,5 bis 2,5	0,50 1,00 1,50 2,00 2,50	10,60 21,20 31,80 42,40 53,00	24,8 49,5 74,3 99,0 123,8	12,25 25,50 37,75 51,00 63,25	360
7	100 × 25	0,5 bis 2,5	0,50 1,00 1,50 2,00 2,50	5,40 10,80 16,20 21,50 26,70	3,6 7,1 10,7 14,2 17,8	5,78 11,56 17,34 23,12 28,90	800
7a	100 × 30	0,5 bis 2,5	0,50 1,00 1,50 2,00 2,50	5,70 11,30 16,90 22,20 28,00	4,5 9,1 13,6 18,1 22,7	6,15 12,30 18,45 24,60 30,75	700
7b	100 × 35	0,5 bis 2,5	0,50 1,00 1,50 2,00 2,50	6,2 12,1 18,0 23,8 29,7	5,6 11,2 16,8 22,4 28,0	6,50 13,00 19,50 26,00 32,50	700
7c	100 × 40	0,5 bis 2,5	0,50 1,00 1,50 2,00 2,50	6,4 12,7 19,0 25,2 31,4	6,8 13,5 20,3 27,0 33,8	6,95 13,90 20,85 27,80 34,75	600
7d	100 × 45	0,5 bis 2,5	0,50 1,00 1,50 2,00 2,50	6,7 13,4 20,0 26,2 33,2	8,0 16,0 24,0 32,0 40,0	7,35 14,70 22,05 29,40 36,75	600
7e	100 × 50	0,5 bis 2,5	0,50 1,00 1,50 2,00 2,50	7,0 14,0 21,0 27,6 34,4	9,3 18,7 28,0 37,3 46,6	7,85 15,70 23,55 30,40 38,25	600
7f	100 × 55	0,5 bis 2,5	0,50 1,00 1,50 2,00 2,50	7,4 14,8 22,3 29,0 37,0	10,7 21,5 32,2 43,0 53,7	8,35 16,70 25,05 33,40 41,75	500

Nr.	Profil-Bezeichnung	Stärke mm	Annäherndes Gewicht für 1 qm gedeckte Fläche bei einer Stärke von mm	kg	Widerstandsmomente für 1 m Breite, bezogen auf cm	Querschnitt für 1 m Breite qcm	Grösste Baubreite mm
7g	100 × 60	0,5 bis 2,5	0,50	7,9	12,3	8,85	500
			1,00	15,7	24,5	17,70	
			1,50	23,5	36,8	26,55	
			2,00	30,7	49,0	35,40	
			2,50	38,5	61,3	44,25	
7h	100 × 65	0,5 bis 2,5	0,50	8,3	13,8	9,35	400
			1,00	16,5	27,7	18,70	
			1,50	24,7	41,5	28,05	
			2,00	32,3	55,4	37,40	
			2,50	40,0	69,2	46,75	
7i	100 × 70	0,5 bis 2,5	0,50	8,7	15,5	9,85	400
			1,00	17,3	31,1	19,70	
			1,50	25,9	46,6	29,55	
			2,00	33,9	62,1	39,40	
			2,50	41,8	77,7	49,25	
7k	100 × 75	0,5 bis 2,5	0,50	8,9	17,3	10,35	400
			1,00	17,7	34,6	20,70	
			1,50	27,2	51,9	31,05	
			2,00	35,5	69,2	41,40	
			2,50	43,8	86,5	51,75	
7l	100 × 80	0,5 bis 2,5	0,50	9,5	19,2	10,85	400
			1,00	19,0	38,3	21,70	
			1,50	28,4	57,5	32,55	
			2,00	37,2	76,7	43,40	
			2,50	46,0	95,8	54,25	
7m	100 × 85	0,5 bis 2,5	0,50	9,9	21,1	11,35	400
			1,00	19,8	42,2	22,70	
			1,50	29,7	63,4	34,05	
			2,00	38,8	84,5	45,40	
			2,50	48,0	105,6	56,75	
7n	100 × 90	0,5 bis 2,5	0,50	10,4	23,2	11,85	300
			1,00	20,7	46,3	23,70	
			1,50	30,9	69,5	35,55	
			2,00	38,4	92,6	47,40	
			2,50	50,0	115,8	59,25	
7o	100 × 95	0,5 bis 2,5	0,50	10,3	25,3	12,35	300
			1,00	21,5	50,6	24,70	
			1,50	32,0	75,0	37,05	
			2,00	42,0	101,1	49,40	
			2,50	52,0	126,4	61,75	
7p	100 × 100	0,5 bis 2,5	0,50	11,2	27,8	12,85	300
			1,00	22,4	55,0	25,70	
			1,50	33,4	82,5	38,55	
			2,00	43,7	110,0	51,40	
			2,50	54,0	137,5	64,25	

Nr.	Profil-Bezeichnung	Stärke mm	Annäherndes Gewicht für 1 qm gedeckte Fläche bei einer Stärke von mm	kg	Widerstandsmomente für 1 m Breite, bezogen auf cm	Querschnitt für 1 m Breite qcm	Grösste Baubreite mm
8	120 × 25	0,75 bis 2,5	0,75 1,00 1,50 2,00 2,50	7,50 10,00 15,00 20,00 25,00	5,1 6,7 10,1 13,5 16,9	8,62 11,50 17,24 23,00 28,74	840
9	135 × 30	0,75 bis 2,5	0,75 1,00 1,50 2,00 2,50	7,32 9,76 14,64 19,52 24,40	6,2 8,2 12,4 16,5 20,6	8,32 11,10 16,65 22,20 27,75	810
9a	135 × 35	0,75 bis 2,5	0,75 1,00 1,50 2,00 2,50	7,56 10,00 15,12 20,15 25,18	7,5 10,1 15,1 20,2 25,2	8,70 11,60 17,40 23,20 29,00	675
10	150 × 40	0,75 bis 2,5	0,75 1,00 1,50 2,00 2,50	7,70 10,25 15,36 20,24 25,60	8,7 11,6 17,4 23,2 29,0	8,850 11,80 17,70 23,60 29,50	750
10a	150 × 45	0,75 bis 2,5	0,75 1,00 1,50 2,00 2,50	7,90 10,55 15,85 21,10 26,40	10,2 13,6 20,4 27,2 34,0	9,15 12,20 18,30 24,40 30,50	750
10b	150 × 50	0,75 bis 2,5	0,75 1,00 1,50 2,00 2,50	8,8 11,7 17,5 23,2 29,0	11,8 15,7 23,6 31,4 39,3	9,50 12,70 19,05 25,40 31,75	600

Die Verbindung der Bleche in der Richtung der Wellen, also in der Längennaht, geschieht durch Nietung. Die Bleche werden hierbei, je nach der Dachneigung, 45 bis 70 mm breit übereinandergeschoben und zwar derart, dass die Ueberdeckung der Wetterseite zugekehrt ist. Die Stärke der Niete ist selbst bei den schwächsten Wellblechsorten nicht unter 6 mm zu wählen, weil sonst zu kleine Nietköpfe entstehen, durch welche ein Ausbrechen der Niete veranlasst werden kann. Um diesem Uebelstande zu begegnen, legt man auch wohl kleine Plättchen von Eisen, Blei oder Zink zwischen das Wellblech und den Nietkopf (vergl. Fig. 478 und 479). Früher suchte man eine Dichtung der Nietstellen dadurch zu erreichen, dass man über den äusseren Nietkopf kleine Blechkappen lötete, doch ist man von diesem Verfahren allgemein abgekommen, weil die beim Löten erforderliche Säure leicht unter die Kappe fliesst und das Blech zerstört. Die Erfahrung hat überdies gezeigt, dass eine ausreichende Dichtung erzielt wird, wenn Bleiplättchen zwischengenietet werden. Die Niete erhalten unter sich einen Abstand von 50 bis 60 cm und von den Blechenden einen solchen von 15 bis 30 cm.

Fig. 478.

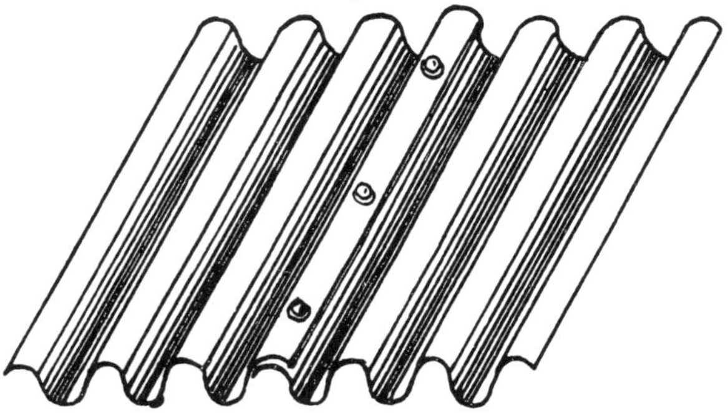

Fig. 479.

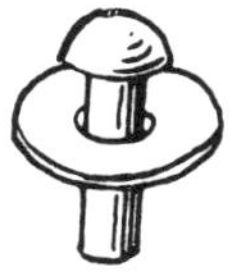

In den Quernähten werden die Bleche meist einfach mit 6 bis 10 cm breiter Ueberdeckung übereinandergeschoben, wenn sie hier durch Pfetten unterstützt sind. Bei schwebendem Stosse, der jedoch thunlichst zu vermeiden ist, muss eine mindestens doppelreihige Nietung in den Wellenbergen stattfinden.

Die Pfetten werden bei schwächeren flachgewellten Blechen am besten so angeordnet, dass sie die Bleche in der Mitte und an den Enden unterstützen, während bei Verwendung von Trägerwellblechen oder sehr starken flachgewellten Blechen eine Unterstützung durch Pfetten an den wagerechten Stössen der Bleche genügt.

Fig. 481.

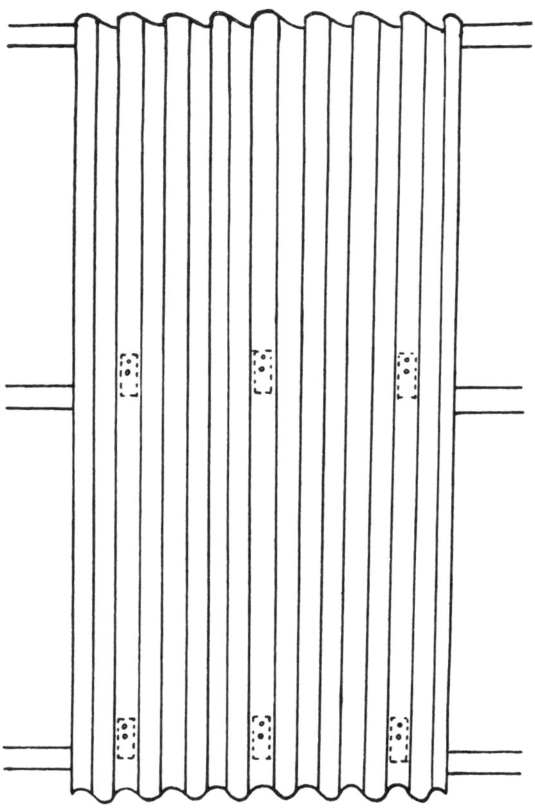

Bestehen die Pfetten aus Holz, so geschieht die Befestigung wie bei den Zinkdächern. Bei Eisenpfetten werden Haften (Agraffen) verwendet, die aus 4 bis 6 mm starkem, verzinktem Eisenblech 30 bis 5 mm breit und 150 bis 200 mm lang geschnitten werden. Dieselben (Fig. 480) werden so gekröpft, dass der kürzere Schenkel unter den Flantsch der meist [- oder T-förmigen Pfetten greifen

Fig. 480.

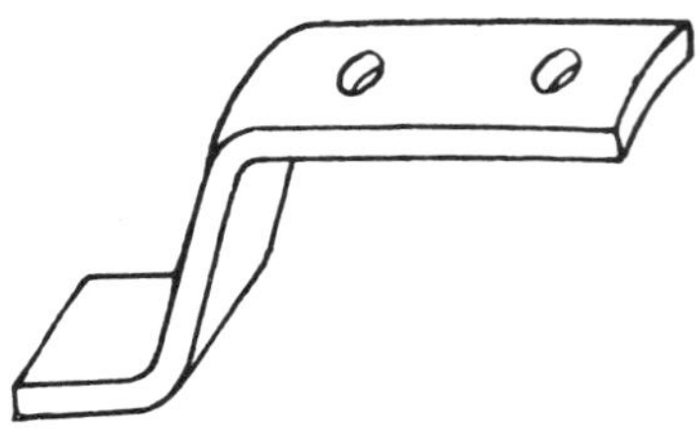

und der längere, mit ein oder zwei Nietlöchern versehene Schenkel in den Wellenbergen des oberen Bleches vernietet werden kann. Die Zahl dieser

Haften hängt von der Dachneigung und der mehr oder weniger exponierten Lage des Daches, also von der Möglichkeit, dass die Deckung durch den Sturm

Fig. 482.

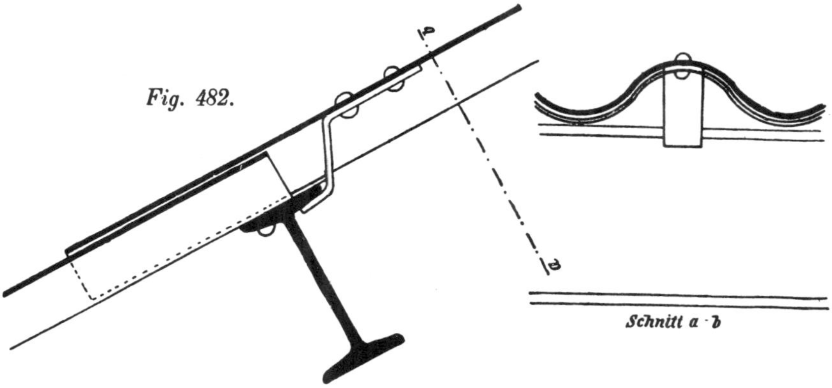

abgehoben werden kann, ab. Meist wird es aber genügen, fünf Haften anzuordnen und zwar am unteren Rande drei und in der Mitte zwei (Fig. 481). Sind die Bleche nur an ihren Enden unterstützt, so ist das obere Blechende auf dem Flantsche der Pfette zu vernieten, wobei der obere Kopf des Nietes, um die glatte Auflagerung des übergreifenden Bleches zu ermöglichen, versenkt sein muss (Fig. 482).

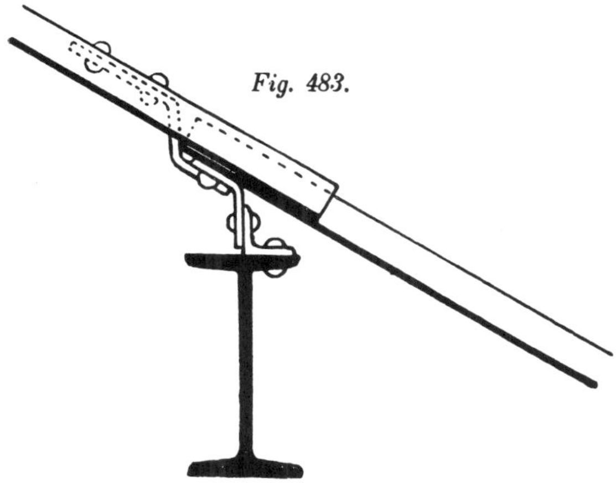

Fig. 483.

Sind die Stege der Pfetten nicht normal zur Dachrichtung, sondern lotrecht gestellt, so müssen nach Fig. 483 Winkeleisen auf die Pfetten genietet werden, deren einer Schenkel der Dachneigung entsprechend gebogen ist.

An der Traufe ist dafür zu sorgen, dass das Eintreiben von Schnee und Regen in das Gebäudeinnere verhindert wird. Zu diesem Zwecke sind sog. „Zungenbleche" (Fig. 484), die am oberen Ende so gewellt sind, dass sie genau in die Wellen der Deckbleche eingreifen, an ihrem oberen Ende mit dem Deckbleche zu vernieten und mit dem unteren Ende in den Falz des Rinnenbleches einzuhängen (Fig. 485). Damit das an der Unterfläche der Deckbleche

Fig. 484.

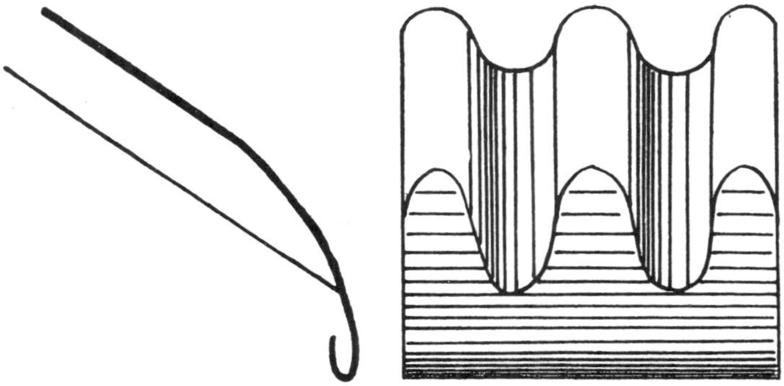

sich bildende Schwitzwasser nach der Dachrinne übergeleitet wird, ist anzuraten, an den Nietstellen a zwischen das Zungenblech und das Deckblech kleine Blechscheibchen einzuschieben, so dass die Bleche um etwa 4 mm voneinander getrennt sind.

Fig. 485.

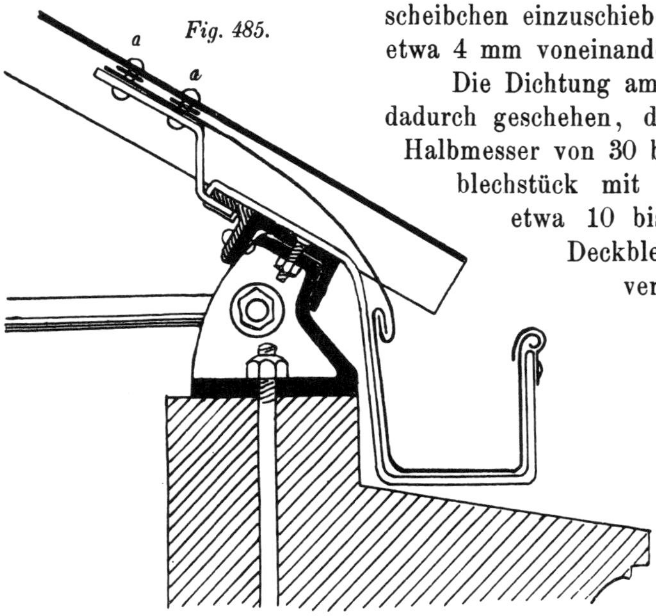

Die Dichtung am First kann nach Fig. 486 dadurch geschehen, dass man ein nach einem Halbmesser von 30 bis 50 cm gebogenes Wellblechstück mit einer Ueberdeckung von etwa 10 bis 15 cm auf die oberen Deckbleche legt und mit diesen vernietet. Soll die Dichtung durch Tafelblech bewirkt werden, so können die Wellen am Rande der obersten Deckbleche entweder dadurch geschlossen werden, dass man nach Fig. 487 ein Blech unter den Wellenthälern annietet und so um den Kopf der Deckbleche

Fig. 486.

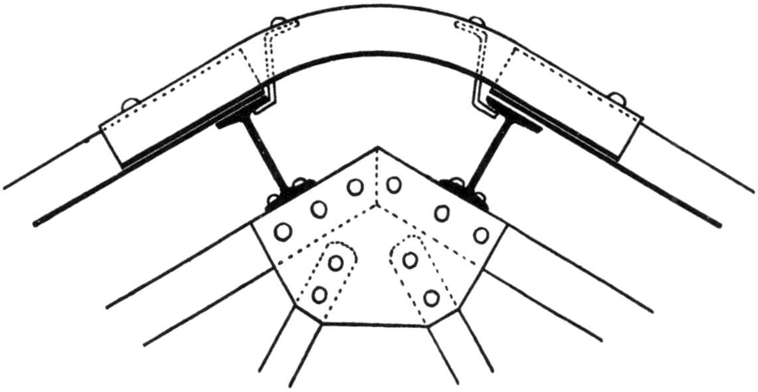

Fig. 487.

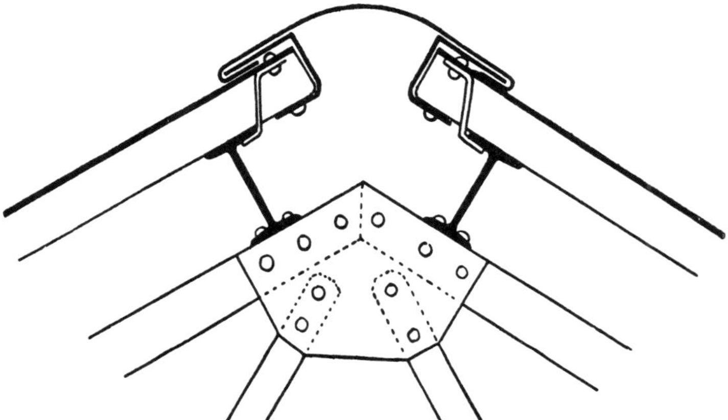

herumbiegt, dass die Deckkappe in die Umkantung eingehangen werden kann oder indem man nach Fig. 488 auf die oberen Ränder der Deckbleche zwei

Fig. 488.

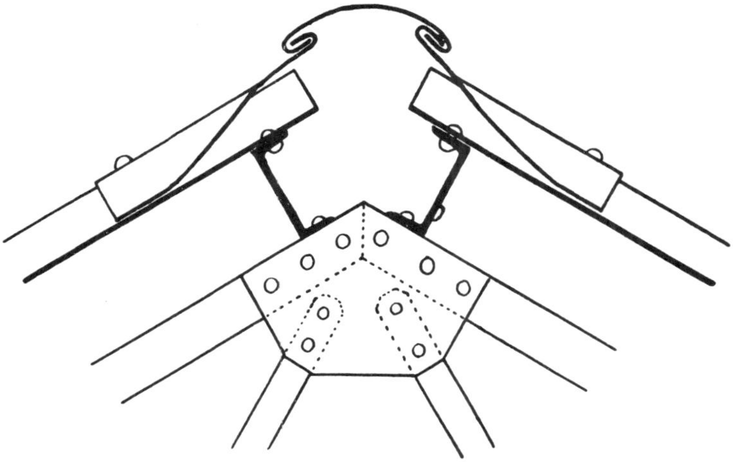

Formbleche nietet, deren Wellen allmählich nach oben zu in flaches Blech übergehen, in dessen Umkantung die Deckkappe eingreift. Die Deckkappen werden

Fig. 489.

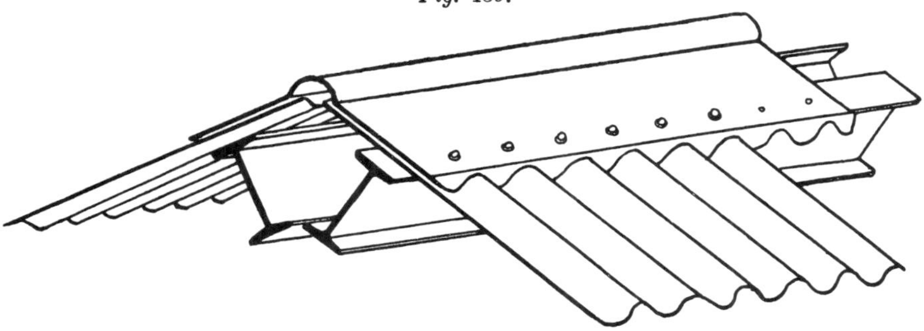

mit etwa 5 cm breiter Ueberdeckung übereinander geschoben und vernietet. Hierbei sind in Abständen von 4 bis 5 m die Nietlöcher des überdeckten Bleches länglich zu gestalten, um der Längenausdehnung derselben Rechnung zu tragen.

Fig. 490.

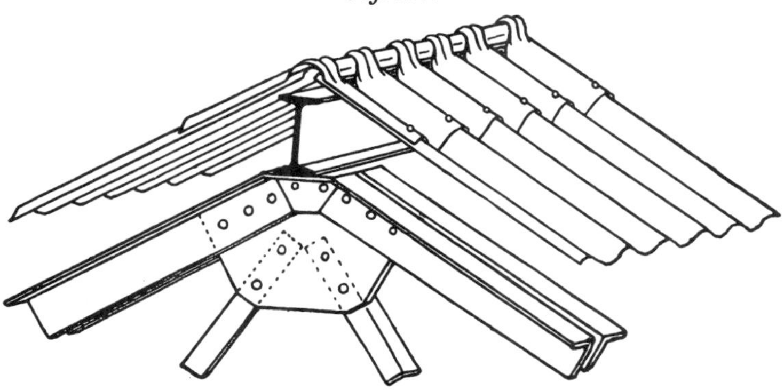

Die Aktien-Gesellschaft für Verzinkerei und Eisenkonstruktion, vormals J a c o b H i l g e r s in Rheinbrohl fertigt besondere Formbleche, welche ohne weitere

Hilfsmittel über den First verlegt und mit den Deckblechen vernietet werden. Dieselben sind entweder glatte Bleche, deren untere Ränder nach unten umgekantet und entsprechend dem Querschnitte der Deckbleche ausgeschnitten sind (Fig. 489) oder sie sind durch Pressung, ebenso wie die von der Gesellschaft „Lipine“ aus Zinkblech hergestellten Firstbleche gestaltet und führen dann die Bezeichnung „geknicktes Firstblech“ (Fig. 490). Aehnliche Bleche fertigt die genannte Gesellschaft auch für den Anschluss von Pultdächern an Mauerwerk (Figur 491), die Firstdichtung bei Sheddächern (Fig. 492), den Anschluss an Schornsteine (Fig. 493) und für den Anschluss an Laternen mit beweglichen oder fest stehenden Jalousien (Figur 494 und 495) an.

Fig. 491.

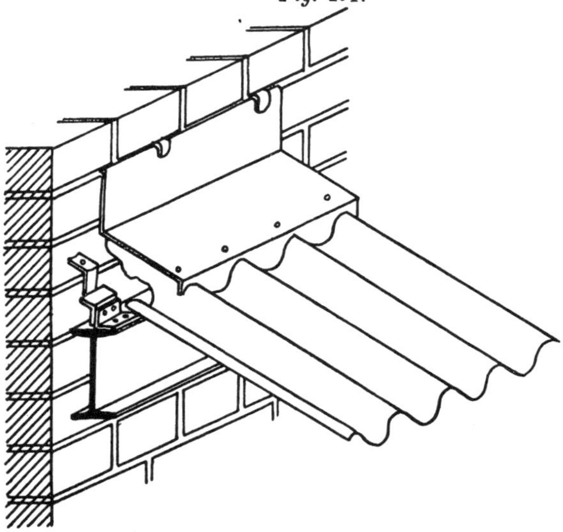

Fig. 492.

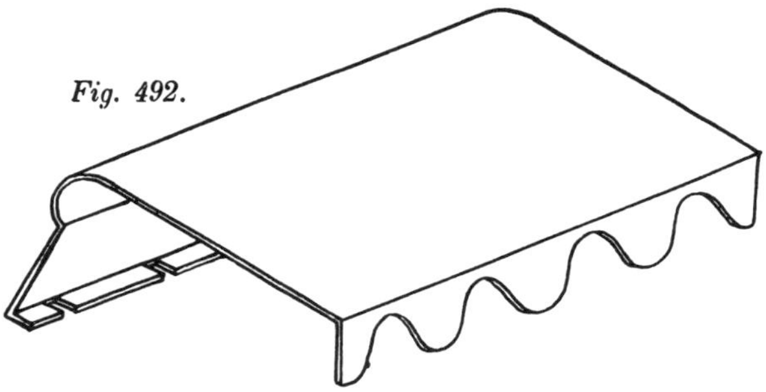

Fig. 493.

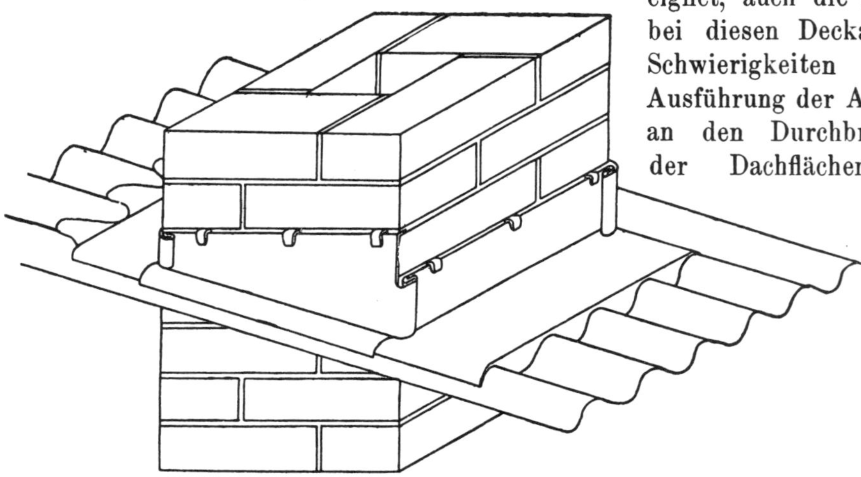

Da sich die Deckung mit den grossen Tafelblechen und Wellenblechen wenig für kleinere Dächer eignet, auch die Klempner bei diesen Deckarten auf Schwierigkeiten bei der Ausführung der Anschlüsse an den Durchbrechungen der Dachflächen durch Schornsteine, Brandmauern, Oberlichte u. s. w. stossen, so kam man auf die Herstellung der verschiedenartigsten Formbleche, welche den aus Zink hergestellten Rauten und Platten, den Falzziegeln oder Schiefern nachgebildet sind.

Fig. 494.

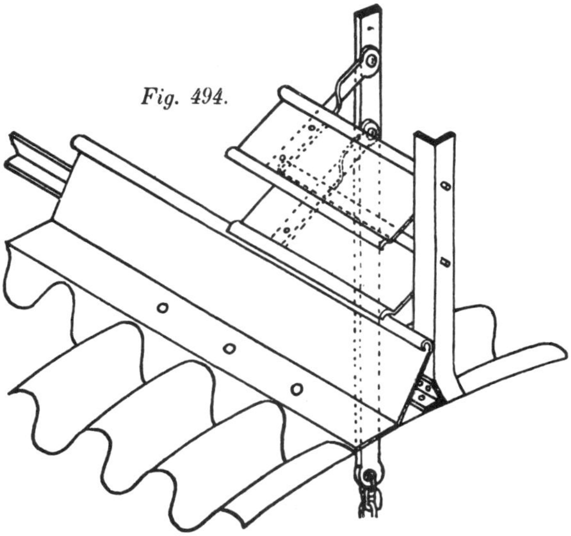

Fig. 495.

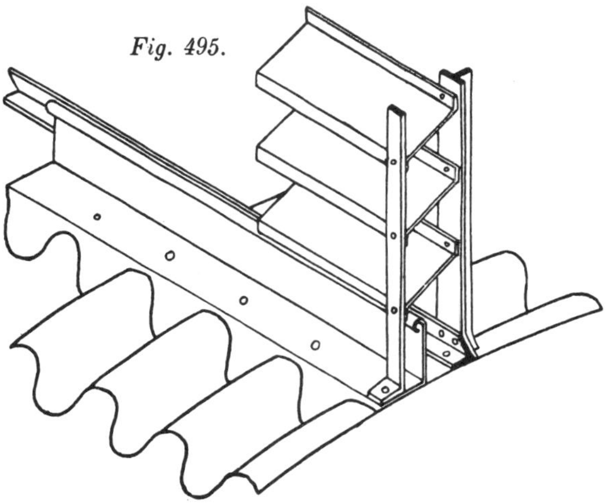

Fig. 496.

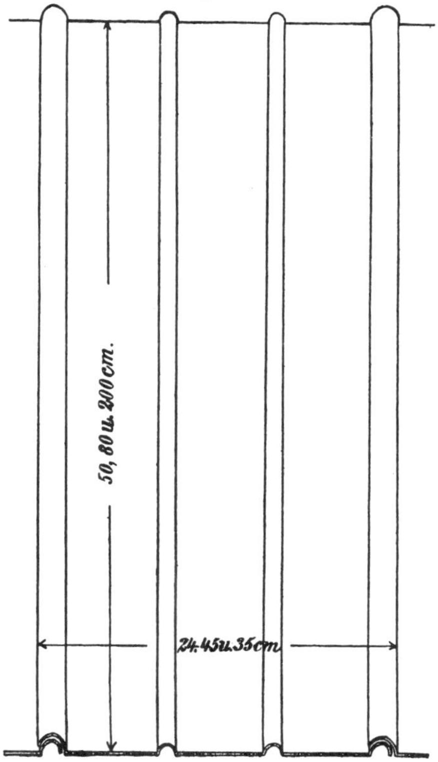

Fig. 497.

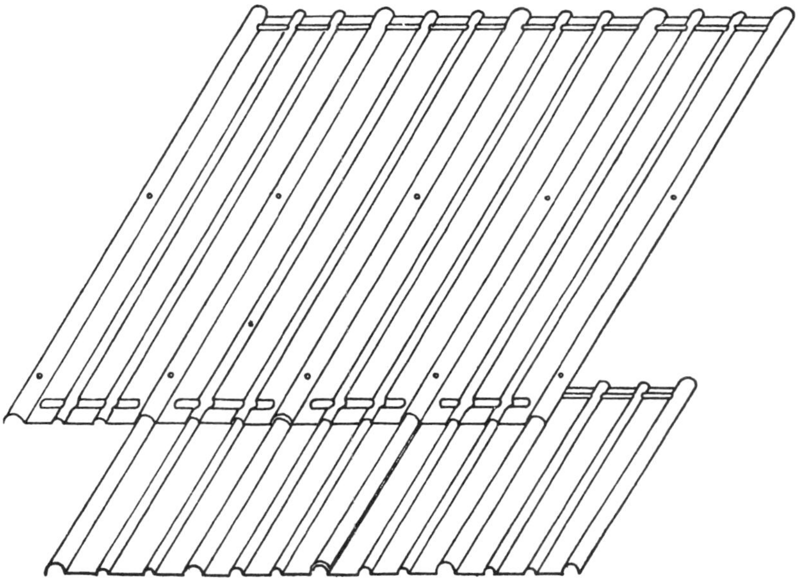

Rauten aus verzinktem Eisenblech unterscheiden sich in nichts von den Zinkrauten, haben aber vor diesen den Vorzug, dass sie sich in der Sonnen-

Fig. 498.

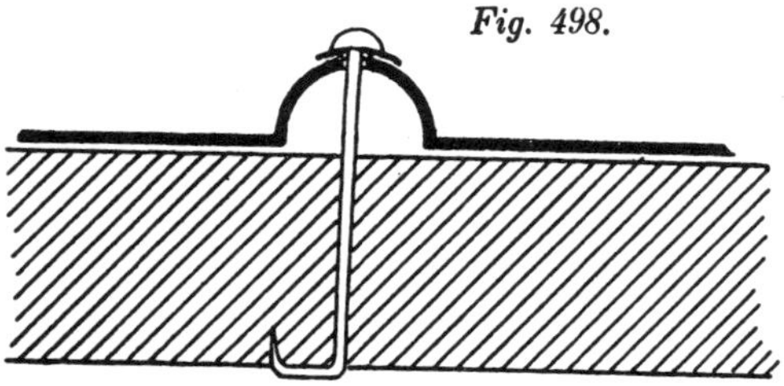

Fig. 500.

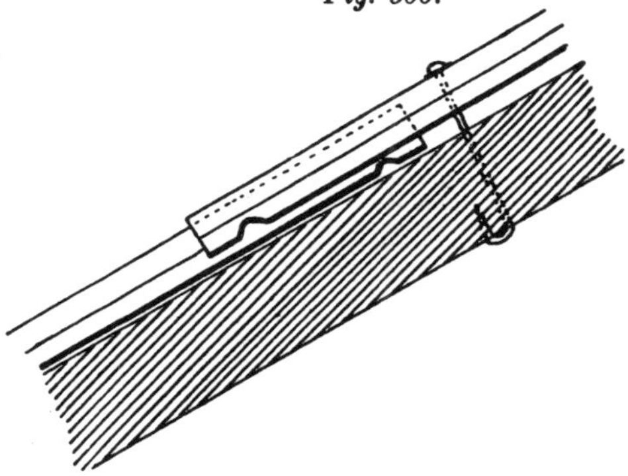

Fig. 499

Fig. 501.

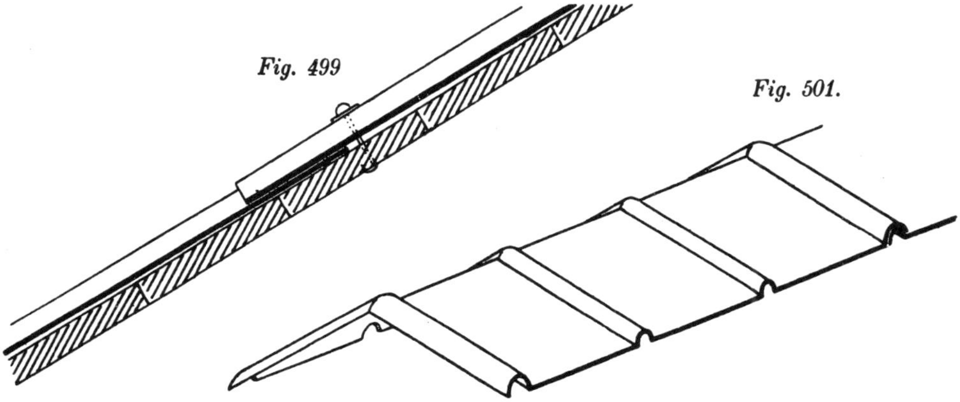

Fig. 502.

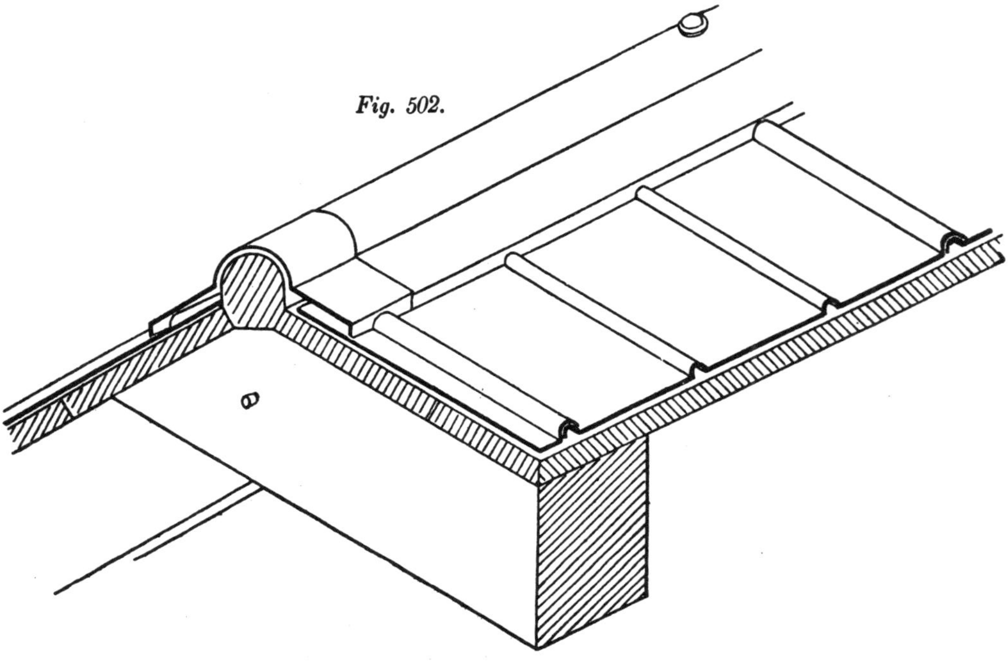

hitze nicht verziehen und dass ihre Falze nicht zusammengedrückt werdeu können, so dass Undichtigkeiten in der Deckung weniger häufig eintreten. Die Verzinkung der Rauten darf nicht nach der Herstellung der Falze geschehen, weil sonst die dünne Zinkschicht beim Biegen der Bleche abspringen würde.

Fig. 503.

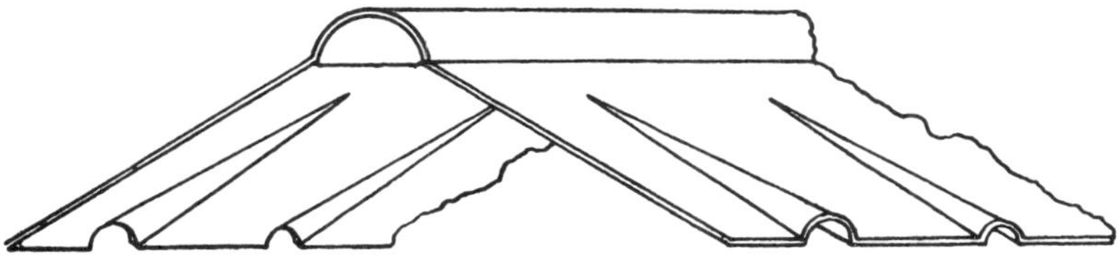

Dachplatten aus verzinktem Eisenblech wurden zuerst für die Eindeckung der Gebäude der Ausstellung in Paris im Jahre 1878 angewendet. In Deutschland werden dieselben namentlich von der Siegener Verzinkerei-Aktiengesellschaft Geisweid, von Hein, Lehmann & Komp. in Berlin, Hermann Klehe & Söhne in Baden-Baden und von der Aktien-Gesellschaft für Verzinkerei und Eisenkonstruktion, vormals Jakob Hilgers in Rheinbrohl hergestellt.

Fig. 504.

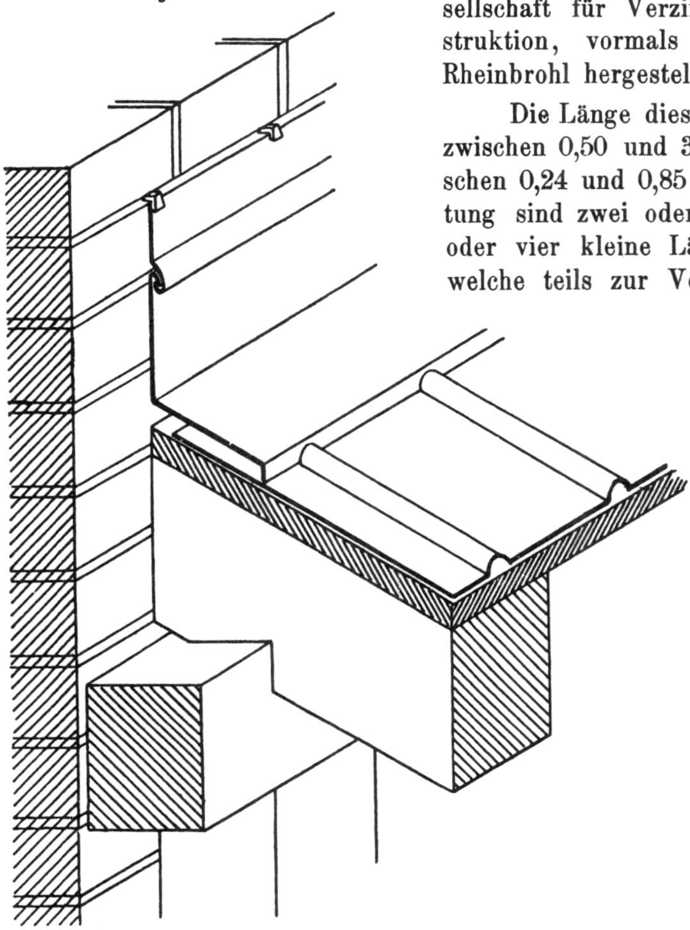

Die Länge dieser Platten bewegt sich zwischen 0,50 und 3,0 m, ihre Breite zwischen 0,24 und 0,85 m. Iu der Längsrichtung sind zwei oder drei grosse und zwei oder vier kleine Längswulste angeordnet, welche teils zur Versteifung der Bleche, teils zur Erhöhung der Tragfähigkeit und schliesslich zur Herstellung des Längenverbandes durch gegenseitige Ueberdeckung (Fig. 496) dienen.

Die Eindeckung erfolgt im Verbande (Fig. 497) auf Schalung oder Lattung, die Befestigung mittels besonders geformter 9 cm langer, verzinkter Nägel mit hohlem Kopf (Fig. 498 u. 499), welche etwa 10 cm vom unteren Ende der Platten entfernt und ebenso in der Mitte der Platten in den Wulst eingetrieben werden. Die Nagellöcher sind von unten her einzustossen, damit der scharfe

Grat sich in die zwischen denselben und den Nagelkopf einzufügende Bleiunterlage eindrücken kann und so einen dichten Schluss bewirkt. Die vorstehenden Spitzen der Nägel sind umzuschlagen und in die Schalbretter oder Dachlatten einzutreiben. Am unteren Ende der Platten befinden sich meist Querwulste (Fig. 500), welche den festen Anschluss an die tiefer liegenden Platten vermehren und das Hochziehen von Wasser unter die Ueberdeckung verhindern sollen. Zur Firstdichtung werden besondere, nach den Fig. 501 bis 504 gestaltete Firstbleche verwendet, während der Anschluss an Mauern, die in der Sparrenrichtung verlaufen, nach Fig. 505 erfolgen kann. An den Giebelenden geschieht die Dichtung mittels eines nach Fig. 506 über den äussersten Wulst der Platten gebogenen Windbleches, welches an den Giebelsparren durch enge Nagelung befestigt ist. Dachfenster werden in fester Verbindung mit einer Dachplatte geliefert (Fig. 507), so dass hierbei besondere Anschlussbleche überflüssig sind. Als geringste Dachneigung sind 15⁰, als geringstes Maass der Ueberdeckung 10 cm anzunehmen.

Fig. 505.

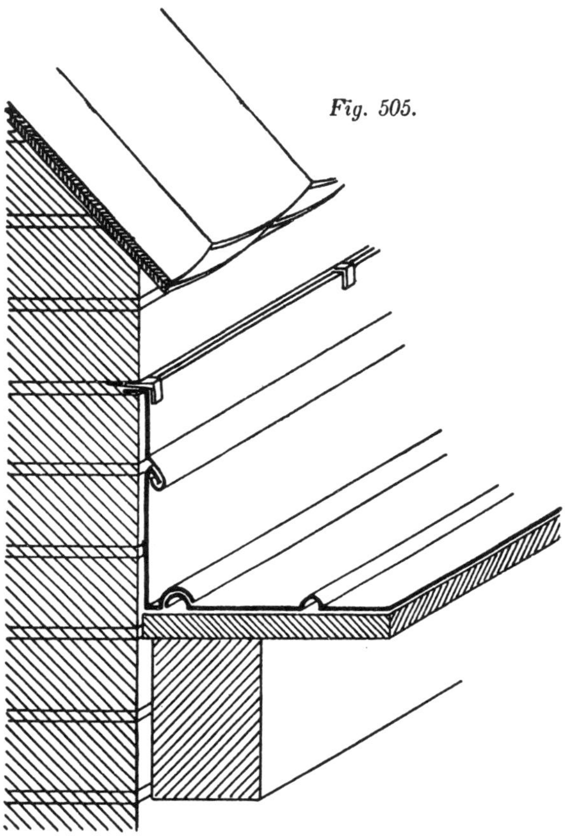

Fig. 506.

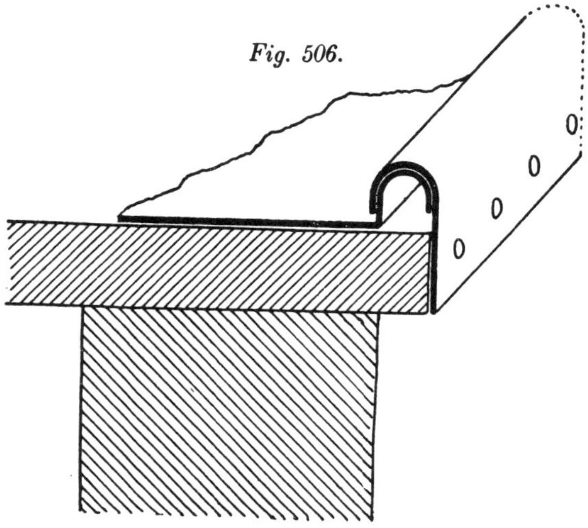

Die Hilgersschen Patent-Dachplatten weichen nur insofern von den hier beschriebenen ab, als in die von den Längswulsten begrenzten Flächen zur Verzierung und Erzielung grösserer Steifigkeit längliche Rauten (Fig. 508) eingepresst sind.

Nachbildungen von Falzziegeln fertigen Hermann Klehe & Söhne in Baden-Baden in gestrichenem, verzinktem oder emailliertem Eisenblech. Die Eindeckung geschieht auf Lattung, indem die Ziegel mit einer in geringem Abstande von der Unterkante auf der unteren Fläche angenieteten Hafte (Fig. 510 bis 515) über die Latten geschoben werden. Die Länge dieser Falzziegel beträgt 43 cm, ihre Breite 23,5 cm, die

Ueberdeckung in den wagerechten Stössen 10 cm und in den senkrechten Stössen 2,5 cm, so dass zur Eindeckung von 1 qm Dachfläche $14^{1}/_{2}$ Ziegel erforderlich sind. Da eine Platte 600 g wiegt, so beträgt das Gewicht von 1 qm Eindeckung nur 8,7 kg. Als geringste Dachneigung ist ein Winkel von 30^{0} anzunehmen.

Die Deckung mit Platten aus Gusseisen hat wegen des bedeutend höheren Gewichtes (35 bis 50 kg auf 1 qm) weit weniger Anwendung gefunden als die mit Rauten, Platten oder Ziegeln aus Eisenblech. Sie werden in der Form von Schiefertafeln von den Eisenwerken Gröditz bei Riesa und Tangerhütte

Fig. 507.

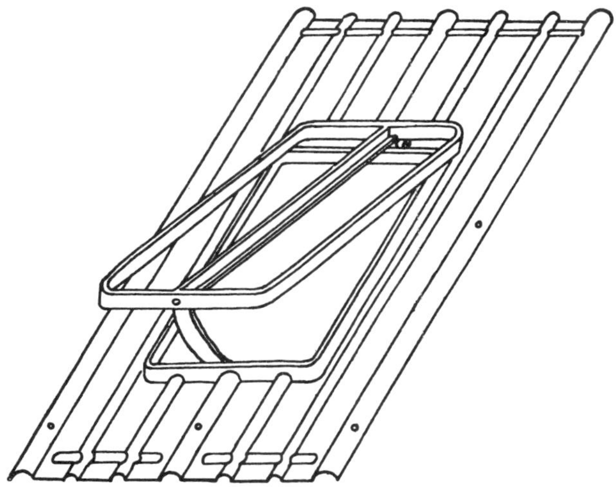

Fig. 508.

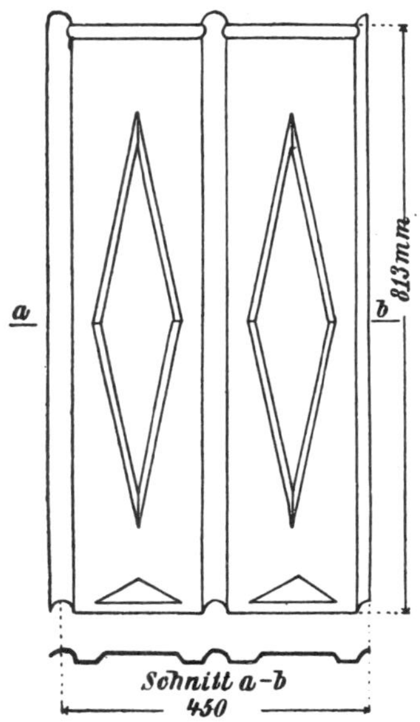

Fig. 509.

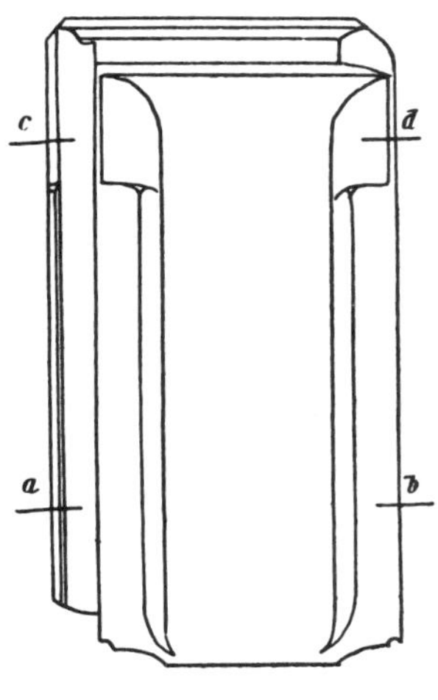

Aufsicht.

Fig. 510.

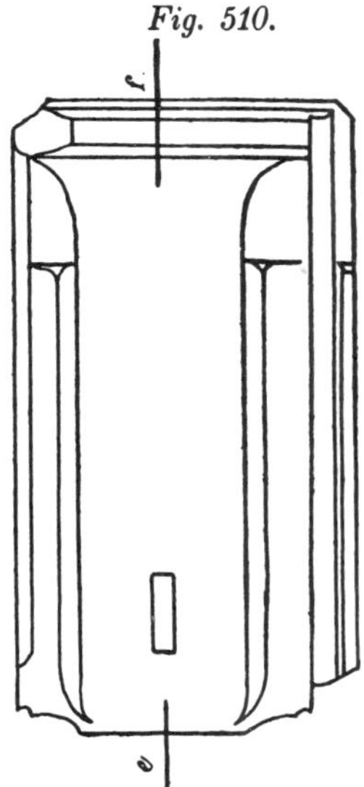

Untersicht.

Fig. 511.

in der Provinz Sachsen hergestellt und sind im Handel unter der Bezeichnung „Façettenziegel“ eingeführt. Dieselben sind, in der Diagonale gemessen, 42 cm lang und 34 cm breit und zeigen in der Oberfläche rautenförmige Erhöhungen

(Fig. 516). Neben diesen Deckziegeln sind zur Einfassung der Trauf-, First- und Giebelseiten, sowie für den Anschluss an Schornsteine, Dachfenster u. s. w. noch eine grosse Anzahl besonders geformter glatter und façettierter Ziegel (vergl. die Fig. 517 bis 530) erforderlich. Die Ziegel sind mit je zwei verzinkten Nägeln auf Dachschalung oder Lattung, welch letztere in einer Weite von 14 bis 17 cm (Fig. 531) auszuführen ist, zu befestigen. Als geringste Dachneigung ist 1 : 5 zu wählen.

Fig. 512.

Schnitt a b

Fig. 513.

Schnitt c d

Die Ueberdeckung der Ziegel muss mindestens betragen:

bei $^1/_5$ Dachneigung 10 cm
„ $^1/_4$ „ 8 „
„ $^1/_3$ „ 6 „

Fig. 514.

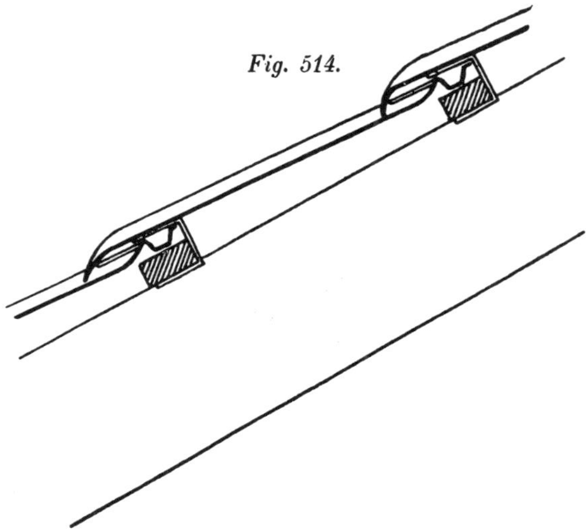

Das Gewicht von 1 qm Deckfläche ist annähernd:

bei $^1/_5$ Dachneigung 50 kg
„ $^1/_4$ „ 43 „
„ $^1/_3$ „ 35 „

Die Ziegel werden sowohl asphaltiert, als emailliert hergestellt. Zur Dichtung der Firste und Grate dienen besondere Formeisen (Fig. 532 bis 534), welche mit Holzschrauben auf einer kräftigen Holzleiste zu befestigen sind.

c) Deckung mit Kupfer.

Die Stärke der Kupferbleche, welche zu Dachdeckungen Verwendung finden,

Fig. 515.

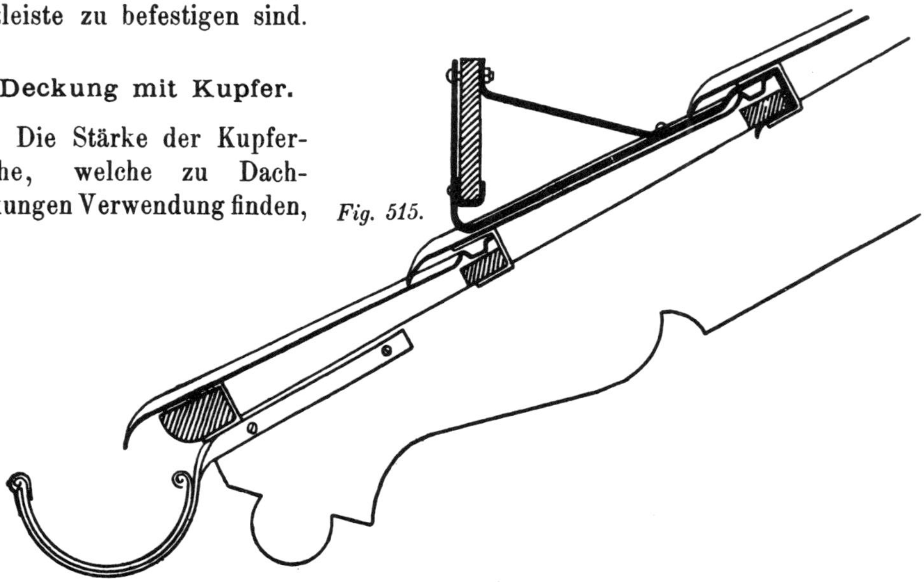

Fig. 516.

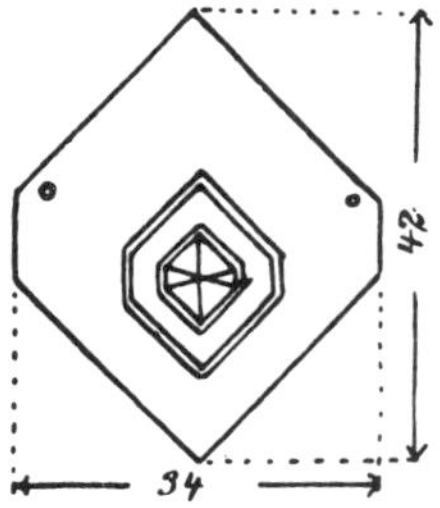

Fig. 517.

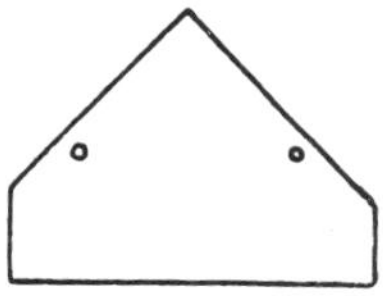

Fig. 518.

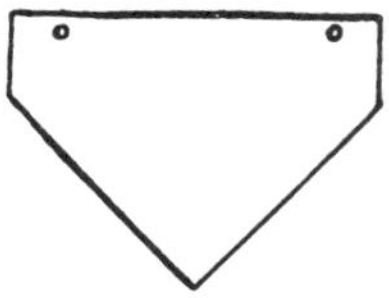

Fig. 519.

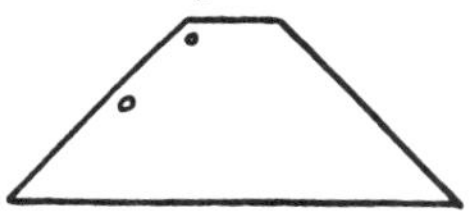

Fig. 520.

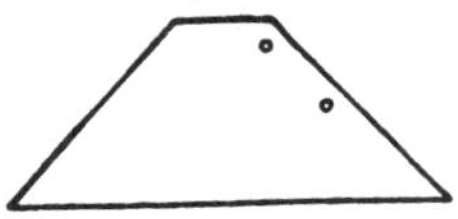

Fig. 521.

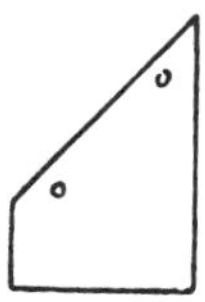

Fig. 522.

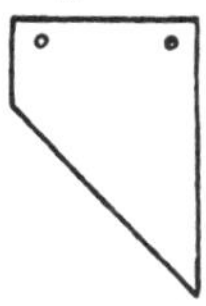

Fig. 523.

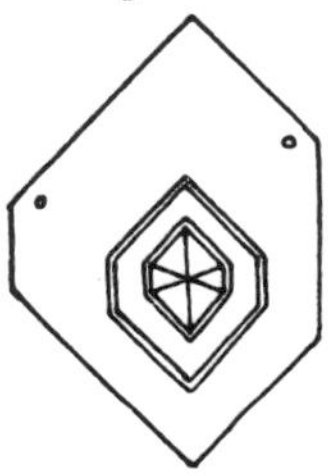

Fig. 524.

Fig. 525 u. 526.

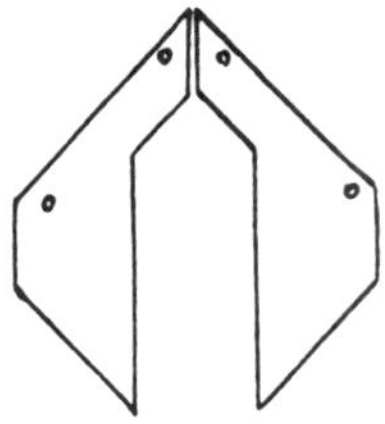

Fig. 527.

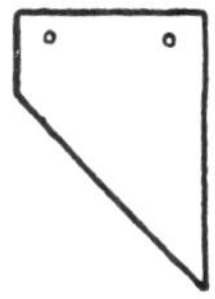

Fig. 528.

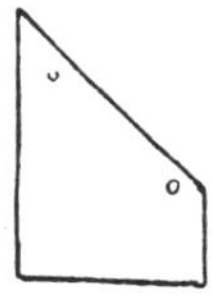

Fig. 529.

Fig. 530.

schwankt zwischen 0,5 und 1,0 mm, ihre Grösse ist eine sehr verschiedene, meist beträgt dieselbe 1,0 × 2,0 m. Als Unterlage dient in der Regel eine 25 bis 30 mm starke Schalung von 15 bis 20 cm breiten Brettern, die mit einem Abstande von etwa 5 mm auf den Sparren befestigt werden. Breitere Fugen anzuordnen, ist nicht anzuraten, weil das Kupferblech sich mit der Zeit dicht auf die Schalung legt, so dass die Fugen sich dann von aussen kenntlich machen.

Fig. 531.

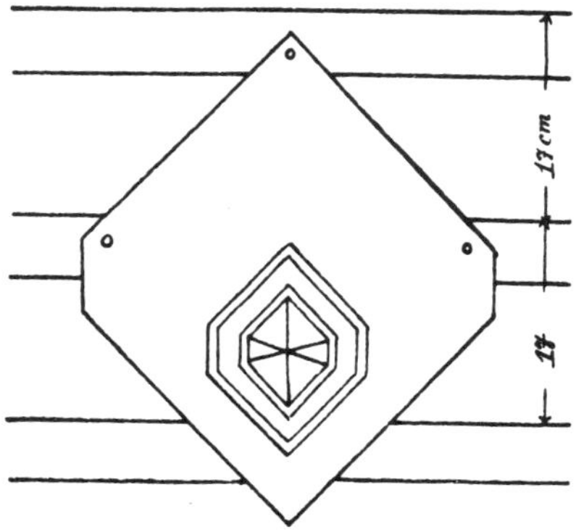

Fig. 532.

An den *senkrechten* Stössen erfolgt die Verbindung der Bleche durch den doppelt stehenden Falz (Fig. 535), an den *wagerechten* Stössen durch

Fig. 533.

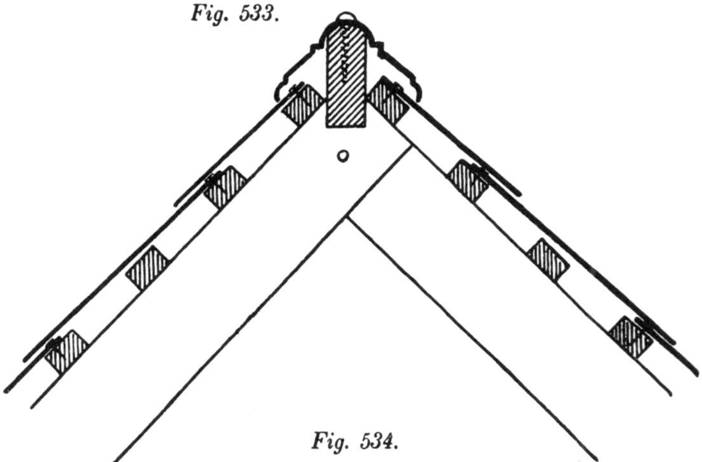

Fig. 534.

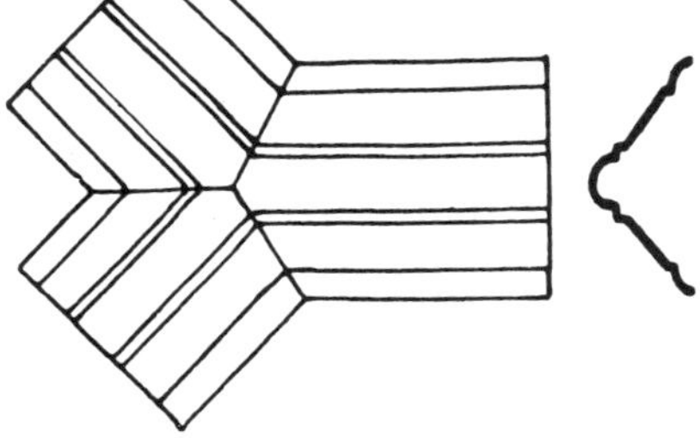

Fig. 535.

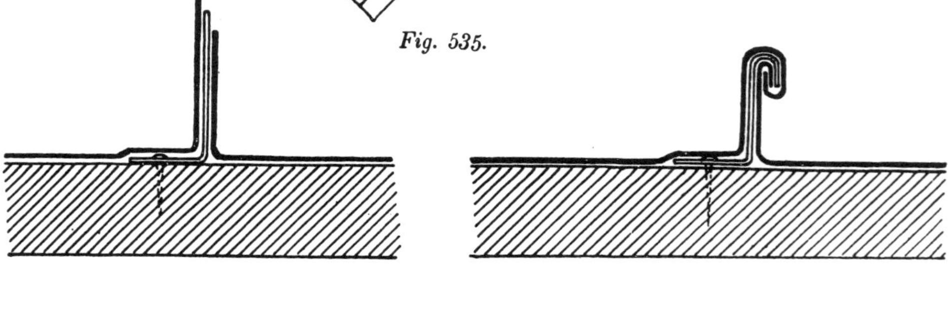

den liegenden Falz (Fig. 536). Bei sehr flachen Dächern, welche betreten werden sollen, geschieht die Verbindung der senkrechten Stösse durch Schiebenähte (Fig. 537) oder man legt die Doppelfalze nieder und verlötet dieselben.

Häufig wird gewünscht, dass die von der Traufe zum First laufenden Falze zur Belebung der Dachfläche kräftig sichtbar werden; man gestaltet dieselben dann nach Fig. 538 als „Gratfalze". Bei dem Neubau des Reichstagsgebäudes in Berlin sind die Längsfalze dadurch gebildet, dass nach Fig. 539 die Langseite der 1,0 × 2,0 m grossen Kupferbleche 4 cm hoch aufgekantet, etwa in der Mitte dieser Aufkantung in stumpfem Winkel eingekantet und dann am oberen Ende rechtwinkelig umgekantet wurden. Diese Aufkantungen werden durch Haften, welche die obere Umkantung der Deckbleche mittels einer Falzung umklammern, und in Entfernungen von etwa 30 bis 40 cm mittels je zwei Nägeln auf der Schalung befestigt sind, festgehalten. Ueber diese Aufkantungen der Deckbleche ist ein Wulst geschoben, dessen Langseiten rechtwinkelig so umgekantet sind, dass diese Umkantungen genau in den stumpfen Winkel der Deckblech-Aufkantungen hineinfassen.

Fig. 536.

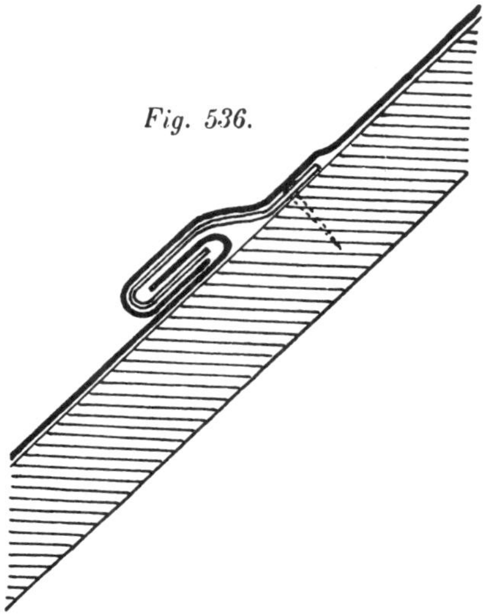

Fig. 537.

Fig. 538.

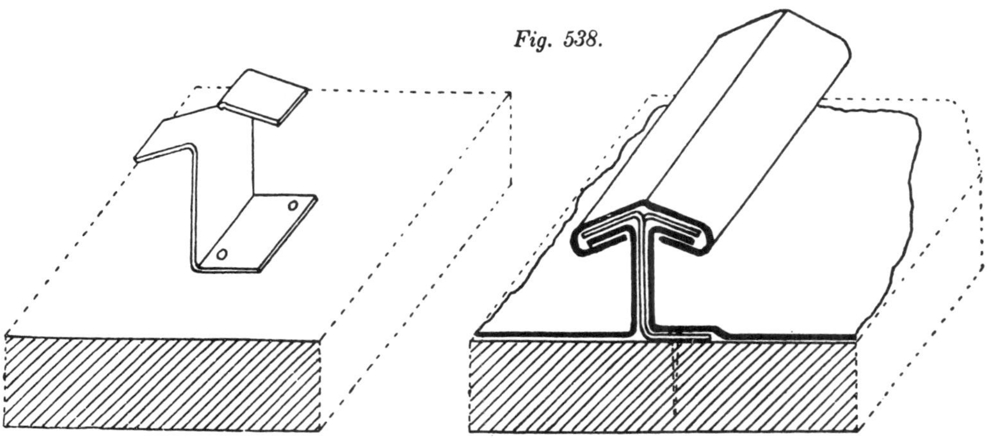

Die Deckbleche werden gewöhnlich im Verbande (Fig. 540) verlegt, um zu verhindern, dass im Zusammenschnitte der Quer- und Längsfalze vier Bleche zusammengefalzt werden müssen. Zur Befestigung der Bleche auf der Schalung dienen 3 bis 5 cm breite und 6 bis 9 cm lange Haften aus Kupferblech, welche mit 2 kupfernen oder verzinnten Schiefernägeln angeheftet und in den oberen

Falz der Bleche eingehangen werden. Von diesen sind an jedes Ende der Tafel einer, die übrigen in Abständen von 30 bis 50 cm anzuordnen, so dass bei einer 1,0 m breiten Tafel 3 bis 5 Haften nötig sind.

Fig. 539.

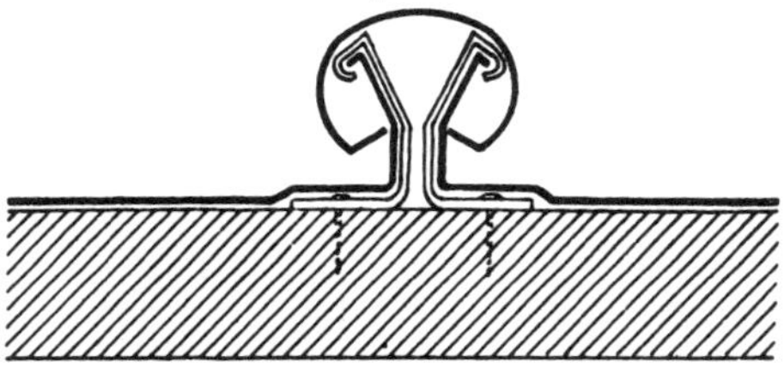

Fig. 540.

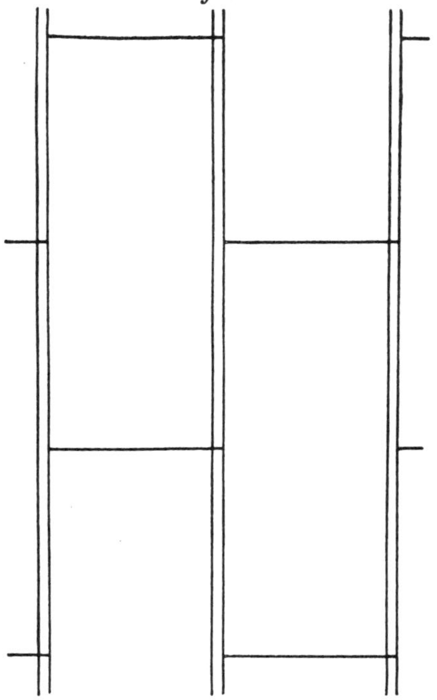

d) Deckung mit Blei.

Da bei dieser Eindeckungsart nur dann eine längere Haltbarkeit zu erwarten ist, wenn neben sachgemässer sorgfältigster Ausführung derselben durch geübte Bleiarbeiter die Platten mindestens eine Stärke von 1,5 mm besitzen, so sind die Kosten der Deckung so bedeutende, dass ihre Anwendung nur in wenigen Fällen, wo es auf besonders grosse Dauer der Bedachung ankommt (bei hervorragenden Monumentalbauten) in Frage kommen kann. Sie wird deswegen in Deutschland nur höchst selten an Stelle der Kupferdeckung ausgeführt; in Frankreich, Italien und Spanien hat sie jedoch weitere Verbreitung gefunden.

Während früher zu Bedachungszwecken ausschliesslich Platten verwendet wurden, die auf Sand gegossen waren, wird heute fast durchweg gewalztes Blei verarbeitet. Dasselbe wird im Handel, je nach seiner Stärke, ebenso wie Zink nach verschiedenen Nummern gekauft, von denen namentlich die Nummern 10 bis 15 Verwendung finden. Die Breite, Länge, Dicke und das Gewicht der in Deutschland eingeführten Handelsware ist aus der folgenden Tabelle zu entnehmen:

Nr.	Grösse			Annäherndes Gewicht pro qm in kg
	Breite m	Länge m	Dicke mm	
1	2,35 bis 2,45	10,00	10,0	115,0
2	2,35 bis 2,45	10,00	9,0	103,5
3	2,35 bis 2,45	10,00	8,0	92,0
4	2,35 bis 2,45	10,00	7,0	80,5
5	2,35 bis 2,45	10,00	6,0	69,0
6	2,35 bis 2,45	10,00	5	57,5
7	2,35 bis 2,45	10,00	4,5	52,0
8	2,35 bis 2,45	10,00	4,0	46,0

Nr.	Grösse Breite m	Länge m	Dicke mm	Annäherndes Gewicht pro qm in kg
9	2,30 bis 2,40	10,00	3,5	40,0
10	2,30 bis 2,40	10,00	3,0	34,5
11	2,30 bis 2,40	10,00	2,5	29,0
12	2,00 bis 2,25	10,00	2,25	26,0
13	2,00 bis 2,25	10,00	2,00	23,0
14	1,50 bis 2,00	8,00	1,75	20,0
15	1,50 bis 2,00	8,00	1,50	17,0
16	1,0 bis 1,30	8,00	1,375	15,5
17	1,0 bis 1,30	8,00	1,25	14,0
18	1,0 bis 1,30	8,00	1,00	11,5

Als Unterlage dient meist eine 3 bis 3,5 cm starke Brett- oder Lattenschalung. Wegen der bedeutenden Schwere der Bleiplatten sind dieselben an ihrer oberen Kante nach Fig. 541 oder Fig. 542 zwischen zwei Schalbrettern hindurchzuführen und auf der Oberkante der Sparren oder auf der Unterfläche der Schalung mittels breitköpfiger Nägel mit Zwischenräumen von 6 bis 10 cm zu befestigen, beziehungsweise nach Fig. 543 zwischen zwei Schalbretter von halber Stärke einzulegen. An den wagerechten Stössen werden die unteren von den oberen Blechen um ungefähr 20 cm überdeckt und die letzteren gegen das Abheben durch den Sturm dadurch gesichert, dass eine oder zwei Haften nach Fig. 541 oder 542 mit kräftigen Schrauben auf der Schalung befestigt und um den unteren Rand der Tafel herumgebogen werden, oder indem nach Fig. 543

Fig. 541. *Fig. 542.* *Fig. 543.*

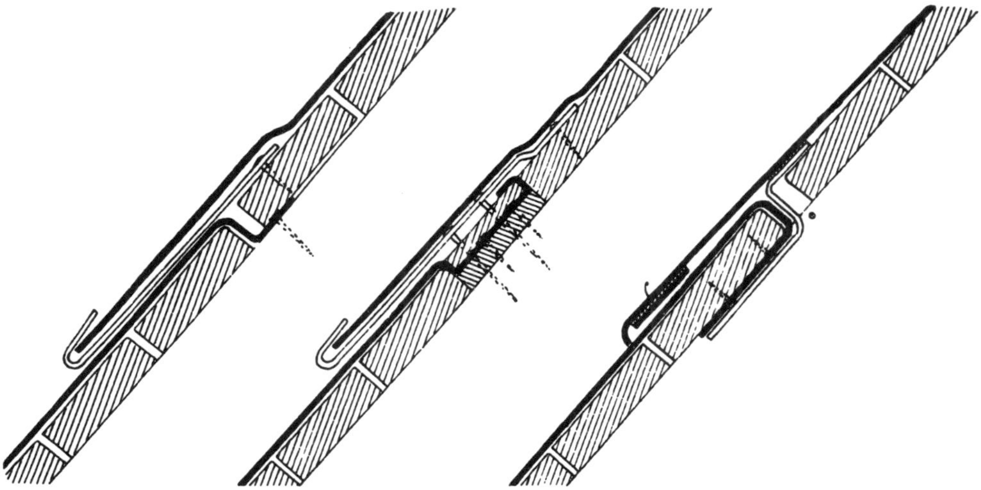

eine Hafte auf der unteren Seite der Tafel angelötet wird, die sich unter eine zweite an der Schalung befestigte Hafte schiebt. Die letztere Konstruktion ermöglicht auch die Anbringung weiterer Haften in der Mitte der Tafel (vergl.

Fig. 544). Behufs weiterer Versteifung und Verstärkung des unteren Randes der Blechtafeln empfiehlt es sich, hier auf die ganze Blechbreite einen Bleistreifen in Gestalt eines flachen Kreisabschnittes (vergl. Fig. 543 und 544 bei b) unterzulöten.

Fig. 544.

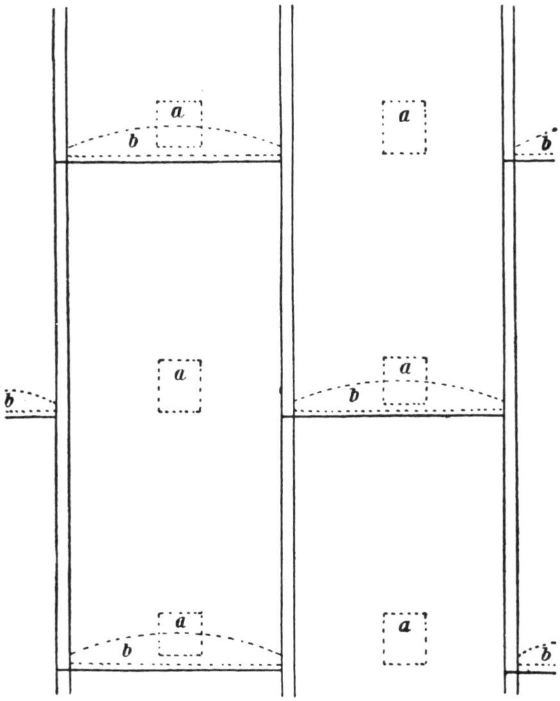

Die Verbindung an den senkrechten Stössen kann in folgender Weise geschehen: Auf die Schalung werden 2,5 bis 3 cm starke Leisten mit flach abgeschrägten Seitenflächen befestigt, die Ränder der zwischen denselben liegenden Bleiplatten an der linken Seite etwa 12 cm und an der rechten Seite etwa 8 cm aufgebogen und darauf, wie Figur 545 zeigt, zusammen aufgerollt. Bei einer anderen Verbindungsweise sind an einer langen Seite der Tafel Hafte c (Fig. 546) anzulöten, welche durch Nagelung auf der Schalung befestigt werden. Diese Haften sind so anzulöten, dass die Lötstellen nicht unter die Wulstenfalze zu liegen kommen, damit an den Lötstellen etwa später eintretende Risse sichtbar sind und beseitigt werden können. Demnach sind also, wie Fig. 546 zeigt, die Hafte stets an die Seite der Tafel zu löten, an welche die hohe Aufkantung gebogen wird.

Fig. 546.

Fig. 545.

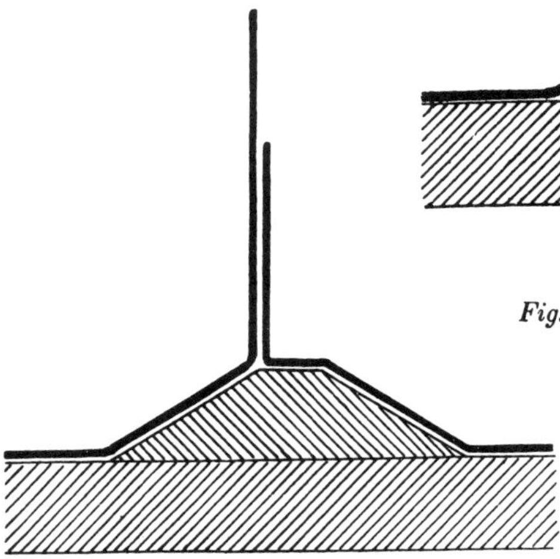

Bei begehbaren Dächern (Balkone, Altane, Plattformen) sind, wenn die Ausdehnung derselben so gross ist, dass ihre Abdeckung in der Richtung des

Gefälles nicht mit einer Tafellänge bewirkt werden kann, Absätze in der Schalung oder dem Estrich zu bilden, weil sonst die Falzung der Quernähte zu stark auftragen und den Wasserabfluss hindern, auch Beschädigungen ausgesetzt

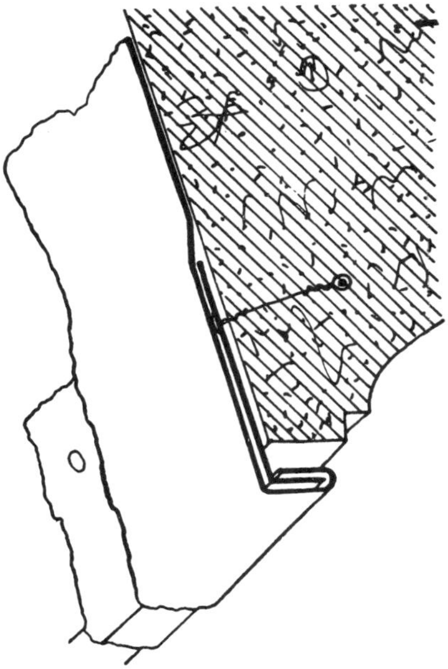
Fig. 550.

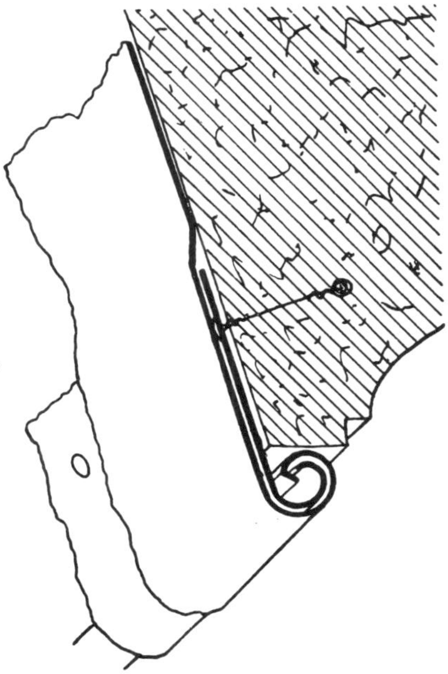
Fig. 551.

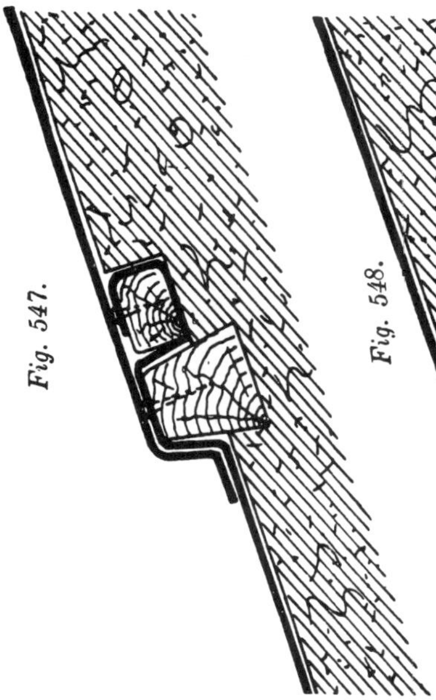
Fig. 547.

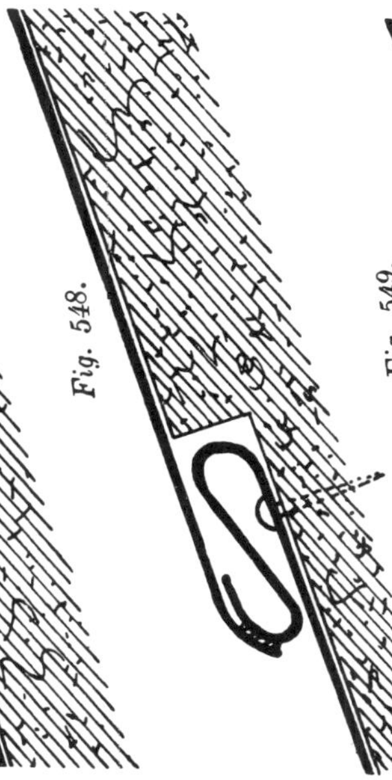
Fig. 548.

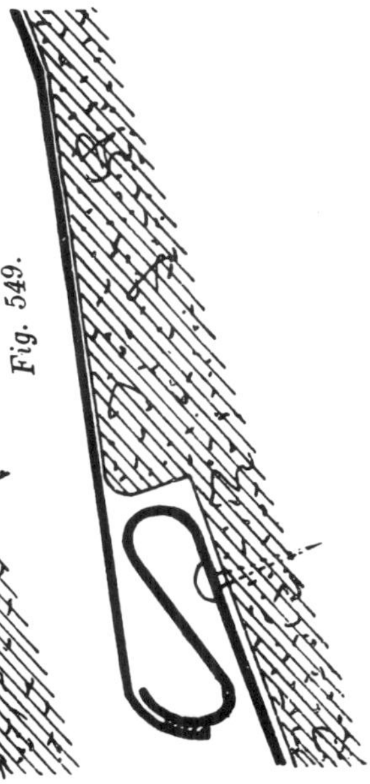
Fig. 549.

sein würde. Diese Absätze können dadurch bewirkt werden, dass nach Fig. 547 zwei Latten auf die Schalung genagelt oder in den Estrich eingebettet werden, zwischen welchen die Bleitafel hindurchgeführt wird, oder indem die untere Tafel an ihrem oberen Rande nach den Fig. 548 und 549 gefaltet und mit der oberen Tafel durch Lötung verbunden wird. Die letztere Befestigungsart ist jedoch nicht zu empfehlen, weil das Wasser zu den Nagelstellen treten kann. An der Traufe sind der Länge nach starke Zinkstreifen oder verzinnte Kupferstreifen zu befestigen, deren gegen die Schalung vortretende Kante mit den Rändern der Bleitafeln nach Fig. 550 verfalzt oder nach Fig. 551 aufgerollt werden.

An den Längsstössen in der Richtung des Gefälles sind, ähnlich wie bei der auf den Seiten 117 und 118 beschriebenen und auf Tafel 6 veranschaulichten

Fig. 552.

Rinnendeckung mit Zinkblech, kleine Rinnen zu bilden, welche mit einem Bleistreifen auszufüttern sind. In diese Rinnen werden die Deckbleche abgebogen

Fig. 553.

und nach Fig. 552 doppelt aufgerollt. Bei einer anderen Verbindungsart, die in Frankreich vielfach unter der Bezeichnung „System Bouillet“ angewendet wird, ist die Ausfütterung der Rinne nach Fig. 553 an den Kanten gefalzt und durch Haften festgehalten, welche auf eingebettete Holzleisten genagelt sind. Auf die Holzleisten sind dann Streifen von Zink oder Kupferblech genagelt, deren gegen die Rinne vortretende Kanten mit den Deckblechen so aufgerollt werden, dass zwischen den letzteren ein möglichst geringer Zwischenraum verbleibt.

5. Deckung mit Glas.

Für Glasbedachungen findet namentlich gegossenes Rohglas mit und ohne Drahteinlage Verwendung, ausnahmsweise auch wohl bei enger Sprossenteilung und geringen Tafellängen (Gewächshäuser) Fensterglas.

Rohglas ist das im Guss fehlerhaft geratene Spiegelglas, welches nicht geschliffen und entweder glatt oder geriffelt in Stärken von 4 bis 13 mm hergestellt wird. Die grössten Abmessungen für gewöhnliche Handelsware betragen:

bei 4 bis 6 mm Stärke = 81 × 210 cm,
bei 6 bis 13 mm Stärke = 150 × 300 cm.

Drahtglas ist gegossenes Rohglas, in dessen Innerem sich ein feinmaschiges Eisendrahtgewebe von etwa 1 mm Drahtstärke befindet, welches dem Glase grosse Widerstandsfähigkeit gegen Beschädigung durch Stösse und Feuer verleiht.

Mit Rücksicht auf die Dichtigkeit gegen Schlagregen und um zu verhindern, dass das sich bildende Schweisswasser an den Ueberdeckungsstellen der Tafeln abtropft (Fig. 554), ist die Neigung der Glasdächer möglichst steil, jedenfalls aber nicht flacher als 30° zu wählen.

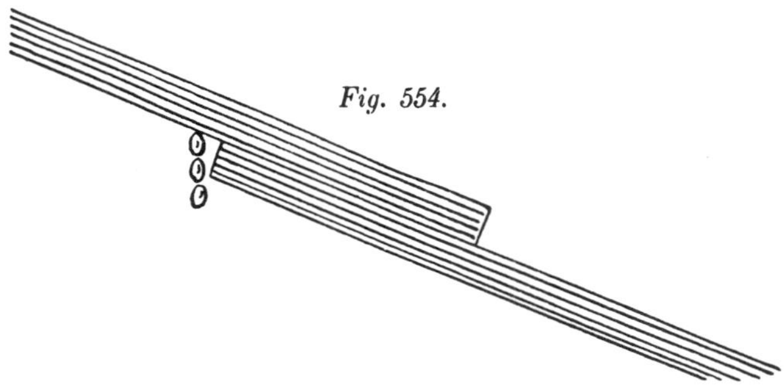

Fig. 554.

Die Dichtigkeit eines Glasdaches hängt aber nicht nur von der Neigung der Dachflächen, sondern auch von der Ueberdeckung der einzelnen Tafeln ab. Je kleiner die Tafeln sind, um so geringfügiger sind die in ihnen vorkommenden Unebenheiten; sie liegen also dichter aufeinander als grosse Tafeln, insbesondere als solche aus gegossenem Rohglas. Man nimmt deswegen bei Gewächshäusern, wo in der Regel kleine Tafeln aus glattem Fensterglas Verwendung finden, eine Ueberdeckung von nur 1 bis 3 cm an, bei Eindeckungen mit grösseren Rohglastafeln dagegen eine solche von 10 bis 15 cm.

Meist sind die Tafeln rechteckig gestaltet, nur bei Gewächshäusern, welche mit schwächeren Tafeln gedeckt werden, schneidet man die Tafeln am unteren Ende flachbogig zu, damit das Wasser mehr nach der Mitte der Tafel gewiesen wird und schneller abfliesst.

Die Tafeln sind gewöhnlich durch **Sparren** oder **Sprossen** unterstützt, welche in der Richtung der Dachneigung liegen, so dass die Längsfugen der Tafeln mit den Sprossen zusammenfallen. Wagerechte Sprossen kommen nur ausnahmsweise vor; sie dienen dann entweder zur besseren Dichtung der Querfugen oder zum

Tragen der Glastafeln. Diese Sprossen werden meist aus Metall, seltener aus Holz hergestellt. Sie müssen so geformt sein, dass sie den Glastafeln ein zweckmässiges Auflager bieten und eine gute Dichtung der Fugen ermöglichen. Ueber Räumen, welche nicht in Verbindung mit der Aussenluft stehen, bei denen mithin Schweisswasserbildung auf der Innenseite der Glastafeln zu erwarten ist, sind die Sprossen so zu gestalten, dass das Schweisswasser durch die Sprosse selbst, oder durch an derselben angebrachte Rinnenkonstruktionen in das Freie geleitet werden kann.

Bei Verwendung von **Holzsprossen** kann die Auflagerung der Glastafeln auf einfachste Weise nach Fig. 555 in einem Kittlager, welches in die Ausfalzung der Sprossen gestrichen wird, geschehen. Die Dichtung der Fuge zwischen Sprosse und Tafel durch Kitt ist jedoch keine haltbare, da der Kitt bald spröde und rissig wird und sich infolge der Veränderlichkeit des Holzes von diesem häufig ablöst. Eine bessere Auflagerung finden die Tafeln nach Fig. 556 auf Filzstreifen, welche auf die Falze der Sprossen gelegt werden. Die Dichtung kann dann mittels aufgeschraubter Holzleisten, welche ihrerseits durch Blechkappen abgedeckt sind, erfolgen. Zur Verhinderung des Eindringens von Regenwasser zwischen Glasscheibe und Blechkappe empfiehlt sich das Einpassen eines mit Teer getränkten Hanfstrickes bei a. Die Ausfalzung der Sprossen kann dadurch umgangen werden, dass man nach Fig. 557 kleine Winkeleisen an die Holzsprossen anschraubt und auf diesen die Glastafeln verlegt.

Fig. 555.

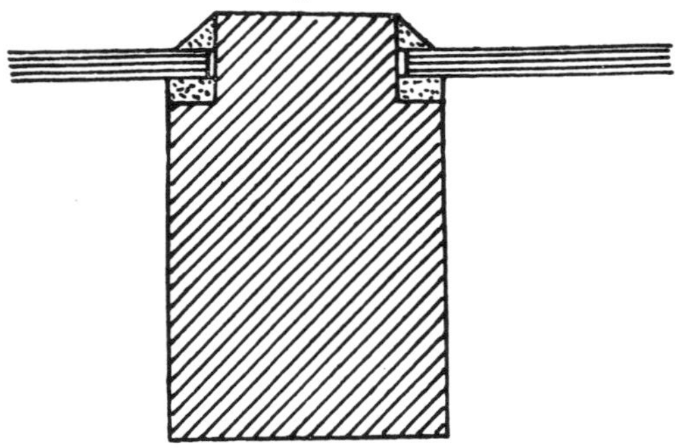

Fig. 556.

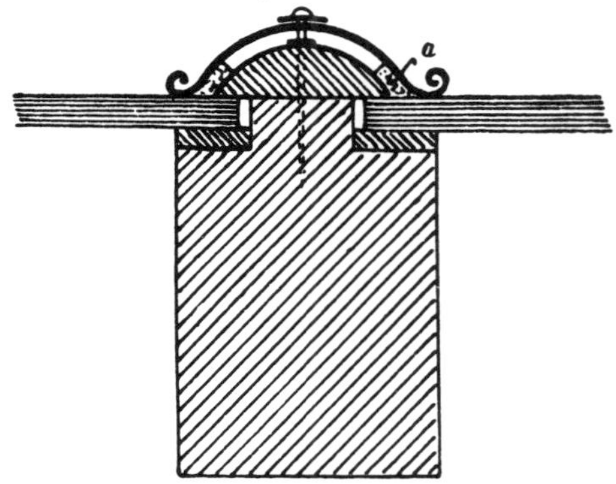

Fig. 557.

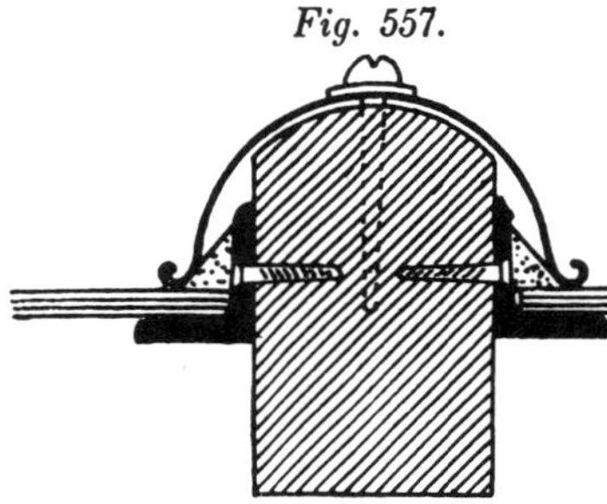

Fig. 558.

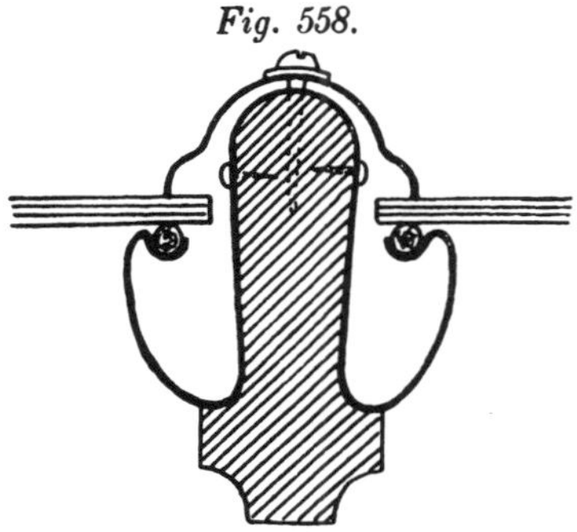

In England werden die Holzsprossen vielfach mit Zinkblech umhüllt*) und dieses gleichzeitig zur Bildung von Schweisswasserrinnen benutzt (Fig. 558).

*) Nach **Landsberg**, Die Glas- und Wellblechdeckung.

Die Auflagerung der Tafeln geschieht meist auf geölten Hanfsträngen, welche unter die Glastafeln in eine Vertiefung der Zinkumhüllung gelegt werden. Zur weiteren Dichtung dient eine über die Sprosse gelegte Zinkkappe, die durch Anziehen von Schrauben fest gegen die Glasplatten gepresst werden kann.

Fig. 559.

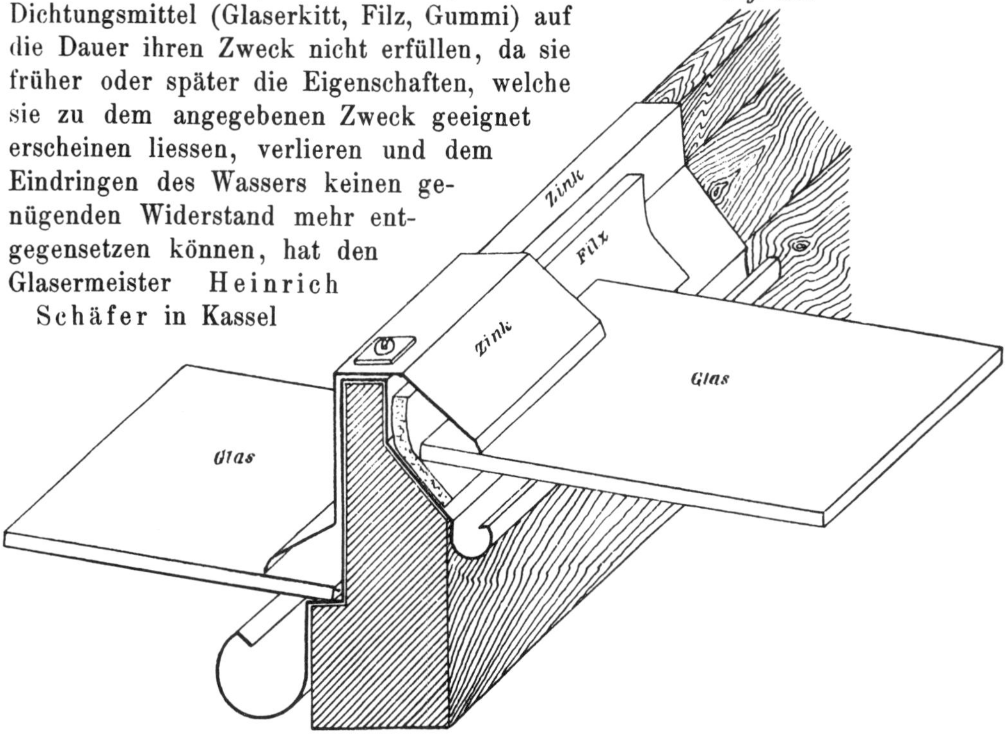

Die Thatsache, dass alle angewandten Dichtungsmittel (Glaserkitt, Filz, Gummi) auf die Dauer ihren Zweck nicht erfüllen, da sie früher oder später die Eigenschaften, welche sie zu dem angegebenen Zweck geeignet erscheinen liessen, verlieren und dem Eindringen des Wassers keinen genügenden Widerstand mehr entgegensetzen können, hat den Glasermeister Heinrich Schäfer in Kassel veranlasst, bei Glasdächern eine Dichtung überhaupt nicht vorzunehmen. Dagegen hat er die Auflagerung so eingerichtet, dass alles eindringende Wasser

Fig. 560.

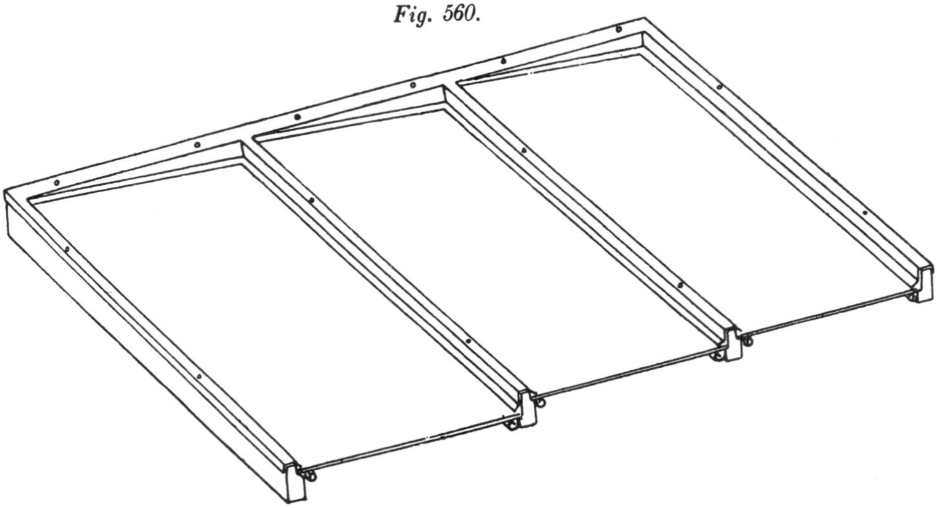

aufgefangen und in unschädlicher Weise abgeleitet wird. Zur Erreichung dieses Zweckes erhalten die Glastafeln ausser einer Neigung in der Richtung des Dachgefälles, eine solche nach einer Seite hin. Alles auf die Tafeln auffallende Wasser wird nach der tiefer gelegenen Seite derselben geleitet, dringt hier in das Gebäudeinnere, wird von einer in der Richtung der Dachneigung laufenden Rinne aufgefangen und wieder auf die Dachfläche geführt.

Die Holzsprossen (Fig. 559) sind mit Zinkblech, welches an beiden Enden so umgebogen ist, dass hier kleine Rinnen zur Aufnahme des Regen- und Schweisswassers entstehen, abgedeckt. Letzteres wird sich allerdings unter gewöhnlichen Verhältnissen kaum bilden können, da die Deckung keine luftdichte ist; bei Räumen, in welchen jedoch durch Entströmen von Wasserdämpfen oder aus anderen Ursachen eine Schweisswasserbildung an den Glasflächen unvermeidlich ist, sorgt das Rinnensystem der Schaeferschen Deckweise für möglichst vollkommene Ableitung.

Da die Glastafeln nur lose auf den Abbiegungen des Zinkbleches aufruhen, also nicht eingespannt sind, so ist ein Zerspringen derselben, infolge von Bewegungen im Holzwerke nicht zu befürchten und es können deshalb sehr grosse Glastafeln verwendet werden. Für gewöhnlich werden Rohglastafeln von 60 bis 84 cm Breite und 2,0 bis 3,0 m Länge eingelegt.

Die Figuren 560 bis 562 veranschaulichen die Schäfersche Deckweise bei einem Pultdache, einem abgewalmten Satteldache und einem Zeltdache. Sollen

Fig. 561.

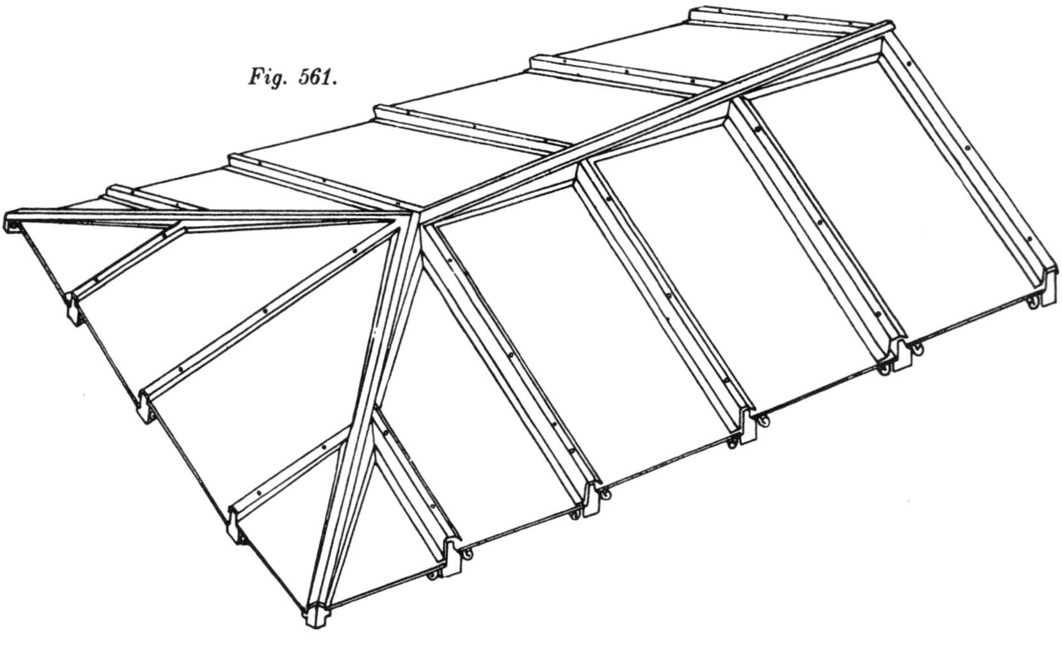

die seitlichen Neigungen zweier benachbarter Glastafeln symmetrisch gegen die sie trennende Sprosse wie bei Fig. 562 und 563 angeordnet werden, so ist diese Sprosse nach Fig. 564 zu gestalten und abzudecken.

Allerdings hat sich bei dieser Deckart gezeigt, dass über Räumen, in denen im Winter stark geheizt wird, der schmelzende Schnee in grösseren Mengen in die Rinnen übertritt, wo er bei abnehmender Innentemperatur, also namentlich während der Nacht gefriert und die Rinnen verstopft, so dass der Wasserabfluss gehemmt wird. In solchen Fällen wird nichts anderes übrig bleiben, als auf die alte Methode, die Glastafeln in Kitt zu verlegen, zurückzugreifen.

Fig. 562.

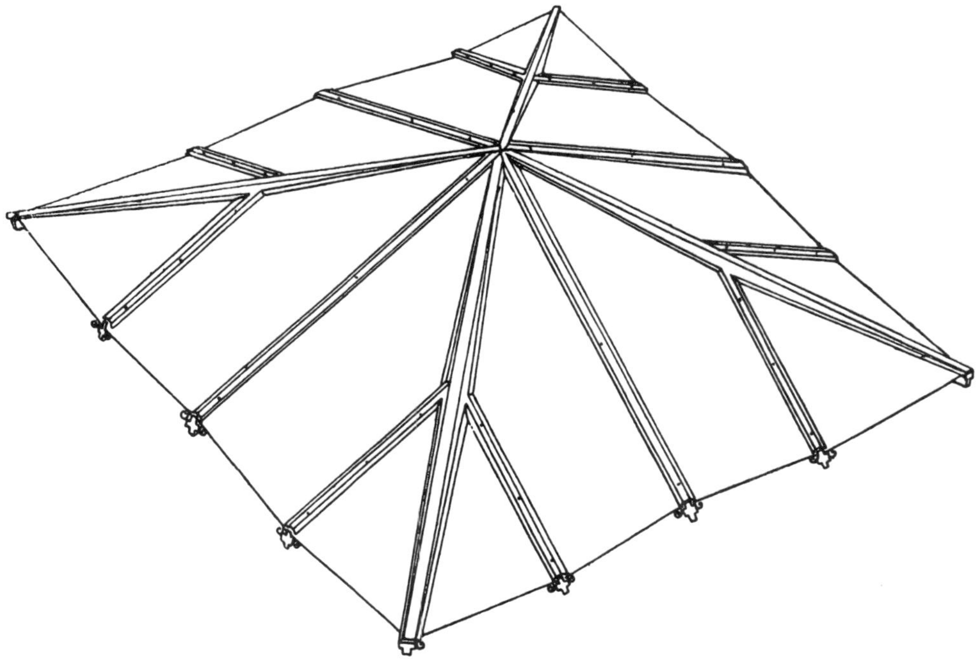

Meist werden nicht die ganzen Dachflächen, sondern nur Teile derselben als „Oberlichte" zum Zweck der Erleuchtung von Innenräumen (Treppen-

Fig. 563.

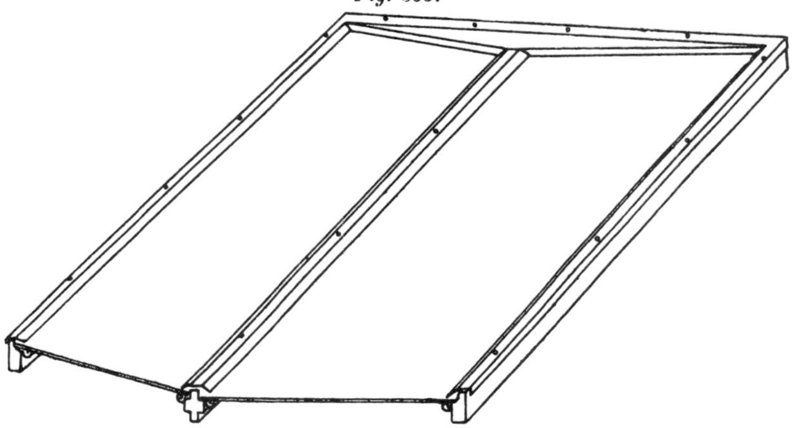

häuser, Korridore, Badezimmer u. s. w.), welche kein Seitenlicht erhalten können, mit Glas eingedeckt. Fig. 565 stellt ein solches Oberlicht dar, welches sich in einer nach dem belgischen Leistensystem mit Zinkblech gedeckten Dachfläche befindet. Die Sprossen sind aus Holz hergestellt und, wie aus den Fig. 566 bis 568 hervorgeht, mit Zinkblech, an welches die Schweisswasserbleche angebogen sind, abgedeckt. Oberhalb des Oberlichtes, an der dem Firste zugekehrten

Seite, sind zur Ableitung des Wassers nach den Seitenkanten des Oberlichtes dreieckige keilförmige Holzleisten auf die Schalung genagelt (Fig. 565 und 568). Der Anschluss der Seitenteile an die Dachdeckung (Fig. 566) erfolgt mittels eines Anschlussstreifens durch Lötung bei A, an welchen wiederum bei B eine halbe Fenstersprosse angelötet wird. Die Zwischensprossen (Fig. 567) sind aus 2 cm breiten und 3 cm hohen Holzleisten gebildet und in gleicher Weise wie die Rahmensprossen mit Zinkblech abgedeckt. An der Traufseite ist der Rahmen um die Höhe der Zwischensprossen niedriger gehalten als der obere und die Seitenrahmen. Gegen diesen Rahmen stossen die Deckleisten der Zinkdeckung und sind mit der Aufbiegung der Deckbleche in bekannter Weise verbunden. Zur Befestigung der Deckbleche und der Kopfenden der Deckleisten dienen Haftbleche, welche auf dem Oberlichtrahmen angenagelt und zwischen den Zinksprossen bei C (Fig. 569) aufgekantet sind, um das Eindringen von Schnee zu verhindern.

Fig. 564.

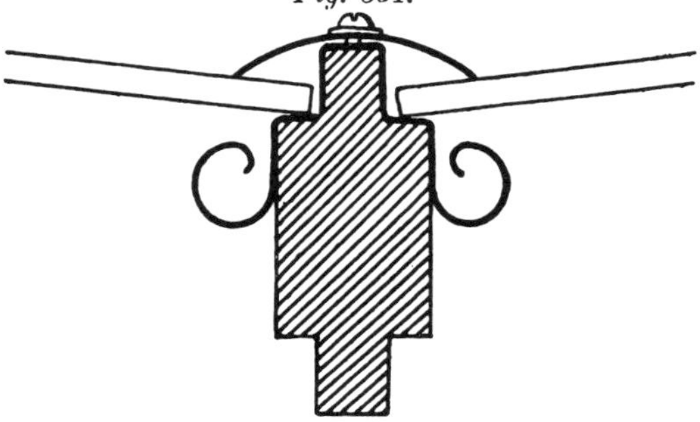

Fig. 565.

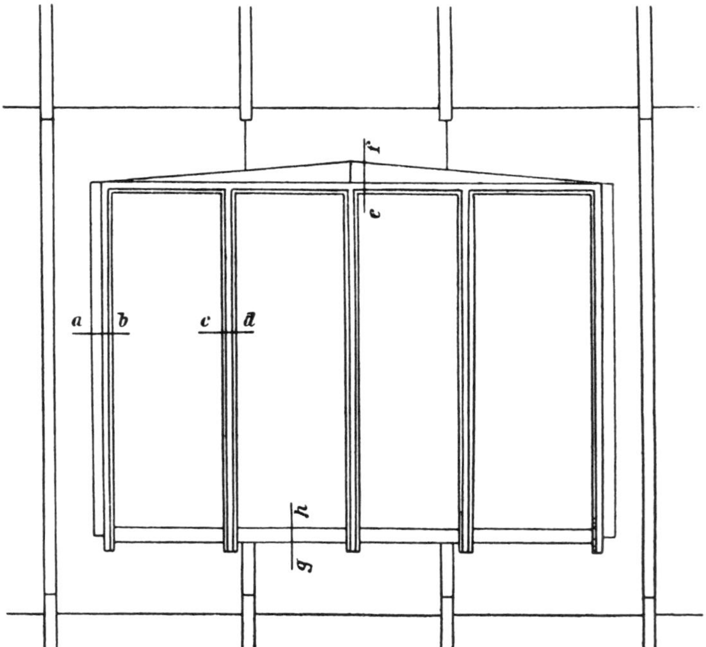

Diese Aufkantung darf jedoch nur so hoch sein, dass noch etwa 2 mm Spielraum zwischen derselben und den Glastafeln verbleibt, damit das Schweisswasser abfliessen kann. Die Zinksprossen werden bei D durch eine Hafte von verzinktem Eisen, welche in eine an die Sprosse angelötete Oese eingreift, gehalten.

Eisensprossen
kommen hauptsächlich in folgenden Formen zur Anwendung:

a) ⊥-förmige Sprossen;
b) +-förmige Sprossen;
c) Sprossen aus Flacheisen mit Zinkmantel;
d) rinnenförmige Sprossen.

Die ⊥-förmigen Sprossen werden meist aus ⊥-Eisen, seltener aus zwei nebeneinander gelagerten ⌊-Eisen gebildet.

Die Glastafeln werden auf die parallel zur Dachneigung gerichteten Schenkel unter Zuhilfenahme von Glaserkitt oder Filz gelagert. Nimmt man als geringste Glasstärke 3 mm, als Stärke der einzelnen Kittbettungen an den Ueberdeckungsstellen der Querfugen ebenfalls 3 mm, sowie als Stärke des als Schutz gegen Abheben einzuschiebenden Stiftes d 6 mm an, so ergibt sich nach Fig. 570 als geringste Höhe einer ⊥-förmigen Sprosse rund 3 cm. Da ferner die Auflagerbreite der Glastafeln nicht geringer als 6 mm sein darf, die Stegstärke aber mindestens 4 mm beträgt, und ausserdem die Tafeln nicht fest eingespannt werden dürfen, so ist als kleinste Breite der Basis der Sprossen $2 \times 6 + 4 + 2 \times 2 = 20$ mm anzunehmen. Meist werden aber bei stärkeren Glassorten und grösserem Sprossenabstande höhere Profile erforderlich.

Fig. 566.

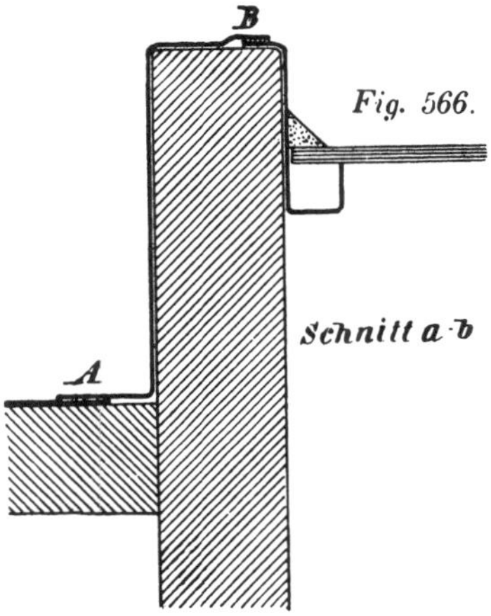

Fig. 567.

Fig. 568.

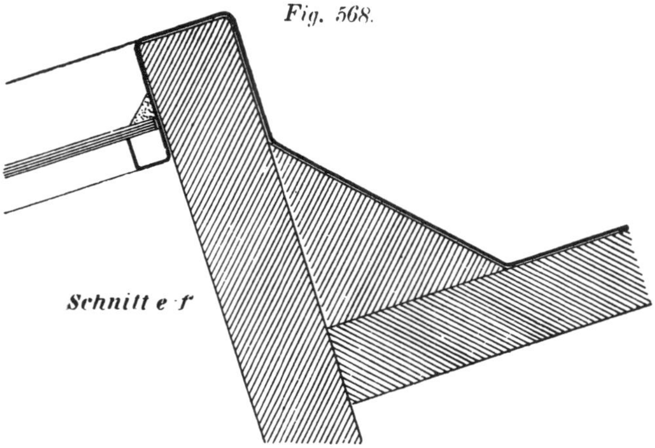

Fig. 569.

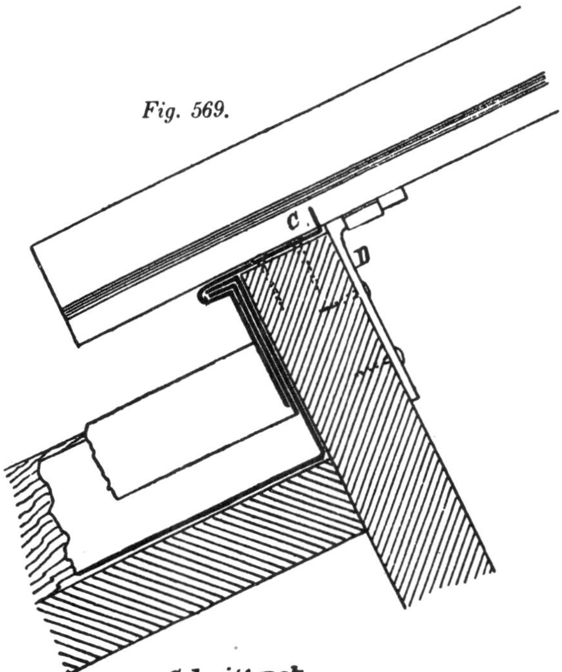

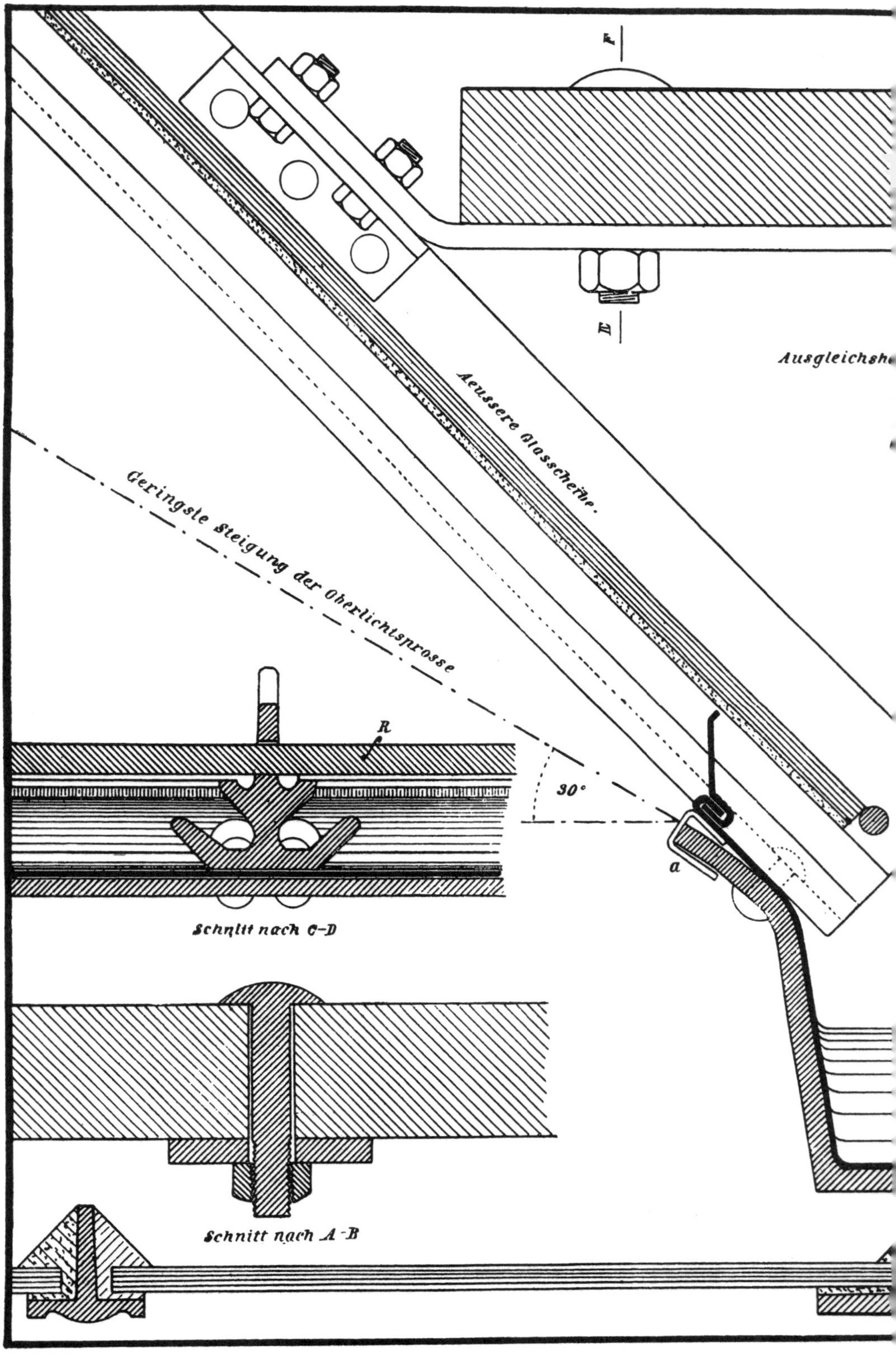

F
E
Ausgleichsh
Aeussere Glasscheibe.
Geringste Steigung der Oberlichtsprosse
R
30°
a
Schnitt nach C–D
Schnitt nach A–B

Taf. 15 u. 16.

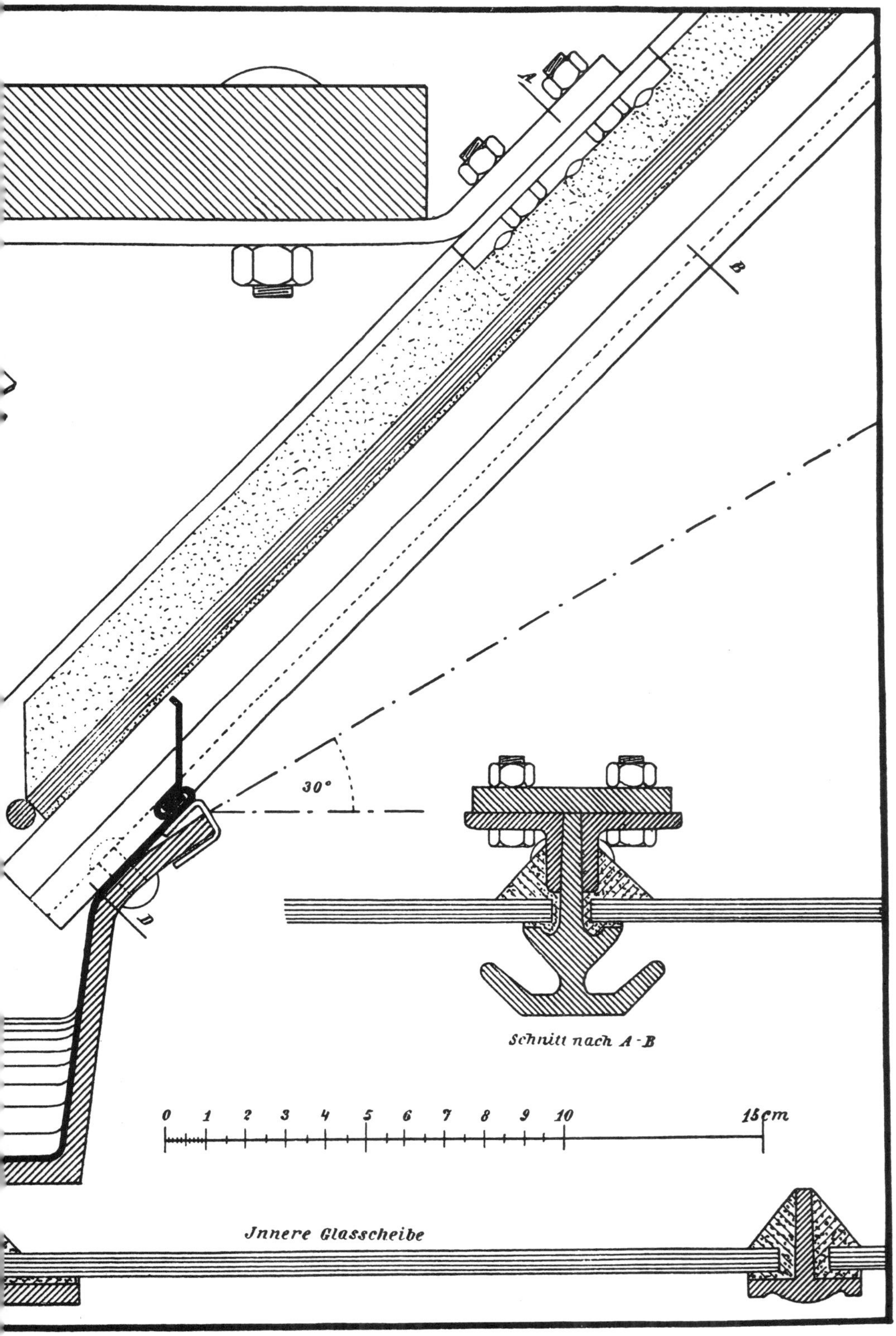
A
B
D
30°
Schnitt nach A-B
0 1 2 3 4 5 6 7 8 9 10 15 cm
Innere Glasscheibe

Da der bei Fig. 570 angewendete äussere Kittverstrich schon nach kurzer Zeit rissig und bröckelig wird, jedenfalls aber eines häufig zu erneuernden Oelfarbenanstriches bedarf, wenn er eine längere Dauer versprechen soll, so hat man wohl eine Dichtung dadurch zu erreichen gesucht, dass die Sprossenstege nach den Fig. 571 bis 573 mit Kappen aus Zinkblech oder verzinktem Eisenblech überdeckt werden.

Fig. 570.

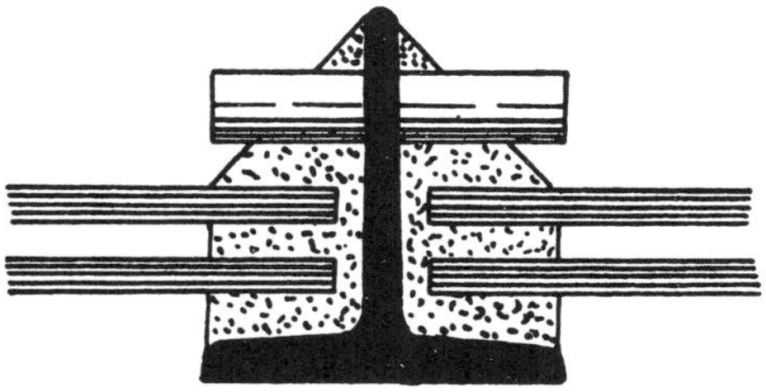

Fig. 571.

Fig. 572.

Fig. 573.

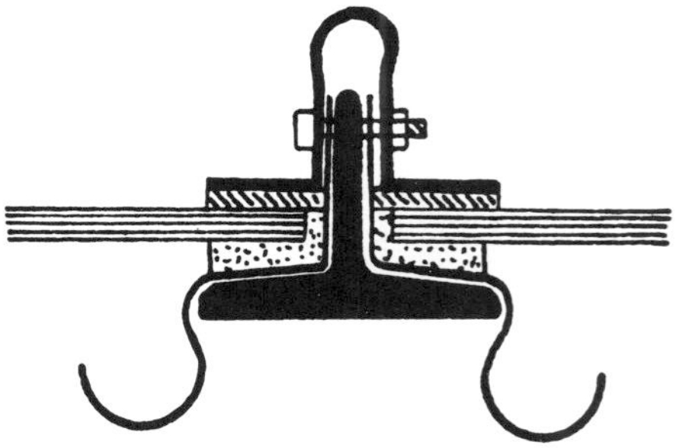

In Amerika werden vielfach ⊥-förmige Sprossen verwendet, deren Basis rinnenförmig ausgewalzt ist. Nach der Drummondschen Anordnung (System „Unrivalled“) wird die Dichtung durch eine aus Blei hergestellte Rippe, in welche ein Kittkörper eingeschlossen ist, sowie durch eine Blechkappe aus Zink, Blei

Fig. 574.

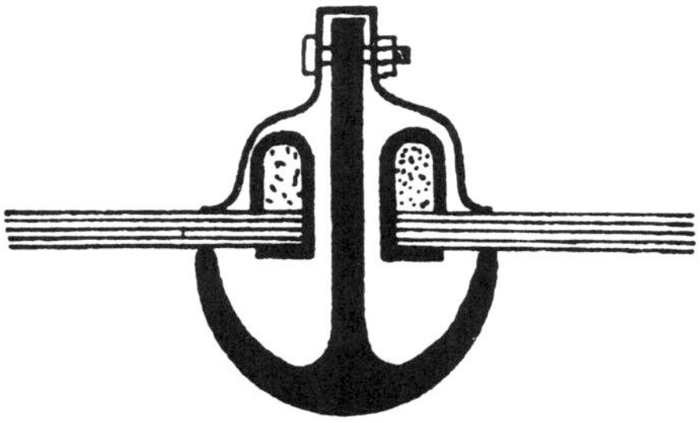

Fig. 575.

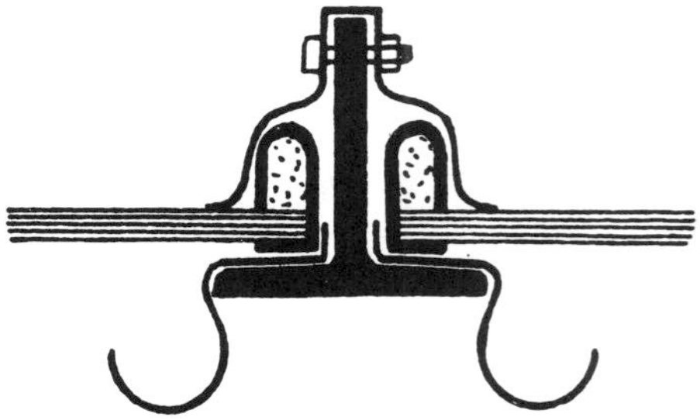

oder Kupfer, die an den lotrechten Schenkel des ⊥-Eisens angeschraubt wird, bewirkt, wie Fig. 574 zeigt. Da der Kitt die freie Beweglichkeit der Glastafeln nicht hindert und ausserdem durch seine Lagerung in der Bleirippe und durch die Deckkappe den Einflüssen der Witterung entzogen ist, so verspricht diese Konstruktion eine längere Haltbarkeit.

Statt der rinnenförmigen ⊥-Eisen verwendet Drummont auch gewöhnliche ⊥-Eisen, welche bessere Auflagerflächen gewähren und an deren wagerechte Schenkel Schweisswasserrinnen angehangen werden können (Fig. 575).

Fig. 576.

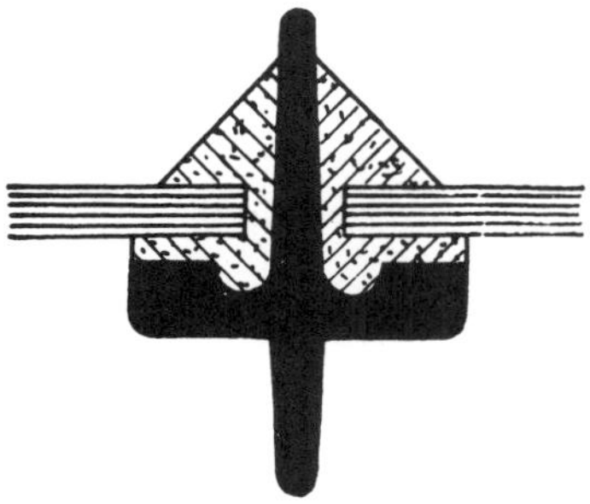

Fig. 577.

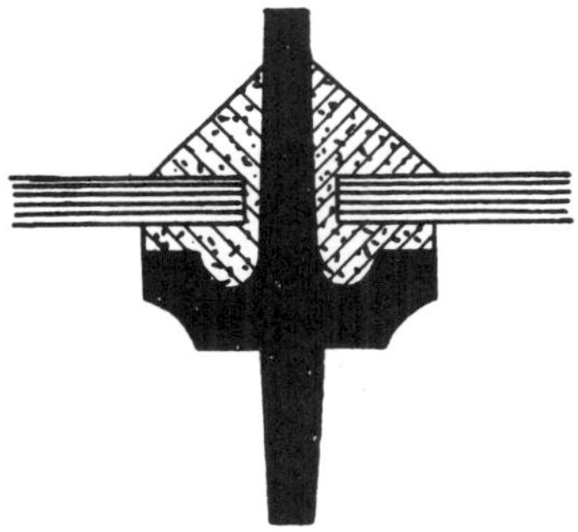

Fig. 578.

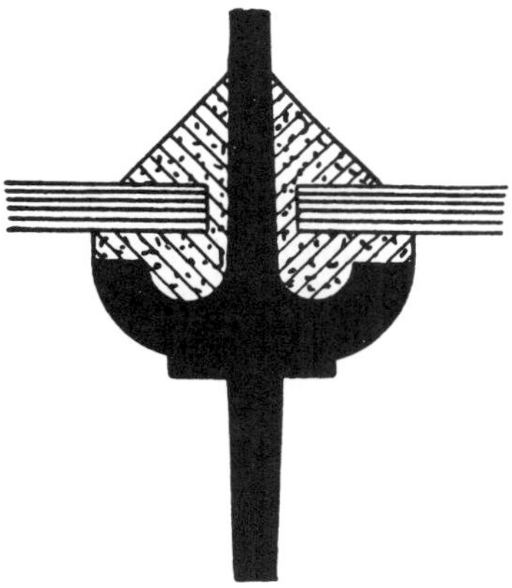

Fig. 579.

Fig. 580.

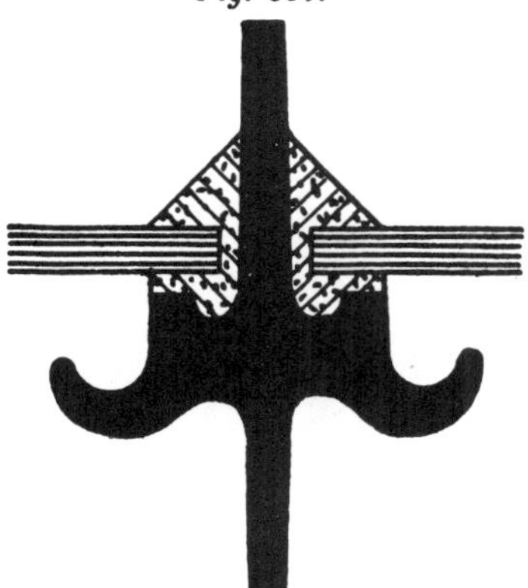

Fig. 581.

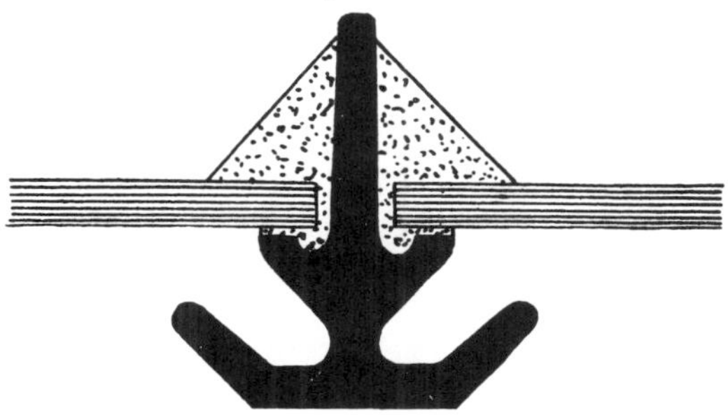

Die +-förmigen Sprossen haben ihre Anwendung hauptsächlich dem Umstande zu verdanken, dass es mit Rücksicht auf die nicht zu vermeidenden Bewegungen im Dachgerüste bei gewöhnlichen ⊥-Eisen sehr schwer hält, die Fuge zwischen der Sprosse und der Glastafel dauernd dicht zu halten. Man versah deswegen die wagerechten Schenkel der +-förmigen Sprossen mit Längsrinnen (Fig. 576 bis 578), in welche sich das Kittlager einpresst. Die Erwartung, dass die Rinnen gleichzeitig zur Ableitung des etwa von oben eindringenden Wassers dienen würden, hat sich nicht erfüllt, da dieselben sich durch Schmutz und Staub bald zusetzen. Besser sind für diesen Zweck jedenfalls die in Fig. 579 bis 581 dargestellten Profile, bei denen die unmittelbar am lotrechten Stege der Sprosse befindlichen kleinen Rinnen ausschliesslich zur besseren Befestigung des Kittbettes dienen, während die seitlichen, etwa 5 mm tiefen und 10 mm breiten Rinnen geeignet sind, sowohl das durch die etwa undicht gewordene Dichtungsfuge von aussen eindringende Wasser, als auch das an der Innenseite der Glastafeln sich bildende Schweisswasser abzuleiten.

Auf den Tafeln 15 und 16 ist die Anwendung der von dem Façoneisen-Walzwerk L. Mannstädt & Komp. in Kalk bei Köln a/Rh. hergestellten kreuzförmigen Fenstereisen (Fig. 581) bei einem äusseren Oberlichte veranschaulicht. Das Abgleiten der Glastafeln wird durch einen durch den Steg der Sprossen geschobenen Rundeisenstab verhindert. Zur Bildung der Dachrinne zwischen zwei aneinander grenzenden Satteldächern fertigt diese Firma gewalzte Rinneneisen, auf deren Seitenkanten die Sprossen vernietet werden (vergl. Schnitt C—D). Diese Rinneneisen sind, wenn unter der äusseren Verglasung ein inneres Oberlicht angeordnet werden soll, nach unten ⊥-förmig verlängert. Die obere Umbiegung der Seitenflächen ist unter 30° gegen die Wagerechte gerichtet und bestimmt die geringste Neigung der Fenstersprossen. Zur Ausgleichung steilerer Neigungen dienen Klammern a, welche zwischen Rinneneisen und Rinnenblech eingeklemmt werden. Um etwaige Reparaturen vornehmen, sowie im Winter den in die Rinne getriebenen Schnee bequem beseitigen zu können, ist oberhalb der Rinne eine 25 cm breite Laufbohle angeordnet, welche ihr Auflager auf Flacheisen findet. Diese sind an Winkeleisen angeschraubt, die mit dem Steg der Oberlichtsprossen vernietet sind (vergl. Schnitt A—B).

Sprossen aus Flacheisen kommen namentlich in Deutschland zur Anwendung. Dieselben tragen einen Zinkmantel, welcher als Auflager für die Glastafeln dient und beiderseits angebogene Rinnen erhält, die das eindringende Wasser und das Schweisswasser ableiten sollen.

Fig. 582.

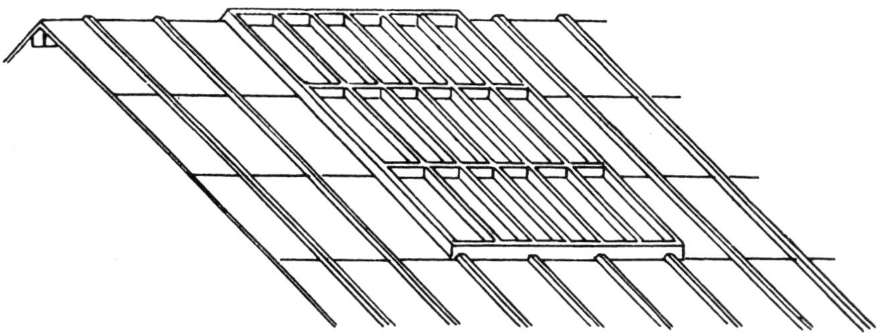

Bei dem durch die Fig. 582 bis 585 dargestellten Oberlichte ruhen die Glasscheiben mit den unteren Kanten auf dem Flacheisen, mit den oberen und seitlichen Kanten dagegen auf den Schweisswasserrinnen (Fig. 583). Damit das Wasser in den sämtlichen Rinnen an den Quer- und Längsschienen frei und ungehindert abziehen kann, ist bei vorliegender Anlage dort, wo die Querschienen gegen die Längsschienen stossen, aus ersteren so viel auszusparen, als die Rinne b (Fig. 584) hoch und die Rinne c (Fig. 585) breit ist. Die Dichtung zwischen den Glasscheiben und Sprossen erfolgt hier durch Glaserkitt.

Fig. 583.

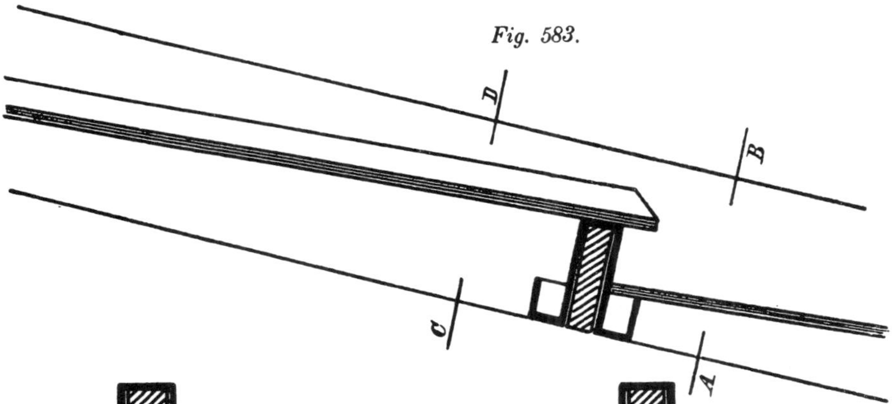

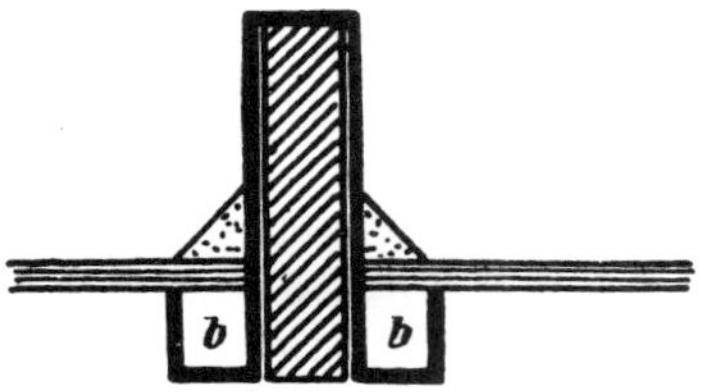

Schnitt A -B *Fig. 584.*

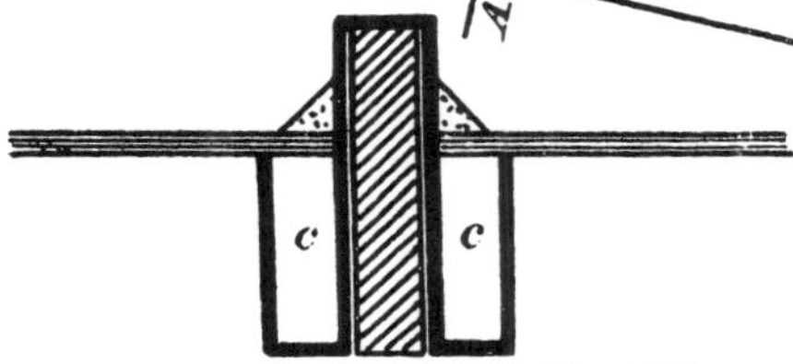

Schnitt C -D *Fig. 585.*

Etwas andere Formen zeigen die Figuren 586 und 587, bei denen die Glastafeln mit allen Kanten auf seitlichen Umkantungen des Zinkmantels aufruhen,

Fig. 586.

Fig. 587.

so dass die Schweisswasserrinnen unterhalb dieser Auflagerung zu liegen kommen. Auch hier geschieht die Dichtung durch Glaserkitt.

Bei den durch die Figuren 588 und 589 dargestellten Sprossen ist die Abdichtung durch eine besondere über den Zinkmantel geschobene Zinkkappe bewirkt. Die Befestigung dieser Zinkkappen auf den Zinkmänteln der Sprossen kann sowohl durch Lötung, als auch durch Verschraubung geschehen. Die Glastafeln werden entweder in ein Kittbett oder lose auf den Zinksprossen verlegt

Fig. 588.

Fig. 590.

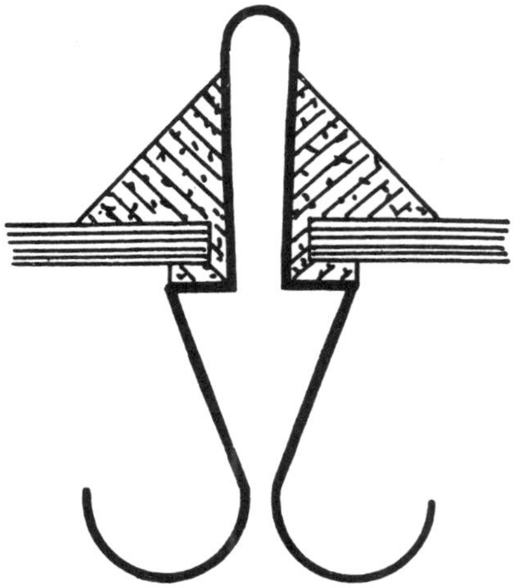

Fig. 589.

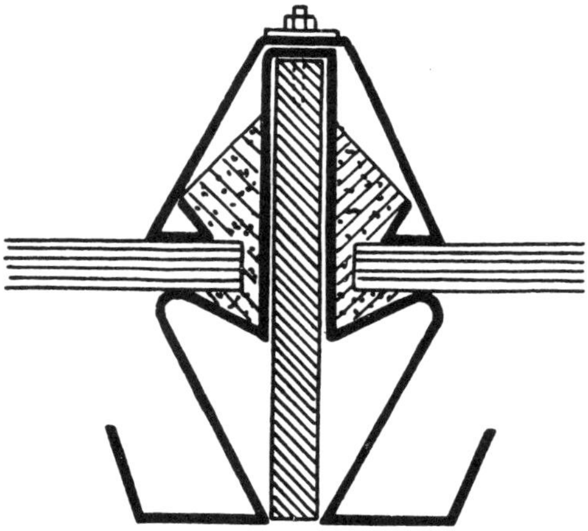

Fig. 591.

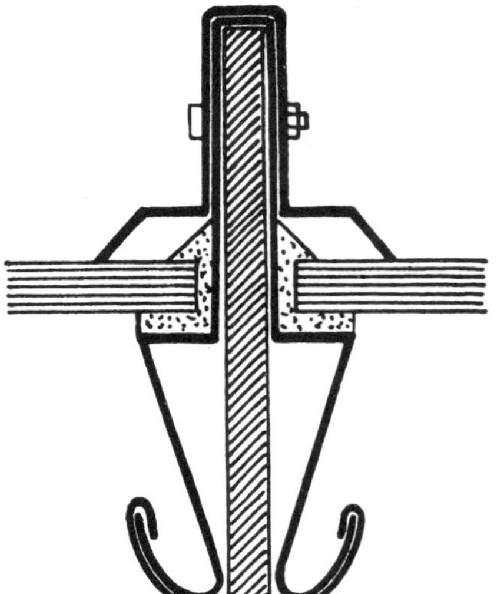

und ebenso kann die Dichtung zwischen den Glasscheiben und den Zinkkappen durch Glaserkitt oder Filz erfolgen.

Bei geringen Sprossenlängen (bis 1,0 m) und Sprossenentfernungen (bis 0,40 m) verwendet man auch Zinksprossen ohne Eiseneinlagen, welche nach Fig. 590 gestaltet sind.

In Amerika werden vielfach Sprossen nach dem „System Hayes“ (Fig. 591) verwendet. Bei denselben ist das Auflager der Glastafeln und die Schweisswasserrinne durch eine Zinkblechumhüllung der Flacheisensprosse gebildet. Die

Tafeln ruhen in Kittbettung, die Dichtung ist durch eine an das Flacheisen geschraubte Zinkkappe hergestellt.

Die rinnenförmigen Sprossen werden in neuerer Zeit in Deutschland, namentlich bei grösseren Glasdachflächen, in ausgedehntestem Maasse angewandt, weil bei denselben besondere aus Zink oder Kupfer hergestellte Schweisswasserrinnen überflüssig sind und ihre Befestigung an den Dachpfetten eine weit einfachere als bei anders geformten Sprossen ist. Damit die Glastafeln überall ein volles Auflager finden, werden die Rinneneisen entweder an den Ueberdeckungsstellen der Tafeln entsprechend gekröpft (Fig. 592 und 592a) oder es

Fig. 592.

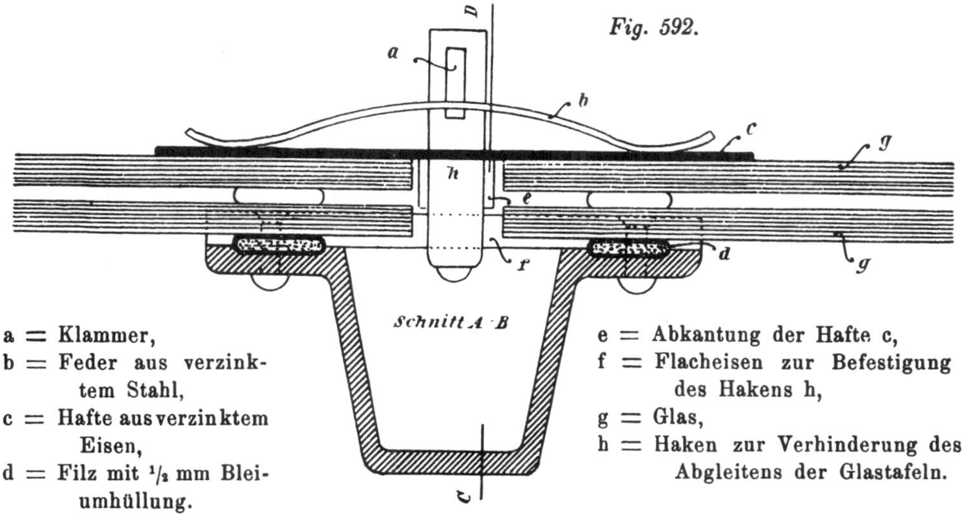

a = Klammer,
b = Feder aus verzinktem Stahl,
c = Hafte aus verzinktem Eisen,
d = Filz mit $^1/_2$ mm Bleiumhüllung.
e = Abkantung der Hafte c,
f = Flacheisen zur Befestigung des Hakens h,
g = Glas,
h = Haken zur Verhinderung des Abgleitens der Glastafeln.

Fig. 592a.

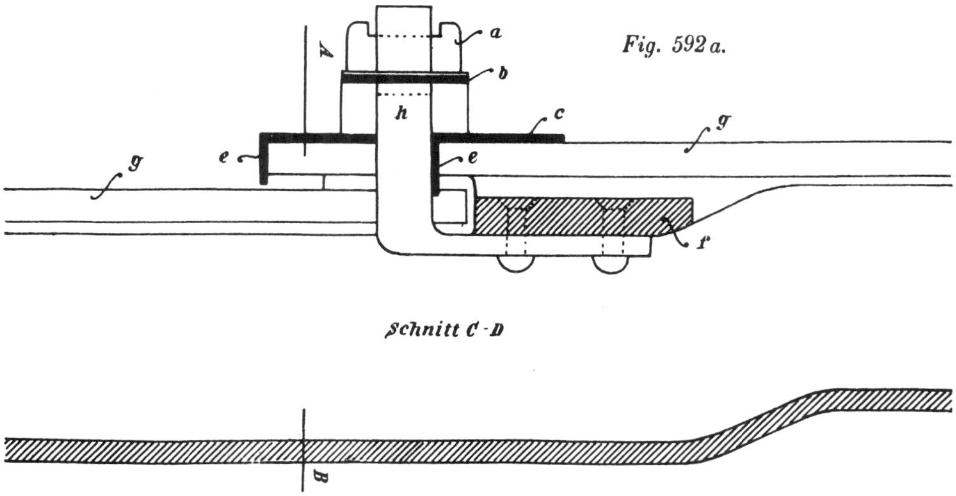

werden zwischen die Rinneneisen und Glastafeln Holz- oder Eisenkeile gelegt und mit ersteren verschraubt (Fig. 593 und 594). Für Dachflächen grösseren Umfanges und einfachere Verhältnisse, bei denen es nicht auf grösste Vollkommenheit in der Dichtung ankommt, wie bei Bahnsteighallen, begnügt man sich meistens mit der Ausgleichung des Höhenunterschiedes durch ein keil- und stufenförmiges Kittlager. Die Befestigung der Glastafeln geschieht durch Federn aus Kupfer oder Zink, die Dichtung durch Kitt oder Filz.

Fig. 593.

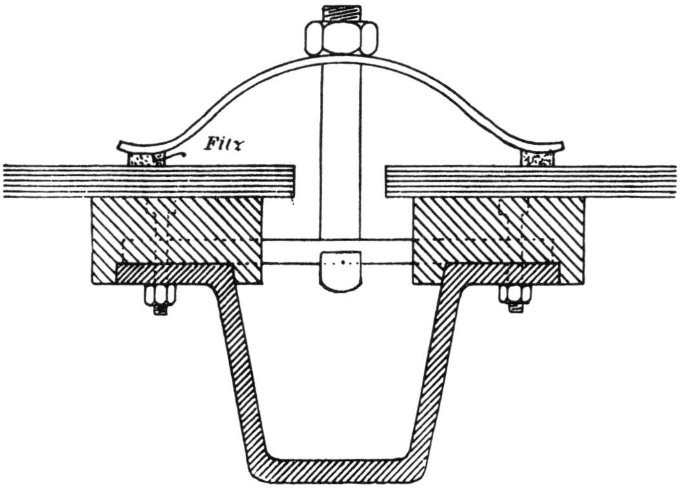

Fig. 594.

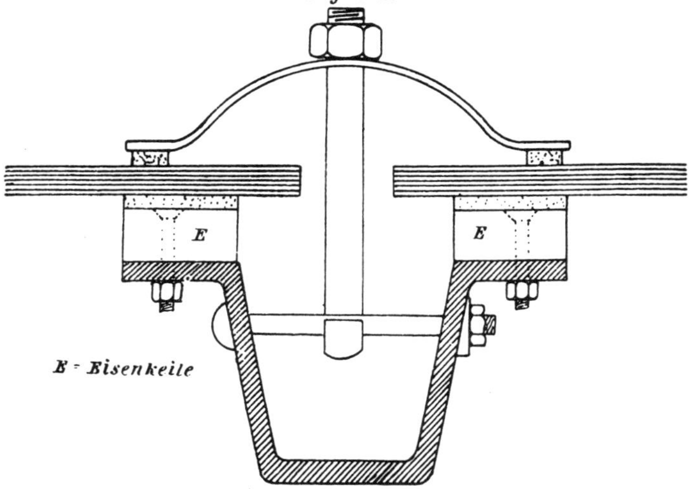

Fig. 595.

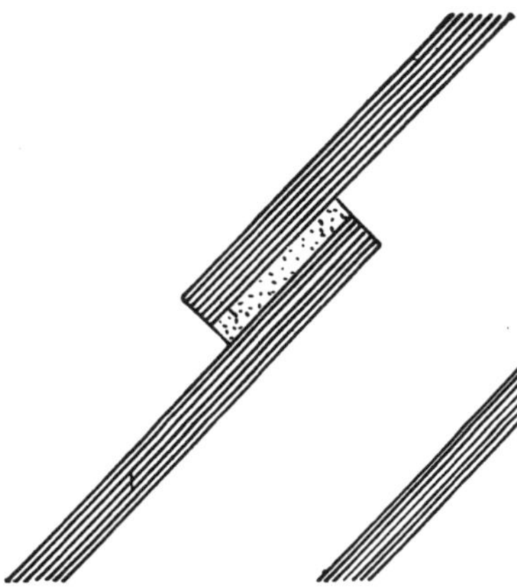

Fig. 596.

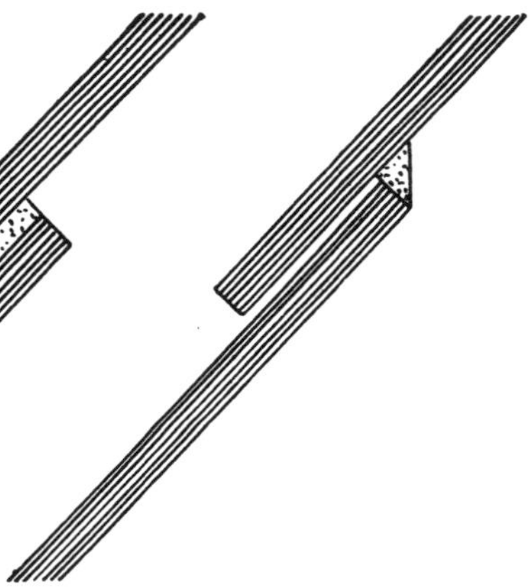

Die Querfugen, welche durch das Ueberdecken der Tafeln gebildet werden, liegen meist wagerecht. Bei durchaus ebenen Tafeln ist eine Dichtung dieser Fugen nicht erforderlich; im anderen Falle legt man wohl ein Kittband zwischen die sich überdeckenden Tafeln (Fig. 595) oder dichtet durch einen Kittverstrich an der Innenkante der unteren Tafel (Fig. 596). Werden Quersprossen verwendet, so kann man den Schwierigkeiten, welche die Dichtung der Querfugen bei stark unebenen Tafeln verursacht, dadurch begegnen, dass man die Glasflächen stufenartig (vergl. Fig. 583) anordnet. Diese Konstruktion ist jedoch nicht anzuraten, weil das auf den Glasflächen durch den Wind emporgetriebene Wasser an den lotrechten Flächen aufgehalten wird und leicht in die dort vorhandenen Fugen dringt, wenn nicht besonders sorgfältige Dichtungen vorgenommen sind.

Will man dennoch zur Vermeidung wagerechter Ueberdeckungsfugen die stufenartige Anordnung der Glasflächen beibehalten, so muss man durch Anordnung wagerechter Rinnen, welche mit den geneigt liegenden Rinnen in Verbindung stehen, für die Abführung des eindringenden Wassers Sorge tragen, wie dies bei dem durch die Figuren 582 bis 585 dargestellten Oberlichte geschehen ist.

Zur Verhinderung des Abgleitens der Tafeln genügt bei flachen Neigungen und sehr kleinen Tafeln, wie solche namentlich über Gewächshäusern Verwendung finden, ein Kittlager. In allen anderen Fällen muss eine besondere Befestigung der Glastafeln an den Sprosseneisen oder an sonstigen Teilen der Dachkonstruktion erfolgen. Bei ⊥-förmigen Sprossen geschieht diese Befestigung am solidesten durch Winkeleisenabschnitte w, welche nach Fig. 597 an die lotrechten Schenkel der Sprossen genietet werden. In gleicher Weise kann auch das Abgleiten der Tafeln bei +-förmigen und Flacheisensprossen verhindert werden.

Fig. 597.

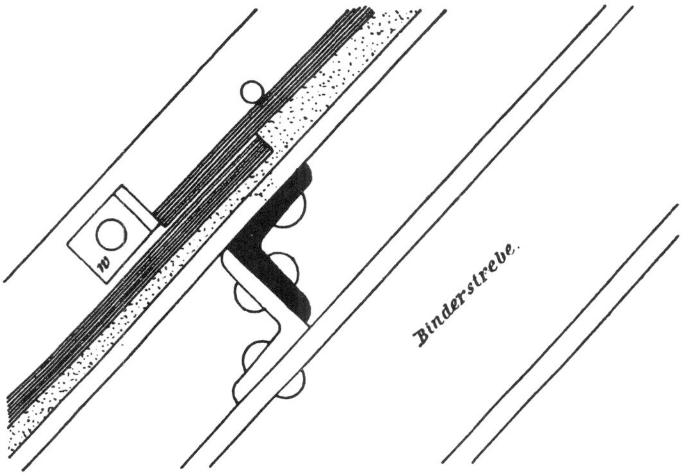

Fig. 598.

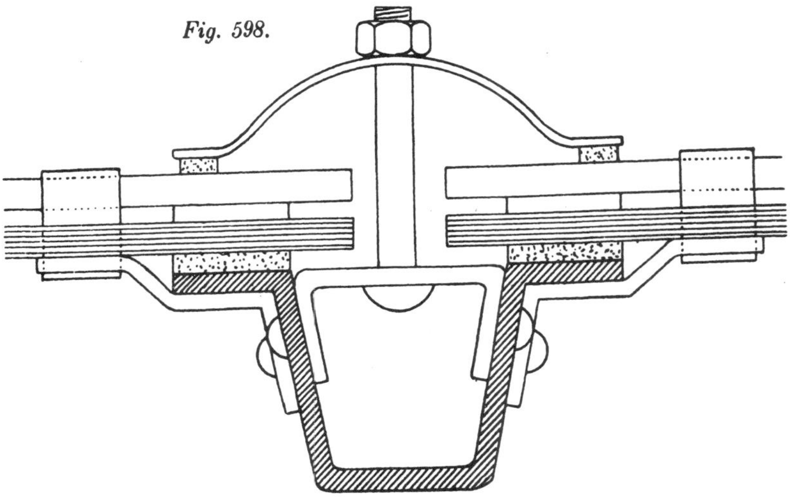

Fig. 599.

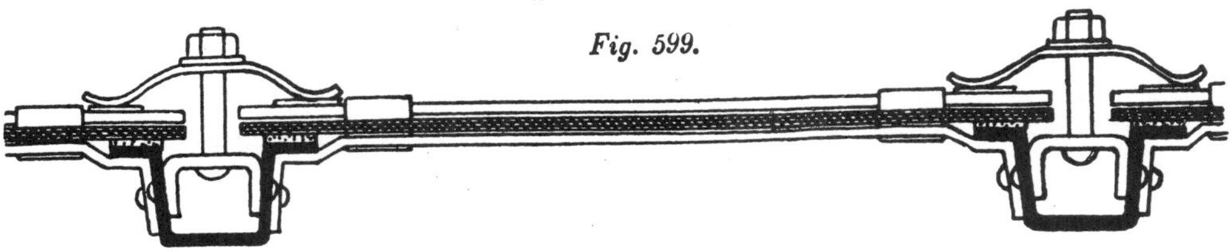

Bei rinnenförmigen Sprossen bringt man entweder nach Fig. 598 an jeder Tafelseite einen Haken an und hängt diese Haken an Flacheisenstücke oder nach Fig. 599 an durchlaufende Flacheisen, welche an die Sprossen angenietet sind, oder man verwendet Haken, welche an die zur Federbefestigung dienenden

Fig. 600.

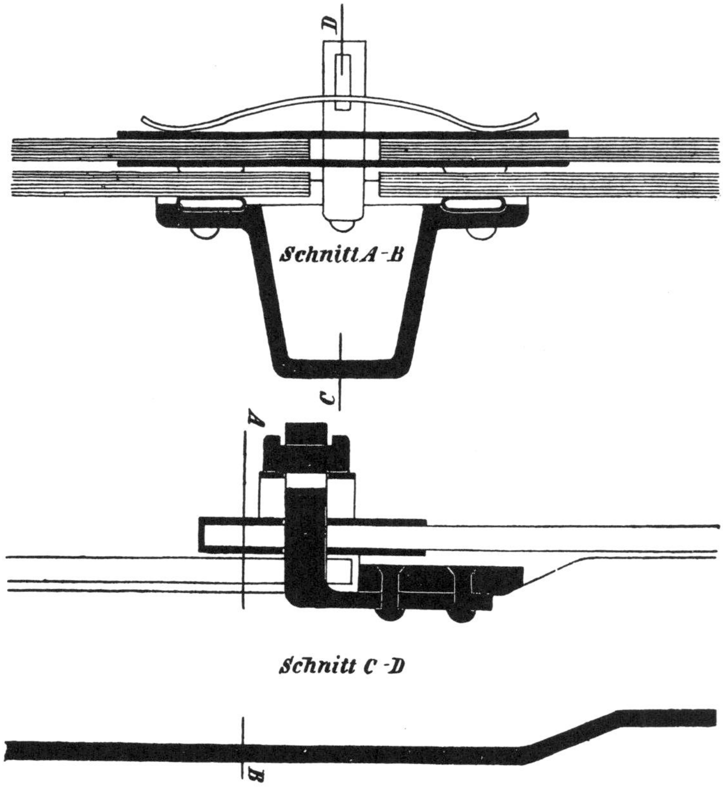

Bolzen angehangen werden und mithin, wie bei Fig. 592 oder Fig. 600, die Enden von zwei benachbarten Glastafeln festhalten.

Fig. 601.

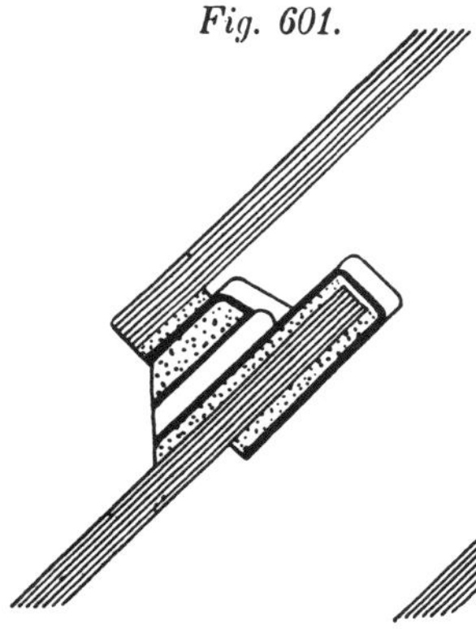

Fig. 602.

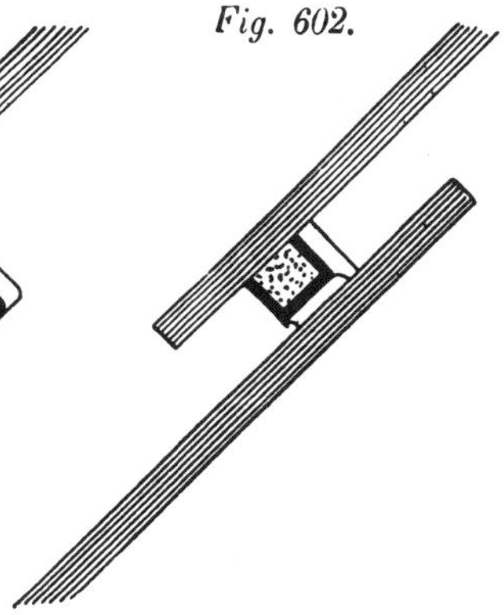

Bei sehr sorgfältig ausgeführten Konstruktionen legt man die Glastafeln an den Ueberdeckungsstellen nicht unmittelbar aufeinander, sondern lässt zwischen denselben einen geringen Zwischenraum, den man durch Quersprossen dichtet. Diese werden entweder aus starkem Zinkblech (Fig. 601) oder aus Eisen (Fig. 602) hergestellt und zweckmässig so gebogen, dass das Schweisswasser einem in ihrer Mitte angebrachten Loche zugewiesen wird.

In Amerika und England werden die Quersprossen häufig aus Holz hergestellt und behufs Dichtung der Ueberdeckungsstellung und Abführung des Schweisswassers mit Zink- oder Kupfersprossen abgedeckt. Am verbreitetsten sind die Rendleschen Systeme. Hierbei sind entweder Längssprossen aus Zink beibehalten (Fig. 603) oder es fehlen dieselben (Fig. 604), so dass die Tafeln sich in der Richtung der Dachneigung gegenseitig überdecken. Die Quersprossen sind an ihrem unteren Ende derart ausgeschnitten, dass das von oben kommende Regen- und Schweisswasser ablaufen kann.

Fig. 603.

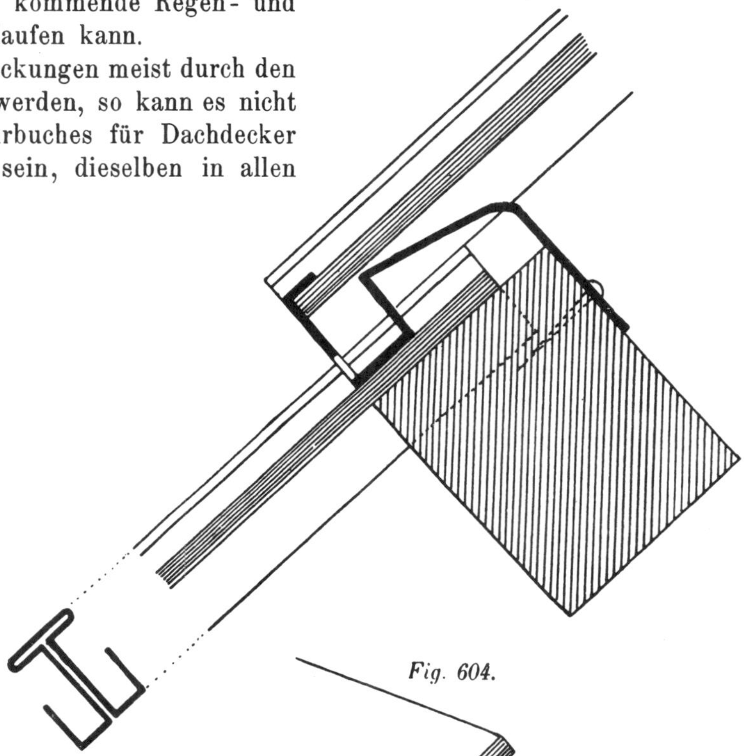

Da die Glasdeckungen meist durch den Glaser ausgeführt werden, so kann es nicht Aufgabe eines Lehrbuches für Dachdecker und Bauklempner sein, dieselben in allen Einzelheiten eingehend zu erörtern. Immerhin hat Verfasser dieses Buches für rätlich gehalten, das Wichtigste über diese Bedachungsart mitzuteilen, weil dieselbe häufig im Zusammenhange mit anderen Deckweisen zur Anwendung gelangt, so dass die Arbeiten des Dachdeckers und Bauklempners sich nicht selten nach denjenigen des Glasers und umgekehrt diejenigen des Glasers nach denen des Dachdeckers oder Bauklempners richten müssen. Diejenigen, welche dennoch glauben, einer gründlichen Kenntnis der Eindeckungsweisen mit Glas nicht entraten zu können, seien auf das vorzügliche Werk von Th. Landsberg, „Die Glas- und Wellblechdeckung“, sowie auf das Handbuch der Architektur, III. Teil, 2. Band, 5. Heft, Kapitel 39, verwiesen.

Fig. 604.

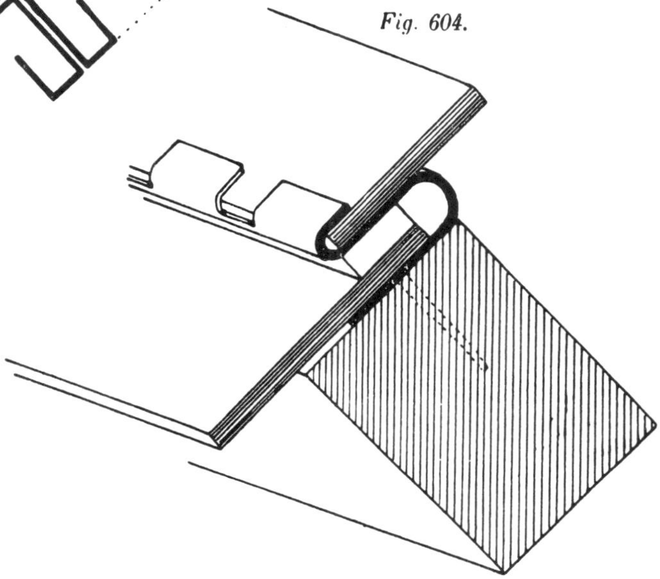

B. Die Entwässerung der Dachflächen.

Bei untergeordneten Gebäuden mit weit vorspringenden Dächern auf dem Lande lässt man das auf die Dachfläche auffallende Regenwasser, sowie das Schneewasser zuweilen einfach an den Traufkanten abtropfen, so dass es, auf dem Erdboden anlangend, sich entweder selbst den weiteren Weg sucht, oder in offenen Rinnen oder in verdeckten Kanälen einer Zisterne oder einem öffentlichen Wasserlaufe zugeführt wird.

In geschlossenen Ortschaften ist diese primitive Art der Entwässerung nicht anwendbar, da die baupolizeilichen Bestimmungen die Anordnung von Dach- oder Traufrinnen vorschreiben, in welchen das von den Dachflächen abfliessende Wasser gesammelt wird. Im Mittelalter wurden an diese Rinnen weit gegen die Mauerfluchten der Gebäude vortretende Rohrstücke aus Stein, Holz oder Metall, die sogen. „Wasserspeier“, angeschlossen, aus welchen das Wasser auf das umgebende Gelände frei abtropfte. Diese Wasserspeier sind heute nur noch in solchen Fällen statthaft, wo das frei abfallende Wasser die Passanten auf den öffentlichen Verkehrswegen nicht belästigen kann, also bei Gebäuden, welche an den Traufseiten von sehr breiten Vorgärten umgeben sind. Da indessen durch das andauernde Abtropfen des Wassers auf einzelne Stellen des Erdbodens dieser bald aufgelockert wird und überdies bei starken Stürmen und heftigen Regengüssen das Wasser leicht gegen das Mauerwerk getrieben werden kann, so werden die Wasserspeier meist nur noch als Scheinarchitektur (bei Kirchen, Rathäusern im mittelalterlichen Stile u. s. w.) ausgebildet, während die Fortleitung des Wassers aus den Dachrinnen nach dem Erdboden und von hier in die Strassenrinnen oder in unterirdische Strassenkanäle durch „Abfallrohre“ vermittelt wird.

Dachrinnen werden meist aus Zinkblech, seltener aus verzinktem oder verbleitem Eisenblech, Kupferblech, Walzblei, Walzeisen, Gusseisen, Stein, gebranntem Thon, Dachpappe oder Holz hergestellt.

Rinnen aus Metallblech können entweder durch Haken aus 3×25 bis 6×40 mm starken Flacheisen, welche „Rinneneisen“ oder „Rinnenträger“ heissen und deren Form sich dem Querschnitte der Rinne anschliesst, oder durch Einbettung in eine zweite aus Holz, Stein, Zement, gebranntem Thon oder Eisen gebildete Rinne unterstützt werden.

Die Rinneneisen werden entweder auf der Oberfläche oder an der Seitenfläche der Sparren, an den Dachlatten, der Dachschalung oder an einem die Sparrenköpfe verkleidenden Stirnbrette mittels kräftiger Holzschrauben oder geschmiedeter Nägel befestigt. Der gegenseitige Abstand der Rinneneisen beträgt 0,60 bis 1 m, so dass in den meisten Fällen auf jeden Sparren ein Rinneneisen trifft. Wo dies bei Befestigung der Eisen an einem Stirnbrette oder auf der Dachschalung nicht der Fall ist, sind diese durch Unterfütterung mittels Bohlenstücke so zu verstärken, dass die Schrauben oder Nägel mit ihrer ganzen Länge (6 bis 8 cm) voll im Holze sitzen. Bei Rinnen aus Zinkblech sind die Rinneneisen zu verzinken oder zu verzinnen, wenigstens soweit sie mit dem Blech in Berührung kommen; bei Rinnen aus Kupferblech ist ein Anstrich mit Mennige oder Asphaltlack vorzuziehen.

Um Formveränderungen der Rinnen durch den Wasserdruck und insbesondere ein Abreissen derselben durch Schneemassen, welche bei Thauwetter von Dächern mittlerer Neigung plötzlich abrutschen, zu verhindern, empfiehlt sich häufig ein Verankern der äusseren mit den inneren Rinneneisenenden durch Zugbänder aus verzinktem Eisenblech. Aus gleicher Veranlassung sind auch bei Rinnen, die in einen Holzkasten eingebettet sind, starke Eisenbänder nötig, welche unterhalb des Rinnenbleches in die Bretter eingelassen und angeschraubt werden. Zur Verhütung des plötzlichen Abrutschens grösserer Schneemassen infolge begonnenen Schmelzens, sind bei Dächern von 25 bis 55° Neigung und namentlich bei solchen, welche mit glatten Materialien (Schiefer, Metallen, glasierten Ziegeln) eingedeckt sind, sogen. „Schneefänge“ anzubringen. Steilere Dächer bedürfen dieser Schutzvorrichtung nicht, da sich der Schnee auf diesen nicht in grösseren Massen ansammeln kann, flachere ebenfalls nicht, weil der Schnee auf diesen nicht in das Gleiten gerät.

Die Befestigung der Rinnenbleche mit den Traufblechen, mit einer vorderen Verkleidungswand oder mit der vorderen Kante einer Holzverkleidung muss stets durch ineinander greifende Falze und nicht durch Lötung oder Nagelung geschehen, damit die Rinne den durch die Temperaturveränderungen hervorgerufenen Bewegungen ungehindert folgen kann. Sehr lange Rinnen müssen aus gleichem Grunde in zwei oder mehr getrennte Teile mit eigenen Abfallrohren zerlegt werden und an diesen Stellen Abschlussbleche erhalten, welche in einem gegenseitigen Abstande von etwa 20 mm durch Schiebebleche zu verbinden sind.

Die Grösse des Rinnenquerschnittes ist abhängig von der Grösse und Neigung der Dachflächen, sowie von der Grösse und Zahl der Kehlen, deren Wasser aufzunehmen ist. Je steiler die angeschlossenen Dachflächen sind, um so schneller wird das Wasser zum Abfluss gelangen, und bei Kehlen werden grosse Wassermengen an einem einzigen Punkte in die Rinne übergeleitet und diese schnell füllen, wenn der Querschnitt der Rinne diesem Umstande nicht angepasst ist. Im allgemeinen nimmt man an, dass für jedes Quadratmeter Grundfläche des zu entwässernden Daches 0,8 bis 1 qcm Rinnenquerschnitt vorhanden sein muss. Bei sehr flachen Dächern kann, des langsamen Wasserabflusses wegen, dieses Maass bis auf 0,5 qcm eingeschränkt werden.

Die Dachrinnen werden meist mit einem Gefälle von 0,5 bis 1 cm auf 1 m Länge verlegt, ausnahmsweise auch bei geringer Länge bis etwa 8 m ohne Gefälle.

Die günstigste Querschnittsform mit Bezug auf den Materialverbrauch und den schnellen Wasserabfluss ist die nach einem Halbkreis gestaltete (Fig. 605

Fig. 605.

Fig. 606.

Fig. 607.

bis 608). Dieselbe ist gleichzeitig die widerstandsfähigste, von allen anderen Formen am leichtesten herzustellen und die einzige, welche sich für Rinnen ohne Gefälle eignet. Scharfe Umkantungen lotrechter oder geneigt stehender Seitenwandungen (Fig. 609 bis 611) sind zu vermeiden, weil dieselben im Laufe der

Fig. 608.

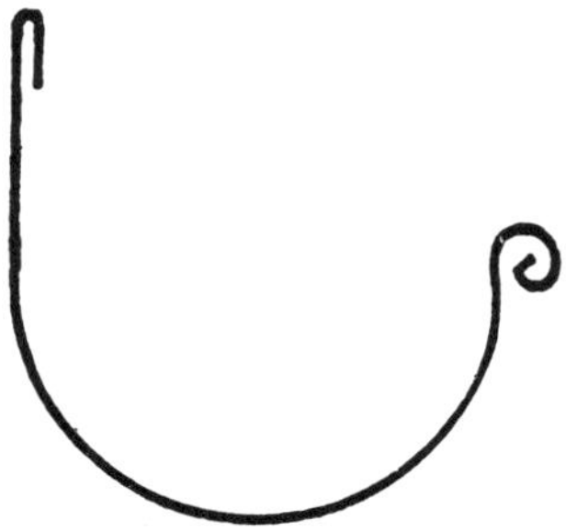

Fig. 609.

Fig. 610.

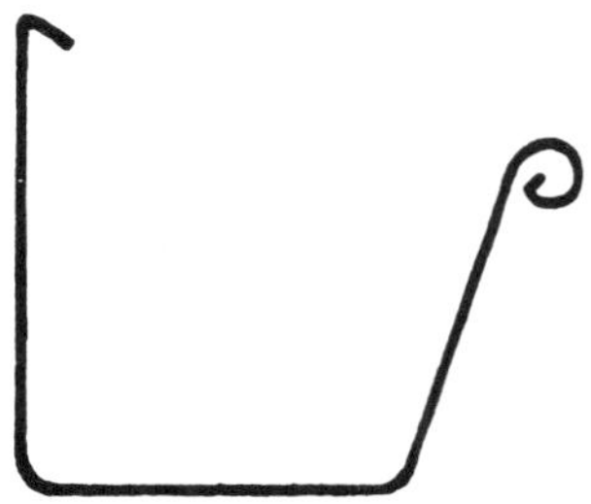

Zeit leicht zu einem Bruche des Materials führen. — Liegen die Dachrinnen auf der Dachfläche, so dass ein Stück Dachfläche zwischen Rinne und Traufkante erscheint, so gibt man denselben die durch Fig. 612 oder Fig. 613 veranschaulichte Form. Hierbei ist zu berücksichtigen, dass die durch die Vorderkante

Fig. 611.

Fig. 612.

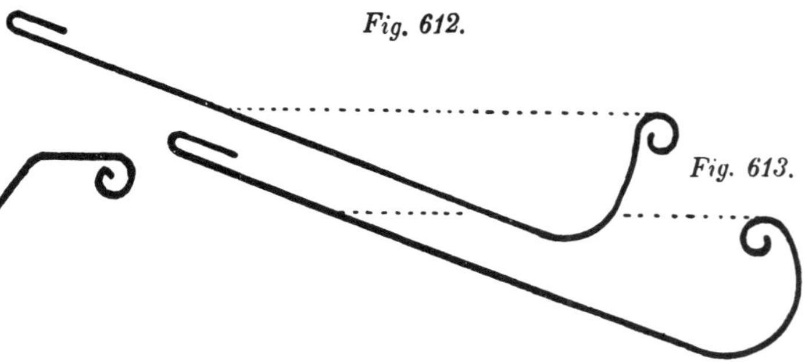

Fig. 613.

der Rinne gezogene Wagerechte die rückwärts gelegenen Aufbiegungen des Rinnenbleches unterhalb seiner oberen Endigung treffen muss, weil sonst das Wasser unter das Deckmaterial treten würde sobald die Rinne voll mit Wasser angefüllt ist. Da diese Rinnen indessen verhältnismässig viel Zinkblech zu ihrer Herstellung bedürfen, auch zu befürchten steht, dass dieselben durch abrutschendes Deckmaterial oder auf die Dachfläche fallende fremde Gegenstände leicht beschädigt oder verstopft werden, so ist ihre Anwendung eine seltene und beschränkt sich fast ausschliesslich auf die Güterschuppen bei Eisenbahnen, bei denen die Rücksicht auf das Normalprofil des lichten Raumes die Anbringung von Rinnen, welche unter die Traufkante herabreichen, verbietet.

Um bei Ueberfüllung der Rinnen während starker Regengüsse oder bei Verstopfungen der Abfallrohre das Zurücktreten des Wassers aus den Rinnen nach der Dachseite zu verhindern, muss bei allen Rinnen, welche nicht, wie in der Regel bei vorspringenden Dächern, frei vor das Gebäude gehangen sind, der äussere Rinnenrand tiefer als der Traufrand des Daches liegen. Mit Bezug hierauf bestimmen die Vorschriften des Preussischen Ministeriums, dass bei Dächern bis zu einer Neigung von etwa 45° die Vorderkante der Rinne sich nicht über die verlängerte Dachfläche erheben darf (Fig. 614).

Fig. 614.

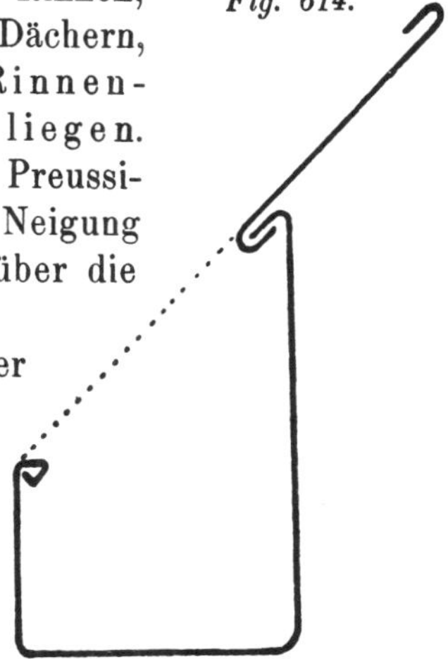

Die gleichen Vorschriften ordnen hinsichtlich der Zugänglichkeit der Rinnen an Preussischen Staatsbauten zum Zweck der Reinigung und Ausbesserung Folgendes an:

„Hoch gelegene Rinnen auf mehrgeschossigen Gebäuden sind so zu gestalten, dass sie von den mit dem Ausbessern bezw. Nachsehen beauftragten Bauarbeitern ohne Nachteile begangen werden können. Mit Rücksicht hierauf bedarf es hauptsächlich entsprechender Vorkehrungen dafür, dass durch das Betreten des Rinnenbodens Einbauchungen des letzteren zwischen den Rinnenträgern nicht herbeigeführt werden und somit ein gleichmässiges Gefälle in der Rinne möglichst erhalten wird. Zu diesem Zwecke ist der Rinnenboden entweder sorgfältig zu unterschalen, oder es ist auf den oberen Haltern des Rinnenträgers ein schmales, für ein Begehen aber ausreichendes Brett zu befestigen, welches ein Betreten des Rinnenbodens selbst verhindert. Statt dieser Vorkehrungen genügt es unter Umständen auch, dem Rinnenboden eine gegen Ausbauchungen sichernde, etwa korbbogenförmige Gestalt zu geben, wenn die Rinne aus einem entsprechend stärkeren Bleche gefertigt und dieselbe in Entfernungen von höchstens 60 zu 60 cm sicher unterstützt wird.

Bei niedrig gelegenen Rinnen, welche sich von einer Leiter aus ohne Schwierigkeit reinigen oder ausbessern lassen, kann von einer besonderen Sicherung der Sohle überhaupt abgesehen werden, da ein Betreten derartiger Rinnen in der Regel kaum vorkommen wird, auch verlangt werden muss, dass solches vermieden wird.“

Die Laufstege über der Rinne sind zum Zwecke des Reinigens und Ausbesserns so anzuordnen, dass dieselben in kurzen Stücken abgehoben werden können oder es sind dieselben von vornhercin durch Quersprossen zu ersetzen, die auf Schrittlänge von einander entfernt und so breit sind, dass die Bauarbeiter auf ihnen festen Fuss fassen können.

Hinsichtlich der Unterstützungsweise der Rinnen aus Metallblechen unterscheidet man hauptsächlich:

a) frei tragende Hängerinnen,
b) aufliegende Hängerinnen,
c) freitragende Steh- oder Standrinnen,
d) aufliegende Steh- oder Standrinnen,
e) eingebettete Rinnen,
f) Kehlrinnen, welche hinter dem Hauptgesimse, hinter einer Attika oder zwischen angrenzenden Dachflächen (bei Sheddächern) liegen.

a) Freitragende Hängerinnen.

Das Rinnenblech ruht in den auf den Sparren, den Dachlatten, der Dachschalung oder an der Seitenfläche der Sparren angenagelten oder angeschraubten, sich im übrigen freitragenden Rinneneisen. Damit das Rinnenblech nicht durch den Sturm hochgehoben wird, werden meist nach den Fig. 615 bis 620 Haften

Fig. 615.

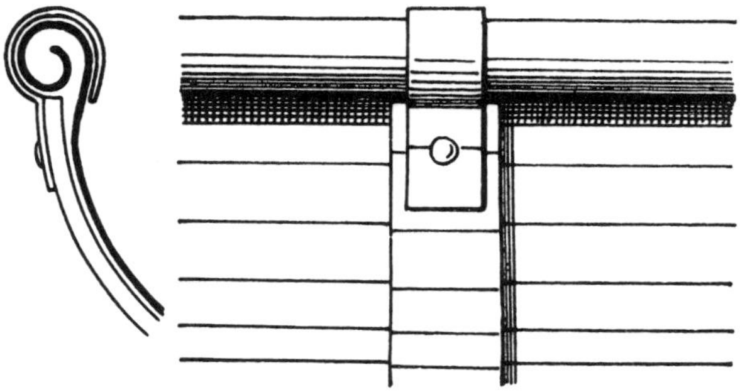

Fig. 616.

Fig. 617.

Fig. 618.

Fig. 619.

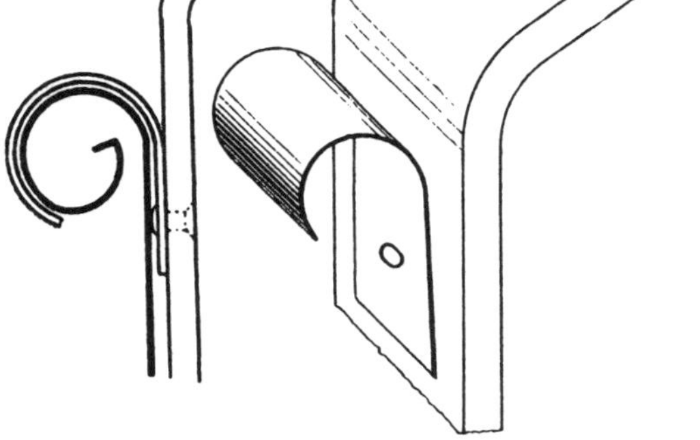

Fig. 620.

Fig. 621.

an den äusseren und inneren Rand der Rinneneisen angenietet, welche die wulstförmig umgebogenen Ränder des Rinnenbleches umklammern. Auch empfiehlt sich das Einlegen starken verzinkten Eisendrahtes in den vorderen Wulst des Rinnenbleches, um diesen zu versteifen und zu beschweren (Fig. 621). Die in Fig. 616 und 617 veranschaulichten Anordnungen lassen für eine dekorative

Fig. 622.

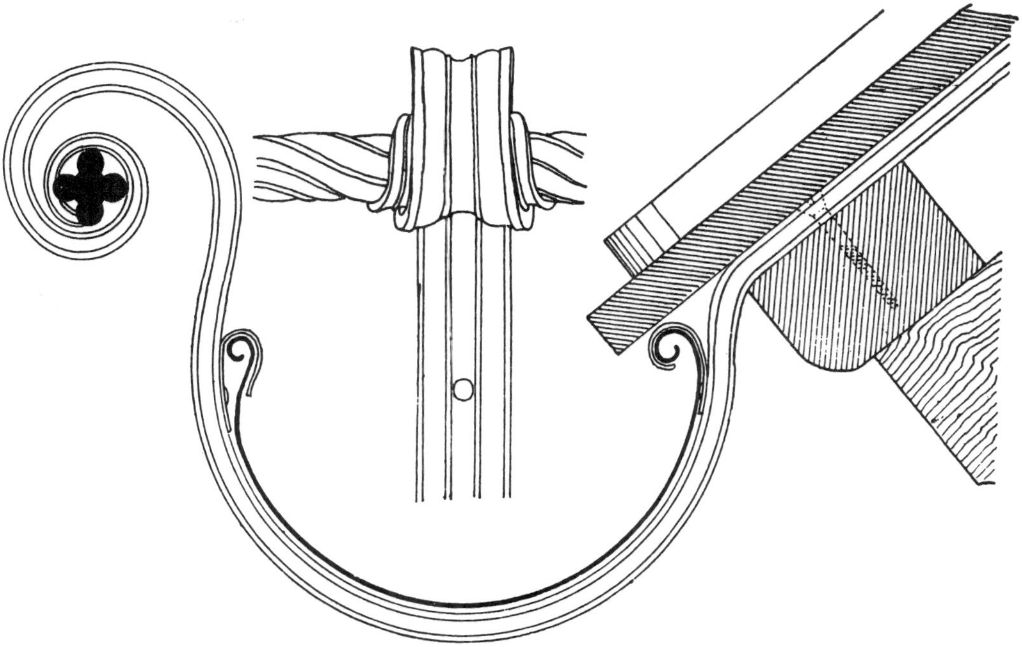

Fig. 623.

Fig. 624.

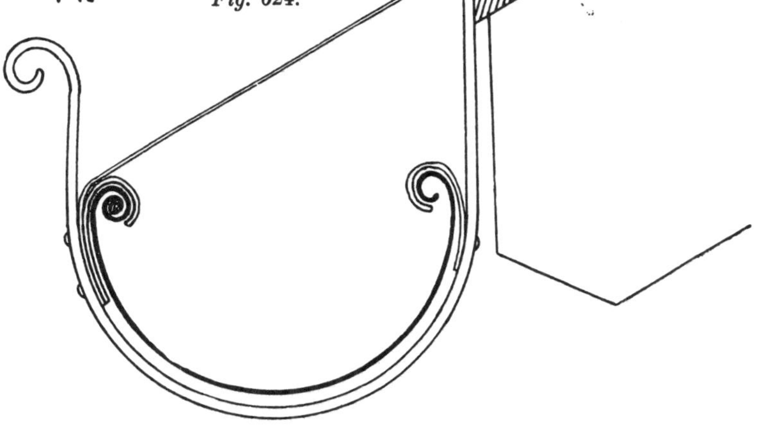

Endigung (vergl. Fig. 622) freie Hand. Die Hafte am vorderen Rande der Rinneneisen können entbehrt werden, wenn das Rinnenblech nach Fig. 623 um eine

Umbiegung des Rinneneisens herumgebogen wird. Zur Verhinderung des seitlichen Ausbiegens des vorderen Rinnenrandes infolge des Wasser- und Schneedruckes empfiehlt sich eine Verankerung der Rinneneisen mit der Dachschalung oder der Dachlattung, oder eine Versteifung der Rinneneisen durch eine wagerechte Verbindung der lotrechten Aufbiegungen miteinander. Es kann dies nach den Fig. 624 bis 626 erreicht werden durch an die Rinneneisen angenietete Blechstreifen oder nach den Fig. 627 bis 632 durch Flacheisen, welche den vorderen Rand der Rinneneisen mit deren Rückwand verbinden. Diese Flacheisen werden zunächst durch einen lotrechten Schlitz in der Rückwand des Rinneneisens geführt und dann durch Drehung um 90° in die flache Lage (vergl. die Fig. 628 bis 630) gebracht. Darauf wird das vordere Ende derselben nach unten gedrückt, so dass der hakenförmige Ansatz e (Fig. 631 u. 632) sich fest gegen die Vorderwand des Rinneneisens presst.

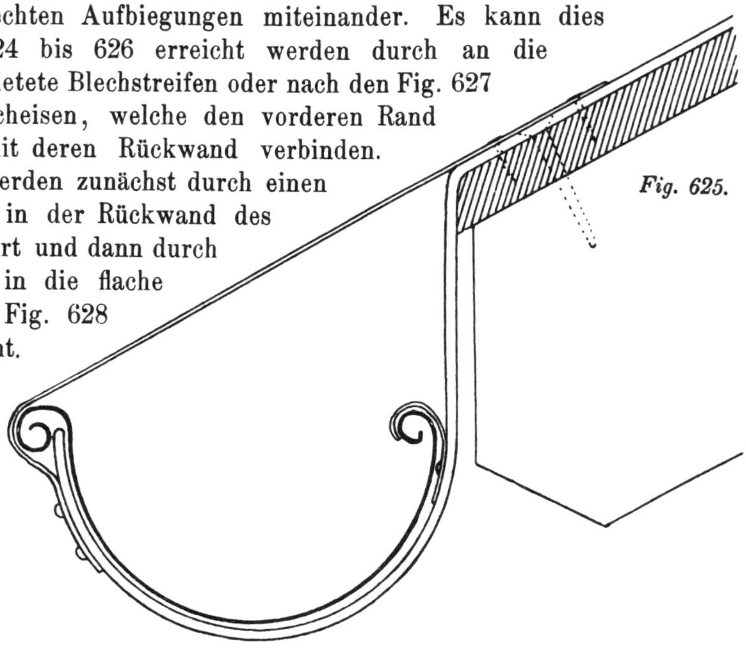

Fig. 625.

In ähnlicher Weise ist dies bei der durch Fig. 633 und 634 dargestellten Rinne mittels eines Flacheisenbandes erreicht, welches vorne über die wulstförmige Umbiegung des Rinneneisens greift, während das hintere hakenförmig gestaltete Ende mittels eines Eisenkeiles festgehalten wird.

An den Giebeln können die Hängerinnen nach Fig. 635 auf einfache Weise durch ein Zierbrett, welches mittels eines an dem Giebelsparren angeschraubten Flacheisens befestigt wird, verkleidet werden, so dass sie von der Giebelfront aus nicht sichtbar sind.

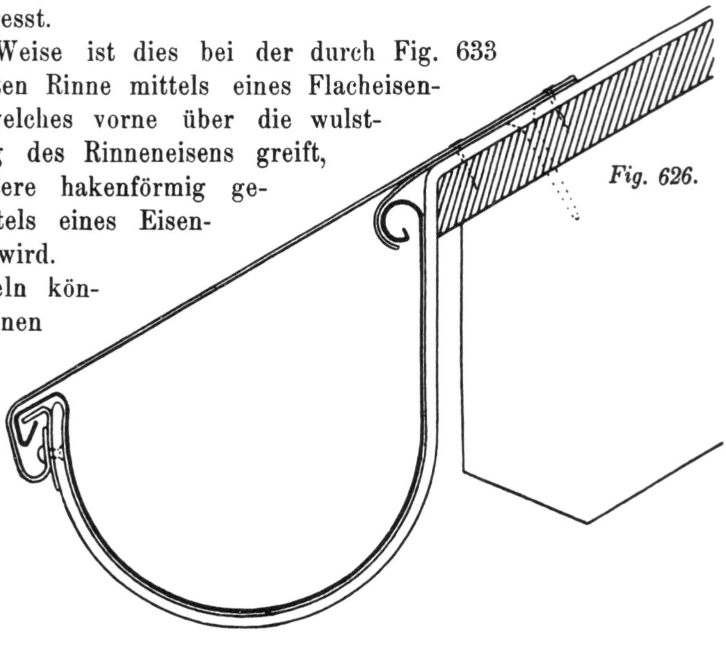

Fig. 626.

Noch einfacher ist die Versteifung der Rinneneisen bei Fig. 636 durch ein Flacheisen bewirkt, welches in die Oberfläche der Sparren eingelassen und hier verschraubt ist, während das vordere Ende desselben die Hafte hakenartig umfasst.

Die Haften am hinteren Rande der Rinneneisen können fehlen, wenn nach Fig. 637 ein Vorsprungstreifen angewendet wird, der in die Abkantung des Rinnenbleches eingehangen und dann auf der Dachschalung durch Nagelung befestigt wird.

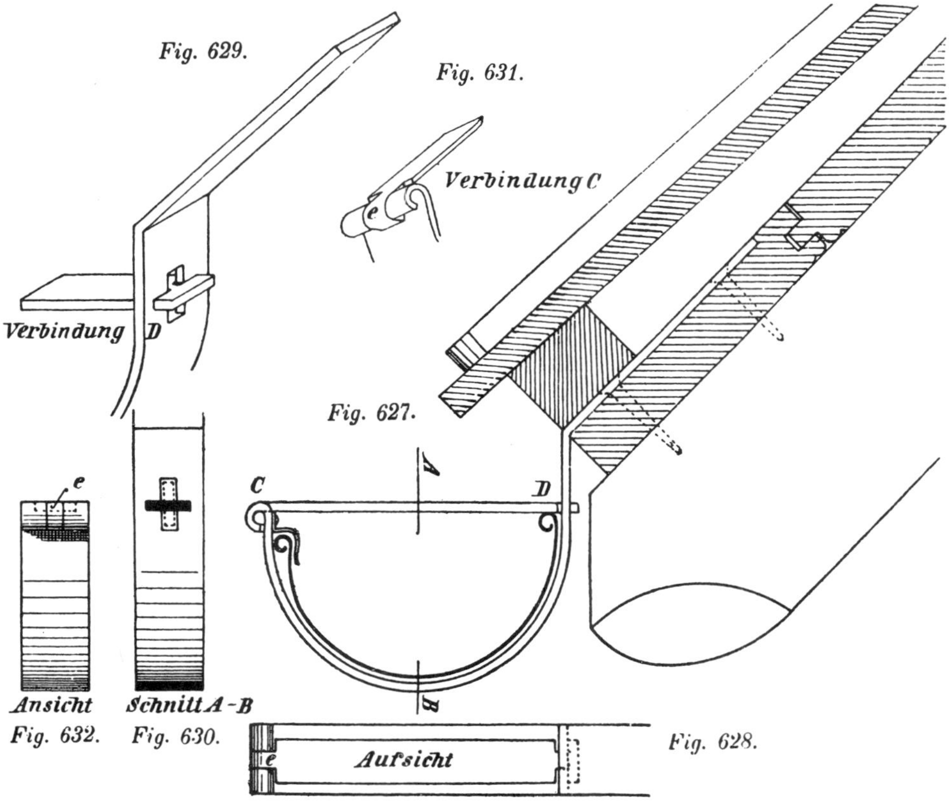

Fig. 629. Fig. 631. Fig. 627. Fig. 632. Fig. 630. Fig. 628.

Für Zwillingsdächer, die mit Eisenwellenblech gedeckt werden sollen und deren Traufkanten an eine gemeinschaftliche Rinne angeschlossen sind, fertigt das Façoneisenwalzwerk L. Mannstaedt & Komp. in Kalk besonders geformte Profileisen P (Fig. 638 und 641), welche durch angenietete Laschen L (Fig. 638 und 639) miteinander verbunden werden. An die oberen, entsprechend der Dachneigung gebogenen Schenkel werden die Rinneneisen gehangen, während das Rinnenblech entweder nach Fig. 638 unter das Wellenblech greift, oder nach Fig. 641 in der üblichen Weise mittels Haften gehalten wird.

Für Gebäude mit einem oder höchstens zwei Geschossen, bei welchen an der Rinne bezw. an der Traufe vorkommende Ausbesserungen von Leitern aus bewirkt werden können, schreibt das Preussische Ministerium Hängerinnen vor, welche nach Fig. 642 gestaltet sind. Die Rinneisen sind an einem vor den Sparrenköpfen angebrachten Stirnbrett angeschraubt und werden an ihrem vorderen Rande durch Flacheisen gehalten, die durch kräftige Schrauben auf der Sparrenoberfläche befestigt sind. Zwischen diese Flacheisen und das Traufbrett ist ein Vorstossblech eingeschoben, in welches das Rinnenblech eingreift. Zur

Isolierung der Flacheisen von dem Vorstossblech, sowie zur Dichtung der Schraubenköpfe sind die Flacheisen mit Walzblei zu umwickeln. Damit der Schnee und Regen nicht unter die Deckung getrieben wird, ist vor die erste Dachlatte ein Blechstreifen auf das Vorstossblech gelötet, dessen obere Kante abgebogen ist. Die Verbindung des Rinneisens mit dem Flacheisen geschieht nach Fig. 643 durch Verschraubung; die vordere Abkantung des Flacheisens hat den Zweck, das Rinnenblech an dem vorderen Rande festzuhalten. Unter der

Fig. 633.

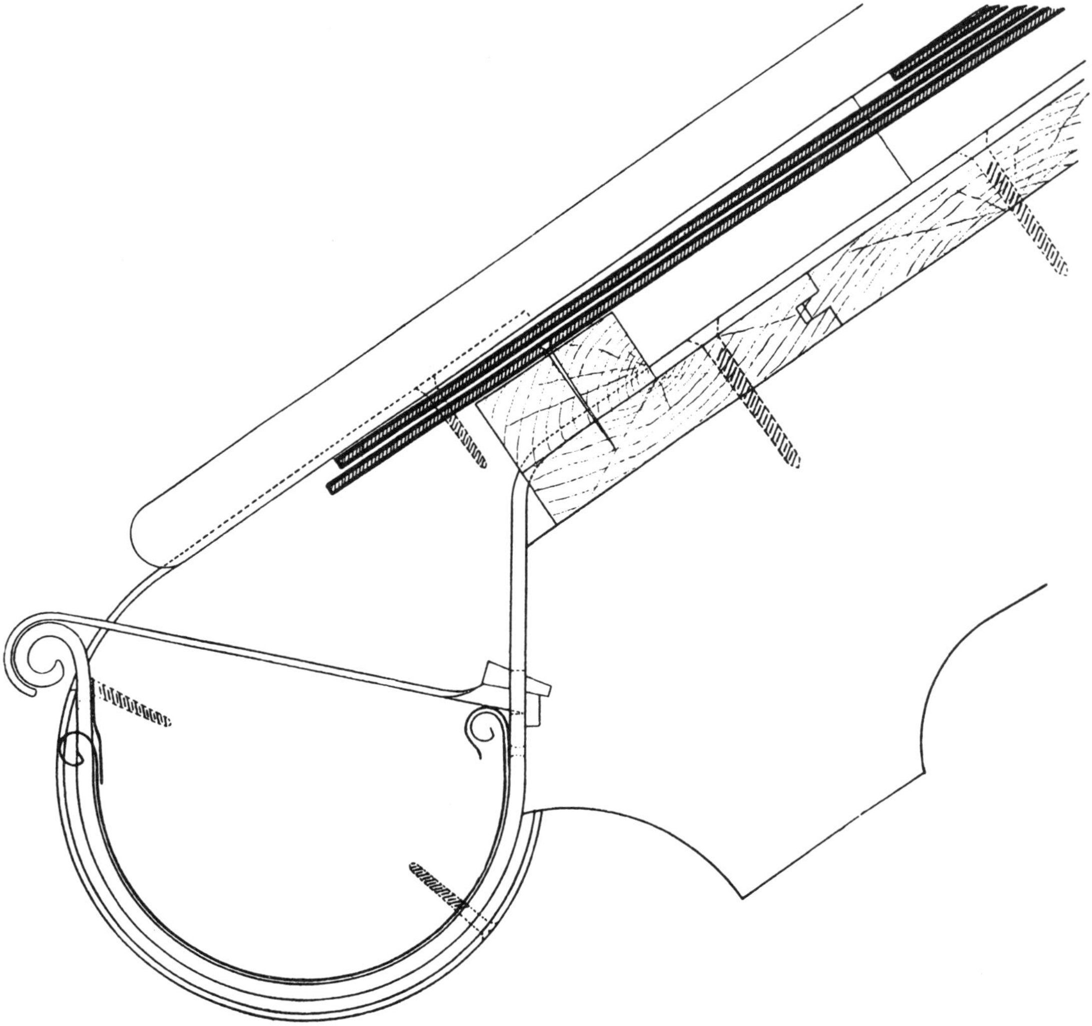

Voraussetzung, dass das Hauptgesimse aus Backsteinen aufgemauert ist, kann das Abdeckblech desselben durch einen starken verzinkten Draht gegen Abheben durch den Sturm gesichert werden. Dieser Draht (Fig. 644) wird einige Schichten unter der Gesimsoberfläche eingemauert, nachdem er um einen Drahtstift geschlungen ist, der so in eine Lagerfuge eingelegt wird, dass er unter zwei benachbarte Steine greift. An seinem oberen Ende wird der Draht zu einer in

Fig. 634.

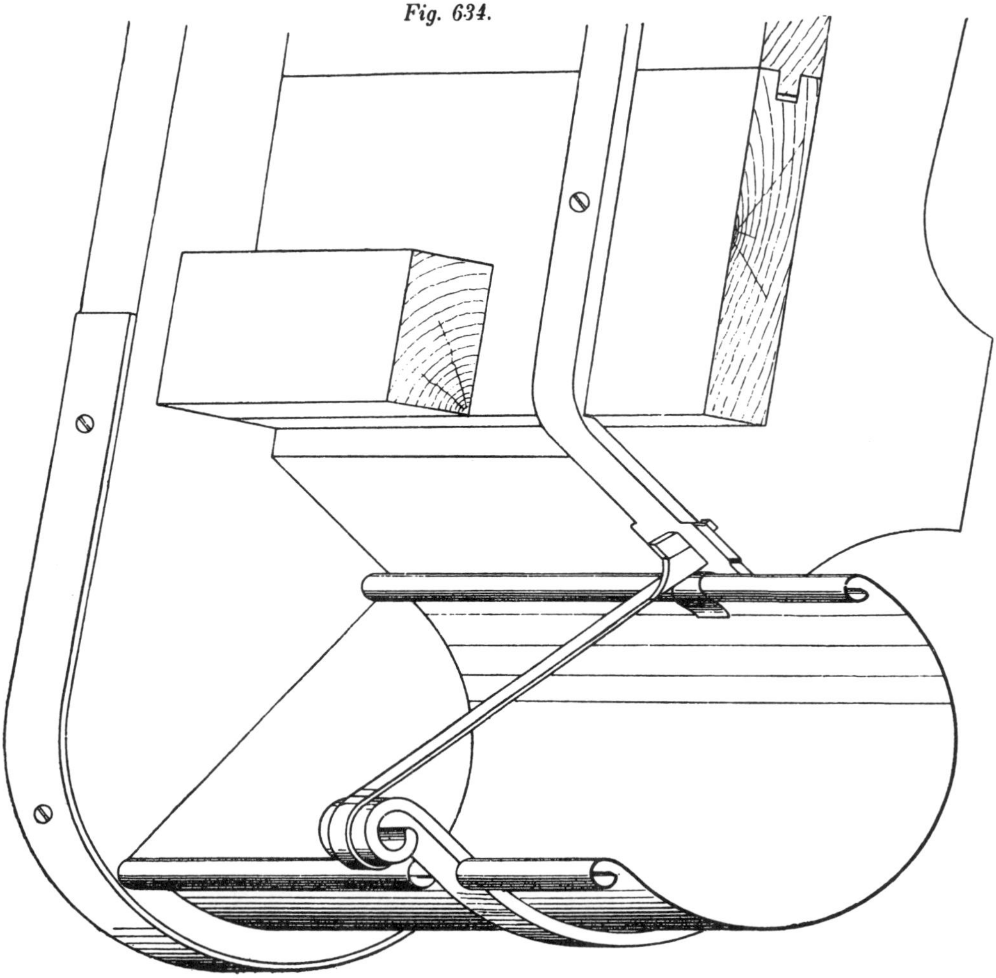

Gestalt einer Acht geformten Oese umgebogen und alsdann mit einer aufgelöteten Zinkkappe überdeckt. Diese Drähte sind in Abständen von 50 bis 60 cm anzuordnen. Als Mängel dieser Rinnenkonstruktion dürften die korbbogenförmige Gestalt des Rinnenbodens, welche nicht mit den üblichen Werkzeugen des Bauklempners ausführbar ist, sowie die Befestigung der Rinneneisen an dem Stirnbrett zu bezeichnen sein. Wenn auch die Vorschrift besteht, das Stirnbrett an den Stellen, wo die Schrauben nicht auf einen Sparrenkopf

Fig. 635.

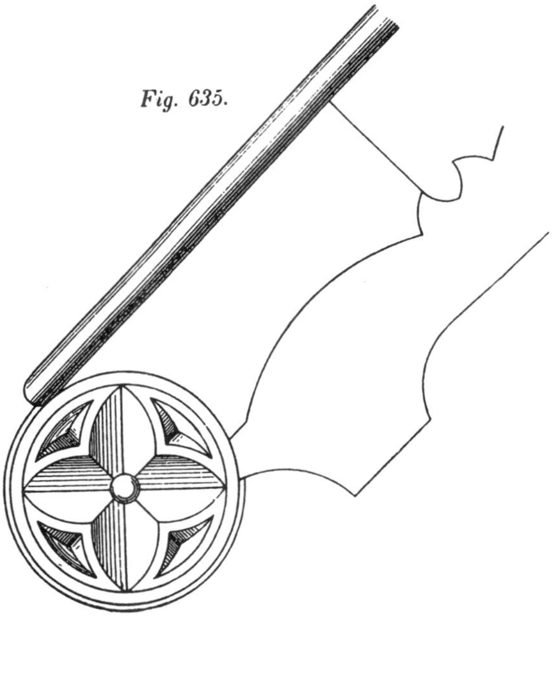

treffen, durch ein hintergenageltes Bohlenstück zu verstärken, so wird dies doch in manchen Fällen wegen der hinter dem Stirnbrett liegenden Konstruktionshölzer nicht ausführbar sein, es sei denn, dass vor Befestigung des Stirnbrettes die Bohlenstücke angebracht werden.

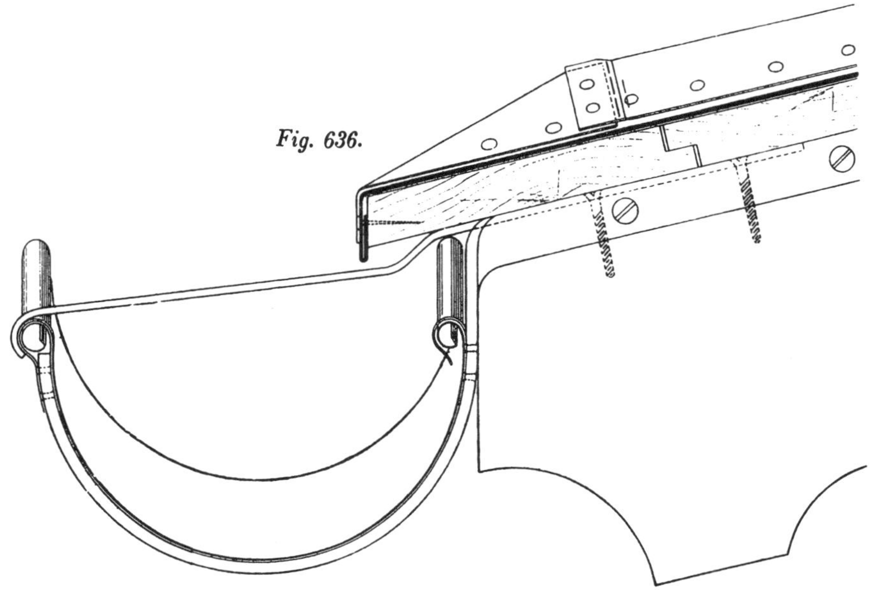

Fig. 636.

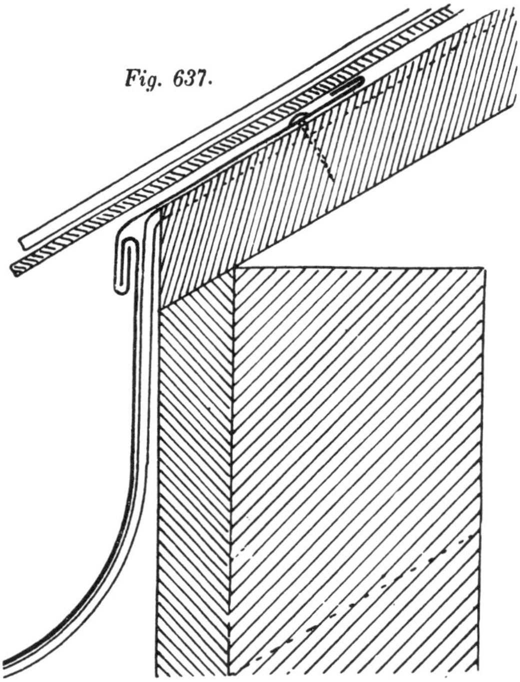

Fig. 637.

Das Gefälle der freitragenden Rinnen wird meist dadurch hergestellt, dass man die Rinneneisen in verschiedener Höhe an die Seitenfläche der Sparren befestigt, oder indem man ihnen eine verschiedene Gestalt gibt. Ausnahmsweise werden auch wohl Nebeneisen an die Hauptrinneneisen genietet, auf denen das Rinnenblech aufruht. Diese Konstruktionsweise (Fig. 645) verteuert aber die Rinnenanlage nicht unerheblich, ohne Vorteile gegenüber der gewöhnlichen Ausführung zu bieten.

Soll, wie dies bei Güterschuppen meist erforderlich ist, die Rinne gegen den Dachfuss zurücktreten, so ist die Dachfläche vor und unterhalb derselben in geeigneter Weise durch Metall-, Ziegel- oder Schieferplatten abzudecken, auf denen dann die Rinneneisen der Länge nach aufruhen. Das Rinnenblech ist so weit auf die Dachfläche hochzuführen, dass seine hintere Umfalzung, in welches die Haftstreifen einzuhängen sind, mindestens 4 cm höher liegt als der vordere Rinnenrand. Ein Beispiel für diese Rinnenart ist durch die Fig. 646 und 647 veranschaulicht.

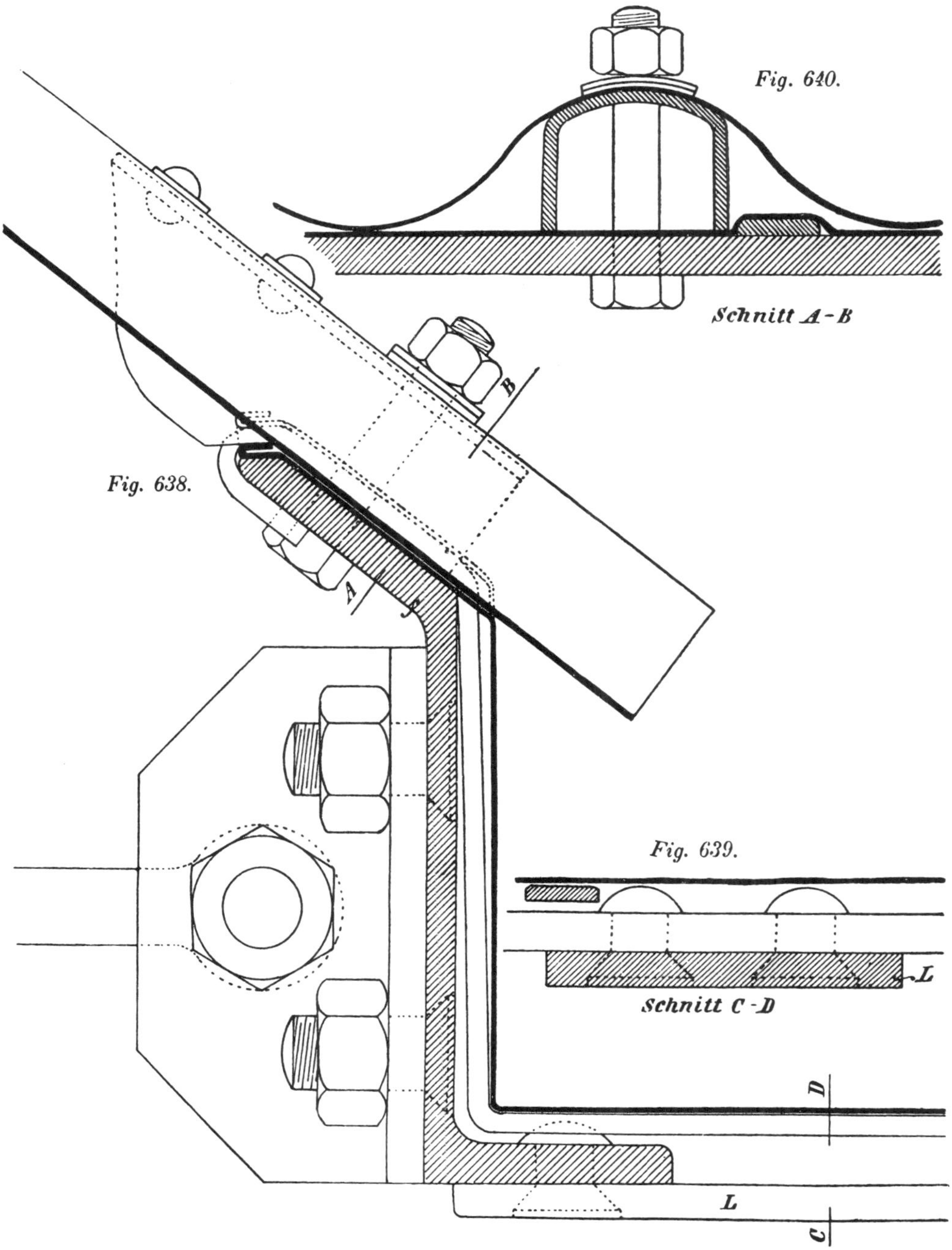

Fig. 640.

Fig. 638.

Fig. 639.

Wenn an die Hängerinne weitergehende Anforderungen bezüglich des Aussehens gestellt werden, so kann man dieselbe hinter einer lotrechten oder geschwungenen Verkleidungswand verstecken. Bei der durch Fig. 648 dargestellten Rinnenanlage ist die Verkleidungswand aus Zinkwellenblech hergestellt, welches an lotrechten Stützen von verzinktem Eisen, die in das Hauptgesimse eingelassen und durch Zement- oder Bleiguss befestigt sind, mittels Haften festgeklemmt wird. Zur Versteifung der lotrechten Stützen dienen Flacheisen, welche

Fig. 641.

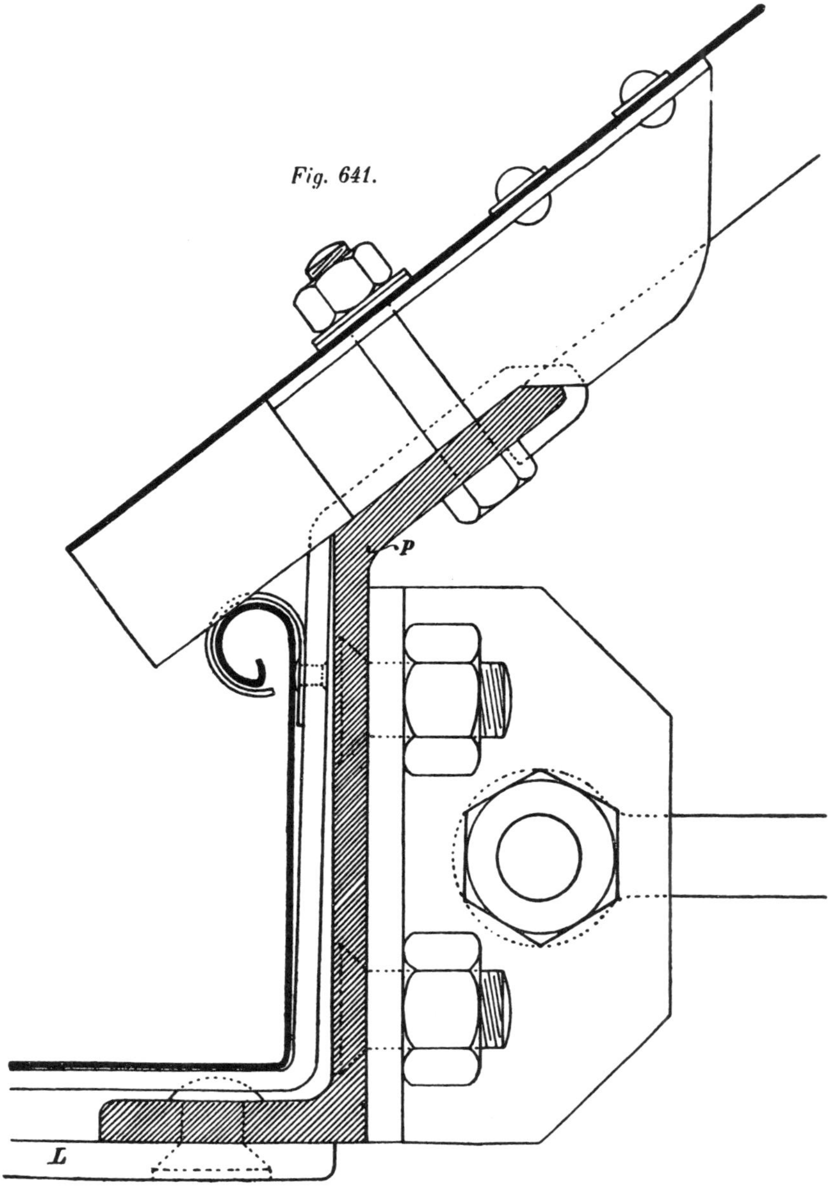

mit diesen und den Rinneneisen durch Bolzen verbunden sind. Die Befestigung des Wellenblechs und der Flacheisen an den Stützen ist durch die Teilzeichnungen in den Fig. 649 bis 652 weiter erläutert.

Die durch Fig. 653 zur Anschauung gebrachte Rinne ist durch eine profilierte Verkleidungswand aus glattem Zinkblech verdeckt. Diese Verkleidung ist zunächst bei A in den Falz des Rinnenblechs einzuhängen und darauf so nach

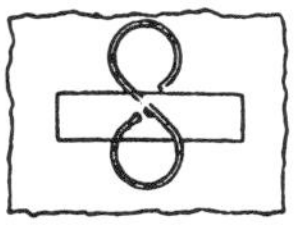

Fig. 644 .

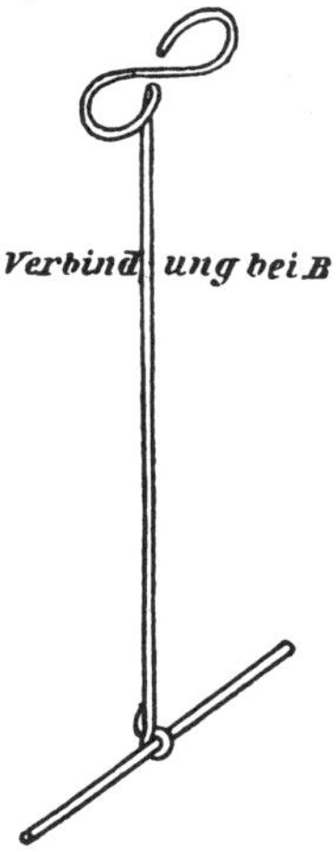

Fig. 643.

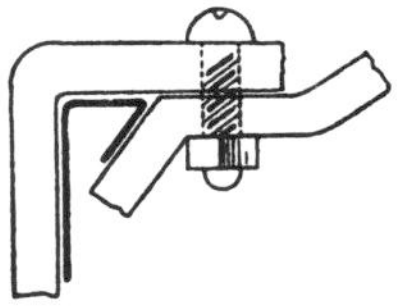

Verbindung bei A

Fig. 642.

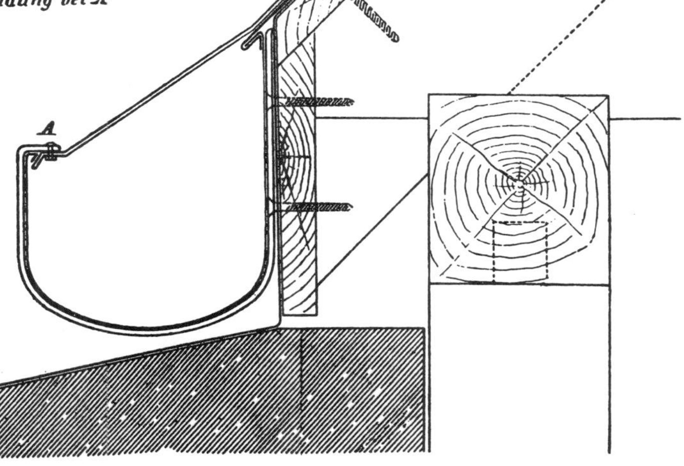

Fig. 645.

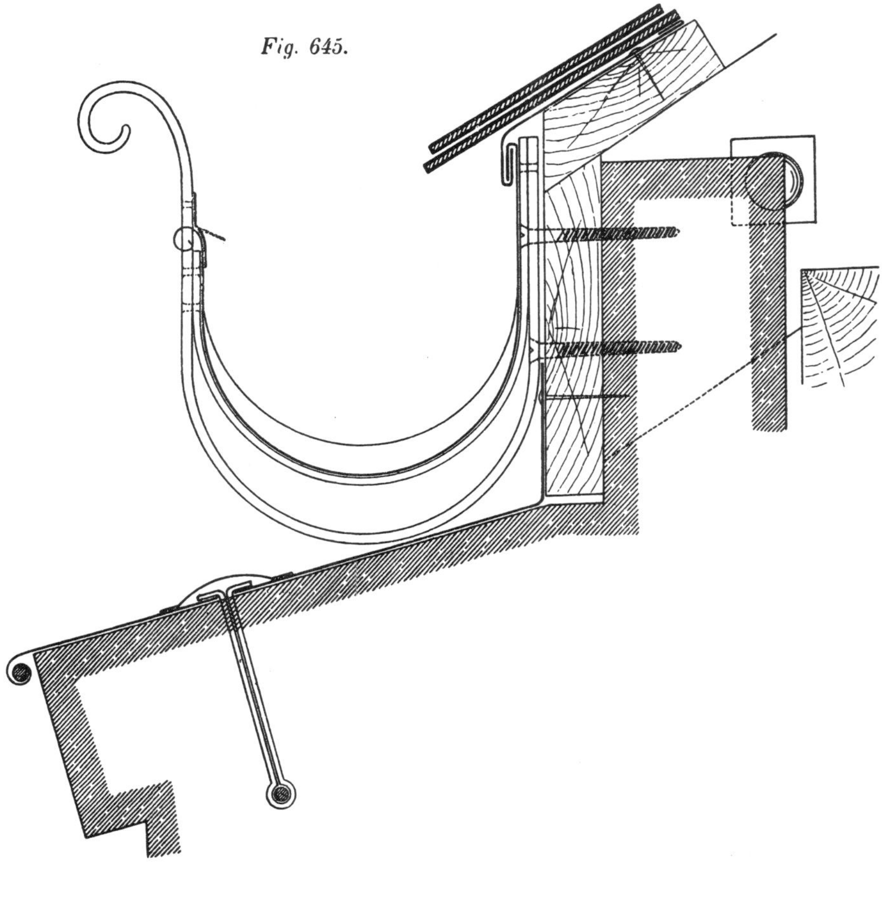

unten zu legen, dass das entgegengesetzte, ebenfalls umgefalzte Ende bei B zwischen den abgebogenen Schenkel des Rinneneisens und die Abdeckung der kleinen Mauerpfeiler tritt. Hierauf ist das Blech wieder nach vorne zu treiben, so dass sich die federnde Falzung fest gegen die Umkantung des abgebogenen Rinneisenschenkels legt. Die Befestigung des hinteren Rinnenrandes ist durch Mauerhaken bewirkt, welche neben den Rinneneisen so in eine Mauerfuge getrieben sind, dass ihre vordere hakenförmige Umbiegung die Umkantung des Rinnenbleches umfasst.

Fig. 647. Fig. 646.

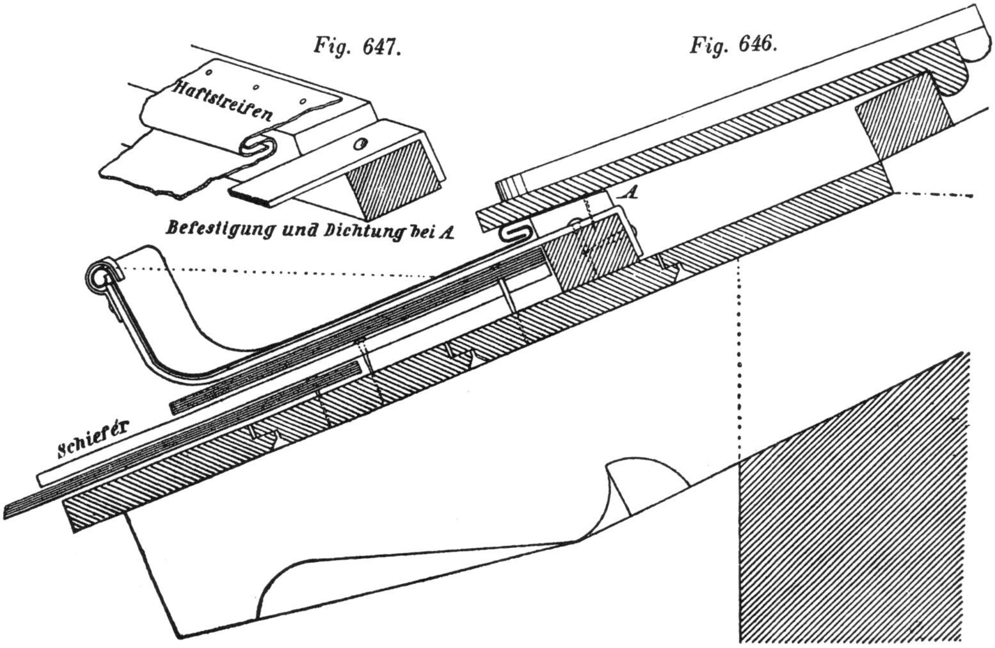

b) Aufliegende Hängerinnen.

Aufliegende Rinnen werden ausgeführt, um die Begehbarkeit derselben zu erreichen. Bei Hängerinnen reicht hierfür das Aufhängen der Rinneneisen am Traufrande jedoch nicht aus und es gelangen dieselben deshalb nur äusserst selten zur Anwendung. Bei dem durch die Fig. 654 bis 657 wiedergegebenen Beispiele ruhen die Hauptrinneneisen mit ihrer hinteren Hälfte in entsprechend geformten Ausschnitten der Sparrenköpfe und sind hier, wie auf den beiden unteren Dachlatten durch kräftige Schrauben gehalten. Zur Herstellung des Gefälles sind schwächere Flacheisen an die Hauptrinneneisen genietet, auf denen ein zweites an das wagerecht liegende Rinnenblech angelötetes Blech aufruht. Auch hier kann die Rinne in ähnlicher Weise wie bei Fig. 635 an den Giebelsparren durch ein Zierbrett (Fig. 658) verdeckt werden.

c) Freitragende Standrinnen.

Bei diesen trägt sich das Rinnenblech ebenso wie bei den Hängerinnen frei zwischen den Rinneneisen, doch sind diese nicht nur an dem Traufrande befestigt, sondern sie ruhen auf einer Bodenfläche oder sie sind durch Eisenstäbe gegen diese abgestützt.

Fig. 649. Fig. 650. Fig. 651.

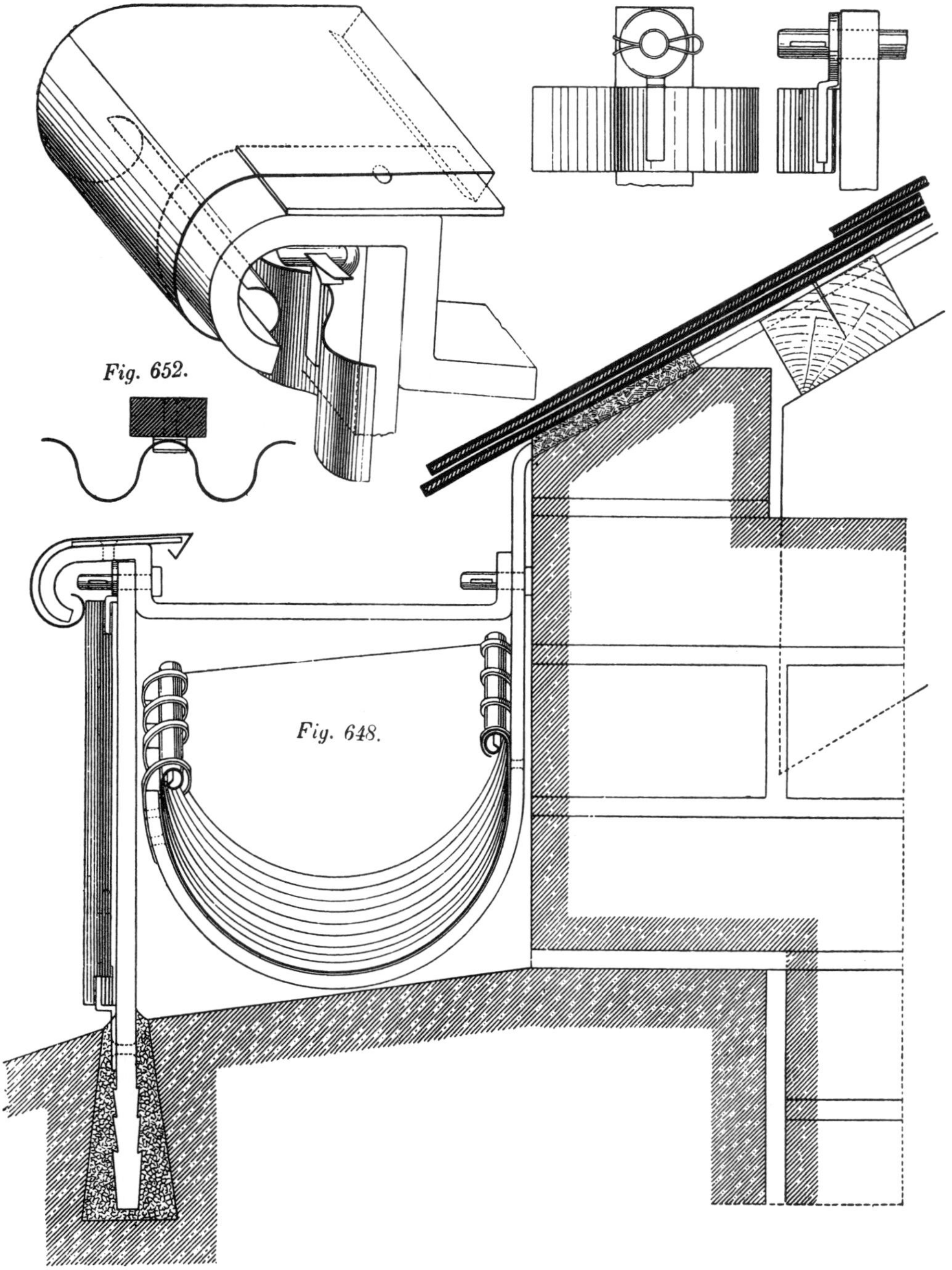

Fig. 652.

Fig. 648.

Fig. 659 bringt eine Rinne in Verbindung mit einem Holzzementdache zur Anschauung. Der Boden des Rinnenbleches ist hier nur durch die inneren, entsprechend dem Gefälle der Rinne an die Haupt-Rinnenträger angenieteten Rinneneisen unterstützt, was in den meisten Fällen genügen wird, da die sehr flachen Holzzementdächer ein Begehen gestatten und ein Betreten des Rinnenbodens nicht bedingen. Die Hauptrinnenträger sind bei B und C mit schwachem Walzblei umwickelt, um zu verhindern, dass sie der Länge nach voll auf dem Abdeckbleche des Hauptgesimses aufruhen. Diese Rinnenform ist dem Muster F der den Vorschriften für Dachrinnen preussischer Staatsbauten beigegebenen Musterzeichnungen mit der Abweichung nachgebildet, dass das Rinnenblech nicht korbbogen-, sondern halbkreisförmig gebogen ist.

Die gleichen Vorschriften bringen weitere Formen freitragender Standrinnen in den Musterzeichnungen D und E.

Fig. 653.

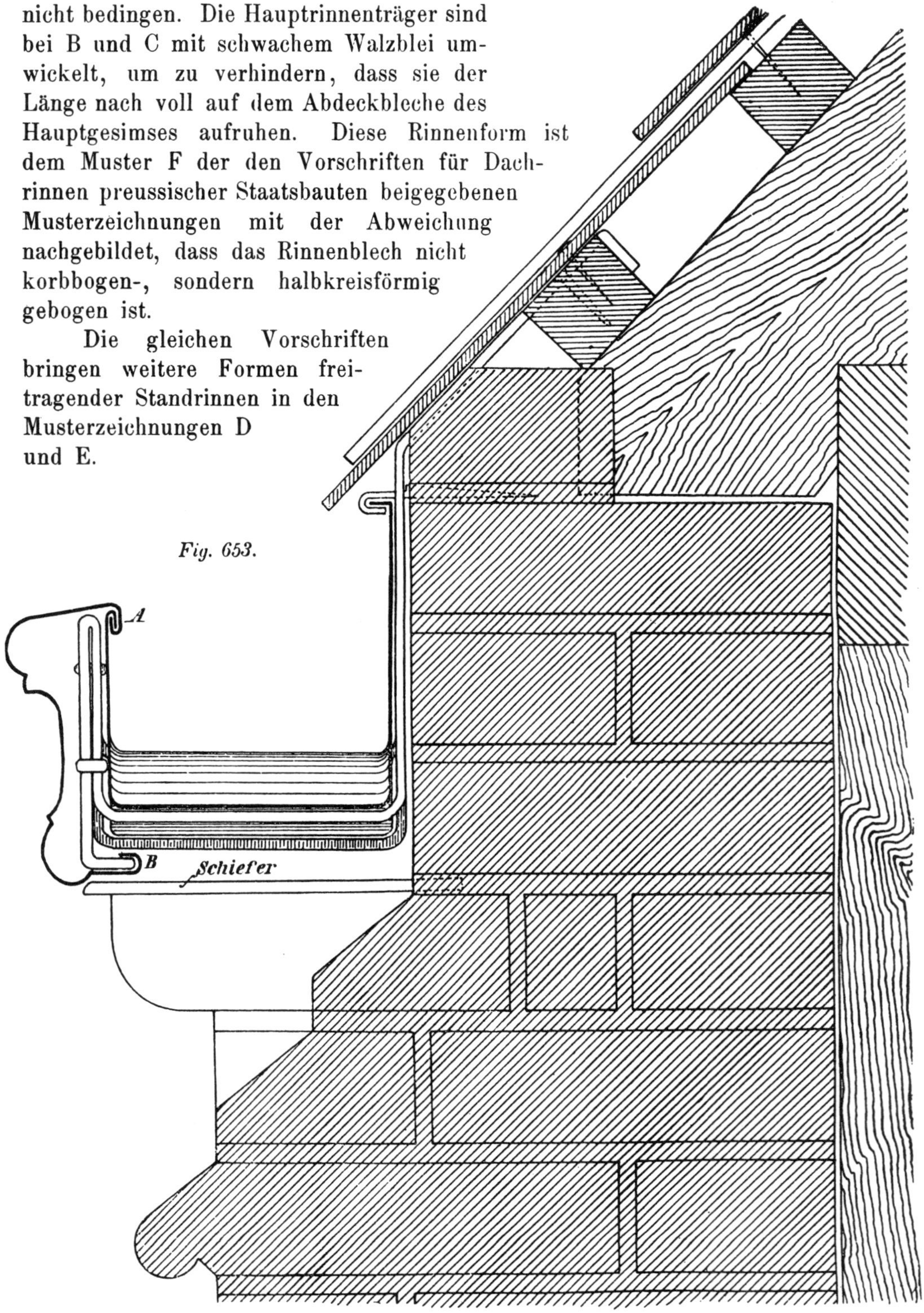

Bei Muster D (Fig. 660) sind die eisernen Bügel, welche im unteren Teile auf dem Hauptgesimse lagern, an ihrem oberen Vorderrande durch starke ge-

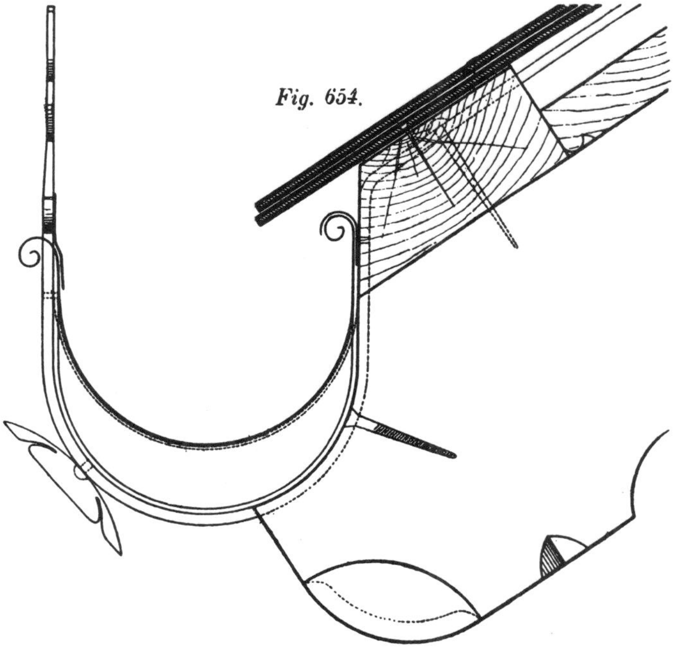

Fig. 654.

kröpfte Flacheisen mit der Dachschalung verbunden. Die Halter werden einerseits an der Vorderkante der Bügel, andererseits am unteren Ende der in die

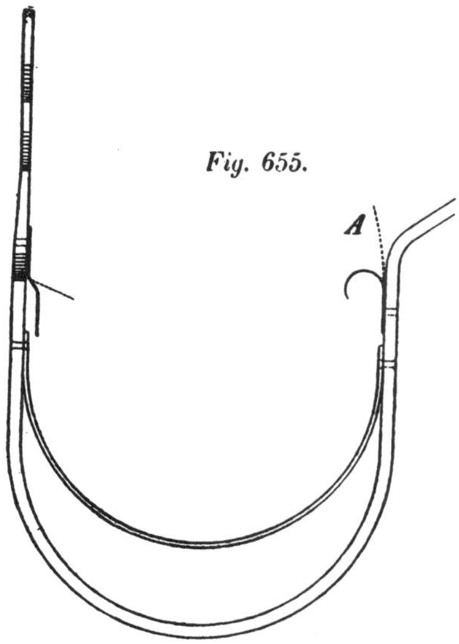

Fig. 655.

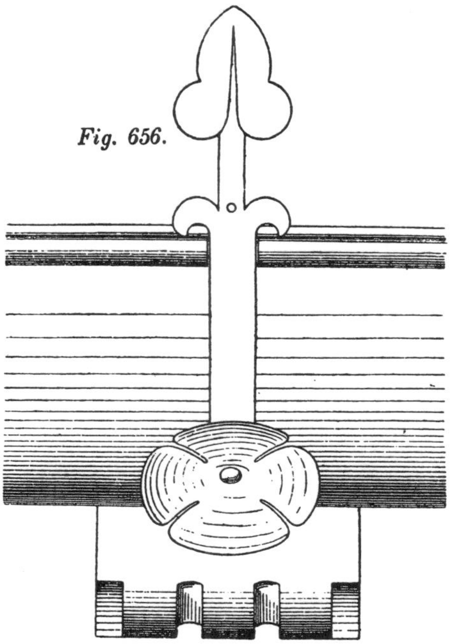

Fig. 656.

Dachschalung eingelassenen Vorstossbügel mit Schrauben befestigt. Das Verkleidungsblech ist an seinem oberen Ende in eine Deckkappe eingehangen, am unteren Ende dagegen auf einen Zinkstreifen B (vergl. Fig. 661) aufgelötet, welcher durch Haften C, die ebenfalls durch Lötung auf dem Abdeckblech des Hauptgesimses befestigt sind, festgehalten wird.

Fig. 657.

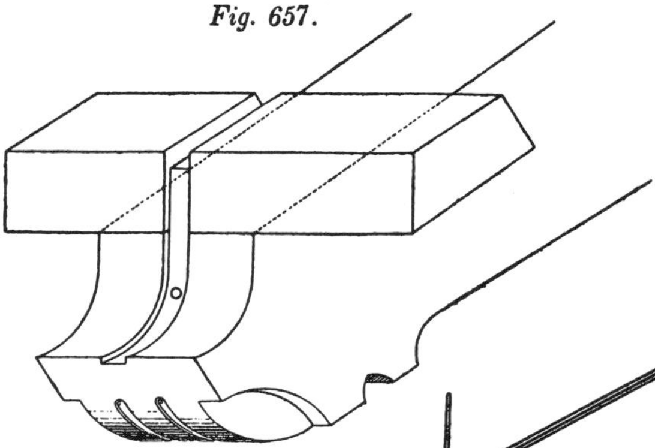

Fig. 658.

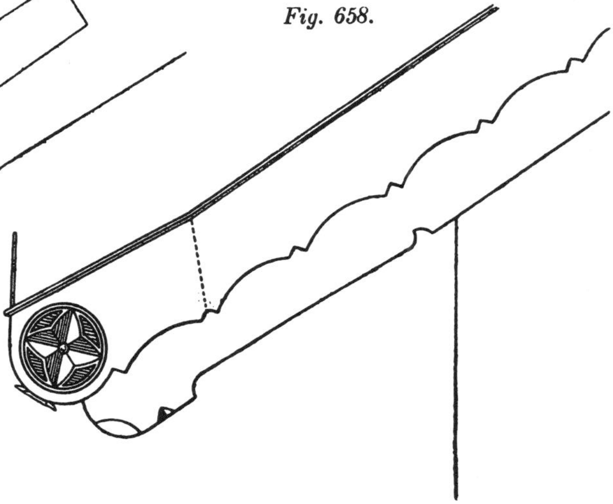

Fig. 659.

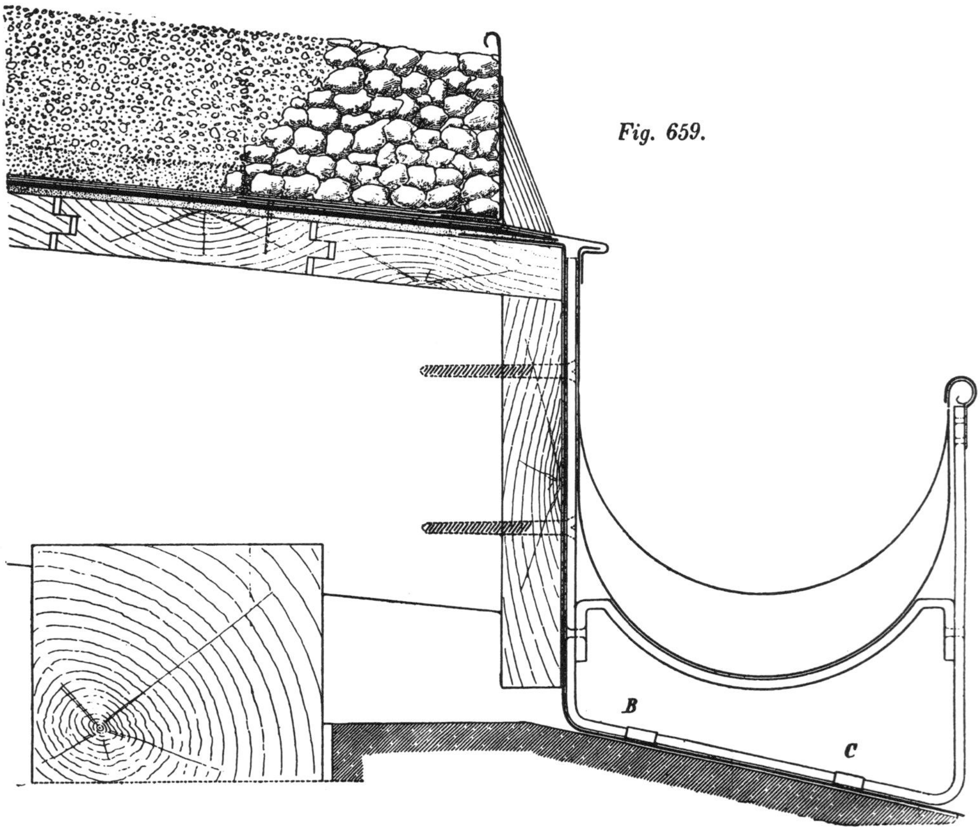

Auf den Haltern sind Laufbretter angebracht, die ein Begehen für Zwecke der Reinigung und Ausbesserung gestatten und gleichzeitig ein Betreten des Rinnenbodens und ein Beschädigen der Rinne durch den vom Dache abgleitenden Schnee verhindern. Die Befestigung der Laufbohlen auf den Haltern erfolgt mittels eiserner Klammerhaken und Keile. Zu bemängeln ist bei dieser Rinnenanlage die Durchbohrung des Vorstossbleches durch die Schrauben bei D, da

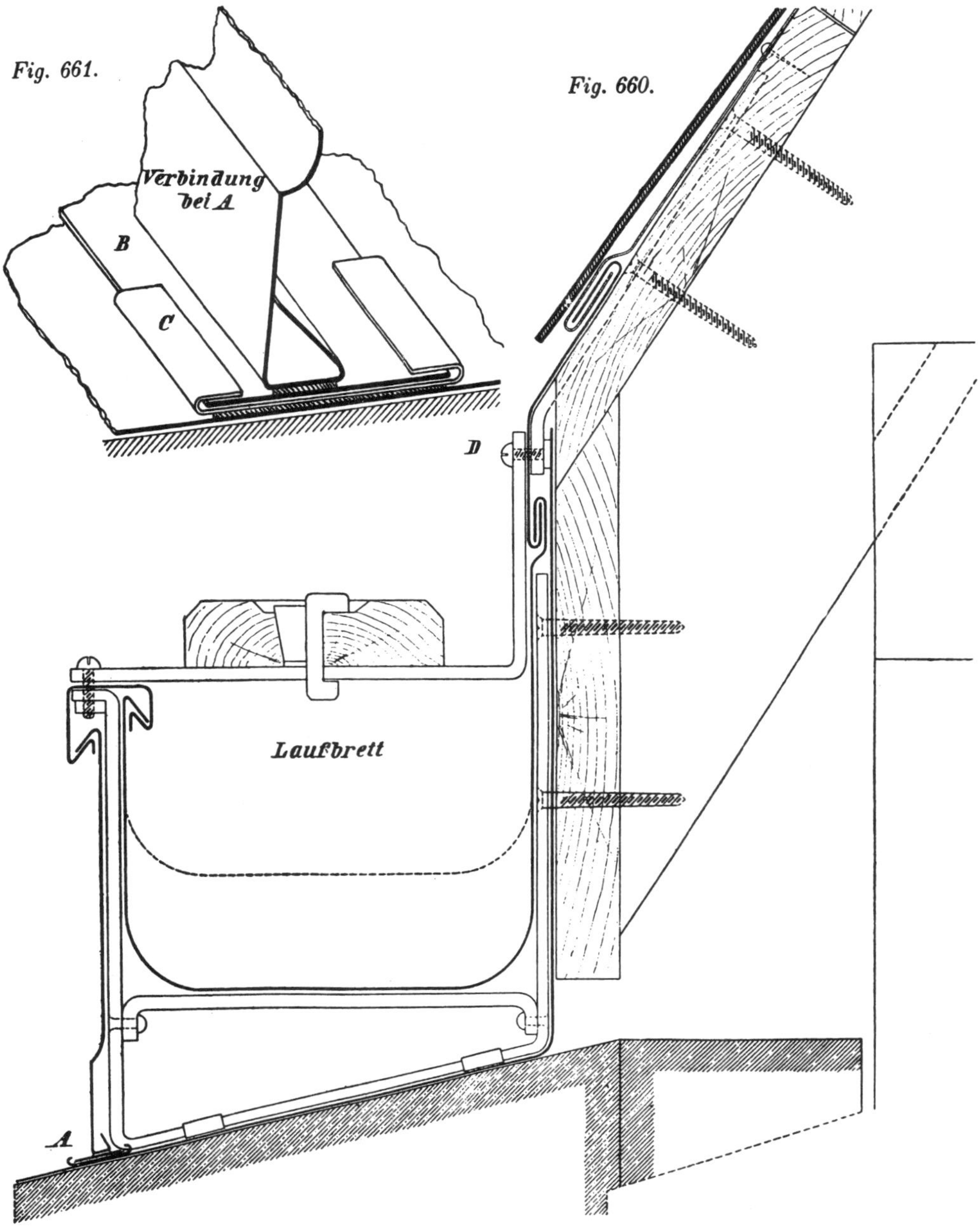

Fig. 661. *Fig. 660.*

etwa hier eindringendes Wasser in dem unteren Falze des Vorstossbleches stehen bleibt und zu Schäden Anlass geben kann. Jedenfalls dürfte zu empfehlen sein, in der Umfalzung kleine Löcher oder längliche Schlitze vorzusehen, damit etwa eingedrungenes Wasser durch diese wieder austreten kann.

Die Musterzeichnung E (Fig. 662) stellt eine Rinne dar, welche sich für hochgelegene, den Stürmen besonders ausgesetzte Dächer grösserer Gebäude eignet. Die Vorderkante derselben ist durch senkrechte, in dem Hauptgesimse eingelassene und verbleite eiserne Stützen in ihrer Lage gesichert. Der Rinnenboden, nach einer Korbbogenlinie gestaltet, erscheint bei Anwendung von starkem Zinkblech (Nr. 14 bis 16) und Anordnung der Rinneneisen in Entfernungen von nicht mehr als 60 cm ausreichend versteift, um die Rinne ohne Nachteil begehen zu können.

Fig. 662.

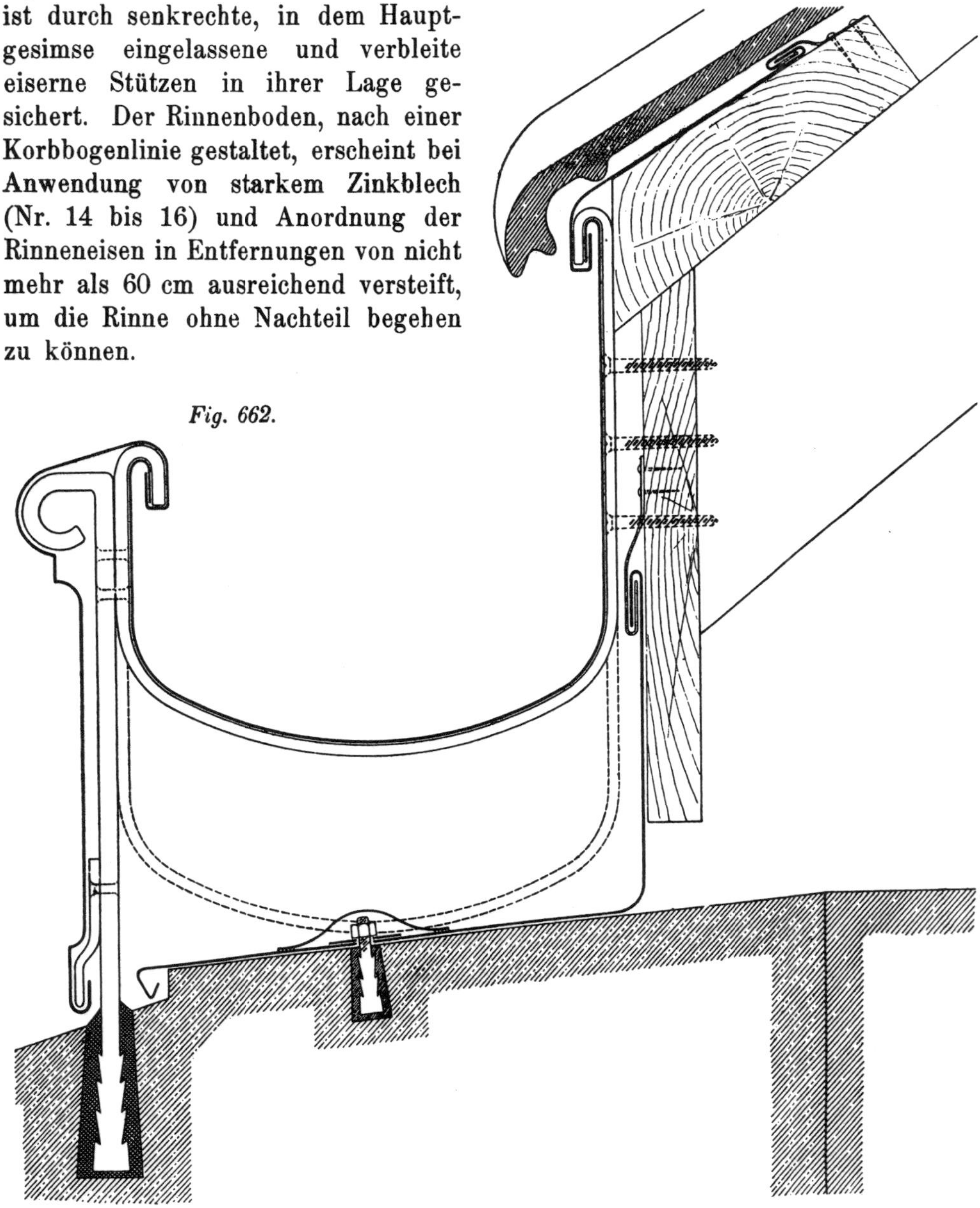

Bei Verwendung geringerer Blechstärken beziehungsweise Anbringung der Rinneneisen in grösserer Entfernung als 60 cm muss eine Unterschalung der Rinne vorgesehen, dann aber der Rinnenträger in seinem mittleren Teile gerade gestaltet werden.

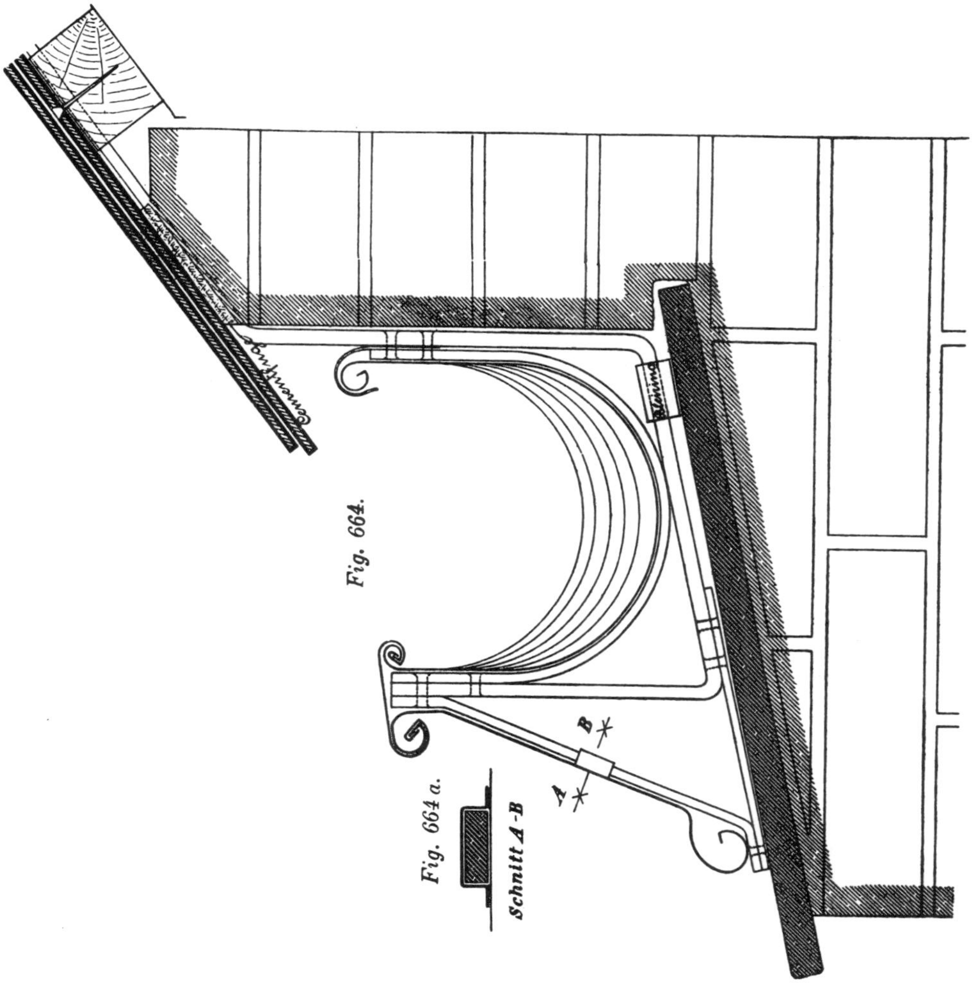

Fig. 664.

Fig. 664 a.

Schnitt A-B

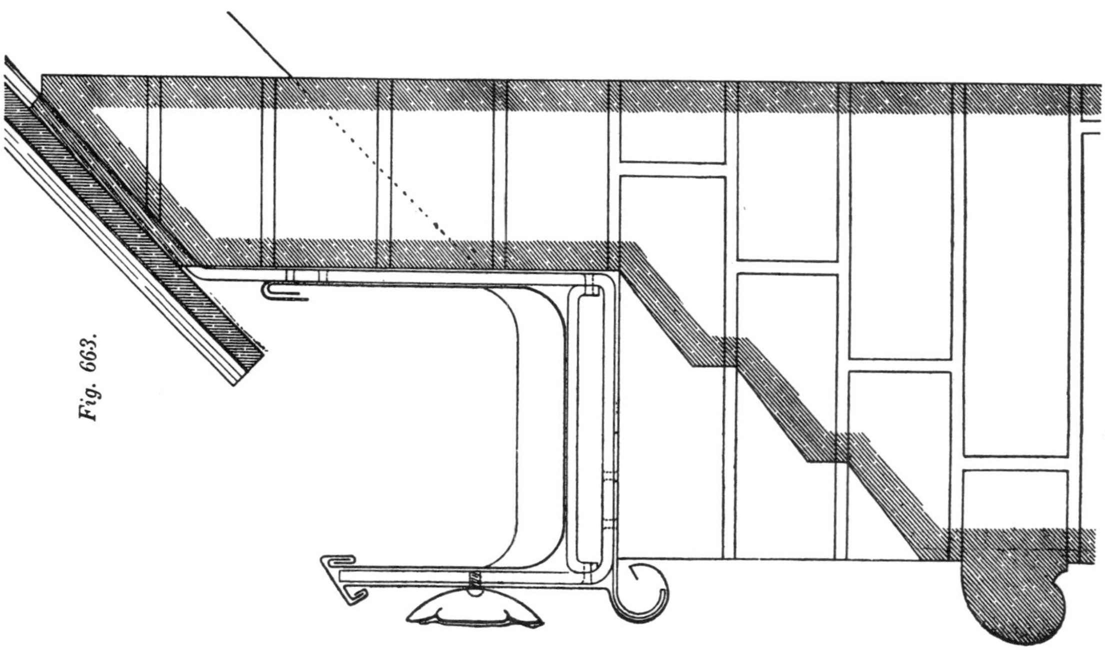

Fig. 663.

Das Verkleidungsblech wird am oberen Ende um eine Verkröpfung des Rinneneisens mit der Rinne verfalzt und am unteren, behufs Ermöglichung freier Bewegung bei Temperaturveränderungen, um einen mit der senkrechten Stütze vernieteten daumenartigen Ansatz frei herumgekröpft. Das Verkleidungsblech kann übrigens ohne Nachteil für die Konstruktion fortgelassen werden und würde dann auch hier, ähnlich wie bei Fig. 656, eine architektonische Ausbildung der Stützen stattfinden können.

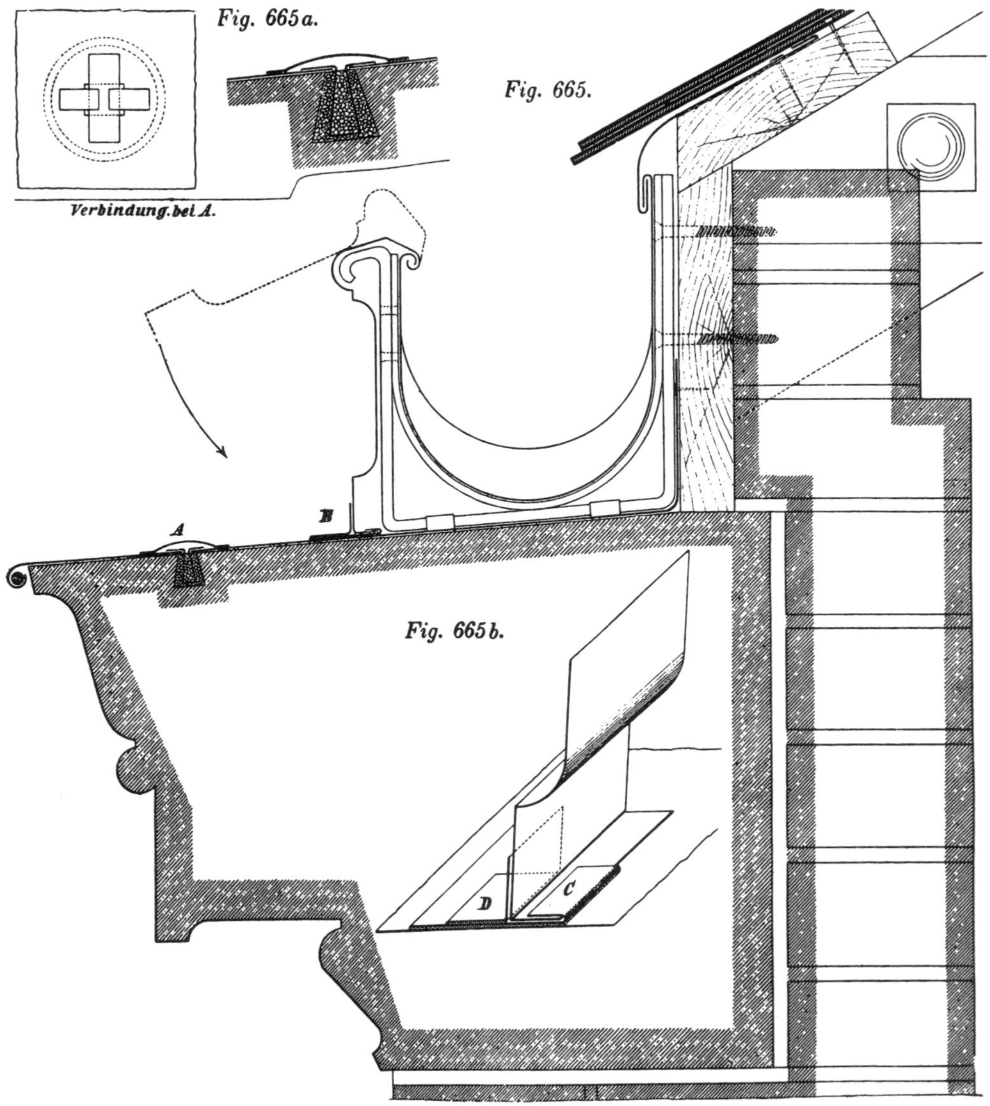

Das Hauptgesimse soll in vorliegendem Falle nur in dem unter der Rinne liegenden flachen Teile mit Zinkblech abgedeckt werden, während für den erheblich steileren vorderen Teil von dem etwa 3 cm hohen Absatze an eine Belegung mit Metall nicht vorgesehen ist. Dabei wird jedoch vorausgesetzt. dass die Abdeckungsplatten des Gesimses aus einem besonders festen, dichten und wetterbeständigen Hausteine hergestellt sind, auch die Stossfugen auf das sorgfältigste gedichtet werden.

Bei der durch Fig. 663 wiedergegebenen Rinnenanlage ruhen die Rinnenträger auf kleinen aus Backsteinen aufgemauerten Pfeilern, welche aus der stark geneigten Abdeckung des Hauptgesimses heraustreten. An dieselben sind Hafte A angenietet, in welche das Verkleidungsblech, dessen oberer Rand durch eine von der Seite aufzuschiebende Deckkappe gehalten ist, eingehangen wird. Zur Herstellung des Gefälles dienen Flacheisen, die an die Rinnenträger angenietet werden. Auch diese Rinne gestattet bei enger Stellung der Pfeiler ein Begehen, ohne dass Formveränderungen des Rinnenbodens zu befürchten sind.

Nach gleichen Grundsätzen sind die durch Fig. 664 und 665 zur Anschauung gebrachten Rinnenanlagen entworfen, deren Herstellung für den Bauklempner jedoch mit geringeren Schwierigkeiten verknüpft ist, weil die Rinnen und demgemäss auch die inneren Rinneneisen im unteren Teile halbkreisförmig gestaltet sind. Namentlich die erstere Rinnenanlage besitzt eine grosse Steifigkeit infolge der am oberen Ende unmittelbar und am unteren Ende durch Vermittelung eines Verbindungsstückes mit den Rinnenträgern vernieteten Stützen, welche gleichzeitig zur Befestigung des Verkleidungsbleches dienen (vergl. auch Fig. 664a). Bei Fig. 665 ist die Anbringung des Verkleidungsbleches insofern eine einfache, als dasselbe, in die Lage der punktierten Linie gebracht, in die Umbiegung des

Fig. 666.

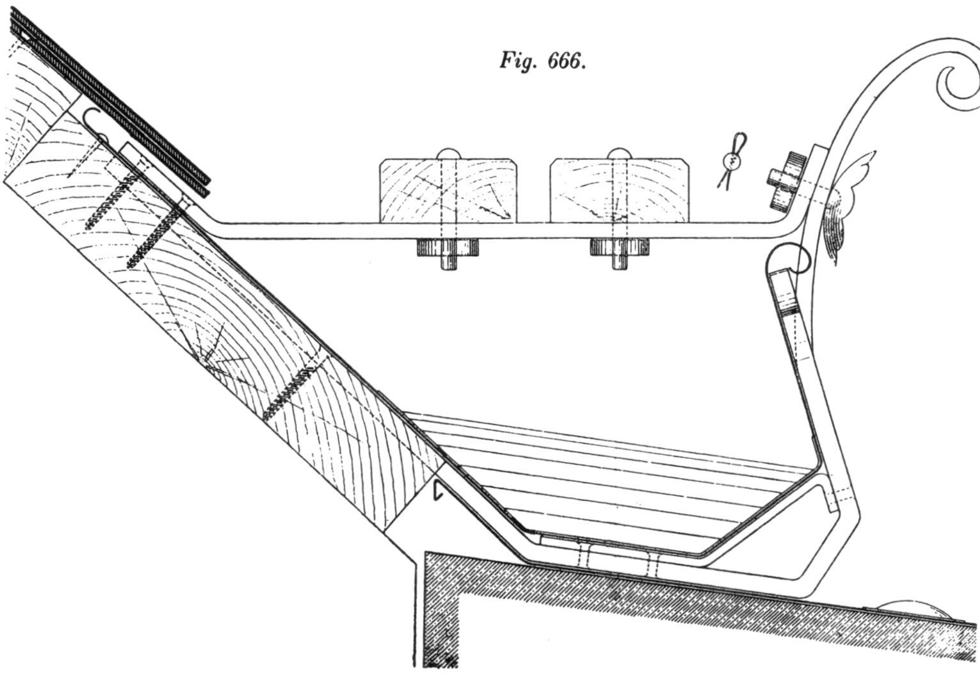

Rinnenbleches eingehangen, dann nach unten gebogen und mit der unteren Umkantung in den Falz der auf dem Abdeckbleche gelöteten Hafte C (vergleiche Fig. 665b) geschoben wird. Alsdann aufgelötete Winkel D verhindern das Ausweichen des Verkleidungsbleches nach vorne, während die Bewegungsfreiheit desselben sowohl in der Längs- als auch in der Querrichtung unbehindert ist.

Für Dächer mit flacherer Neigung eignet sich namentlich die durch Fig. 666 und 667 dargestellte Rinne, deren Rinnenträger in ein auf den Sparren ruhendes Traufbrett eingelassen sind. Die über den vorderen Rinnenrand in ihrem mittleren Teile sich erhebenden Rinnenträger sind architektonisch ausgebildet und dienen zur Befestigung der die Laufbohlen tragenden Flacheisen, während die unterhalb des Rinnenrandes abzweigenden Verzierungen unter den vorderen Rinnenwulst fassen und diesen festhalten.

Fig. 667.

d) Aufliegende Standrinnen.

Der Boden des Rinnenbleches ist auf seiner ganzen Länge durch einer Unterlage aus Mauerwerk oder aus Holz unterstützt, so dass der Rinnenboden betreten werden kann, ohne befürchten zu müssen, dass derselbe Formveränderungen erleidet oder beschädigt wird. Es eignen sich deswegen diese Rinnen namentlich für steile Dächer in hoher Lage, bei welchen Ausbesserungen von unten her auf Leitern nicht ausführbar sind.

Die Unterstützung des Rinnenbodens durch Mauerwerk (Figur 667a) ist namentlich in Hamburg üblich. Hierbei werden zunächst die Rinneneisen nach dem Gefälle verlegt und an die Sparrenköpfe oder auf die Schalung geschraubt. Erst hierauf wird die Aufmauerung ausgeführt, mit Zementmörtel abgeglichen und

Fig. 667a.

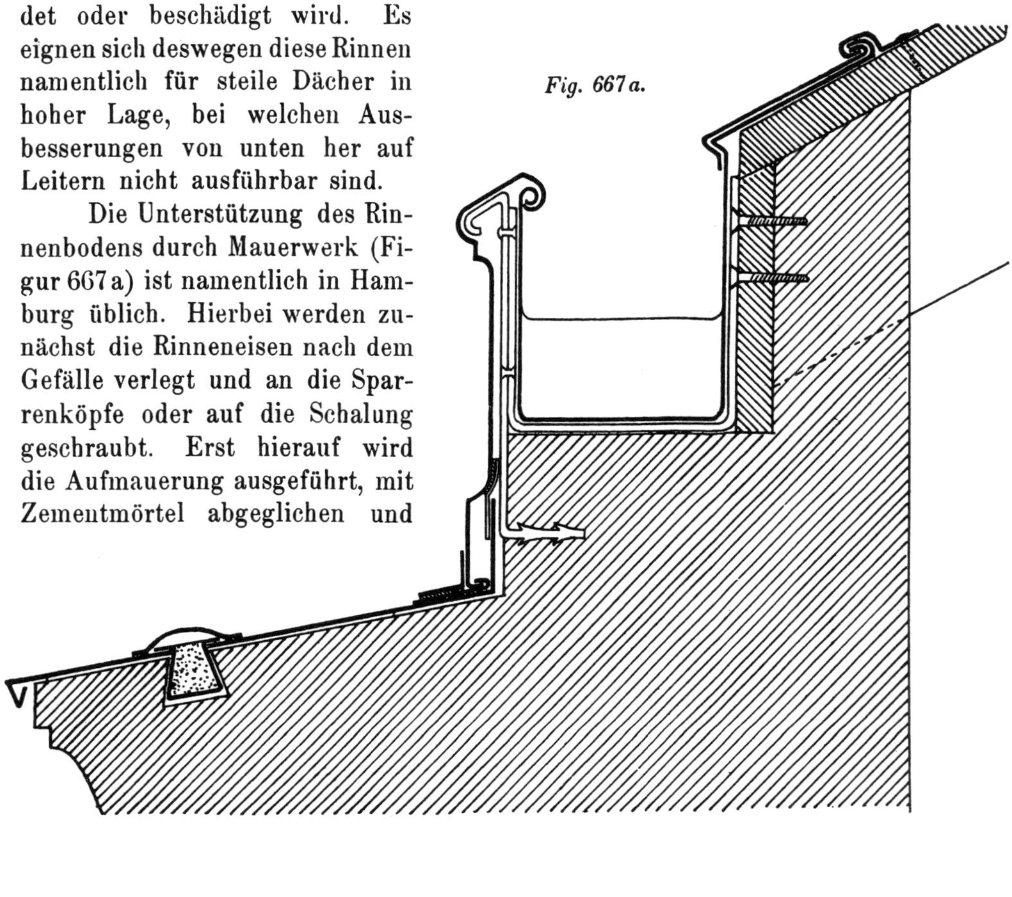

zur Isolierung des Zinkbleches mit asphaltiertem Papier abgedeckt. Die Rinne, sowie die geneigte Untermauerung derselben werden hinter einem Verkleidungsbleche verborgen, welches ausserdem den Zweck hat, die sich mit der Zeit zwischen Untermauerung und Rinnenblech bildende Fuge gegen das Eintreiben von Regen und feinem Schnee zu schützen.

Beispiele für aufliegende Standrinnen, bei denen der Rinnenboden durch Holz unterstützt ist, sind durch die Musterzeichnungen B und C der wiederholt genannten Vorschriften für Dachrinnen an preussischen Staatsbauten gegeben. Die diesen Zeichnungen beigegebenen Erläuterungen lauten:

Muster B (Fig. 667b und c) stellt eine aufliegende Rinne mit vorderer Verkleidung dar. Der unterste Teil des Rinnenbügels ruht unmittelbar auf dem Hauptgesimse, während das darüber angeordnete Zwischeneisen dem Gefälle der Rinne folgt. Damit letztere zur Ausführung von Ausbesserungen oder zum Nachsehen ohne Nachteile begangen werden kann, ist der Boden durch mehrere, auf den Zwischeneisen befestigte und zur Verhinderung des Werfens möglichst schmal zu haltende Bretter überall zu unterstützen.

Fig. 667c.

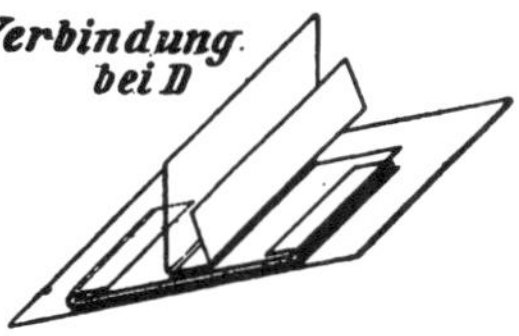

Fig. 667b.

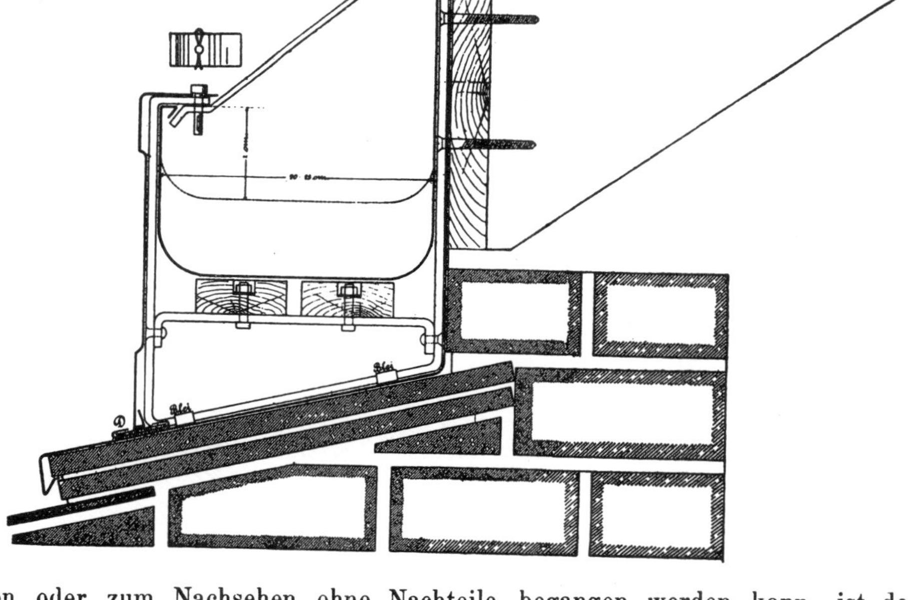

Da auf Dächern der bei diesem Muster angenommenen Neigung Schneeablagerungen stattzufinden pflegen, sind hier Schneefänge in entsprechender Entfernung von der Dachtraufe anzubringen.

Damit sich das Verkleidungsblech frei bewegen kann, ist der untere Rand desselben auf Blechstreifen aufgelötet, die durch Haften gehalten werden, welche auf das Abdeckblech des Hauptgesimses gelötet sind (Fig. 667c).

Muster C (Fig. 668) zeigt eine Rinne mit vorderer Verkleidung aus Wellblech für steile Dächer. Die Rinneneisen sind an der Vorderseite durch Umbiegung des unteren Schenkels abgesteift, wodurch eine Verbindung der Vorderkante der Rinne mit der Dachschalung entbehrlich wird. In geeigneten Fällen können die Rinneneisen eine architektonische Ausbildung erhalten.

Fig. 668.

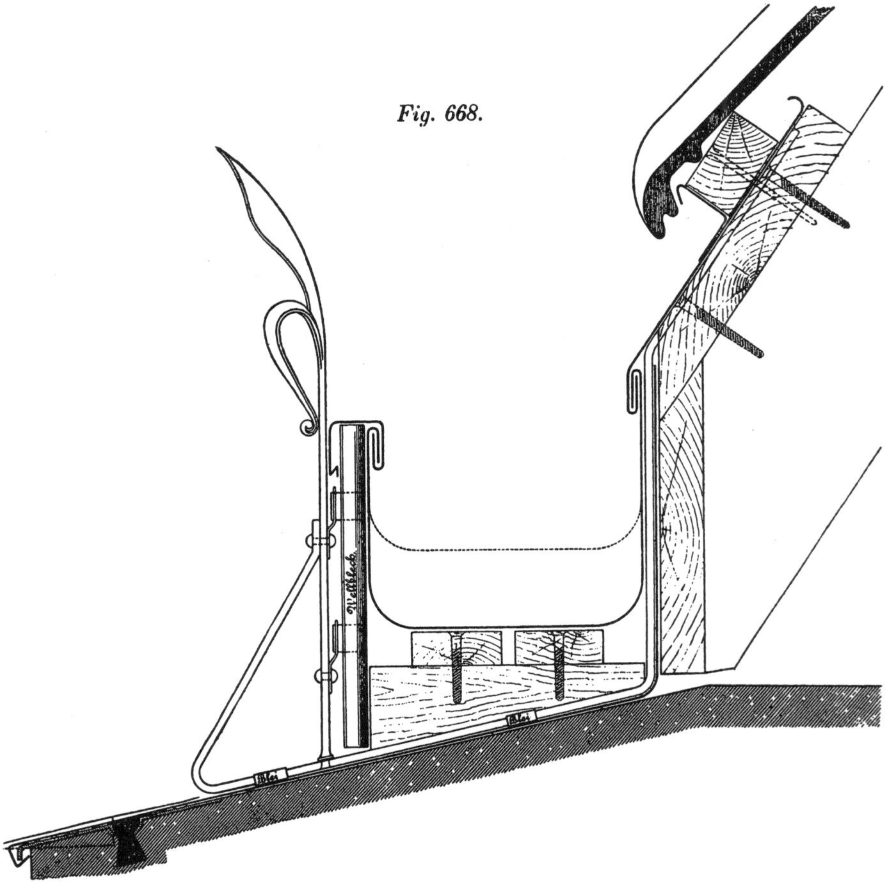

Der Rinnenboden ist auch hier durch schmale Bretter zu unterstützen, welche auf Bohlenknaggen, deren Höhe dem Gefälle gemäss wechselt, festgeschraubt werden.

Die Befestigung der vorderen Verkleidung wird durch Haften bewirkt, welche, mit dem Rinneneisen durch Nietung verbunden, in zwei dem Wellbleche aufgelötete Oesen eingreifen.

e) Eingebettete Rinnen.

Das Einbetten der Dachrinnen in Holz, Werkstein, gebrannten Thon, Zement oder Eisen hat namentlich in Frankreich ausgedehnte Anwendung gefunden.

Als Vorzüge dieser Konstruktionsweise sind zu nennen:

1. Es können keine verborgenen Blechflächen am Aeussern sichtbar werden, die gewählte Rinnenform ist mithin dauernd die gleiche,
2. das Rinnenblech ist gegen Beschädigungen durch Druck oder Stoss von aussen geschützt.

Diesen Vorzügen steht aber der nicht zu übersehende Nachteil gegenüber, dass schadhafte Stellen des Rinnenbleches sich meist erst dann bemerklich machen, wenn das Wasser in das Mauerwerk oder das Gebäudeinnere eingedrungen ist. Bei weit vorspringenden Dächern tritt dieser Uebelstand nicht in die Erscheinung, wenn die Rinnen so angeordnet sind, dass das Wasser bei Undichtigkeiten der Rinne frei vor der Aussenwand des Gebäudes zum Abfluss

Fig. 669.

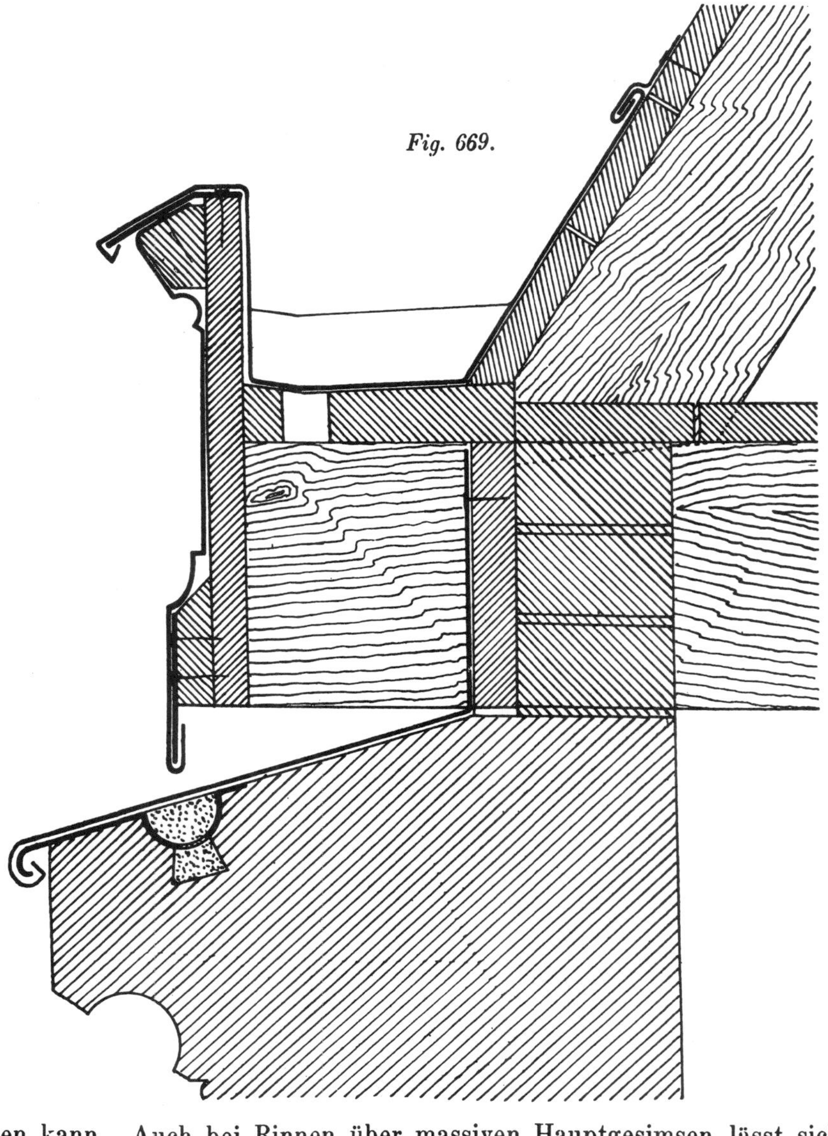

gelangen kann. Auch bei Rinnen über massiven Hauptgesimsen lässt sich nach Fig. 669 eine unschädliche Ableitung des Wassers, welches durch schadhafte

Stellen unter das Rinnenblech gedrungen ist, dadurch beseitigen, dass man den Boden des Holzkanals mit Gefälle nach kleinen Oeffnungen anordnet, durch welche das Wasser auf das mit Zink abzudeckende Hauptgesimse abtrauft.

In ähnlicher Weise können auch bei Holzgesimsen nach Fig. 670 durch Einfügung kleiner Metallröhrchen m Notausläufe geschaffen werden. Jedenfalls

Fig. 670.

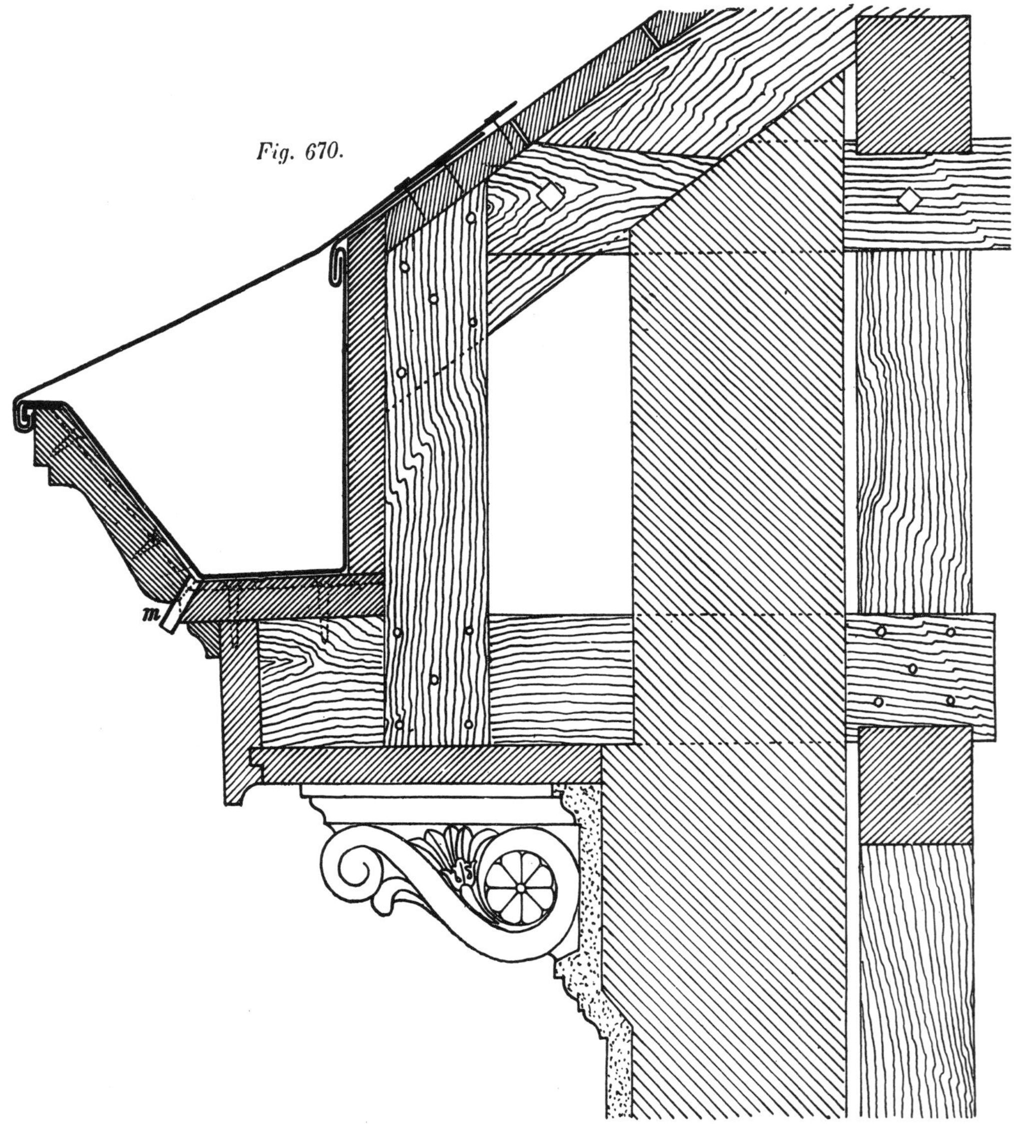

wird es sich aber immer empfehlen, gleichviel ob die eingebettete Rinne über einem Holzgesimse oder über einem massiven Hauptgesimse angeordnet ist, das Gesimse mit Zink derart abzudecken, dass etwa durch den Holzkasten dringendes Wasser von dem Abdeckblech aufgenommen und nach aussen abgeleitet wird, wie dies durch Fig. 671 veranschaulicht ist.

Bei überstehenden Dächern werden die auf der Dachschalung aufliegenden Rinnenbleche häufig, des besseren Aussehens wegen durch vor den Sparrenköpfen angebrachte Zierbretter nach Fig. 672 verkleidet. Zur Ableitung des durch schadhafte Stellen des Rinnenbleches nach der Schalung etwa durchsickernden Wassers

Fig. 671. *Fig. 671 a.* *Fig. 671 c.*

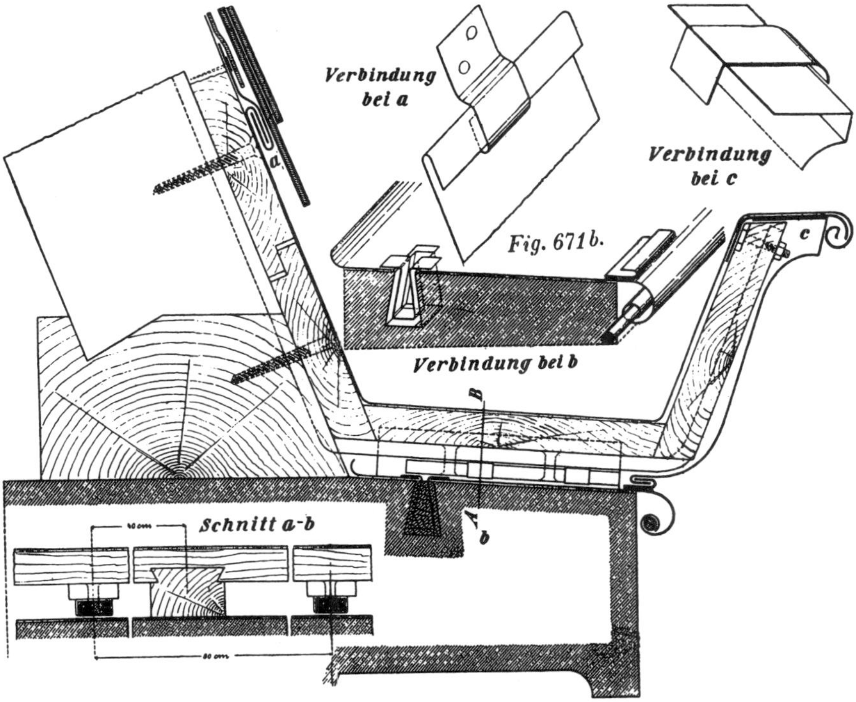

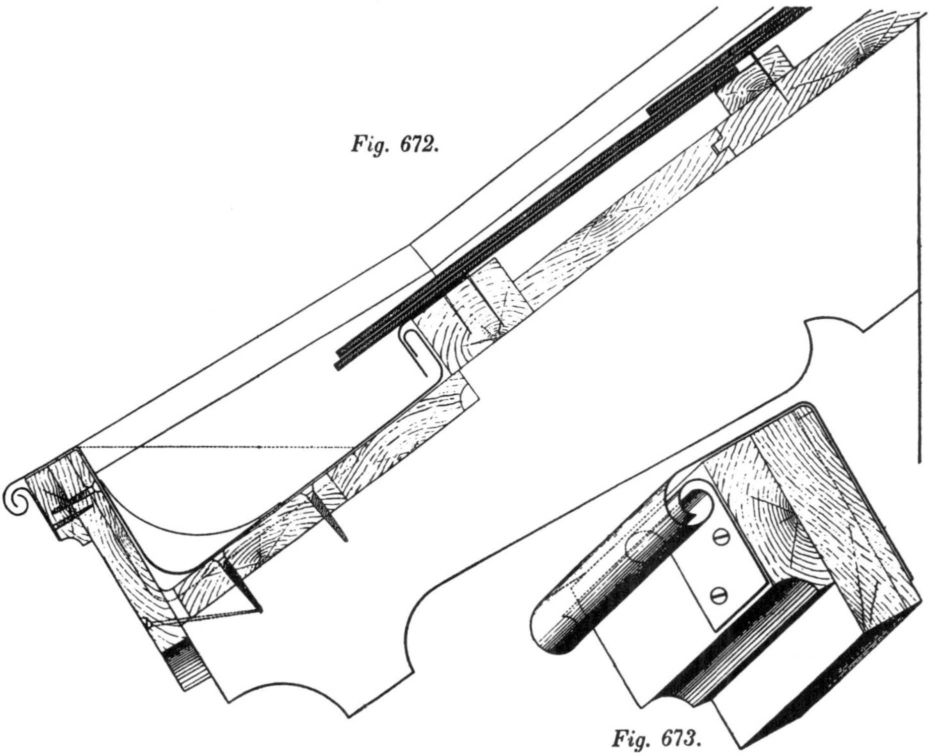

Fig. 672.

Fig. 673.

kann die letztere auch hier unmittelbar hinter dem Zierbrett, also an ihren tiefsten Punkten, durchbohrt werden. Diese Durchbohrungen bieten den weiteren Vorteil. dass die Luft auch von unten her das Zinkblech umspülen kann, infolgedessen dasselbe mit einer schützenden Oxydschicht überzogen wird. Wie bei allen Zinkarbeiten, muss auch hier dafür gesorgt werden, dass das Rinnenblech sich frei ausdehnen und zusammenziehen kann. Es geschieht dies mittels Haften, die am äusseren Ende des Rinnenbleches entweder nach Fig. 672 und 673 an der Vorderfläche oder nach Fig. 674 und 675 auf der oberen Fläche des Zierbrettes und nach Fig. 672 am hinteren Ende des Rinnenbleches auf der Dachlattung befestigt werden. Es ist selbstverständlich auch darauf zu achten, dass die vordere Kante des Rinnenbleches tiefer liegt als seine hintere Kante, damit bei Verstopfungen der Rinne oder Abfallrohre, sowie bei starken

Fig. 674.

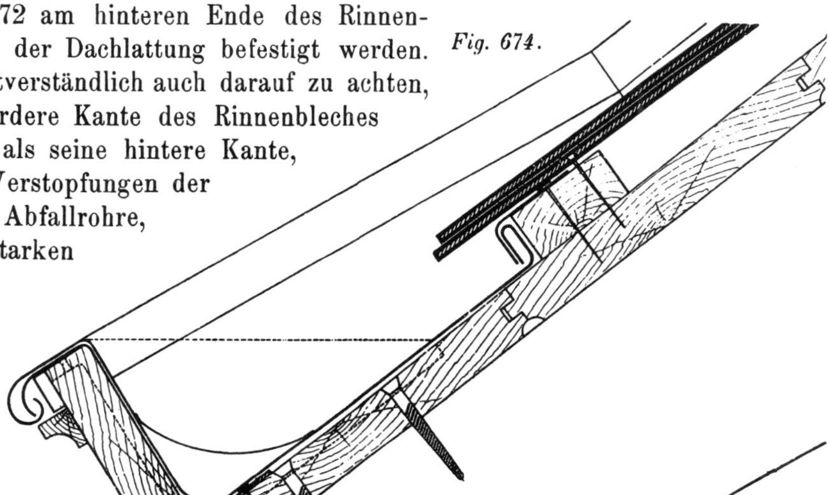

Fig. 675.

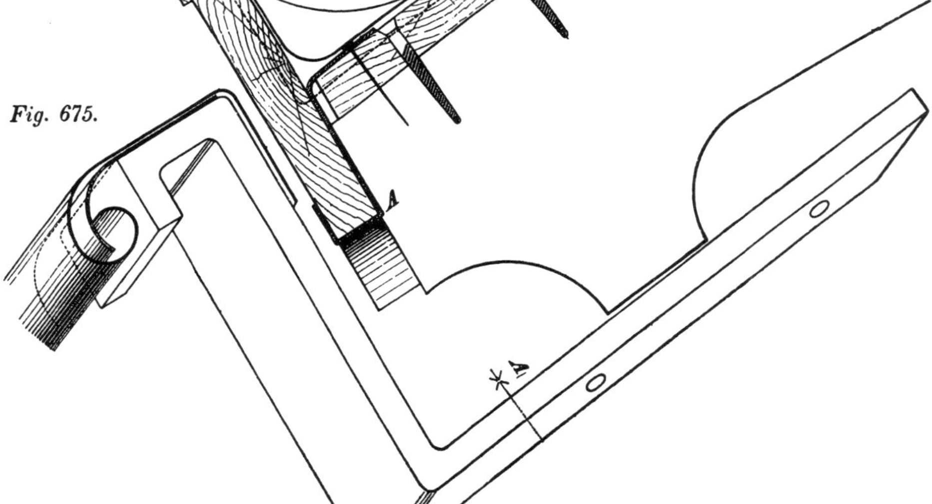

Regengüssen, wenn die Rinne und das Abfallrohr das Wasser nicht schnell genug ableiten kann, dieses nicht unter die Deckung tritt, sondern über den vorderen Rinnenrand hinweg zum Abfluss gelangt. Diese Rinnenform würde allerdings, streng genommen, richtiger die Bezeichnung **aufliegende Rinne mit vorderem Verkleidungsbrett** erhalten, da die Rinne nicht in einem besonderen Rinnenkasten eingebettet ist, sondern mit ihrer grösseren Fläche auf der Dachfläche aufruht. Zur Herstellung des Gefälles ist ein besonderes Blech auf das eigentliche Rinnenblech aufzulöten (vergl. Fig. 672 und 674).

Sollen Zinkrinnen in einen Kanal aus Werksteinen, gebrannten Steinen oder Zementguss eingebettet werden, so ist darauf zu achten, dass das Zinkblech nicht mit dem Mörtel in den Fugen in Berührung kommt. Es sind deshalb die Fugen tief auszukratzen und mit Glaserkitt auszufüllen oder es ist die ganze Fläche unterhalb des Blechkanales mit asphaltiertem Papier abzudecken. Beispiele für solche Rinnen, die wegen der Gefahr des Eindringens von Wasser in das Mauerwerk in Deutschland wenig Anklang gefunden haben, sind durch die Figuren 676 und 677 wiedergegeben.

f) Kehlrinnen.

Dieselben bilden, streng genommen, keine besondere Rinnenart, da alle bereits besprochenen Rinnengruppen bei denselben zur Anwendung gelangen können, am besten allerdings die eingebetteten und die Standrinnen.

Dieselben liegen meist frei zwischen den Traufen zweier Dachflächen, wie bei den Sheddächern oder hinter einer Aufmauerung (Attika) über dem Hauptgesimse. Vor allem ist dafür Sorge zu tragen, dass die Einfalltrichter zwischen Rinne und Abfallrohren häufiger Reinigung, namentlich im Herbst, wo der Sturm das abgefallene Laub in die Rinne treibt, unterzogen werden. Die Abfallrohre sind so zu legen, dass sie nicht einfrieren können, also in das Innere des Gebäudes und an einen tief liegenden unterirdischen Kanal anzuschliessen.

Fig. 676.

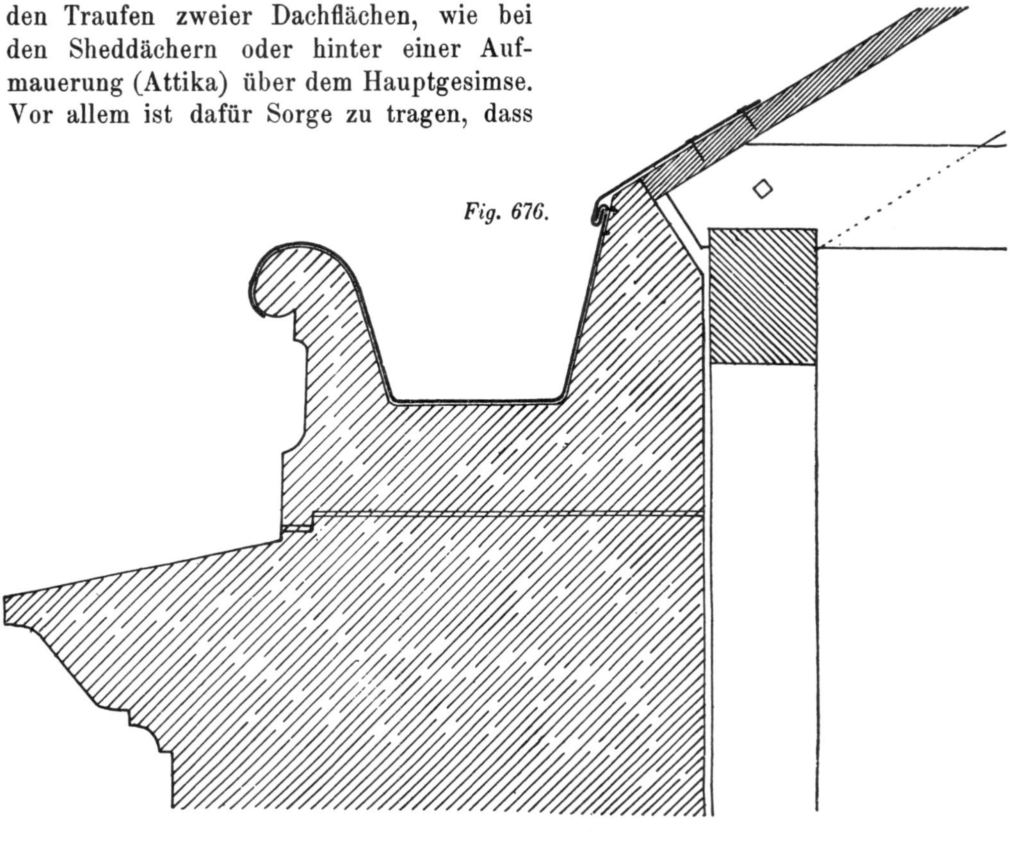

Da diese Rinnen zum Zwecke der Reinigung begangen werden müssen, so ist ihre Breite nicht unter 25 cm zu bemessen, auch ist das Rinnenblech möglichst

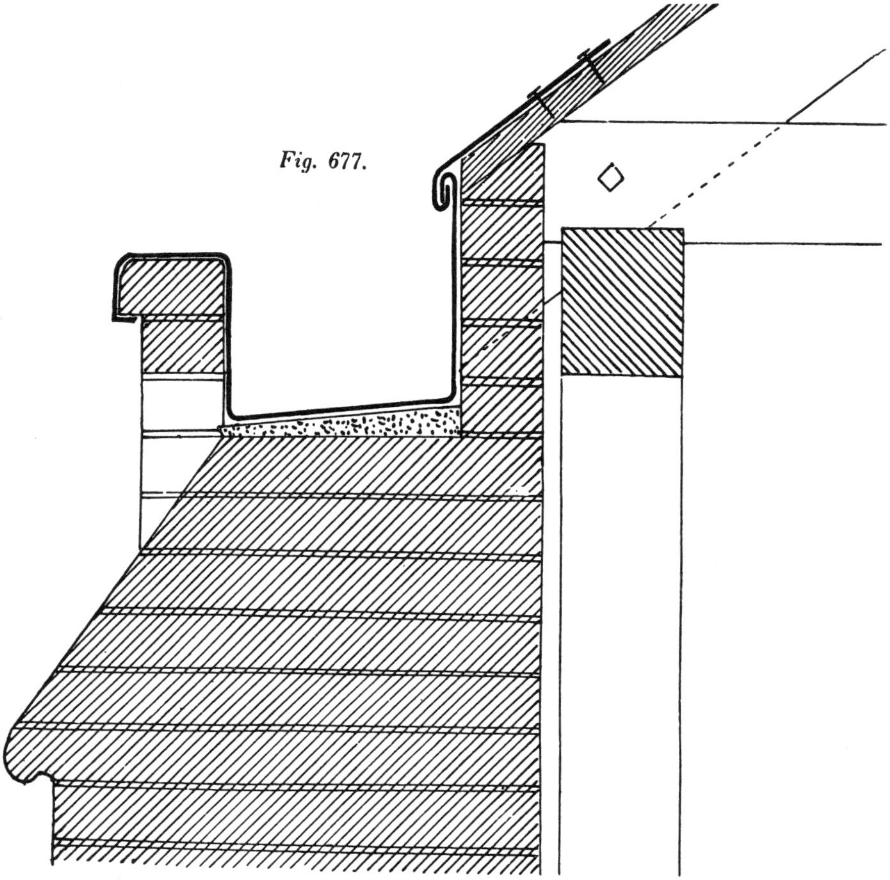

Fig. 677.

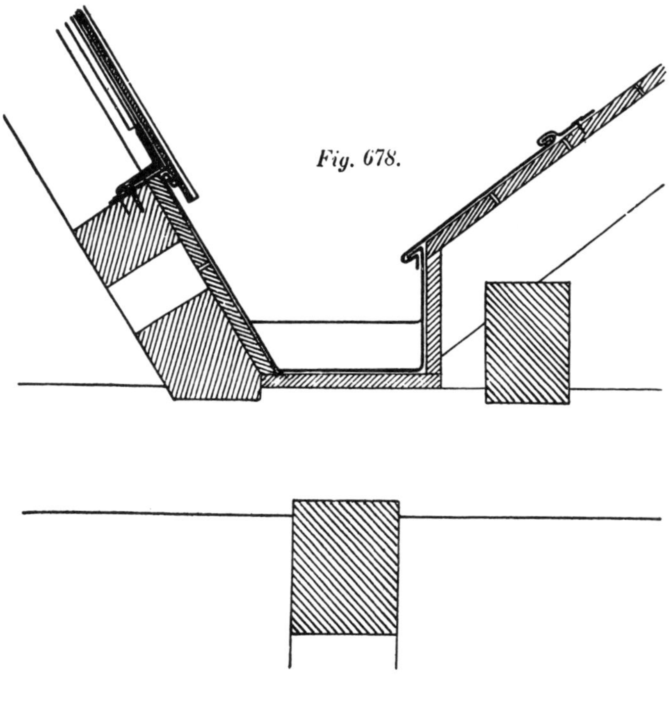

Fig. 678.

weit auf die Dachfläche hochzuführen, um zu verhindern, dass im Winter bei eintretendem Tauwetter das Schmelzwasser unter das Deckmaterial zurücktritt. Fig. 678 stellt eine Rinne für ein Sheddach dar. Das Gefälle derselben kann durch eine keilförmige Bohlenauffütterung unter dem Rinnenboden hergestellt werden. Das an den unteren Fensterriegel zur Auflagerung der eisernen Fenstersprossen angeschraubte Winkeleisen dient zugleich zur Befestigung eines durchgehenden Haftbleches, welches zwischen das Riegelholz und das Winkeleisen geklemmt und mit dem Rande des Rinnenbleches verfalzt ist. Die Sprosseneisen

Fig. 679.

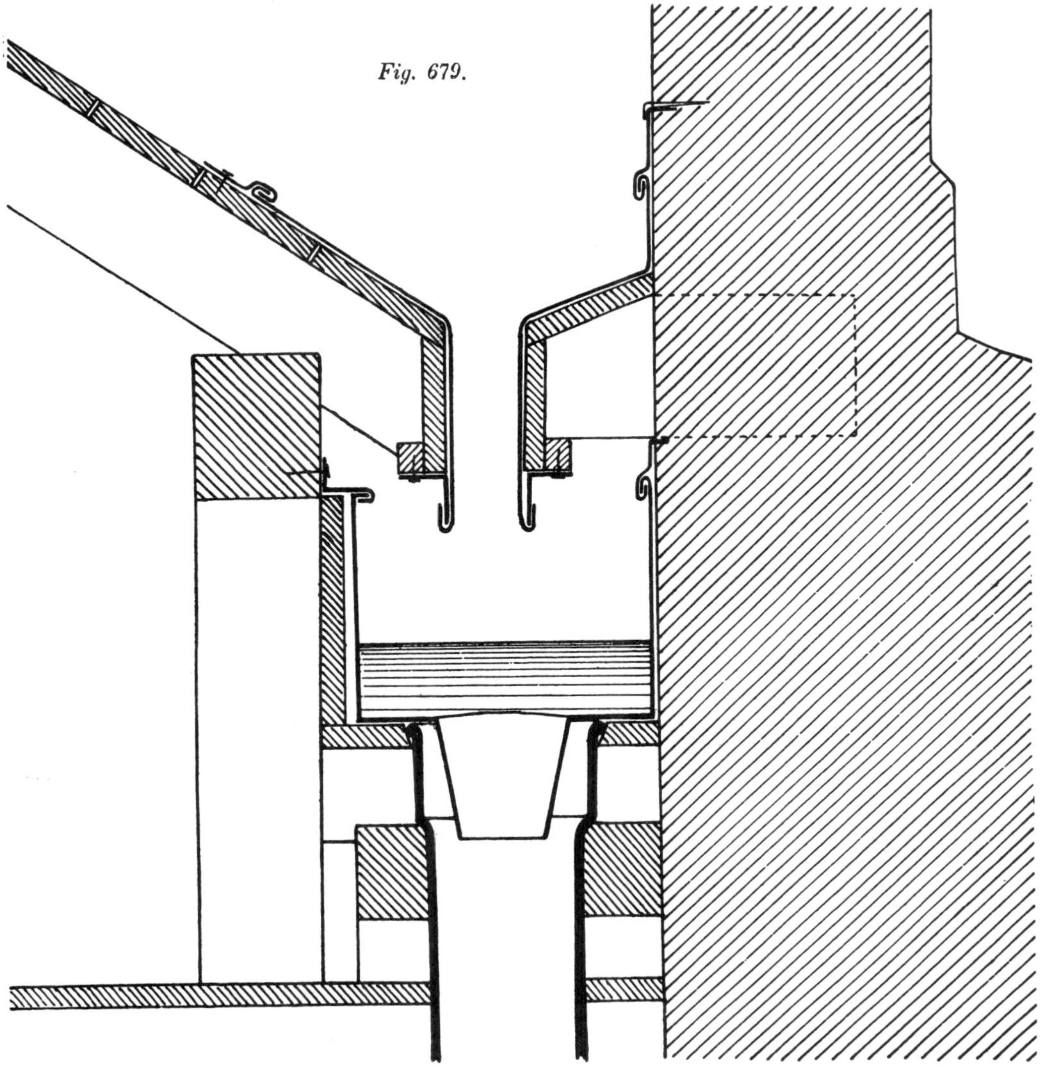

und Glastafeln lässt man zweckmässig etwas über den Rand des Winkeleisens vortreten, um jedes Eindringen von Wasser zu vermeiden.

Fig. 679 stellt die sogen. „Knoblauchsche Rinne“ dar, bei welcher die eigentliche Rinne unterhalb der Traufkanten im Bodenraume liegt. Das Regenwasser wird durch einen etwa 10 cm breiten Schlitz, der oberhalb der Rinne an der ganzen Hausfront entlang läuft, eingeführt. Jedenfalls erfordert diese Rinne die grössten Vorsichtsmassregeln bei ihrer Ausführung, da ein Schadhaftwerden

Fig. 680.

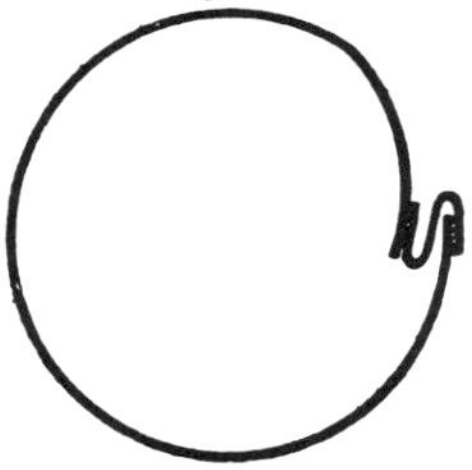

Fig. 681.

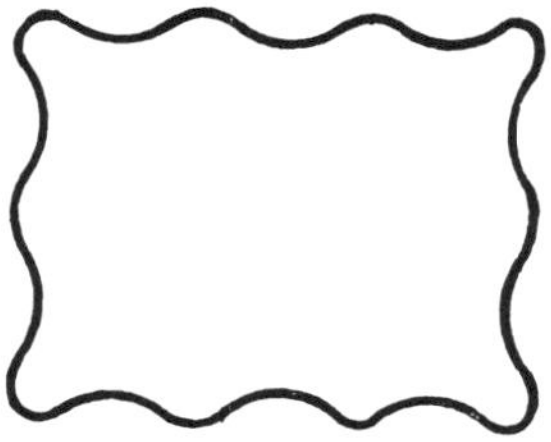

Fig. 682.

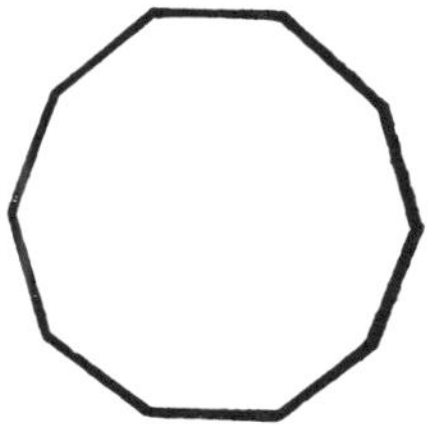

derselben meist erst dann entdeckt wird, wenn das Mauerwerk bereits durchnässt und sich dieser Uebelstand in den unter dem Bodenraume befindlichen bewohnten

Fig. 683.

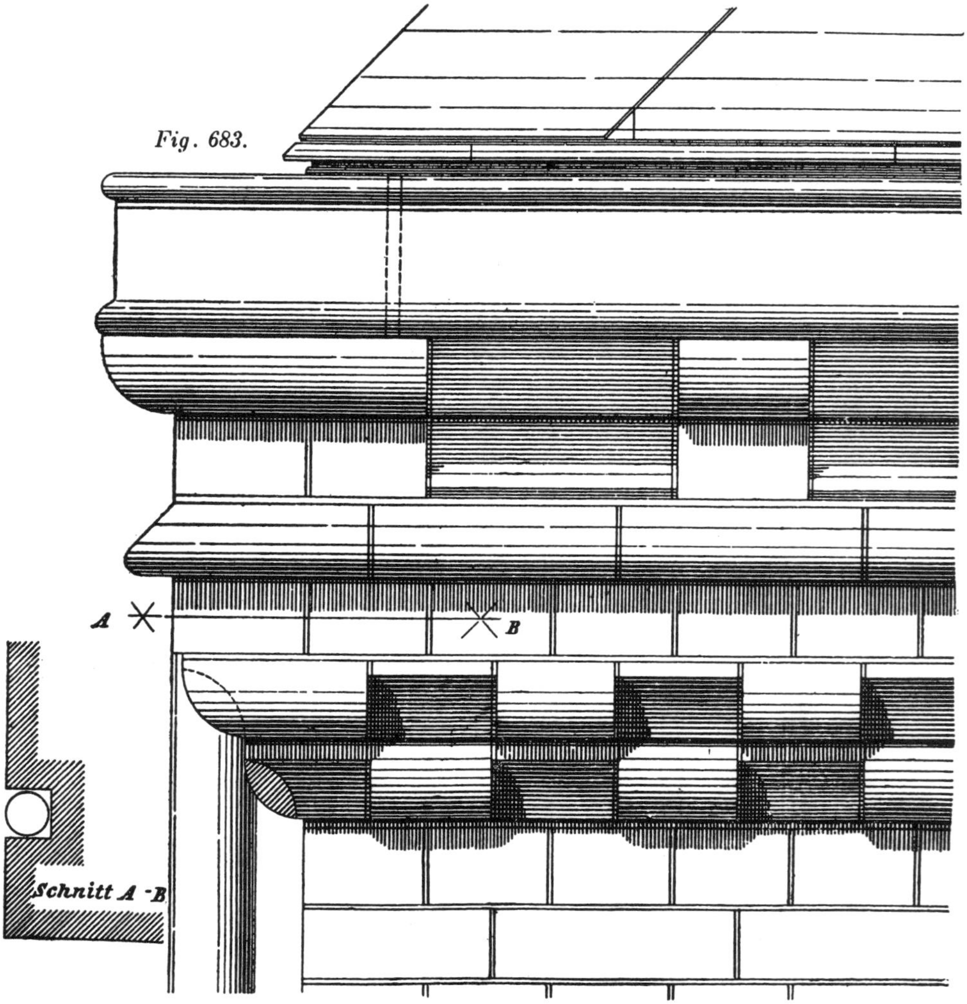

Räumen bemerklich macht. In neuerer Zeit ordnet man deshalb unterhalb der Dachrinne eine zweite Sicherheitsrinne an.

Diejenigen, welche sich des weiteren über Rinnenkonstruktionen zu orientieren wünschen, seien auf das vorzügliche Werk von Otto Schmidt*) verwiesen, welchem die Figuren 633 bis 635, 636, 645, 648 bis 652, 654 bis 660, 673 und 674 entnommen sind.

Die Abfallrohre

werden meist aus Zinkblech Nr. 12 bis 14, seltener aus zusammengenietetem Eisenblech, welches nachträglich verzinkt wird, hergestellt. Da das Wasser von

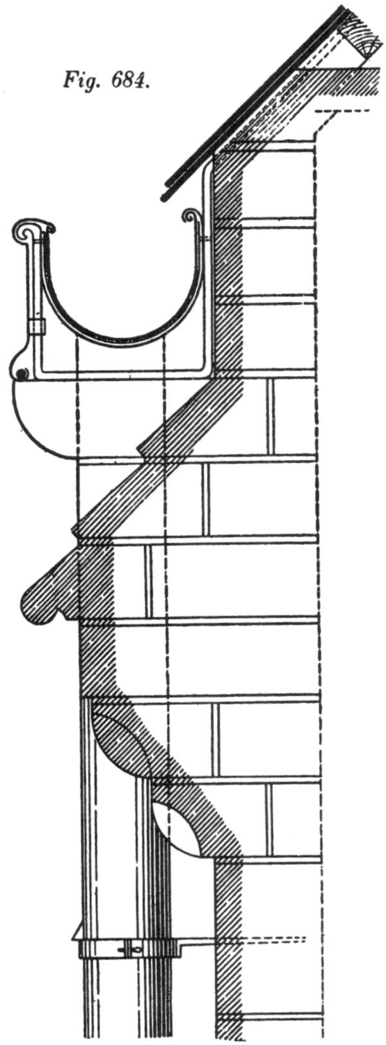

Fig. 684.

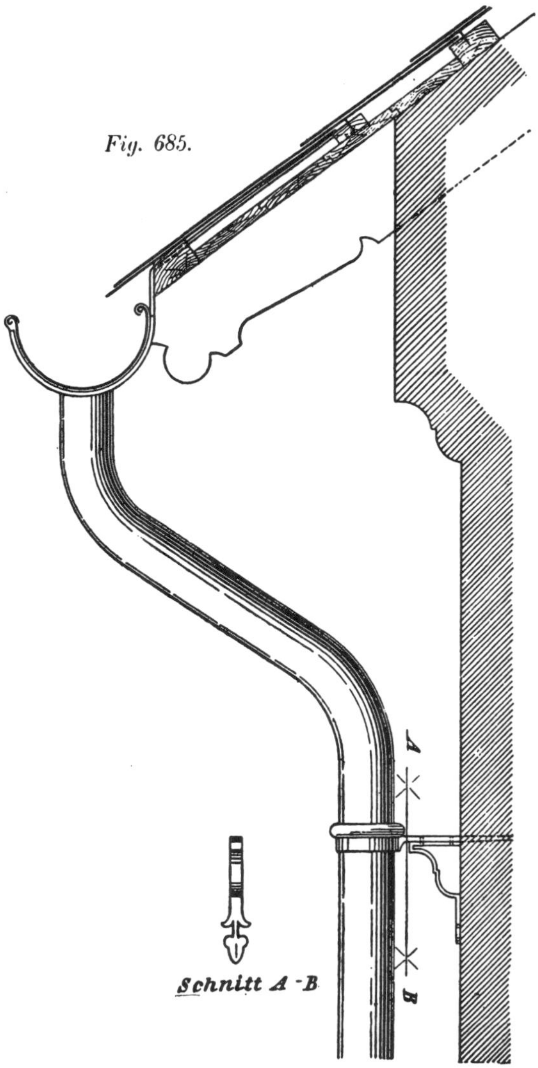

Fig. 685.

Dächern, die mit Kupferblech gedeckt sind, nicht durch Eisen- oder Zinkrohre abgeleitet werden darf, weil letztere sonst der baldigen Zerstörung anheimfallen, so sind hierfür Fallrohre aus Kupferblech zu wählen. Liegen die Fallrohre an der Strassenseite und fällt die Gebäudeflucht mit der Strassenfluchtlinie zusammen,

*) Otto Schmidt, Die Anfertigung der Dachrinnen in Werkzeichnungen. Verlag von Bernh. Friedr. Voigt in Leipzig.

so verwendet man für den unteren, sich etwa 2 m über den Bürgersteig erhebenden Teil der Fallrohre asphaltierte gusseiserne Rohre.

Nach der Geschäftsanweisung für das technische Büreau des preussischen Ministeriums für öffentliche Arbeiten soll der Durchmesser der Abfallrohre 13 bis

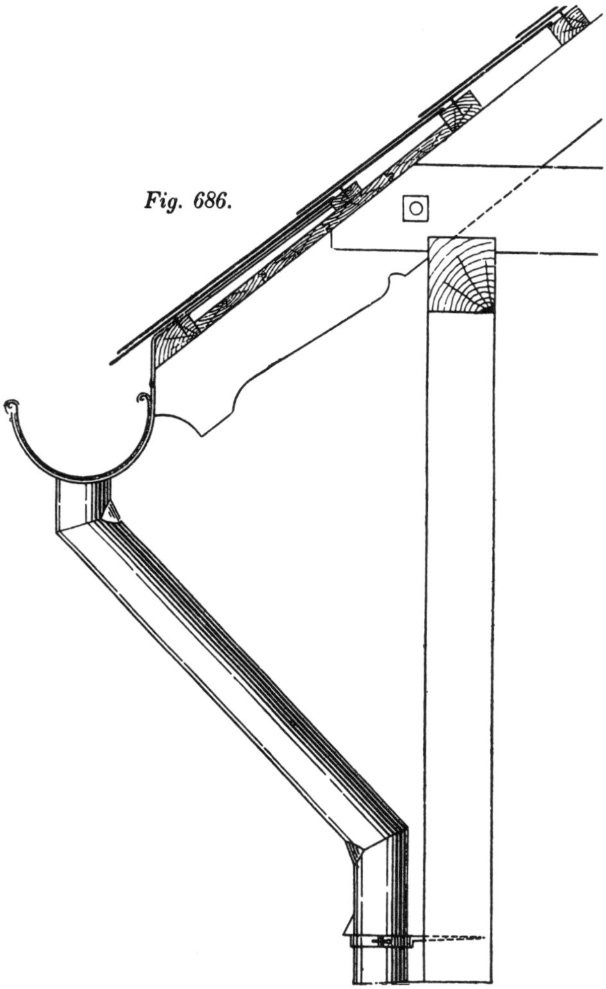

Fig. 686.

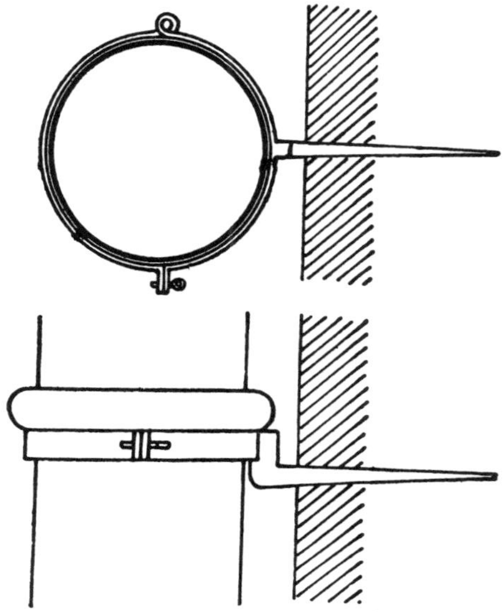

Fig. 687.

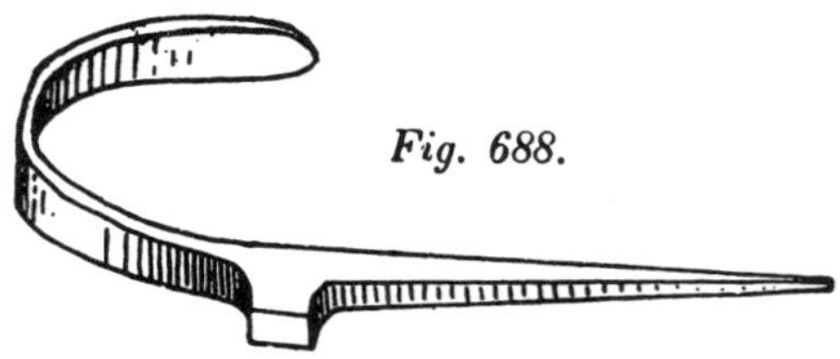

Fig. 688.

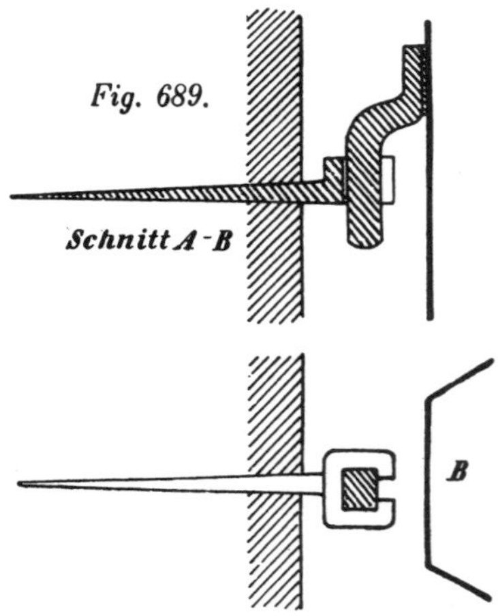

Fig. 689.

15 cm betragen, während ihre Entfernungen voneinander auf 15 bis 25 m zu bemessen ist. Im allgemeinen dürfte ein Rohrquerschnitt von $^3/_4$ des Rinnenquerschnittes ausreichen, doch nimmt man auch bei kleineren Dächern den Durchmesser der Abfallrohre nicht gerne unter 10 cm an, weil engere Rohre erfahrungsgemäss leicht einfrieren und dann aufplatzen. Um das Einfrieren der Rohre möglichst unschädlich zu machen, muss man dafür Sorge tragen, dass dieselben sich bei Eisbildung im Innern ausdehnen können. Bei glatten Rohren mit kreisförmigem Querschnitt kann dies durch Ein-

Fig. 690.

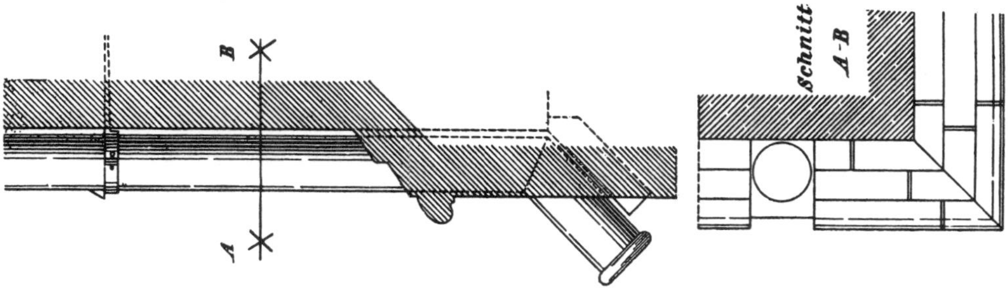

Fig. 691.

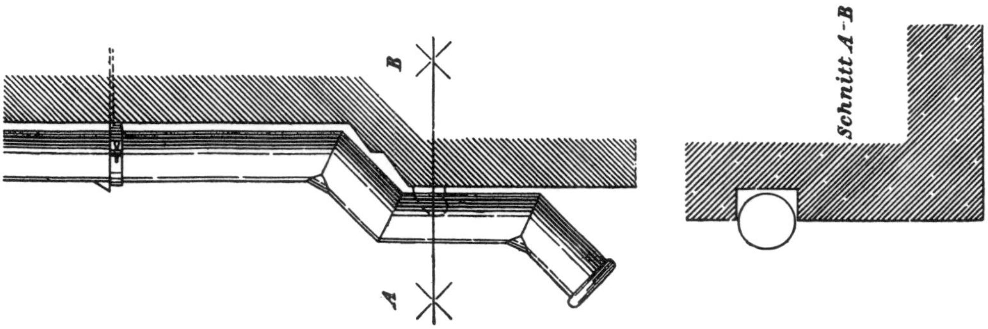

Fig. 692.

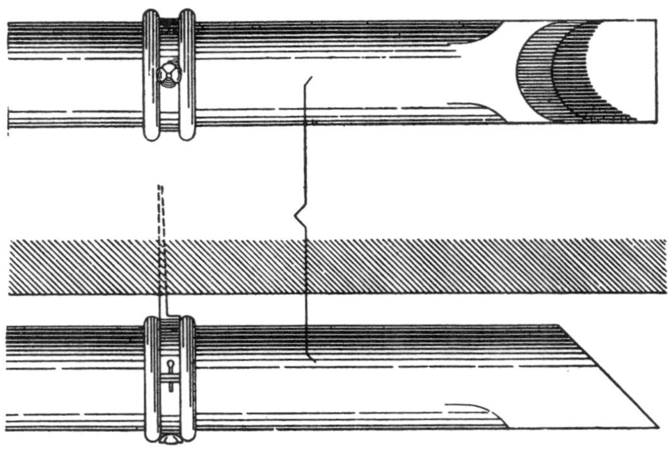

Fig. 693.

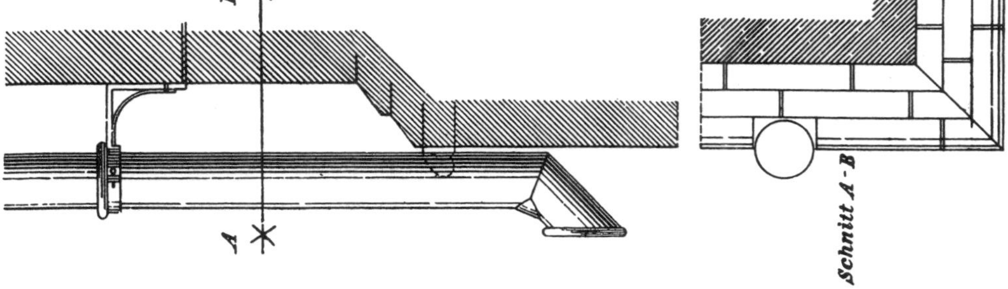

fügung eines ∾-förmig gebogenen Bleibandes an der Lötnaht (Fig. 680) geschehen. Gleiche Sicherheit gewähren auch Rohre aus flach gewelltem Blech (Fig. 681) oder solche aus glattem Blech bei vielseitigem Querschnitt (Fig. 682).

Für monumentale Gebäude und solche Stellen, die sehr in das Auge fallen, werden die Abfallrohre meist aus einzelnen gepressten, mit ornamentalen Verzierungen versehenen Rohrstücken von etwa 1 m Länge zusammengesetzt.

Fig. 694.

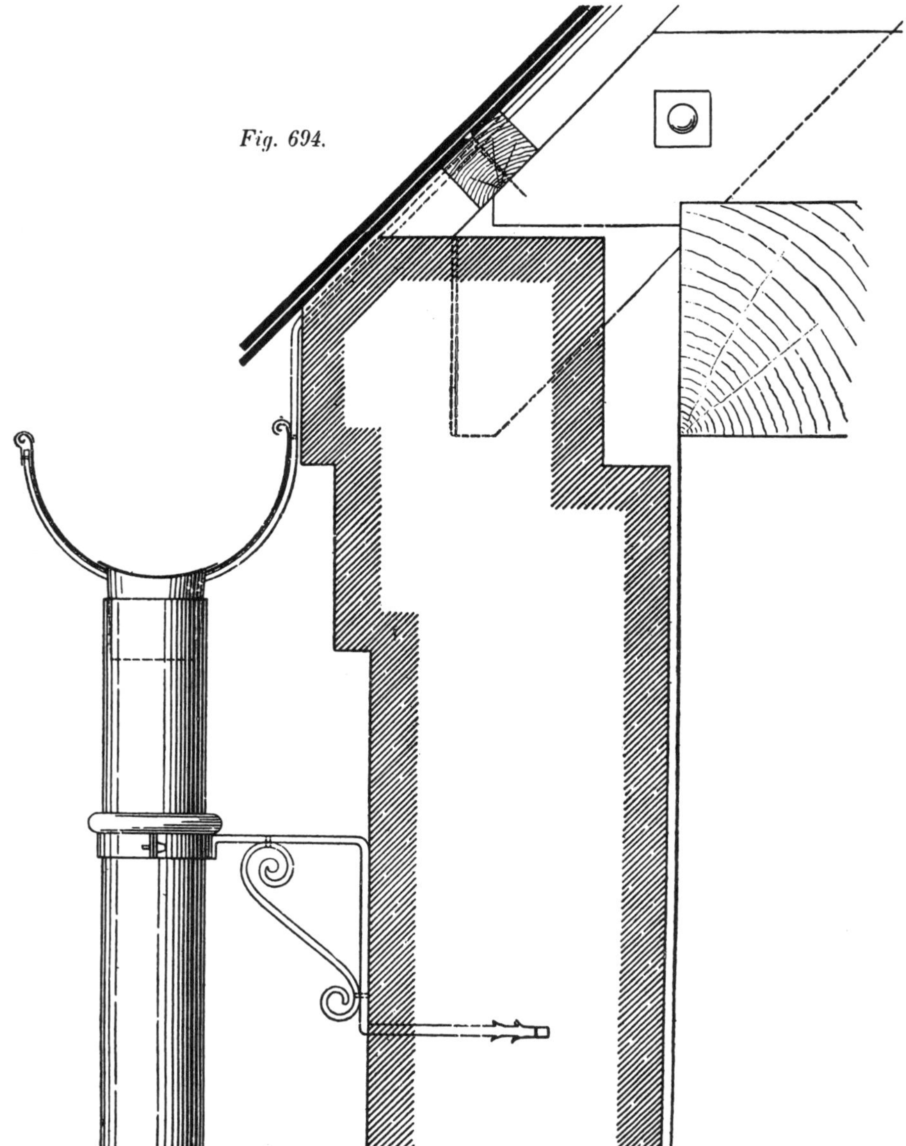

Die Rohre müssen thunlichst lotrecht, also unter Vermeidung der Umkröpfungen der Gesimse, herabgeführt werden, weil sonst leicht Verstopfungen eintreten und beim Einfrieren die Rohre zuerst an den Richtungsänderungen beschädigt werden.

Die Gesimse sind deshalb zu durchbrechen (Fig. 683 und 684) und die Durchbruchstellen mit Futterstücken aus Gusseisen oder starkem Zinkblech zu versehen, durch welche die Abfallrohre geschoben werden. Bei weit vorspringenden Dachüberhängen sind sogen. „Krümmer" oder „Schwanenhälse" (Fig. 685 und 686) allerdings nicht zu umgehen, doch sucht man auch hier den erwähnten Nachteilen durch geschwungene Linien unter Vermeidung aller scharfen Kanten nach Möglichkeit entgegen zu wirken. Es ist deswegen die Anordnung in Fig. 685 derjenigen in Fig. 686 vorzuziehen.

Gewöhnlich werden zwei bis drei Rohrstücke von je 1 m Länge in der Werkstatt zusammengelötet und dann an Ort und Stelle mittels Schelleisen (Fig. 687) oder Rohrhaltern (Fig. 688), welche in Abständen von 2,5 bis 3,0 m in die Fugen des Mauerwerks getrieben werden, befestigt. Auf die Schelleisen bezw. Rohrhalter stützen sich die Rohre mittels angelöteter Blechwulste (Fig. 685) oder Nasen (Fig. 686). Sollen die Schelleisen nicht sichtbar sein, so kann nach Fig. 689 die Befestigung der Rohre durch Mauerhaken geschehen, in deren Oese ein an das Rohr angelöteter Haken geschoben wird. Die in der Werkstatt zusammengelöteten Rohrstücke werden am Bau um etwa 10 cm übereinandergeschoben und verbleiben an den Stössen ohne Lötung, um die freie Beweglichkeit nicht zu hindern.

Die Abfallrohre werden entweder in besonders angelegten Mauerschlitzen zur Erde geleitet oder, was mehr zu empfehlen ist, sie liegen mit einem Abstande von 2 bis 3 cm (Fig. 690 bis 692) frei vor der Mauer. Sollen

Fig. 695.

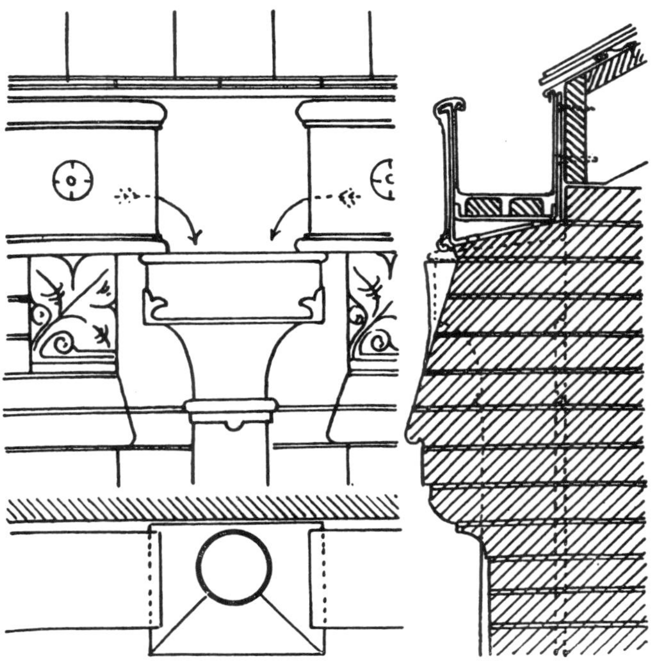

die Rohre frei vor den Gesimsen, also in einem grösseren Abstande von der Mauer angeordnet werden, so bedürfen die Schelleisen einer Verstärkung, um ein

Durchbiegen derselben zu verhindern. Diese kann nach den Figuren 685, 693 und 694 durch eiserne Konsolträger, welche mit den Schelleisen vernietet und an der Mauer mittels Steinschrauben befestigt werden, erfolgen. Werden die Rohre, des besseren Aussehens wegen, in Mauerschlitze gelegt, so wird das Wasser an der Mauer

Fig. 696.

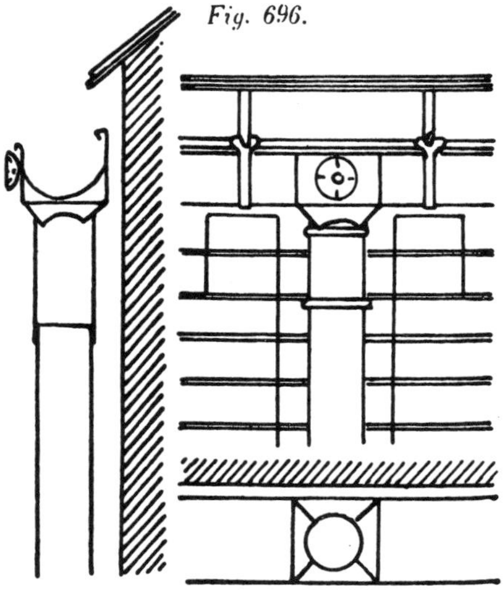

Fig. 697.

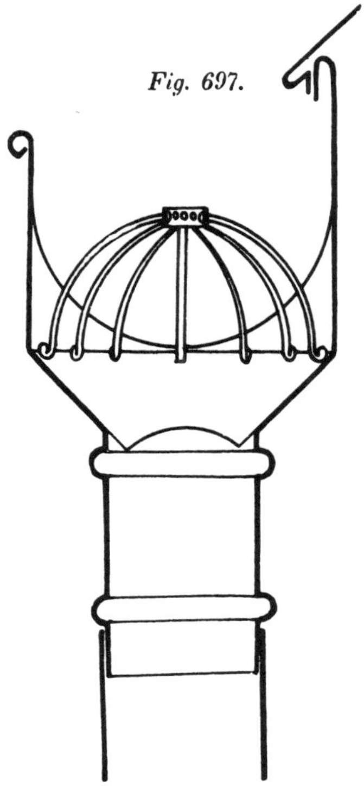

herablaufen, diese durchnässen und im Winter hinter den Rohren gefrieren, sobald eine Undichtigkeit entstanden ist. In jedem Falle ist darauf zu achten, dass die Längsnaht der Rohrstücke nicht der Mauer zugekehrt ist, weil man bei Ausbesserungen dort nicht mit dem Lötkolben herankommen kann.

Fig. 698.

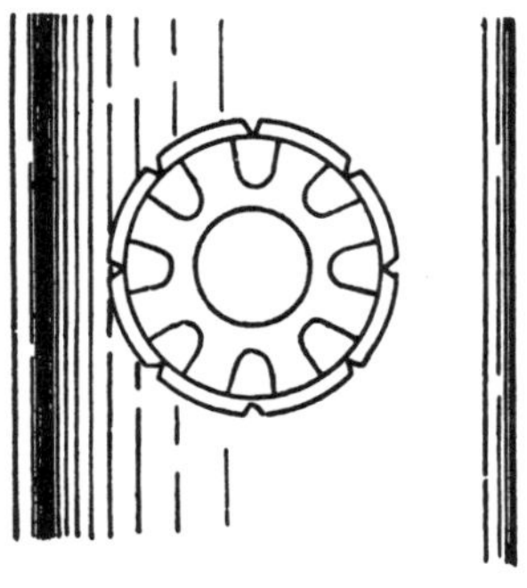

Fig. 699.

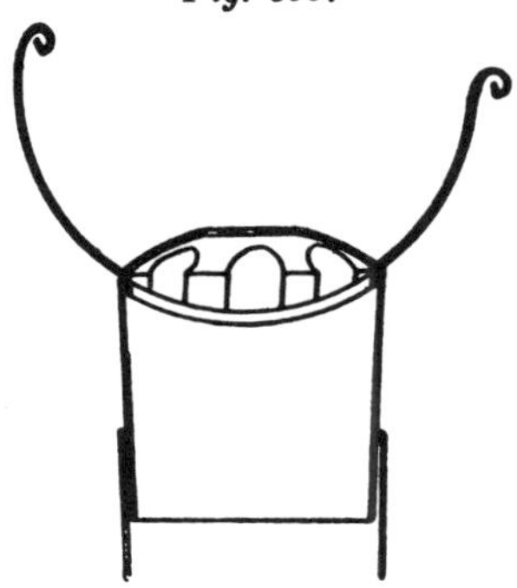

Um Stauungen an den Einmündungsstellen der Dachrinnen in die Abfallrohre zu verhindern, empfiehlt sich die Einschaltung sogen. „Wasserkessel“ oder „Trichter“ (Fig. 695 bis 697) welche mit einem Gitter aus verzinktem

Eisendraht (Fig. 697) zu überdecken sind, wenn anzunehmen ist, dass die Abfallrohre durch Laub, Papier, Mörtel von Nachbargiebeln, Schiefer- oder Ziegelstücke u. dergl. m. verstopft werden können. Die durch Fig. 695 veranschaulichte Konstruktion ist weniger anzuraten als die in Fig. 696 gewählte, weil die Enden der Dachrinnen offen sind, das Wasser sich mithin frei in den Wasserkessel ergiesst und deshalb leicht einfrieren wird. Für kleine Dachflächen oder solche mit flacher Neigung, bei denen das Wasser nur langsam abfliesst und Stauungen an den Einflussöffnungen über den Abfallrohren nicht zu erwarten sind, können die Wasserkessel fehlen, doch wird es sich auch hier empfehlen, die Einflussöffnungen mit einem Gitter oder Blechsiebe (Fig. 698 und 699) zu überdecken, um Verstopfungen der Fallrohre zu verhindern.

Fig. 700.

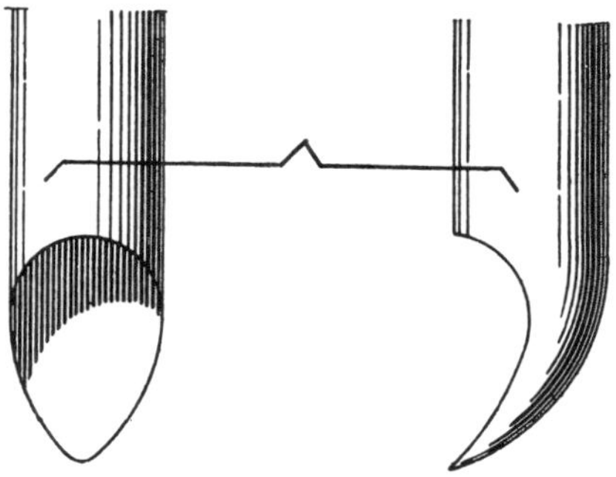

Wenn das Regenwasser in offenen Rinnen fortgeleitet wird, die Fallrohre mithin frei oberhalb des Erdbodens endigen, so ist dafür Sorge zu tragen, dass das Wasser von dem Gebäudesockel fortgewiesen wird.

Sollen die Abfallrohre unmittelbar an einen unterirdischen Kanal angeschlossen werden, so sind Vorkehrungen zu treffen, um die von den Dächern geschwemmten Sink- oder Schwimmstoffe von der Grundleitung fern zu halten. Es geschieht dies am besten durch Einfügung der im VI. Bande (Opderbecke, Die Allgemeine Baukunde. Verlag von Bernh. Friedr. Voigt in Leipzig) dieses Handbuches auf Seite 62 beschriebenen und durch die Figuren 56 bis 61 daselbst beschriebenen Regenrohr-Sinkkasten.

Druckfehler-Berichtigung.

Es muss heissen:

Auf Seite 1, Zeile 8, **Räume** statt Räumen,
„ „ 1, „ 23, **der Art** statt die Art,
„ „ 2, „ 8, und **um** zu verhindern statt und zu verhindern,
„ „ 23, „ 22, Austritts**körpern** statt Austrittsöffnungen,
„ „ 34, „ 4, Latten**lehre** statt Lattenleere,
„ „ 93, „ 4, **sie** statt ihr,
„ „ 94, „ 2, **viermal** statt einmal,
„ „ 93, „ 4, **befestigen** statt verklammern.